"十四五"职业教育国家规划教材

全国高等职业院校食品类专业第二轮规划教材

（供食品质量与安全、食品检验检测技术、食品营养与健康等专业用）

食品理化分析技术

第2版

主　编　胡雪琴　于　勇

副主编　梁芳慧　张　远　薛香菊　田艳花

编　者　（以姓氏笔画为序）

于　勇（湖南食品药品职业学院）

田艳花（山西药科职业学院）

江文杰（楚雄医药高等专科学校）

李　杰（雅安职业技术学院）

李文婷（重庆轻工职业学院）

张　远（山东医学高等专科学校）

张艳芳（内蒙古农业大学职业技术学院）

胡雪琴（重庆医药高等专科学校）

侯佰慧（重庆医药高等专科学校）

曹　杏（湖南食品药品职业学院）

梁芳慧（长春医学高等专科学校）

薛香菊（山东药品食品职业学院）

魏瑞芝（山东医学高等专科学校）

中国健康传媒集团

中国医药科技出版社

内 容 提 要

本教材为“全国高等职业院校食品类专业第二轮规划教材”之一，以现行食品安全法律法规和国家标准为依据，根据《食品理化分析技术》教学大纲基本要求和课程特点编写而成。内容涵盖食品理化分析基础知识和技能、食品常见成分及包装材料的检验以及综合实训（各类食品的检验）等内容。本教材具有按照岗位工作流程设计课程内容，以项目和任务承载知识技能，采用能力进阶、分层实训培养学生岗位能力，以典型案例丰富课程思政元素等特点。同时，将纸质教材与数字化教材有机融合，使用者可通过扫描二维码获得更多学习资源（包括 PPT、微课、习题等），便教易学。

本教材主要供全国高职高专院校食品质量与安全、食品检验检测技术、食品营养与健康等专业师生教学使用，也可作为相关工作专业人员参考用书。

图书在版编目（CIP）数据

食品理化分析技术/胡雪琴，于勇主编. －－2 版. 北京：中国医药科技出版社，2024.7. －－（全国高等职业院校食品类专业第二轮规划教材）. －－ISBN 978－7－5214－4711－8

Ⅰ. TS207.3

中国国家版本馆 CIP 数据核字第 2024YP0601 号

美术编辑 陈君杞
版式设计 友全图文

出版 **中国健康传媒集团** | 中国医药科技出版社
地址 北京市海淀区文慧园北路甲 22 号
邮编 100082
电话 发行：010－62227427 邮购：010－62236938
网址 www.cmstp.com
规格 889mm×1194mm $^{1}/_{16}$
印张 21 $^{1}/_{4}$
字数 605 千字
初版 2017 年 2 月第 1 版
版次 2024 年 7 月第 2 版
印次 2024 年 7 月第 1 次印刷
印刷 天津市银博印刷集团有限公司
经销 全国各地新华书店
书号 ISBN 978－7－5214－4711－8
定价 69.00 元

出版说明

为了贯彻党的二十大精神，落实《国家职业教育改革实施方案》《关于推动现代职业教育高质量发展的意见》等文件精神，对标国家健康战略、服务健康产业转型升级，服务职业教育教学改革，对接职业岗位需求，强化职业能力培养，中国健康传媒集团中国医药科技出版社在教育部、国家药品监督管理局的领导下，通过走访主要院校，对2019年出版的“全国高职高专院校食品类专业‘十三五’规划教材”进行广泛征求意见，有针对性地制定了第二轮规划教材的修订出版方案，并组织相关院校和企业专家修订编写“全国高等职业院校食品类专业第二轮规划教材”。本轮教材吸取了行业发展最新成果，体现了食品类专业的新进展、新方法、新标准，旨在赋予教材以下特点。

1.强化课程思政，体现立德树人

坚决把立德树人贯穿、落实到教材建设全过程的各方面、各环节。教材编写将价值塑造、知识传授和能力培养三者融为一体。深度挖掘提炼专业知识体系中所蕴含的思想价值和精神内涵，科学合理拓展课程的广度、深度和温度，多角度增加课程的知识性、人文性，提升引领性、时代性和开放性。深化职业理想和职业道德教育，教育引导学生深刻理解并自觉实践行业的职业精神和职业规范，增强职业责任感。深挖食品类专业中的思政元素，引导学生树立坚持食品安全信仰与准则，严格执行食品卫生与安全规范，始终坚守食品安全防线的职业操守。

2.体现职教精神，突出必需够用

教材编写坚持“以就业为导向、以全面素质为基础、以能力为本位”的现代职业教育教学改革方向，根据《高等职业学校专业教学标准》《职业教育专业目录(2021)》要求，进一步优化精简内容，落实必需够用原则，以培养满足岗位需求、教学需求和社会需求的高素质技能型人才，体现高职教育特点。同时做到有序衔接中职、高职、高职本科，对接产业体系，服务产业基础高级化、产业链现代化。

3.坚持工学结合，注重德技并修

教材融入行业人员参与编写，强化以岗位需求为导向的理实教学，注重理论知识与岗位需求 相结合，对接职业标准和岗位要求。在不影响教材主体内容的基础上保留第一版教材中的“学习目标”“知识链接”“练习题”模块，去掉“知识拓展”模块。进一步优化各模块内容，培养学生理论联系实践的综合分析能力；增强教材的可读性和实用性，培养学生学习的自觉性和主动性。在教材正文适当位置插入“情境导入”，起到边读边想、边读边悟、边读边练的作用，做到理论与相关岗位相结合，强化培养学生创新思维能力和操作能力。

4. 建设立体教材，丰富教学资源

提倡校企“双元”合作开发教材，引入岗位微课或视频，实现岗位情景再现，激发学生学习兴趣。依托“医药大学堂”在线学习平台搭建与教材配套的数字化资源(数字教材、教学课件、图片、视频、动画及练习题等),丰富多样化、立体化教学资源，并提升教学手段，促进师生互动，满足教学管理需要，为提高教育教学水平和质量提供支撑。

本套教材的修订出版得到了全国知名专家的精心指导和各有关院校领导与编者的大力支持，在此一并表示衷心感谢。希望广大师生在教学中积极使用本套教材并提出宝贵意见，以便修订完善，共同打造精品教材。

数字化教材编委会

主　编　胡雪琴　于　勇

副主编　梁芳慧　张　远　薛香菊　田艳花

编　者　（以姓氏笔画为序）

于　勇（湖南食品药品职业学院）

田艳花（山西药科职业学院）

江文杰（楚雄医药高等专科学校）

李　杰（雅安职业技术学院）

李文婷（重庆轻工职业学院）

张　远（山东医学高等专科学校）

张艳芳（内蒙古农业大学职业技术学院）

胡雪琴（重庆医药高等专科学校）

侯佰慧（重庆医药高等专科学校）

曹　杏（湖南食品药品职业学院）

梁芳慧（长春医学高等专科学校）

薛香菊（山东药品食品职业学院）

魏瑞芝（山东医学高等专科学校）

前言

食品理化分析技术是食品质量与安全、食品检测技术、保健食品质量与管理专业等食品类专业的必修课程和专业核心课程。本教材的第一版入选首批“十四五”职业教育国家规划教材，为满足知识的更新，遵循现行法律法规，在教育部新颁布的《普通高等学校高等职业教育（专科）专业目录（2021年）》指导下，根据本套教材的编写总原则和要求，以及《食品理化分析技术》教学大纲的基本要求和课程特点编写而成改版教材。

本教材依据《中华人民共和国食品安全法》等法律法规和《食品安全国家标准》《食品卫生检验方法——理化部分》等国家标准，结合国家职业资格目录（2021 年）以及新时期高等教育对课程思政的要求，以“宽基础，活模块”的编写模式，将传统教学内容进行整合、更新和优化，使教材真正“贴近学生、贴近岗位、贴近社会”。目前正值国家新旧版食品检测标准更替之际，为科学规范计，本教材采用的部分标准为出版时尚未实施但即将实施的国家标准。

本教材在第一版的基础上，拓展了适用专业；实时更新案例，为师生提供体现国家政策、行业规划、职业道德等的课程思政元素，供思政课堂使用；与国家法律法规一致，在检验标准中增加了团体标准及其要求。教材按 144 学时编写，分为三篇：上篇绪论，介绍食品理化分析的基础知识和基本技能，使学生初步认识食品理化分析技术；中篇为项目一至项目六，介绍食品常见成分检测和包装材料的检验，旨在培养学生的单项检测技能；下篇为综合实训，项目七至项目十一以不同类别食品为检验对象，按照食品卫生要求进行的食品综合检验，培养学生食品分析的综合能力。三部分既自成一体，又有机融合，充分体现了知识和技能培养的分层进阶。教材编写充分体现食品理化分析课程教学过程的理实一体特色，将相关理论知识和实训内容紧密结合；同一检测指标可能列出不同层次行业实际采用的多种检测方法，以满足不同区域不同学校的教学需要。教材每个项目的开篇都设有“学习目标”，包括“知识目标”“能力目标”和“素质目标”，用于指导教与学；目标后设置“案例导入”或在项目中设置“案例讨论”，结合生活实际激发学生学习兴趣；结束均有配套的“岗位对接”“重点小结”和“目标检测”，引发学生思考，并培养其理论联系实际的能力。本教材适用于高职高专食品质量与安全、食品检验检测技术、食品营养与健康专业等相关专业的学习，也可作为行业企业食品检验人员的继续教育培训教材和参考资料。

本教材编者由多年来在教学第一线同时具有行业工作经历的专业带头人和骨干教师组成，教材的顺利修订得到了重庆医药高等专科学校、湖南食品药品职业学院、长春医学高等专科学校、山东医学高等专科学校、山东药品食品职业学院、山西药科职业学院、重庆轻工职业学院、楚雄医药高等专科学校、雅安职业技术学院、内蒙古农业大学职业技术学院等院校的大力支持，特致以衷心感谢！团队成员始终以严谨、求实、科学的态度编写教材，但受能力所限，书中难免会有疏漏与不足之处，真诚希望所有读者不吝赐教、及时反馈，以便教材修改提高与完善。

编　者

2024 年 5 月

目录

模块一　基础知识与基本技能

模块二 常用检验技术

项目四 食品中有毒有害物质的测定 169

项目五 食品中功能性成分的检测 227

项目六 食品包装材料的检验 251

模块一　基础知识与基本技能

绪　论

学习目标

知识目标

1. **掌握**　食品理化分析技术的概念和内容；食品理化分析的流程。
2. **熟悉**　食品理化分析的任务和方法。
3. **了解**　食品理化分析实验室的设置和安全。

能力目标

1. 熟知并能正确选择食品理化分析的标准。
2. 能分析实验误差来源并正确修约数据。

素质目标

树立食品理化分析的责任感和使命感，培养严谨求实的细节意识和珍惜生命的安全意识。

案例导入

案例　近期，××省市场监督管理局组织抽检餐饮食品、糕点、蔬菜制品、粮食加工品、肉制品、食用农产品共6类食品445批次样品。不合格产品情况：标称某公司生产的“鸡枞菌”，不合格项目为总汞（以Hg计），检验结果为2.5mg/kg，标准规定为≤1.80mg/kg；某菜馆销售的“油条”，不合格项目为铝的残留量（干样品，以Al计），检验结果为513mg/kg，标准规定为≤100mg/kg；某超市销售的某米粉厂生产的“叶儿粑粉”，不合格项目为二氧化硫残留量，检验结果为0.032g/kg，标准规定为不得使用；干杂店销售的“活乌鱼”，不合格项目为磺胺类（总量），检验结果为459.79g/kg，标准规定为≤100g/kg；标称由某食品有限公司生产的“五香卤肘（酱卤肉制品）”，不合格项目为亚硝酸盐（以亚硝酸钠计），检验结果为36mg/kg，标准规定为≤30mg/kg。

讨论　1. 完整的食品检验流程是怎样的？

2. 食品检验及检验结果判断的依据是什么？

3. 作为食品检验人员，应具备什么样的职业道德以保证食品检验结果真实有效？

任务一　课程导入

PPT

民以食为天，食以安为先。食品提供人体需要的多种营养素，是人类赖以生存的物质基础。“食品安全”和“食品营养”是评价食品价值的重要因素，而食品理化分析则是实现食品品质评价的重要手段。

一、食品理化分析技术的概念

食品理化分析是基于分析化学、营养与食品卫生和食品化学等知识和技能，使用现代分离分析技术，对食品的营养成分、与食品安全有关的成分进行分析检测，并将检测结果与食品相关标准进行比较，以判断食品是否符合食用要求的过程。

食品理化分析技术即是在食品理化分析过程中所采用的各种方法和技术。常见的方法和技术有密度、折射率、旋光度等物理分析法，质量分析法，滴定分析法，光谱法，色谱法等。分析方法和技术的使用，按照国家食品卫生检验方法（理化部分）和食品安全国家标准等，并结合具体情况予以选择。

二、食品理化分析的任务

实际工作中，食品理化分析技术应用于食品“从田间到餐桌”的全过程，对于保障食品的安全和食品的营养；预防食物中毒和食源性疾病的产生；研究食品化学性污染的来源、途径及其控制；开发食品新资源、研发食品新工艺等都具有非常重要的意义。食品理化分析的主要任务如下。

（一）食品品质检验

食品品质检验贯穿食品生产和使用的全过程，按照食品相关标准，检验食品原辅料、加工半成品和成品的质量，也对包装、运输、储存和食用过程中的食品进行检验。食品品质检验对象包括：食品中的营养物质；因满足食品工艺需要而额外添加的物质；食品中的、食品生产流程中所产生或被污染的有毒有害物质；以及与食品相关的包装材料等。食品品质检验既可用于食品生产企业的自我检查，也可作为行业主管部门和第三方检测机构的抽检和委托检验以确保食品无毒、无害，并符合应当有的营养要求。

（二）食品生产管控

食品生产流程及其工艺条件的选择非常重要，食品检验可为其提供重要的参考。如粮食加工中，可通过测定并控制灰分含量，来获取不同加工精度和不同等级的面粉；通过测定和控制食品中的水分含量来节约生产成本和能源。因此，食品理化分析有助于生产者全面了解其产品生产情况，为制定生产计划、核算成本提供依据。

（三）食品开发和研究

此外，食品检验还为新食品资源的开发、新优质产品的研制、生产工艺的优化和改革，以及产品包装、贮运技术等的改革提供依据和方法建议。

任务二　食品理化分析的内容

PPT

食品种类繁多，成分复杂，与食品营养、安全相关的分析内容也因食品种类不同而十分丰富。从常量分析到微量分析，从定性分析到定量分析，从组成分析到形态分析，从实验室分析到现场快速检测，所涉及的分析方法多种多样，不尽相同。

一、食品中常见成分的检验

食品提供人类生命活动所需的能量和各种营养素。营养素包括蛋白质、脂肪、碳水化合物（包括膳食纤维）、维生素、矿物质和水六大类，而蛋白质、脂肪和碳水化合物则因为提供机体能量而被称为“产能营养素”。上述物质即为食品中的常见成分。

不同类别食品所含营养物质不同，如粮谷类富含碳水化合物；各种肉、蛋和乳则是蛋白质的优质来源，而蔬菜水果更多提供的是维生素和矿物质。通过食品常见成分的检测可以了解各类食品所含营养素的种类、质和量，以便个体平衡膳食、合理营养。

二、食品中添加剂的检验

为满足食品生产工艺、改善食品感官性状和食品品质、延长食品货架期等，在食品中所加入的某些合成或天然的物质，通常被称为食品添加剂。常见的食品添加剂包括甜味剂、防腐剂、着色剂、护色剂、漂白剂、抗氧化剂等。

食品添加剂并非食品固有，不当或过量使用和食用食品添加剂可能对机体产生危害，其使用品种、使用量及适用范围都必须符合食品添加剂相关管理制度。因此必须对食品中的食品添加剂进行检验和分析，以监督食品生产企业是否合理使用食品添加剂，从而保障食品安全。

三、食品中有毒有害物质的检验

食品中有毒有害物质可能来源于食品本身，也可能来源于食品的生产、加工、包装、运输、储存和销售等环节。有毒有害物质通过摄食行为进入机体而成为健康的严重危险因素，因此通过对食品中有毒有害物质的检验来确保食品安全意义重大。食品中常见有毒有害物质如下。

（一）农药和兽药残留

农药和兽药的正确使用可以促进动植物生长发育，控制病虫害或防治动物疾病，从而提高动植物食物原料的产量。但是不规范、不合理甚至违规使用农药和兽药的现象依然存在，因此动植物食物原料中不可避免的出现农药和兽药的残留，并可通过食物链进入人体而危害健康。

常见的农药可分为有机氯、有机磷、氨基甲酸酯和拟除虫菊酯等多种，常见的兽药诸如抗生素类、激素和其他生长促进剂。我国制定的各类食品中农药和兽药的残留限量标准和检测标准，是食品农药和兽药残留分析的法律依据。

（二）动植物毒素

动植物毒素不同于农药兽药残留，它是动植物食物原料本身所含有的有毒有害物质，食用含有该类物质的食品会导致机体食物中毒，不同毒素可能导致如过敏、腹泻、头疼、头晕、呼吸衰竭甚至死亡，因此其检验也非常必要。

生活中食物所含有的天然动植物毒素及其危害各不相同。如四季豆鲜豆中含有皂苷和血球凝集素，若食用未煮熟的四季豆易出现腹痛、腹泻等胃肠道症状和头晕、头痛、四肢麻木等精神异常；发芽的马铃薯含有大量的龙葵素，可因抑制呼吸中枢引起呼吸麻痹而导致食用者死亡；青皮红肉的海鱼含有较多的组氨酸，后者在机体中易脱羧成组胺而使人体出现皮肤瘙痒、脸色潮红、头晕、头痛、心率加快等过敏性症状；河豚的皮肤、血液、肝脏、肾脏等含有河豚毒素，误食者早期有手指、舌、唇刺痛感，然后出现恶心、呕吐、腹痛、腹泻等胃肠道症状，进而四肢无力、发冷、口唇和肢端知觉麻痹，严重者因呼吸衰竭而死亡。

（三）有害元素

因生产环境中重金属本底过高，或者食品加工过程不当如生产设备、包装材料等质量不合格，均会使食品受到砷、汞、铅、镉、锡等元素的污染，而这些元素在人体内均具有不同程度不同性质的危害。如日本历史上著名的水俣病即是因工业废水排放不当使环境被高浓度汞污染，汞继而富集在鱼体中而致食鱼者中毒。

我国对于谷类、蔬果类、水产品类和肉类等都制定了有害元素的限量标准，食品中有害元素的检测是食品理化分析的重要内容之一。

（四）细菌、霉菌及其毒素

因生产或储存不当而引起食品微生物污染，致病性微生物本身或其产生的毒素对人体产生危害。甘蔗感染红腐真菌引起红腐病，霉变的甘蔗会导致食用者中毒：最初为呕吐、头晕、视物模糊，进而眼球偏侧凝视、阵发性抽搐，抽搐时四肢强直、大小便失禁，最后昏迷，出现呼吸衰竭而死亡。霉菌如黄曲霉、赭曲霉、玉米赤霉等感染食物后产生黄曲霉毒素、赭曲霉毒素和玉米赤霉烯酮，上述毒素对人类具有致癌性，尤其黄曲霉毒素是强致癌物质。

我国制定了食品中霉菌毒素的限量标准和相关检测方法，用于相关食品安全的管控。

（五）食品生产加工各环节中产生的有毒有害物质

在食品发酵、腌渍、熏制等加工过程中，因环境条件的改变易使食品中的蛋白质、氨基酸和脂肪等分解，或者物质间相互作用而产生有毒有害物质。如泡菜在腌渍过程中尤其是初期形成亚硝胺；高温油炸食品中产生多环芳胺；食材烧烤过程中产生苯并［α］芘等。

我国对上述有毒有害物质制定了相应的卫生标准和分析方法予以检测。

四、食品中功能性成分的检验

食品中除蛋白质、脂肪等六大类营养物质外，还可能具有不同的功能性成分，对于人体生理功能的调节起着重要的作用。如大豆异黄酮具有雌激素样作用，被称为植物雌激素；茶多酚具有较强的抗氧化作用；香菇多糖则具有免疫调节作用；芦丁可有效防止血小板聚集而有助于血栓的防治。传统食品可因添加上述功能性成分而成为保健食品或功能性食品。国家设定了保健食品原料目录和保健功能目录，使保健食品适用于特定人群的机能调节，而不以疾病治疗为目的。

对于食品中的功能性成分，我国制定了相关的管理办法、检验标准和检验方法。

五、食品包装材料的检验

食品包装材料指与食品直接接触的容器、材料及辅助物，如使用不符合卫生标准的包装材料，易使包装材料中的有害物质污染食品或迁移到食品中。依包装材料的种类不同其含有的有害成分也不相同，如塑料容器中可能含有甲醛、甲苯和苯乙烯等；搪瓷、陶瓷可能含有重金属元素；塑料、橡胶等高分子聚合物中也可能存在双酚A、壬基酚等具有雌激素样作用的有害物质。

因此，食品包装材料的检验属于食品理化分析的重要内容。

任务三　食品理化分析的标准

PPT

食品质量依赖于食品质量管理和质量监督，而依据标准进行食品分析检验是达成食品质量管理和监督的重要手段。根据实际需要，食品理化分析可依据国际标准和国内相关标准。按照《中华人民共和国标准化法》《团体标准管理规定（试行）》的规定，我国标准分为五级：国家标准、行业标准、地方标准、团体标准和企业标准。国家标准分为强制性标准、推荐性标准，行业标准、地方标准是推荐性标准。强制性标准必须执行，国家鼓励采用推荐性标准。国家支持在重要行业、战略性新兴产业、关键共性技术等领域利用自主创新技术制定团体标准、企业标准。推荐性国家标准、行业标准、地方标准、团体标准、企业标准的技术要求不得低于强制性国家标准的相关技术要求。

一、国际标准

食品分析国际标准由国际标准化组织（ISO）、联合国粮农组织（FAO）和世界卫生组织（WHO）、美国公职分析家协会（AOAC）等组织机构制定，分别为 ISO 标准、CAC 标准和 AOAC 分析标准。

二、国家标准

国家标准由国务院标准化行政主管部门编制计划，组织草拟，统一审批、编号、发布。我国的国家标准用“国标”两个汉字的第一个字母“GB”表示。在食品标准中涉及安全、卫生的要求属于强制性标准，其他属于推荐性标准，以“GB/T”表示。

对保障人身健康和生命财产安全、国家安全、生态环境安全以及满足经济社会管理基本需要的技术要求，应当制定强制性国家标准。强制性国家标准由国务院批准发布或者授权批准发布。

对满足基础通用、与强制性国家标准配套、对各有关行业起引领作用等需要的技术要求，可以制定推荐性国家标准。推荐性国家标准由国务院标准化行政主管部门制定。

三、行业标准

对没有推荐性国家标准、需要在全国某个行业范围内统一的技术要求，可以制定行业标准。行业标准由国务院有关行政主管部门制定，报国务院标准化行政主管部门备案。如农业标准（NY）、商业标准（SB）、轻工标准（QB）、化工标准（HG）等。

四、地方标准

为满足地方自然条件、风俗习惯等特殊技术要求，且需要在省、自治区、直辖市范围内统一的工业产品的安全、卫生要求，可以制定地方标准。地方标准由省、自治区、直辖市人民政府标准化行政主管部门制定。地方标准以“DB”开头标示。

五、团体标准

国家鼓励学会、协会、商会、联合会、产业技术联盟等社会团体协调相关市场主体共同制定满足市场和创新需要的团体标准，由本团体成员约定采用或者按照本团体的规定供社会自愿采用。国务院标准化行政主管部门会同国务院有关行政主管部门对团体标准的制定进行规范、引导和监督。团体标准编号依次由团体标准代号、社会团体代号、团体标准顺序号和年代号组成。团体标准编号方法如下：社会团体代号由社会团体自主拟定，可使用大写拉丁字母或大写拉丁字母与阿拉伯数字的组合。社会团体代号应当合法，不得与现有标准代号重复。如中国食品工业协会制定的团体标准编号以“T/CNFIA ”开头标示。

六、企业标准

企业可以根据需要自行制定企业标准，或者与其他企业联合制定企业标准，并作为组织生产的依据。企业标准由企业组织制定（农业企业标准制定办法另定），并按省、自治区、直辖市人民政府的规定备案。企业标准前冠以“Q/”。

我国的食品理化分析首选国家标准。

任务四　分析检验中的误差和数据处理

PPT

一、误差

测量值与真实值之间的差异称为误差。在定量分析过程中，由于受到仪器、实验条件、环境、分析工作者等主客观因素的限制，测量不可能无限准确，物理量的测量值与客观存在的真实值之间总会存在着一定的差异，这种差异就是测量误差。误差客观存在，难以避免，只能减小。

根据误差的性质和产生的原因，可将其分为系统误差和随机误差。

（一）系统误差

系统误差也称规律误差、可定误差，是由于分析过程中某些比较确定的因素造成的。在相同的条件下，重复测定时系统误差会重复出现，使测定结果系统偏高或系统偏低，其数值大小也有一定的规律，即测量值总是比真值大或小。系统误差的大小、正负可以测定，并可设法加减以校正。系统误差产生的原因主要有以下几个方面。

1. 方法误差　由于分析方法本身不够完善带来的误差，其误差的大小与分析方法的特性有直接关系。例如在滴定分析中，由于反应未能定量完成，滴定终点与化学计量点之间存在差异，以及其他副反应的发生所引入的误差；在重量分析中，由于存在沉淀的溶解或共沉淀等情况而引入的误差，都属于方法误差。

2. 仪器误差　这种误差主要是因为仪器不够精准或没有规范使用仪器所致。如容量仪器刻度不够准确而又未经校正；天平未经校正就称取样品；分光光度计的波长未校准等，都将产生仪器误差。

3. 试剂误差　由于所用试剂不纯等原因所造成的误差。例如所用蒸馏水中含有微量杂质；试剂中含有微量的待测组分或干扰物质；试剂过期、变质、被污染等均，可引入试剂误差。

4. 操作误差　主要是由于人员操作欠规范而引起的误差。例如，操作人员在读取滴定管的读数时习惯性地偏高或偏低；滴定终点辨识指示剂的颜色时偏深或偏浅，均能产生操作误差。操作误差的大小因人而异，但同一操作者的操作误差往往是固定的。

系统误差按其出现的规律，可分为恒量误差和比例误差。不管测量次数多少，恒量误差的绝对值保持不变，与样品的重量无关。由恒量误差造成的相对误差随被测组分含量的增加而减少。例如，滴定分析中的指示剂空白属于恒量误差，如果恒量误差为0.05ml，则滴定体积为5.00ml时，相对误差为1%；滴定体积为25.00ml时，相对误差为0.2%。比例误差的绝对值随样品量的增加而成比例增加，但相对误差保持不变。

系统误差一般可以采用校正或制定标准规程予以减小。如标准方法对照法，选用国家标准方法与所采用的方法进行比较，从而找出方法的误差；另外可做空白试验，消除由试剂、蒸馏水以及器皿引入的杂质所造成的误差；或做对照试验，即用一致含量的标准试样在与试样测定完全一致的条件下进行分析测定，可发现分析过程中系统误差的大小。对样品的组成不太清楚或无标准样品做对照试验时，可向样品中加入已知量的待测物质，与另一份待测样品进行平行试验，以加入待测物质的回收率来检验系统误差的大小，并对分析结果进行校正。

（二）随机误差

随机误差也称偶然误差或不定误差，是由于在测定过程中一系列难以控制的有关因素微小的随机波动而形成的具有相互抵偿性的误差。例如，分析过程中温度、湿度、磁场、电压、气压等的偶然变化；分析人员对平行试样测量的微小差异等均可引入偶然误差。对一个指标进行多次测量，其测量误差的大小正负不定，似无规律可循，但多次测量可发现这种误差服从统计学正态分布。即绝对值相同的正负误差出现的概率基本相同，所以在分析工作中可以通过增加平行测定的次数使它们之间互相抵消，取测量值的算术平均值或中位值报告结果，来减小随机误差对分析结果带来的影响。

分析工作中操作人员的粗心大意或不按规程操作，例如，溶液溅失、加错试剂、看错砝码、读错刻度、记录和计算错误等过失不属于操作误差。操作中的过失会给测量结果带来严重影响。由过失引起的错误结果，应舍弃，不能用于结果的计算。为避免此类过失的发生，要求分析人员应具有较强的工作责任心，严格遵守操作规程。

二、数据处理

在科学实验中，为了得到准确的测量结果，不仅要准确地测量各种数据，而且要准确地记录和计算这些数据。

（一）有效数字

通过直读获得的准确数字叫作可靠数字；通过估读得到的那部分数字叫作存疑数字。把测量结果中能够反映被测量大小的带有一位存疑数字的全部数字叫有效数字。例如，用分度值为0.1ml的50ml滴定管，滴出某溶液，读数为25.24ml，其中25.2为可靠数字，而小数点后第二位数字4是存疑数字，有±0.01ml的误差，记为四位有效数字。

分析结果的数值不仅表示样品中被测物质含量的多少，还应反映测量结果的准确度。所以，在记录实验数据和进行结果计算时，应根据测量的准确度保留最后结果的有效位数。在测量准确度的范围内，有效数字的位数越多，其测量的准确度也越高。所以必须根据所用方法和仪器的准确度来决定有效数字的位数。

食品定量分析中常遇到的数据记录列举如下：

样品质量	万分之一分析天平	0.3840g	四位有效数字
溶液体积	滴定管计量	25.00ml	四位有效数字
	移液管吸取	25.00ml	四位有效数字
	量筒量取	25ml	两位有效数字
溶液浓度	—	0.1000mol/L	四位有效数字
	—	0.1mol/L	一位有效数字
质量分数	—	20.04%	四位有效数字
pH	—	8.56	两位有效数字

注意数字“0”在数据中具有几种意义。0如果作为普通数字使用，即数字之间的0和小数末尾的0，它是有效数字；从左边第一位非零数字左侧的0只起定位作用，不是有效数字。以0结尾的整数，最好用10的幂指数表示，例如24 600取三位有效数字，应记为2.64×10^{-4}。

pH、pM、logK等对数值，其有效数字的位数仅取决于小数部分的位数，因整数部分只说明该数的方次。例如，pH＝8.56，即［H^+］＝2.8×10^{-9}mol/L，其有效数字为两位，而不是三位。

（二）有效数字的处理规则

食品定量分析数据处理时，需用从测量过程中的不同步骤读取若干次实验数据，再经过一定的运算计算最终分析结果，而这些实验数据的准确度可能并不一致，这就要求在数据处理时，必须按一定规则进行计算，其运算规则如下。

1. 加减法 几个数字相加、减时，以小数点后位数最少（绝对误差最大）的数据为基准，其他数据修约至与其相同的小数位，再进行加减计算，最终计算结果保留最少的位数。例如，0.042、32.11和2.235547相加，在计算之前，应将其他数据按“四舍六入五留双”的原则整理保留至两位小数后，再相加，即：$0.04+32.11+2.24=34.39$。

2. 乘除法 以有效数字最少的数据为基准，其他有效数修约至相同，再进行乘除运算，计算结果仍保留最少的有效数字。例如83.26、2.114和0.00138之积，其各个数据的相对误差为0.012%、0.047%、0.72%，因数据0.00138的相对误差最大，有效数字的位数最少，故应以其位数为准。先将另外两个数据按“四舍六入五留双”的原则修约，然后求积：$83.3\times2.11\times0.00138=0.2426$。

3. 对数计算 所取对数应与真数的有效数字位数一致。如某溶液的pH为1.23，只要两位有效数字，故其H^+活度为0.059mol/L。

4. 非测量数据 在运算中，如π、e等的数值及2，2/3，倍数等的有效数字，可以认为无限制，不影响结果有效数字的确定。即在计算中，可以取任意数。

5. 首数大于等于8的数据 计算有效数字时，如第一位有效数字等于或大于8，其有效数字的位数可以多算1位。例如，8.35实际上只有3位有效数字，但可认为它有4位有效数字。

6. 计算过程中的数据 可以暂时多保留一位数字，得到最后结果再根据“四舍六入五留双”的原则弃去多余的数字。

7. 有效数字的修约规则 有效数字的修约规则可总结为“四舍六入五留双，五后非零则进一，五后皆零视奇偶，五前为奇则进一，五前为偶则舍弃，不许连续修约”。即当尾数小于或等于4时舍去；当尾数大于或等于6时进1；当尾数恰好等于5时，则要看保留下来的尾数是奇数还是偶数，如为奇数则进1，反之舍去。所拟舍弃的数字，若为两位以上数字时，不得连续修约，应根据左边第一个数字大小，按上述规定修约一次。

任务五 食品理化分析的流程

PPT

一、采样

在食品样品采集前，应根据食品卫生标准规定的检验项目和检验目的，进行卫生学调查。审查该批食品的有关证件，如标签、说明书、卫生检疫证书、生产日期、生产批号等。了解待检食品的原料、生产、加工、运输、储存等环节和采样现场样品的存放条件以及包装情况等，并对食品样品进行感官检查，对感官性状不同的食品应该分别采样、分别检验。在采样的同时应该记录现场情况、采样地点、采样时间、所采集的食品名称（商标）、样品编号、采样单位及采样人等事项。根据检验目的，选用硬质玻璃瓶或聚乙烯制品作为采样容器。

（一）食品样品的采集原则

对于食品理化检验，通常是从产品中抽取少量的、具有一定代表性的样品来进行检验分析，将检验结果作为这一批食品的检验结论。正确的采样必须遵循两个原则：一是所采样品应具有代表性，即所采集的食品样品应该反映总体的组成、质量和卫生状况。采样标签应完整、清楚。必须注意食品的生产日期、批号和均匀性，尽量使处于不同方位、不同层次的食品样品采集的机会均等，采样时不应该带有主观选择性。对于掺伪食品和致食物中毒的样品，应该采集具典型性的样品。二是采样过程要设法保持原有食品的理化性质，防止待测成分的损失及污染。

（二）食品样品的采集方法

食品样品的采集方法有随机采样和代表性采样两种。随机采样是按照随机原则从大批食品中抽取部分样品，抽取样品应注意各部分都有均等的采集机会。代表性采样是根据食品样品的空间位置和时间变化的规律进行采样，使采集的样品能代表其相应部分的组成和质量。如分层取样、在生产过程的各个环节中采样、定期抽取货架上不同陈列时间的食品等。实际工作中，一般采用随机采样和代表性抽样相结合的方式，具体的采样方法则随分析对象的性质而异。

1. 固态食品

（1）大包装固态食品　按采样件数的计算公式：采样件数 = $\sqrt{总件数/2}$，确定采集的大包装食品件数。在食品堆放的不同部位分别采样，取出选定的大包装，用采样工具在每一个包装的三层（上、中、下）五点（周围四点和中心点）取出样品。将采集的样品充分混匀，利用“四分法”缩减到所需的采样量。

（2）小包装食品（如罐头、袋或听装奶粉、瓶装饮料等）　一般按批次或批号随机取样，同一批号取样件数，包装250g以上的不得少于6个，250g以下的包装不得少于10个。如果小包装外还有大包装（纸箱等），可在堆放的不同部位抽取一定数量的大包装，打开包装，从每个大包装中按“三层、五点”抽取小包装，再缩减到所需的采样量。

（3）散装固定食品　对散装固定食品如粮食，应自每批食品的上、中、下三层中的不同部位分别采集部分样品，混合后用“四分法”对角取样，经几次混合和缩分，最后取出有代表性的样品。

2. 液态及半固态食品（植物油、鲜乳、酒类、液态调味品和饮料等）　对储存在大容器（如桶、缸、罐等）内的食品，应先混合后再采样。采用虹吸法分上、中、下三层采出部分样品，充分混合后装在三个干净的容器中，作为检验、复检和备查样品；对于散（池）装的液体食品，可采用虹吸法在储存池的四角及中心五点分层取样，每层取500ml左右，混合后再缩减到所需的采样量。样品量多时可采用旋转搅拌法混匀，样品量少时可采用反复倾倒法。

3. 组成不均匀的食品（如肉、鱼、果品、蔬菜等）　对于组成不均匀的食品的肉、鱼、果品、蔬菜等食品，由于本身组成或部位不均匀，个体大小及成熟程度差异很大，取样时更应注意代表性，可按下述方法取样。

（1）肉类、水产品等　应按分析项目的要求，分别采取不同部位的样品，如检测六六六、滴滴涕农药残留，可以在肉类食品中脂肪较多的部位取样或从不同部位取样，混合后作为样品。对小鱼、小虾等可随机抽取多个样品，切碎、混匀后，缩分至所需采样量。

（2）果蔬　个体较小的果蔬类食品（如青菜、蒜、葡萄、樱桃等），随机取若干个整体，切碎混匀，缩分到所需采样量；个体较大的果蔬类食品（如西瓜、苹果、萝卜、大白菜等），可按成熟度及个体大小的组成比例，选取若干个体，按生长轴纵部分划分成4或8份，取对角2份，切碎混匀，缩分至所需采样量。

4. 含毒食物和掺伪食品　应采集具典型性的样品，尽可能采取含毒物或掺伪最多的部位，不能简单混匀后取样。

采集完毕，根据检验项目的要求，将所采集的食品装在适当的玻璃或聚乙烯塑料容器中，密封，贴好标签，带回实验室分析。对于某些不稳定的待测成分，在不影响检测的条件下，可以在采样后立即加入适当的试剂，再密封。

通常食品样品的所需采集量应该根据检验项目、分析方法、待测食品样品的均匀程度等确定。一般食品样品采集1.5kg，将采集的样品分为三份，分别供检验、复查和备查或仲裁用。

二、分样

根据卫生标准，不同食品需要检测的指标各不相同。样品采集完成后，应对样品按照需要检测的指标进行分样。

如大米样品会分派铅、镉、铬、总汞和无机砷到元素组进行检测；分派苯并［α］芘、黄曲霉毒素B_1、赭曲霉毒素A、多菌灵和甲萘威到液相色谱检测组进行检测；分派马拉硫磷、甲基毒死蜱和杀虫双到气相色谱检测组进行检测。

食用植物油样品会分派铅和总砷到元素检测组进行检测；分派酸价、过氧化值和游离棉酚到常规理化检测组进行检测；分派苯并（a）芘、黄曲霉毒素B_1到液相色谱检测组进行检测；分派溶剂残留量、丁基羟基茴香醚、二丁基羟基甲苯、特丁基对苯二酚、反式脂肪酸（C18：1T）和反式脂肪酸（C18：2T+C18：3T）到气相色谱检测组进行检测。

酱卤肉样品会分派铅、镉、铬和总砷到元素检测组进行检测；分派亚硝酸盐、苯甲酸及其钠盐、山梨酸及其钾盐、苋菜红、柠檬黄、胭脂红、日落黄、新红、赤藓红、酸性橙Ⅱ、克伦特罗、沙丁胺醇、莱克多巴胺到液相色谱检测组进行检测；分派*N*-二甲基亚硝胺到气相色谱检测组进行检测。

由于样品种类繁多，此处不一一列举。但操作者需要熟悉国家食品卫生标准和安全标准，并按其要求完成分样及其后续的检测工作。

三、样品制备与处理

（一）样品制备

样品的制备是对采集的样品进行分取、粉碎、混匀等处理工作。由于许多食品各部位的组成差异很大，而且采集的样品量通常较分析所需的样品量多，因此样品在检验前必须经过样品制备过程，使检验样品具有均匀性和代表性，以获得可靠的分析结果。对于不同的食品，样品制备方法不同。食品样品制备步骤一般如下。

1. 去除非食用部分 食品理化检验中用于分析的样品一般是指食品的可食部分。对其中的非食用部分，应该按照食用习惯预先去除。对于植物性食品，根据品种不同去除根、皮、茎、柄、叶、壳、核等非食用部分；对于动物性食品需去除羽毛、鳞爪、骨、胃肠内容物、胆囊、甲状腺、皮脂腺、淋巴结等；对罐头食品，应注意清除其中的果核及葱和辣椒等调味品。

2. 除去机械杂质 所检验的食品样品应该去除生产和加工中可能混入的机械杂质，如植物种子、茎、叶、泥沙、金属碎屑、昆虫等异物。

3. 均匀化处理 某些食品样品在采集时已经切碎或混匀，但还不能达到分析的要求，需要搅拌、切细、粉碎、研磨或捣碎等，使检验样品充分混匀。制备样品时，应选用惰性材料，如不锈钢、聚四氟乙烯塑料等制成的均匀化器械，避免处理过程中食品样品受到污染。在制备过程中，还应防止易挥发性成分的逸散及避免样品组成和理化性质的变化。

对于比较干燥的固体样品（如粮食等），样品粉碎后应通过标准分样筛，一般应通过20~40目分样筛，或根据分析要求的方法过筛。过筛时要求样品全部通过规定的筛孔，未通过的部分样品应再粉碎后过筛，不得随意丢弃。

对于液态或半液态样品如牛奶、饮料、液体调味品等，可用搅拌器充分搅拌均匀。对于含水量较高的水果或蔬菜类，一般先用水洗净泥沙，揩干表面附着的水分，取不同部位的样品，放入高速组织捣碎组织机中匀浆（可加入等量的蒸馏水或按分析方法的要求加入一定量的溶剂）。对制备好的食品样品应尽可能地及时处理或分析。

（二）食品样品的前处理

样品的前处理是指食品样品在测定前消除干扰成分，浓缩待测组分，使样品能满足分析方法要求的操作过程。由于食品的成分复杂，待测成分的含量差异很大，其他共存的组分常会干扰待测成分的检验，必须在分析前去除干扰成分。此外，对于食品中的含量极低的待测组分，还必须在测定前对其进行富集浓缩，以满足分析方法的检出限和灵敏度的要求。通常可以采用水浴加热、吹氮气或空气、真空减压浓缩等方法将样品处理液进行浓缩。

样品的前处理是食品理化检验中十分重要的环节，直接关系着分析工作的成败。常用的样品前处理方法较多，应根据食品的种类、待测组分的理化性质及所选用的分析方法来确定样品的前处理方法。

1. 无机化处理　通常是指采用高温或高温强氧化条件下，使食品样品中的有机物分解并呈气态逸出，而待测成分则被保留下来用于分析的方法。该方法主要用于食品中无机元素的测定。根据具体操作条件不同，可分为湿消化法和干灰化法两大类。

（1）湿消化法　在适量的食品样品中，加入氧化性强酸，加热，使待测物质分解。优点：采用湿消化法分解有机物的速度快，所需时间短；加热温度较干灰化法低，可以减少待测物质的挥发损失。缺点：在消化过程中，产生大量的有害气体，操作必须在通风橱中进行；试剂用量较大，有时空白值较高；在消化初期，消化液反应剧烈产生大量泡沫，可能溢出消化瓶，消化过程中也可能出现炭化，这些都易造成待测物损失，所以需细心操作。常见的湿消化法有硫酸消化法、硫酸－高氯酸消化法和硝酸－硫酸消化法。

（2）干灰化法　是在一定温度和气压下加热，使待测物质分解、灰化，样品中的有机物氧化分解成二氧化碳、水和其他气体而挥发，留下无机物很适合微量元素分析。干灰化法的优点在于：操作简便，试剂用量少，有机物破坏彻底；由于基本上不加或加入很少的试剂，因而空白值较低；能同时处理多个样品，适合批量样品的前处理；灰化过程中不需要一直看守，省时省事。本法适用范围广，可用于多种痕量元素的分析。干灰化法的缺点：灰化时间长，温度高，故容易造成待测成分的挥发损失；其次是高温灼烧时，可能使坩埚材料的结构改变形成微小空穴，对待测组分有吸留作用而难于溶出，致使回收率降低。

2. 干扰成分的去除　测定食品中的各种有机成分时，可以采用多种前处理方法，将待测的有机成分与样品基体和其他干扰成分分离后再进行检测。常用的去除干扰成分，分离、净化待测组分的前处理方法如下。

（1）溶剂提取法　依据相似相溶的原则，用适当的溶剂将某种待测成分从固体样品或样品浸提液中提取出来，是食品理化检验中最常用的提取方法之一。溶剂提取法一般可分为浸提法和液－液萃取法。

1）浸提法　利用样品中各组分在某一溶剂中溶解度的差异，用适当的溶剂将食品样品中的某种待测成分提取出来，与样品基体分离。包括振荡浸渍法、捣碎法、索氏提取法、超声波提取法等。

2）液－液萃取法　在液体混合物中加入与其不相混溶的溶剂，利用其在溶剂中的不同溶解度而达到分离或提取目的。

（2）挥发法和蒸馏法　利用待测成分的挥发性或通过化学反应将其转变成为具有挥发性的气体，而与样品基体分离，经吸收液或吸附剂收集后用于测定，也可直接导入检测仪测定。常用的如扩散法、顶空法、蒸馏法、吹蒸法、氢化物发生法等。

(3) 色谱分离法　不同物质在流动相与固定相中分配系数不同，分配系数大的组分迁移速度慢，反之则迁移速度快，从而实现各组分之间的分离。如柱色谱法、纸色谱法、薄层色谱法等。

(4) 固相萃取　是在小柱中填充适当的固定相制成固定萃取柱，当样品液通过小柱时，待测成分被吸留，用适当的溶剂洗涤去除样品基体或杂质，然后将待测组分洗脱收集，从而达到分离、净化和浓缩的目的。与传统的液－液萃取法相比，固相萃取可减少样品预处理过程，操作简单、省时、省力，可以提高分析物的回收率，更有效地将分析物与干扰组分分离，广泛的应用在医药、食品、环境、商检、化工等领域。

(5) 透析法　利用高分子物质不能透过半透膜，而小分子或离子能通过半透膜的性质，实现大分子与小分子的分离。

(6) 沉淀分离法　利用沉淀反应进行分离的方法。在试样中加入适当的沉淀剂，使被测组分或干扰成分沉淀下来，经过滤或离心达到分离目的。

此外，近年来常采用固相微萃取、加压溶剂萃取以及超临界萃取等样品前处理技术。

四、样品检测

样品检测即是将经过前处理的样品进行定性和定量分析，几乎所有的化学分析和现代仪器分析方法都可以用于食品检测。食品检测方法的选择原则是首选国标方法，同一标准中又以第一法为仲裁方法，未指明第一法的，可根据实验室条件，尽量采用灵敏度高、选择性好、准确可靠、分析时间短、经济实用、适用范围广的分析方法。

食品检测可采用感官检验、物理检验、化学分析、仪器分析（物理化学分析法）以及生物化学分析（酶分析和免疫学分析）等方法。

（一）感官检验

感官检验是通过人体器官的感觉定性检查和判断产品质量的方法。该方法按照感官评定方法以检验者自身对食品的嗜好倾向作出评价，再运用统计学原理对评价结果进行分析而得出结论。食品感官检验的主要方法有视觉检验、嗅觉检验、味觉检验、听觉检验和触觉检验。

感官检验简单易行、直观实用，具有理化检验和微生物检验方法所不可替代的功能。如果感官检验发现食品已发生明显的质变，则不必再进行理化和微生物检测，直接可判断为不合格食品。因此，感官检验应先于理化和微生物检验。各类食品感官检验按照我国食品安全标准中有关规定执行。

（二）物理检验

根据食品的物理常数（如密度、相对密度、折射率和旋光度等）与食品的组分含量之间的关系进行检测。食品的物理检验主要有密度和相对密度检验，折光率检验，比旋光度检验，黏度检验，液态食品透明度、浊度和色度检验，气体压力检验以及固态食品的比体积测定等。物理检验快速、准确，是食品工业生产中常用的检测方法。

（三）化学分析

化学分析基于食品组成成分的化学性质进行，可分为定性分析和定量分析。在仪器分析高度发展的今天，化学分析法仍是食品理化检验中最基本的分析方法。此外，几乎所有食品样品的前处理都可采用化学方法来完成的。

与仪器分析不同，化学分析适用于食品的常量分析，常用的方法有质量分析和容量分析。质量分析是通过称量来确定食品的组分含量，如食品中水分、灰分、脂肪和纤维素等成分的测定；容量分析也叫滴定分析，包括酸碱滴定、氧化还原滴定、配位滴定和沉淀滴定。

（四）仪器分析

根据食品的物理和物理化学性质，利用特定仪器对物质进行定性定量分析。食品中微量成分或低浓度的有毒有害物质常采用仪器分析来进行检测。仪器分析方法一般具有灵敏、快速、准确的特点，但所用仪器设备较昂贵，分析成本较高。在我国食品安全方法标准中，仪器分析方法所占的比例越来越大。食品理化分析常用的仪器分析方法有紫外－可见分光光度计法、红外光谱法、原子吸收光谱法、原子发射光谱法、气相色谱法、高效液相色谱法、荧光分光光度法、薄层色谱法、电位分析法、库仑分析法、伏安分析法、极谱分析法、离子选择电极法、核磁共振波谱法以及气相色谱－质谱、液相色谱－质谱和电感耦合等离子体质谱法等。此外，许多全自动分析仪也已经被广泛应用，如蛋白质自动分析仪、氨基酸分析仪、脂肪测定仪、碳水化合物测定仪和水分测定仪等。

（五）酶分析法和免疫学分析法

酶分析法和免疫学分析法属于生物化学检验范畴。酶分析法是利用酶作为生物催化剂，进行定性或定量分析方法，可用于食品中微生物以及有机磷农药的快速检验，具有高效和专一的特征。免疫学分析法是利用抗原与抗体之间的特异性结合来进行检测的一种分析方法，在食品理化分析中，可制成免疫亲和柱或试剂盒，用于食品中霉菌毒素、农药残留的快速检测。

五、结果分析

（一）检验结果的表示方法

在食品理化分析中常用以下形式表示样品中被测物质的含量：百分含量，以（%）或 g/100g 表示；质量浓度，相对应的单位为 g/100ml、g/L、mg/100ml、mg/L、μg/L、ng/L 等。

（二）检验结果的评价

对于常规的分析检验结果的可靠性，常用的评价指标有准确度与精确度，下面分别进行介绍。

1. 准确度 指在一定实验条件下多次测定的平均值与真值相符合的程度，以误差来表示。在实际工作中，通常用标准物质或标准方法进行对照试验；在无标准物质或标准方法时，常通过加入被测组分的纯物质进行回收试验并计算回收率的方式来估计准确度。

回收试验是用于评价检验方法和测定准确度广泛采用的方法。在未知样品中加入已知量的标准物质，该样品称为加标样品。同时测定未知样品和加标样品，可计算出加入标准物质的回收率。测定回收率是目前实验室常用而又方便的确定准确度的方法，多次回收试验后还可发现检验方法的系统误差。

2. 精密度 是指在相同的条件下进行多次测定，其结果相互接近的程度，是反映同一样品多次测定结果重现性的指标，它表示了各次测定值与平均值的偏离程度。

精密度一般用绝对偏差、相对偏差、算术平均偏差、标准偏差、变异系数等来表示。

3. 准确度和精密度的关系 准确度和精密度是评价分析结果的不同指标。准确度是指测量值与真实值之间的差异大小，准确度越高，则测量值和真实值之间的差异就越小。精密度是指多次平行测量的测量值之间的接近程度，精密度越高，则多次平行测量的测量值之间就越接近。二者之间的关系是：准确度高，则精密度就一定高；精密度高，准确度却不一定高；精密度是保证准确度的前提。

4. 提高分析结果准确度与精密度的方法 为了获得准确可靠的测定结果，必须提高分析方法的准确度和精密度，通常可采用以下措施：选择合适的分析方法；选取适宜样品量；定期标定或校正试剂、仪器和器皿；适当增加测定次数；进行空白试验、对照试验和回收试验等。

六、结果报告

食品理化分析的结果最后要以检验报告的形式表达。检验报告单必须列出各个项目的测定结果，并与相应的质量标准相对照比较，从而对产品做出合格或不合格的判断。报告单的填写需认真负责、实事求是、一丝不苟、准确无误，按照有关标准进行公正的仲裁。检验结果报告参考格式见图绪 -1。

xx 食品安全监督抽检和风险监测检验报告（样式）

（检验报告封面内容）

CMAF　CMA　CNAS

检 验 报 告

No: 检验报告编号

食品名称：

被抽样单位：

生产者：

委托单位：下达监督抽检任务部门

检验类别：

检验机构名称

(a) 检验报告封面

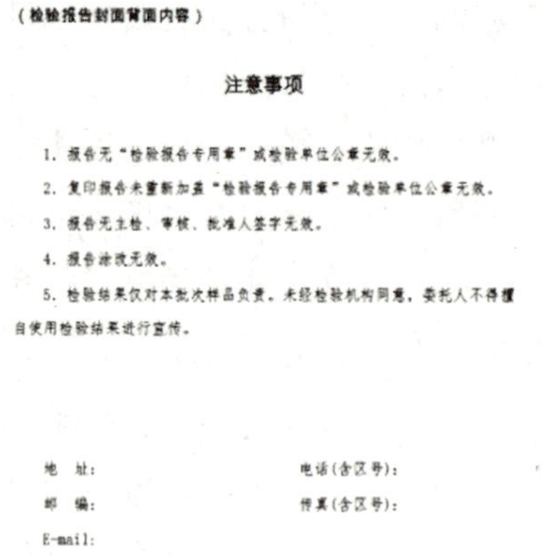

（检验报告封面背面内容）

注意事项

1. 报告无“检验报告专用章”或检验单位公章无效。
2. 复印报告未重新加盖“检验报告专用章”或检验单位公章无效。
3. 报告无主检、审核、批准人签字无效。
4. 报告涂改无效。
5. 检验结果仅对本批次样品负责。未经检验机构同意，委托人不得擅自使用检验结果进行宣传。

地 址：　　电话(含区号)：

邮 编：　　传真(含区号)：

E-mail:

(b) 检验报告封里

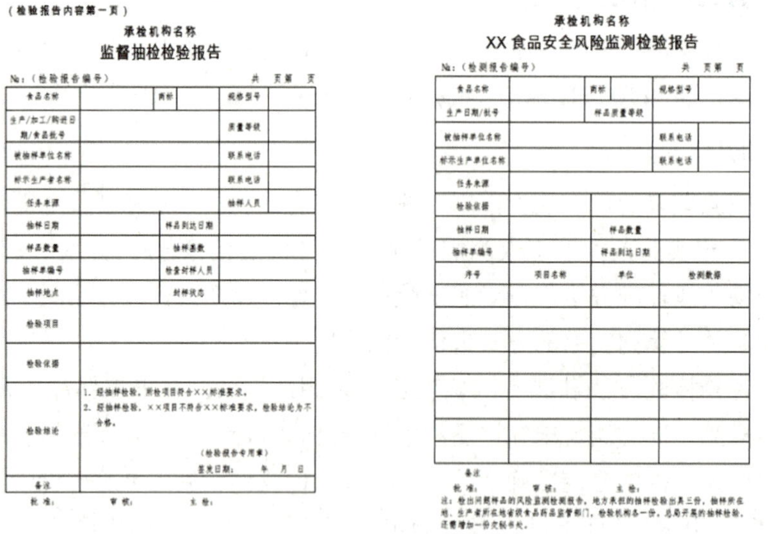

（检验报告内容第一页）

承检机构名称

监督抽检检验报告

No：（检验报告编号）　　共 页第 页

食品名称		商标		规格型号	
生产/加工/购进日期/食品批号				质量等级	
被抽样单位名称				联系电话	
标示生产者名称				联系电话	
任务来源				抽样人员	
抽样日期		样品到达日期			
样品数量		抽样基数			
抽样单编号		检查封样人员			
抽样地点		封样状态			
检验项目					
检验依据					
检验结论	1. 经抽样检验，所检项目符合××标准要求。 2. 经抽样检验，××项目不符合××标准要求，检验结论为不合格。 （检验报告专用章） 签发日期： 年 月 日				
备注					

批准：　审核：　主检：

承检机构名称

XX 食品安全风险监测检验报告

No：（检测报告编号）　　共 页第 页

食品名称		商标		规格型号	
生产日期/批号		样品质量等级			
被抽样单位名称				联系电话	
标示生产单位名称				联系电话	
任务来源					
检验依据					
抽样日期		样品数量			
抽样单编号		样品到达日期			
序号	项目名称	单位	检测数据		

备注

批准：　审核：　主检：

注：检出问题样品的风险监测检测报告，地方承担的抽样检验出具三份，抽样所在地、生产者所在地省级食品药品监管部门、检验机构各一份，总局开展的抽样检验，还需增加一份交秘书处。

(c) 检验报告内容页

图绪 -1　某食品安全监督抽检和风险监测检验报告（样式）

任务六　食品理化分析实验室安全

PPT

食品理化分析实验室是利用各种试剂及仪器设备完成实验的主要场所。食品理化分析实验室的主要安全包括中毒与污染的预防、防止可能的燃烧或爆炸以及正确处理实验过程中产生的三废物质。

一、防止中毒与污染

（一）剧毒试剂

所有试剂必须有标签，剧毒试剂如氰化钾、三氧化二砷（砒霜）等要有明显的标志，应锁在专用的剧毒柜中保管，必须制定保管制度、建立双人登记签字领用制度。

（二）吸入中毒试剂

能够产生有毒气体或蒸气的试剂或试验，例如样品的湿法消化和赶酸过程，必须在通风柜内进行操作。严禁用鼻子贴近试剂瓶口鉴别试剂。如工作需要，必须嗅闻时，用右手微微扇风，头部应在侧面，并保持一定距离。对于特殊试剂和实验必须按操作规程佩戴防毒口罩等防护设备。

（三）接触中毒试剂

通过接触皮肤被吸收引起中毒的试剂，如有机磷农药、苯等，使用时严禁入口，事先要做好防护工作，佩戴橡胶手套、口罩、护目镜等，切勿让有毒物质黏附五官或伤口。

用移液管吸取有毒或腐蚀性液体时，管尖必须插入液面以下，防止夹带空气使液体冲出，用橡皮吸球吸取，禁止用嘴代替吸球。

（四）妥善保管试剂和残渣

使用后的有毒试剂和试验后的有毒残渣要妥善保管处理，使用后的器皿要及时清理。

（五）严禁在实验室内饮水、进食、吸烟。严禁生活用品与实验用品混用、混放。

（六）进实验室要穿工作服，实验完毕要用肥皂水充分洗手。

二、防止燃烧与爆炸

（一）妥善保存试剂

易燃、易爆、强氧化剂等试剂按化学品类别分类妥善保存，使用时必须严格遵守操作规程。如高氯酸、过氧化氢，禁止振动、碰撞和摩擦，应低温，并与其他易燃物分开放置保管。尤其注意浓高氯酸应存放在远离有机物及还原物质（如乙醇、甘油、次磷酸盐等）的地方，以防止高氯酸与有机物质或还原物质接触发生危险事故。

对于混合后会迅速生成大量气体或放出大量热的试剂，实验器皿要预先进行安全检查，实验反应要在通风柜或特种设备中进行，防止发生爆炸。在实验操作过程中必须仔细、认真；实验台要保持整洁，不用的试剂瓶要摆放到试剂架上，避免试剂打翻或误用造成事故。

（二）严防明火

在使用易燃、易爆等试剂时严防明火，远离火种。需要加热时必须在水浴、油浴、严密的电热板或电热套等无明火的热源上缓慢进行，并保持实验室内通风良好。中途需要补液时，要先关加热电源，待器皿降温后再加液。

（三）易燃气体安全存放

对易燃气体（如甲烷、氢气等）钢瓶应放在阴凉、远离热源、无人进出的安全地方。管道需找漏点时，用肥皂水检查。瓶内气体一般不得全部用尽。

（四）安全用电

严格遵守安全用电规则，定期检查电器设备，电源线路，防止因电火花、短路、超负荷等引发线路起火。

（五）配制灭火器

实验室内必须配制灭火器材，并要定期检查性能。局部起火应立即切断电源、气源，用防火毯、沙子、湿布等覆盖熄灭。若火势较猛，根据具体情况选择泡沫灭火器或干粉灭火器等适宜的灭火器灭火。实验室用水灭火应十分谨慎，因有的有机试剂比水轻，浮于水面，反而会扩大火势；有的试剂与水反应，会引起燃烧，甚至爆炸。

（六）健全岗位责任

要健全岗位责任制，离开实验室或下班前必须认真检查电源、气源、水源等，以确保安全。

三、“三废”处理与回收

食品理化分析过程中产生的废气（如 SO_2）、废液（如 KCN 溶液）、废渣（如黄曲霉毒素污染物）都是有毒有害物质，其中不乏剧毒物质和致癌物质，如直接排放，会污染环境，损害人体健康。因此，对实验中产生的“三废”，应认真处理后才能排放。

1. 废气处理 有毒气体少时可通过排风设备排出室外；毒气量大时需经吸收液吸收处理。例如，SO_2、NO、氯化氢、酚等酸性气体可用碱溶液吸收；氨等气体可用水或酸溶液吸收。废气除用溶液吸收外，还可以采用吸附法、氧化法、分解法等处理。

2. 废液处理 按不同化学性质给予分类收集，并由有资质的机构进行回收处理。例如，KCN 废液集中后，先加强碱（NaOH 溶液）调 pH 至 10 以上，再加入 $KMnO_4$（以 3% 计算加入量）使 CN^- 氧化分解；对一些试剂（如有机溶剂、$AgNO_3$ 等）可以进行回收或再利用等。

3. 废固处理 废弃的有害固体严禁和生活垃圾混合，实验完毕进行分类收集，由有资质的处理机构进行回收处理。感染性生物材料废弃物应消毒处理。例如，实验室内受黄曲霉毒素污染的器皿、台面等，须经 5% $NaClO_4$ 溶液浸泡或擦抹干净。

任务七 食品理化分析实验室设置与管理

PPT

一、实验室布局

食品理化分析实验室是采取物理、化学分析手段从事食品、食品添加剂及食品相关产品的品质、安全检测的实验室。实验室选址应合理，如选灰尘少、震动小的地方。房屋结构应考虑能防震、防尘、防火、防潮，且隔热良好，光线充足，各个工作室布局符合一定操作顺序。

按照检验检测实验室设计与建设技术要求第 3 部分：食品实验室（GB/T 32146.3—2015），食品理化实验室一般包括样品室、样品处理室、一般仪器室与精密仪器室、高温室、化学试剂室、标准样品室等，典型的食品理化分析实验室布局如图绪 -2 所示。

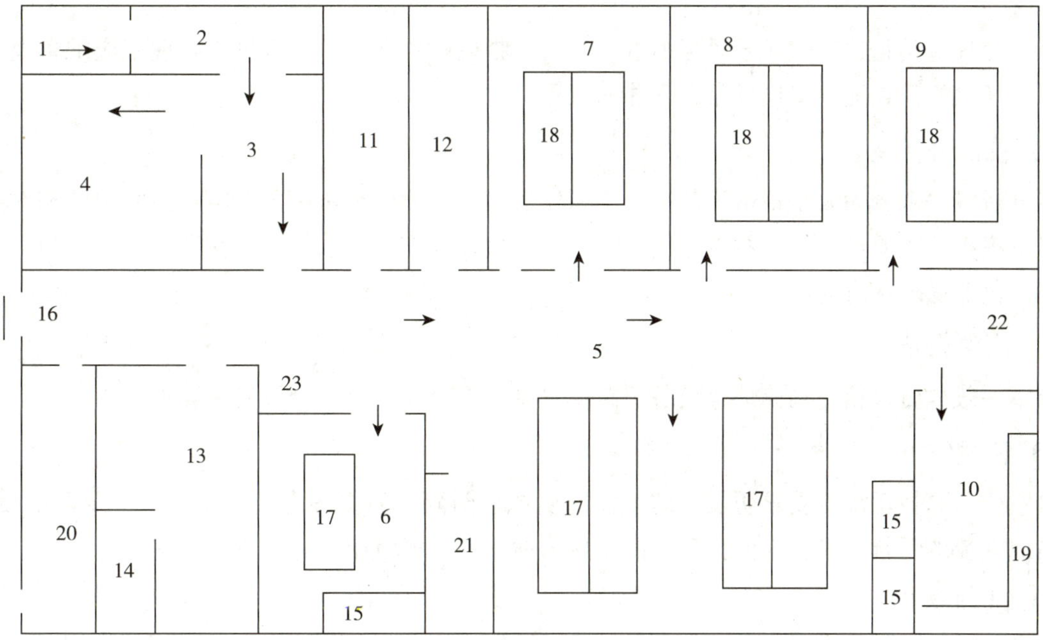

图绪-2 典型的食品理化分析实验室布局图

1. 样品通道（可越层传送）；2. 样品登记；3. 样品制备室；4. 样品储藏室；
5. 样品处理室（有机）；6. 样品前处理室（无机）；7. 液相色谱室；8. 气相色谱室；
9. 光谱室；10. 小型仪器室；11. 精密天平室；12. 高温室；13. 化学试剂室；
14. 标准样品室；15. 通风柜；16. 门禁；17. 实验台；18. 仪器台；19. 边台；
20. 更衣室；21. 洗涤区；22. 纯水制备区；23. 紧急喷淋区

二、实验室基本设施

实验室内地面和墙裙可采用水磨石，或铺耐酸陶瓷板、塑料地板等；实验台面可贴耐酸的塑料板或橡胶板；工作台两侧设水槽，便于洗涤，下水管需耐腐蚀。精密仪器室可配备防潮吸湿装置及空调装置等。

实验室的水源除用于洗涤外，还用于抽滤、蒸馏、冷却等，所以水槽上需安装多个不同类型水龙头，如普通水龙头、尖嘴水龙头、高位水龙头等。下水管的水平段倾斜度要稍大些，以免管内积水；管弯处宜用三通，留出一端用堵头堵塞，便于疏通。此外，实验室内应有地漏。

实验室的供电电源功率应根据用电总负荷设计，设计时要留有余地。进户线要用三相电源，整个实验室要有总闸，各间实验室应设分闸，每个实验台都应有插座。凡是仪器用电，即使是单相，也应采用三头插座，零线与地线分开，不要短接。精密仪器要单设地线，以保证仪器稳定运行。

实验室应保持良好的通风，可安装排气扇，通过机械通风进行室内换气，或是内设通风竖井，利用自然通风换气，精密仪器室应安装空调维持恒定室温。

三、常见食品理化分析实验室

（一）样品室

样品室分为样品制备室和样品储藏室（区），样品制备室一般包含样品制备所用的设备、操作台及洗涤池，样品储藏室（区）包括单独设置的样品储藏室以及未单独设室的样品储藏区。

（二）样品前处理室

样品前处理室分为无机前处理室和有机前处理室，两室应单独设计并分开设置。前处理室应设有通风换气装置。

无机前处理室消化过程需在通风柜中进行，通风柜应耐强酸腐蚀；有机前处理室应配备通风柜或桌面通风罩，通风柜设在远离出口且靠近管井的位置。

（三）仪器分析室

仪器分析室一般分为大型精密仪器室和小型仪器室。一般要求防震、防尘、温度湿度相对稳定。同类仪器尽量集中，需要供气的仪器靠近气瓶间。对于放置不需要用水的大型精密仪器的房间，可不安装供水设施，仪器摆放尽量远离水源。

（四）高温设备室

高温室一般放置烘箱、马弗炉等设备。高温室供电系统应满足安全及使用要求。

（五）称量室

称量室应远离振动源，要求防震、防尘、防腐蚀、防潮，温度湿度应满足天平等仪器的使用要求；应避开风或气流的干扰，设在人流少且方便工作的地方。外窗宜密闭并设遮光窗帘。

（六）试剂室

根据试剂的品种不同，可采用不同品种的试剂储存柜，一般需要设置抽风系统，对于存放易燃易爆药品的房间，应设置防爆电器。

宜单独设计标准样品储存室，有温度、湿度监测记录系统，并对标准品、标准溶液的存放装置上锁。

（七）洗涤室

洗涤室应配备洗涤台、器皿柜、器皿架、器皿车、高温台等，洗涤过程中若产生挥发性有害成分，应在洗涤台上设抽风罩。

（八）气瓶室

当实验室需求的气体种类大于 3 种或需储存 3 瓶以上的气体时，宜设立气瓶室。气瓶室应保持阴凉、干燥、严禁明火、远离热源。

四、实验室管理

实验室必须健全管理制度，设立专职或兼职管理人员，规范管理流程，并遵照执行。

（一）制度实施及人员管理

设立岗位责任制，由实验室负责人全权管理本室工作：制定工作计划、人员分工与安排，定期检查原始记录、工作日志、精密仪器保养与添置情况，复核检验报告以及人员培训、进修考核等。

（二）试剂管理

1. 危险品应按国家公安部规定管理，严格执行。
2. 试剂应储备在朝北房间，室内应干燥通风，严禁明火，避免阳光照射。
3. 易燃试剂室内温度不宜超过 28℃，易爆试剂储存温度不允许超过 30℃。

（三）精密仪器管理

1. 精密仪器应按其性质、灵敏度要求、精密程度，固定房间及位置，必须做到防震、防晒、防潮、防腐蚀、防灰尘。
2. 应定期检查仪器性能，在多雨季节更应经常通电试机。

3. 精密仪器要建立“技术档案”，妥善保管使用记录卡、安装调试及验收记录、说明书、线路图、装箱单等。

4. 仪器初学者必须有专人指导、示范、辅导上机。

（四）检验结果的报告与签发

检验人员应努力钻研业务，掌握正确熟练的操作技能，培养仔细观察的能力，并准确、及时、如实地记录检测数据，规范填写检验报告书，字迹端正、清楚，不可潦草或涂改。

拓展阅读

大型精密仪器室基本要求

光谱室一般放置原子吸收光谱仪、原子荧光光谱仪、等离子体发射光谱仪、等离子质谱仪等光谱仪器，不宜和液相色谱、气相色谱放在同一个房间。此类仪器可能用到的气体包括乙炔气、空气、氩气、氧气、一氧化二氮等，应充分考虑所需气路的设计。

等离子体发射光谱仪和等离子体质谱仪宜隔间单独放置。

气相色谱室主要放置气相色谱仪和气相色谱质谱仪，该类仪器可能用到的气体有氢气、氮气、氦气、氩气、空气等，氢气可由氢气发生器提供。

液相色谱室一般放置液相色谱和液相色谱－质谱仪，该类仪器可能用到的气体有氮气、氦气、氩气、空气等。放置液相色谱－质谱仪的房间室温宜低于25℃，宜设单间，空调控温。

大型精密仪器室的仪器台一般宽度宜为800～1000mm，高度宜为760～840mm。仪器台离墙留出宜为500～800mm的通道，根据需要设置电源插座、网络接口、气体管路接口等。

【岗位对接】

本部分是食品质量与安全、食品检验检测技术专业学生必须掌握的内容，为成为合格的食品检测人员打下坚实的基础。本部分对接食品检验工的资格考试和职业技能标准，按照《中华人民共和国食品安全法》《食品安全国家标准》要求，食品生产经营企业应当加强食品检验工作，对原料检验、半成品检验、成品出厂检验等进行检验控制；食品生产企业可以自行对所生产的食品进行检验，也可以委托符合本法规定的食品检验机构进行检验。从事食品检验岗位的工作人员均应熟知食品理化分析的流程、常用检验方法和技术，并对实验室的设置和要求有一定了解。

【重点小结】

本部分基于食品理化分析技术的概念和内容之上，重点介绍了食品理化分析的依据（标准）、流程和方法，并对检验结果分析及其报告作了详细说明，使学生能正确认识并理解食品理化分析及相关技术。

目标检测

答案解析

一、名词解释

食品理化分析

二、简答题

1. 何谓系统误差和随机误差？

2. 样品前处理的目的是什么？有哪些方法？
3. 请说出食品理化分析的流程。

三、选择题

1. 下列属于系统误差的是（　）
   A. 分析天平未经校正
   B. 读取滴定体积时，最后一位数估计不准
   C. 在滴定分析中，终点颜色深浅判断不一致
   D. 在数据记录中，小数点后位数错误
2. 下列样品处理中无机化处理的是（　）
   A. 蒸馏　　B. 干灰化法
   C. 固相萃取法　　D. 色谱分离法

四、判断题

1. 天平的零点变动是系统误差。（　）
2. 感官检验属于理化检验。（　）
3. 在使用易燃、易爆等试剂时严防明火，并保持实验室内通风良好。（　）
4. 精密度高，准确度一定高。（　）
5. 试剂应储备在朝北房间，室内应干燥通风，严禁明火，避免阳光照射。（　）

五、填空题

1. 检验标准可分为（　　）、（　　）、（　　）、（　　）、（　　）。
2. 食品检验的方法包括（　　）、（　　）、（　　）、（　　）和（　　）。

六、计算题

请计算实验过程中，213.64、4.4 与 0.3244 相加的和。

（胡雪琴　梁芳慧　张　远）

书网融合……

题库

模块二　常用检验技术

项目一　食品物理检验

学习目标

知识目标

1. 掌握　食品的相对密度、折射率、旋光度、黏度、色度、浊度、气体压力及固态食品比体积测定的方法。

2. 熟悉　食品的相对密度、折射率、旋光度、黏度、色度、浊度、气体压力及固态食品比体积测定的原理。

3. 了解　食品物理检验的项目及方法。

能力目标

1. 能运用食品检验标准中规定的方法测定食品的相对密度、折射率、旋光度、黏度、色度、浊度、气体压力及固态食品比体积。

2. 具备使用密度瓶、密度计、阿贝折光仪、旋光仪、黏度计、色度仪、浊度仪、测压器、体积测定仪的能力。

素质目标

在合理选择物理检验方法的过程中，树立辩证思维理念。

案例导入

案例　2023 年，某县市场监管局接到“××味精”抽检不合格检验报告，用旋光法检测其谷氨酸钠低于标准，该批次食品属于劣质产品，经该味精所属公司鉴定属于假冒产品。该县市场监管局要求各市场监管所立即排查商场超市、副食店、调味品批发单位，是否经营单一产地为“某市”的该品牌味精，核实食品供货方情况，切实筑牢食品安全防线，保障消费者食品安全。

导入　1. 旋光法检测谷氨酸钠的原理是什么？

2. 常见食品的物理检验项目有哪些？

优质的食品，其营养成分及添加成分的含量和比例均应符合国家标准的要求，但食品在生产、贮存过程中，若采用了不规范的生产工艺、贮存方法，甚至在食品中掺假时，可造成食品的物理常数及性质发生变化。通过测定食品的物理常数和性质，不仅可以初步判断食品的真伪、纯度，还能测定部分食品有效成分的含量并评价食品的品质。

物理检验法是根据食品的物理常数及性质，与食品的组成及含量之间的关系进行测定的分析方法，分为物理常数测定法及物性测定法。

物理常数测定法，是指通过测定食品的物理常数，如密度、相对密度、折光率，比旋度从而判断食品的真伪、纯度、含量及品质的分析方法。

物性测定法，是指通过测定与食品的质量相关的物理量，如面包的比体积、冰淇淋的膨胀率，从而评价食品品质的方法。

食品的物理检验法包括相对密度测定法，折光率测定法，旋光度测定法，黏度测定法，透明度、色度、浊度测定法，固态食品比体积测定法，气体压力测定法等。

任务一　相对密度测定法

PPT

一、概述

1. 密度　系指在一定的温度下，单位体积的物质的质量，单位为 g/cm^3 或 g/ml，以符号 ρ 表示。

2. 相对密度　系指被测液体的密度与同体积的水密度在各自规定的温度条件下之比。以 $d_{t_2}^{t_1}$ 表示，其中 t_1 表示被测液体的温度，t_2 表示水的温度。

3. 相对密度的换算　为方便相对密度的测定操作，可将被测液体和水在20℃下测定，以 d_{20}^{20} 表示；而为了表示方便，被测液体也可在20℃、水在4℃下测定，以 d_4^{20} 表示，两者之间可用式1－1换算。

$$d_4^{20} = d_{20}^{20} \times 0.99823 \qquad (1-1)$$

式中，0.99823为水在20℃的密度，g/ml。

同理，若将 $d_{t_2}^{t_1}$ 换算为 $d_4^{t_1}$，可按式1－2计算。

$$d_4^{t_1} = d_{t_2}^{t_1} \times \rho_{t_2} \qquad (1-2)$$

式中，ρ_{t_2} 为水在 t_2 下的密度，g/ml。

表1－1　纯水在不同温度下的密度

t/℃	密度（g/ml）	t/℃	密度（g/ml）	t/℃	密度（g/ml）
0	0.999868	11	0.999623	22	0.997797
1	0.999927	12	0.999525	23	0.997565
2	0.999968	13	0.999404	24	0.997323
3	0.999992	14	0.999271	25	0.997071
4	1.000000	15	0.999126	26	0.996810
5	0.999992	16	0.998970	27	0.996539
6	0.999968	17	0.998801	28	0.996259
7	0.999929	18	0.998622	29	0.995971
8	0.999876	19	0.998432	30	0.995673
9	0.999808	20	0.998230	31	0.995367
10	0.999727	21	0.998019	32	0.995052

二、相对密度的测定意义

各种液态食品在一定条件下均有固定的相对密度，当其组成成分及其浓度发生变化时，其相对密度也会改变，故测定液态食品的相对密度可以检验食品的纯度并计算浓度。例如，大豆油的相对密度为0.919～0.925（20℃/4℃），全脂牛奶的相对密度为1.028～1.032（15℃/15℃）。通过密度的检测，可检出牛奶是否脱脂、是否掺水；油脂的相对密度与其脂肪酸的组成有关，不饱和脂肪酸含量越高，脂肪酸不饱和程度越高，均可使脂肪的相对密度越大；油脂酸败后相对密度增大，因此通过测定相对密度可判断油脂的质量标准。

因此，相对密度是液态食品质量的重要指标，也是快速检验食品是否变质或掺假的方法之一。液态食品的相对密度异常时，可判断该食品的质量存在问题，但相对密度正常时，并不能肯定食品质量无问题，必须配合其他理化分析结果，才能准确判断食品的质量。

三、测定方法

依据GB 5009.2—2024《食品安全国家标准　食品相对密度的测定》，食品的相对密度测定方法有密度瓶法、天平法、比重计法和U形振荡管数字密度计法。

实训一　密度瓶法测定食品的相对密度

【测定原理】

在20℃时分别测定充满同一密度瓶的水及试样的质量，由水的质量可确定密度瓶的容积即试样的体积，根据试样的质量及体积可计算试样的密度，试样密度与水密度比值为试样相对密度。

【适用范围】

本方法适用于液体试样相对密度的测定。

【试剂与仪器准备】

仪器

密度瓶（精密密度瓶）；恒温水浴锅；分析天平（感量0.1mg）。

【操作步骤】

取洁净、干燥、恒重、准确称量的密度瓶，装满试样后，置20℃水浴中0.5小时，使内容物的温度达到20℃±1℃，盖上瓶盖，并用细滤纸条吸去支管标线上的试样，盖好小帽后取出，用滤纸擦干密度瓶外，置天平室内0.5小时，准确称量。再将试样倾出，洗净密度瓶，装满水，置20℃水浴中0.5小时，使内容物的温度达到20℃±1℃，盖上瓶盖，并用细滤纸条吸去支管标线上的试样，盖好小帽后取出，用滤纸擦干密度瓶外，置天平室内0.5小时，称量。注意：密度瓶内不应有气泡，天平室内温度保持在20℃±1℃。

【分析结果的表述】

试样的相对密度按式1－3计算。

$$d = \frac{m_2 - m_0}{m_1 - m_0} \tag{1-3}$$

式中，d为试样在20℃时的相对密度；m_0为密度瓶的质量，g；m_1为密度瓶加水的质量，g；m_2为密度瓶加液体试样的质量，g。

计算结果表示到小数点后第3位。在重复性条件下获得的两次独立测定结果的绝对差值不得超过算术平均值的5%。

【技术提示】

(1) 测定较黏稠的样品时，宜使用具有毛细管的密度瓶。

（2）纯化水和样品溶液应将密度瓶装满，并使液体充满毛细管，瓶内不得出现气泡。

（3）密度瓶恒温后，不得用手直接接触密度瓶球部，以免液体受热溢出，应带隔热手套拿取瓶颈或用工具夹取。

（4）水浴锅中的水应清洁无油污，以免密度瓶外壁被污染。

（5）天平室内气温不得高于20℃，以免液体受热溢出。

实训二 比重计法测定食品的相对密度

【测定原理】

利用阿基米德原理，将待测液体试样倒入一个较高的容器，恒温至20℃后将比重计放入液体试样中。比重计下沉到一定高度后呈漂浮状态。此时液面的位置在玻璃管上所对应的刻度就是该液体的密度。液体试样的密度和水的密度比值即为相对密度。

【试剂与仪器准备】

仪器

比重计；恒温水浴锅（精度±1℃）；量筒。

比重计上部细管中有刻度标签，表示密度读数。

食品分析中常用的比重计按其标度方法的不同，可分为普通密度计、锤度计、乳稠计、波美计等（图1-1）。

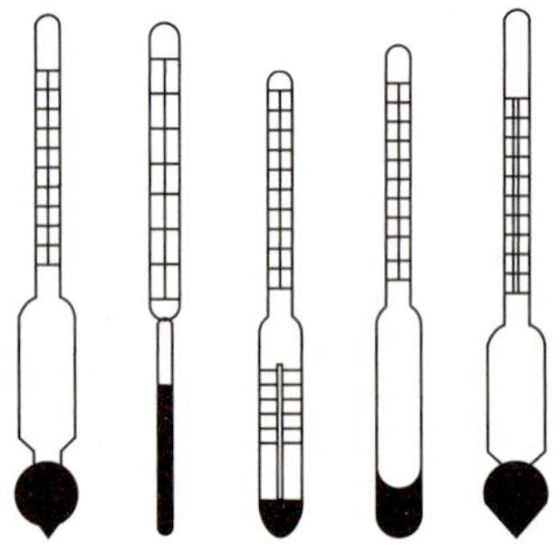

图1-1 比重计示意图

1. 普通密度计；2. 波美计；3. 糖锤度计；4. 酒精计；5. 乳稠计

（1）普通密度计 是直接以20℃时的密度值为标度的（因为被测物质在20℃时的密度与d_4^{20}的数值相等，以方便换算），一套通常由几支组成，每支的刻度不同，使用时要根据待测溶液的密度大小选择适合量程的密度计。刻度值<1的（0.700~1.000）称为轻表，用于测定密度比水小的液体；刻度值>1的（1.000~2.000）称为重表，用于测定密度比水大的液体。

（2）锤度计 是专用于测定糖溶液浓度的密度计，它是以蔗糖溶液重量百分浓度为刻度的，糖锤度又称“勃力克斯”，以符号°Bx表示。其刻度方法是以20℃为标准温度，在蒸馏水中为0°Bx，在1%蔗糖溶液中为1°Bx（即100g蔗糖溶液中含1g溶液），依此类推。锤度计的刻度范围有多种，常用的有：0°Bx~6°Bx、5°Bx~11°Bx、10°Bx~16°Bx、15°Bx~21°Bx、20°Bx~26°Bx等。

（3）波美计 用于测定溶液中溶质的质量分数，以波美度表示（°Bé）表示，1°表示质量分数为1%，其刻度方法以20℃为标准温度，在蒸馏水中为0°Bé，在15%食盐溶液中为15°Bé，在浓硫酸为66°Bé。1°Bé表示浓度为1%。

波美计分轻表和重表两种，轻表用于测定相对密度小于 1 的溶液，而重表用于测定相对密度大于 1 的溶液。

（4）乳稠计　是专门用于测定牛乳相对密度的仪器，乳稠计上刻有 15 ~ 45 的刻度，以度（°）表示，测定相对密度的范围为 1.015 ~ 1.045。它是将相对密度减去 1.000 后再乘以 1000 作为刻度，使用时把测定的读数按照上述关系即可换算为相对密度值，若读数为 25℃，即相当于相对密度 1.025。

乳稠计有两种类型：一种按 20℃/4℃标定；另一种按 15℃/15℃标定。后者的读数为前者读数加 0.002，如式 1 - 4 表示。

$$d_{20}^{20} = d_{4}^{20} + 0.002 \qquad (1-4)$$

正常牛乳的相对密度 $d_{4}^{20} = 1.030$，而 $d_{15}^{15} = 1.032$。

使用乳稠计时，若测定温度不是标准温度，需将读数校正为标准温度下的读数。对于 20℃/4℃乳稠计，在 10 ~ 25℃范围内，当乳温高于标准温度 20℃时，则每升高 1℃需加上 0.2℃。反之，当乳温低于 20℃时，每降低 1℃需减去 0.2℃。

例 1：16℃时使用乳稠计（20℃/4℃）测得牛乳的计数为 31°，则换算为 20℃时，应为 31 -（20 - 16）× 0.2 = 30.2°，即牛乳相对密度为 1.0302，则换算为 d_{15}^{15} 应为 1.0322。若使用的是的乳稠计（15℃/15℃）时，可其温度校正可查牛乳相对密度换算表。

（5）酒精计　是专门用于测量乙醇浓度的仪器，是用已知准确浓度的纯乙醇溶液标定的，以 20℃时在纯化水中为 0°，在 1% 的乙醇溶液中为 1°，即 100ml 乙醇溶液中含有乙醇 1ml，因此可从酒精计上直接读取乙醇溶液的体积分数。

当测定温度不在 20℃时，需根据酒精计温度换算表换算为 20℃时乙醇的实际浓度。

【操作步骤】

将比重计洗净擦干，缓缓放入在恒温水浴锅中恒温至 20℃ ±1℃的盛有适量待测液体试样的适当量筒中，勿使其碰及容器四周及底部，保持试样温度在 20℃ ±1℃，待其静置后无气泡冒出，再轻轻按下少许，待其自然上升，静置至无气泡冒出后，从水平位置观察与液面相交处的刻度，即为液体试样的密度。分别测试试样和水的密度，两者比值即为试样相对密度。

精密度：在重复性条件下获得的两次独立测定结果的绝对差值不得超过算术平均值的 5%。

【分析结果的描述】

试样的相对密度按式 1 - 5 计算。

$$d = \frac{\rho_2}{\rho_1} \qquad (1-5)$$

式中，d 为试样的相对密度；ρ_1 为试样的密度，g/ml；ρ_2 为试样的密度，g/ml。

计算结果表示到小数点后第 3 位。精密度：在重复性条件下获得两次独立测定结果的绝对差值不得超过算术平均值的 5%。

拓展阅读

根据 GB 5009.2—2024《食品安全国家标准　食品相对密度的测定》，第二法天平法的原理：20℃时，分别测定玻锤在水及试样中的浮力，由于玻锤所排开的水的体积与排开的试样的体积相同，根据玻锤在水中与试样中的浮力可分别计算水和试样的密度，试样密度与水密度比值为试样的相对密度。第四法 U 形振荡管数字密度计法的原理：根据电磁引发玻璃 U 形管产生振荡，该振荡频率二次方的大小与测量池中试样的密度呈线性关系，从而测定试样的密度。利用 20℃下测得液体试样的密度以及水的密度可获得试样在 20℃的相对密度。

任务二　折射率测定法

PPT

一、光的折射

光的折射是指光从一种介质斜射入另一种介质时，传播方向发生改变，从而使光线在不同介质的交界处发生偏折的现象。

二、折射率

入射线、法线和折射线在同一平面内，入射线和折射线分居法线的两侧；无论入射角怎样改变，入射角正弦与折射角正弦之比等于光在两种介质中的传播速度之比（图1－2）。

光线自空气中通过待测溶液时的入射角正弦值与折射角正弦值之比等于光线在空气中的速度与待测溶液中的速度之比，该比值在一定实验条件下为常数，称为待测溶液的折射率或折光率。

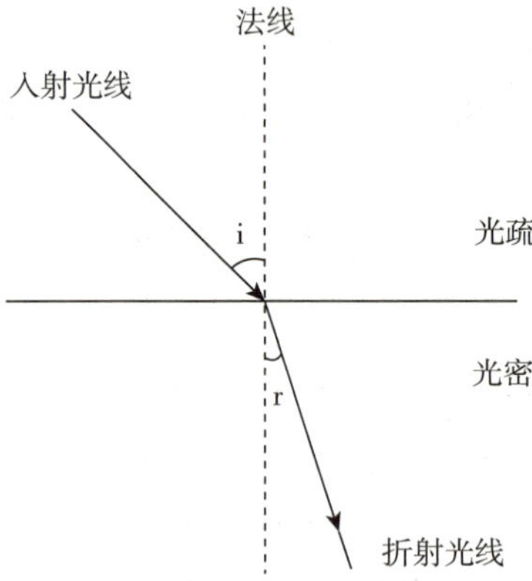

图1－2　光线的折射现象

i. 入射角；r. 折射角

光的折射现象及折光率如图1－2所示。被测物质的折射率与入射光的波长、溶液的温度、浓度及压强有关。国家标准中规定以20℃为标准测定温度，在标准大气压下，以钠光D线（589. 3nm）为光源（阿贝折光仪可用白光光源）测定物质的折射率，以 n_D^t 表示，折射定律如式1－6所示。

$$n_D^t = \frac{\sin i}{\sin r} = \frac{\nu_1}{\nu_2} \qquad (1-6)$$

式中，n_D^t 为物质的折射率；t 为溶液的温度，20℃；D 为光的波长，589. 3nm；i 为光的入射角；r 为光的折射角；ν_1 为光在空气中的速度；ν_2 为光在物质中的速度。

三、测定折射率的意义

折射率是物质的一种物理性质，它是食品生产中常用的工艺控制指标。每一种均一的液态食品均有固定的折射率，在一定范围内其折射率的大小与浓度成正比。通过测定液态食品的折射率，可以鉴别食品的组成，确定食品的浓度，判断食品的纯净程度及品质。如正常牛乳的乳清折射率为1. 34199～1. 34275，牛乳掺水后可造成折射率降低，故测定牛乳乳清的折射率即可了解乳糖的含量，判断牛乳是否掺水。

纯蔗糖溶液的折射率随蔗糖的浓度升高而增大，测定糖液的折射率可了解溶液的浓度。对于非糖类的液态食品，由于盐类、蛋白质、有机酸物质对折射率的影响，故测定结果还包括以上物质，统称为可溶性固形物。可溶性固形物的含量越高，折射率也越大。但若固形物呈悬浮状分散于溶液中时（如果酱、番茄酱等），测定折射率的误差较大。

实训三 阿贝折光仪测定食品的可溶性固形物含量

依据 GB/T 10786—2022《罐头食品的检验方法》，测定罐头食品中可溶性固形物含量。

【测定原理】

在 20℃用折光计测量试验溶液的折光率，并用折光率与可溶性固形物含量的换算表或折光计上直接读出可溶性固形物的含量。用折光计法测定的可溶性固形物含量，在规定的制备条件和温度下，水溶液中蔗糖的浓度和所分析的样品有相同的折光率，此浓度以质量分数表示。

【试剂与仪器准备】

仪器

阿贝折光仪（图 1－3）或糖度计，最小刻度分别为折射率（nD）0.0001 和糖度（Brix）0.1%；组织捣碎器。

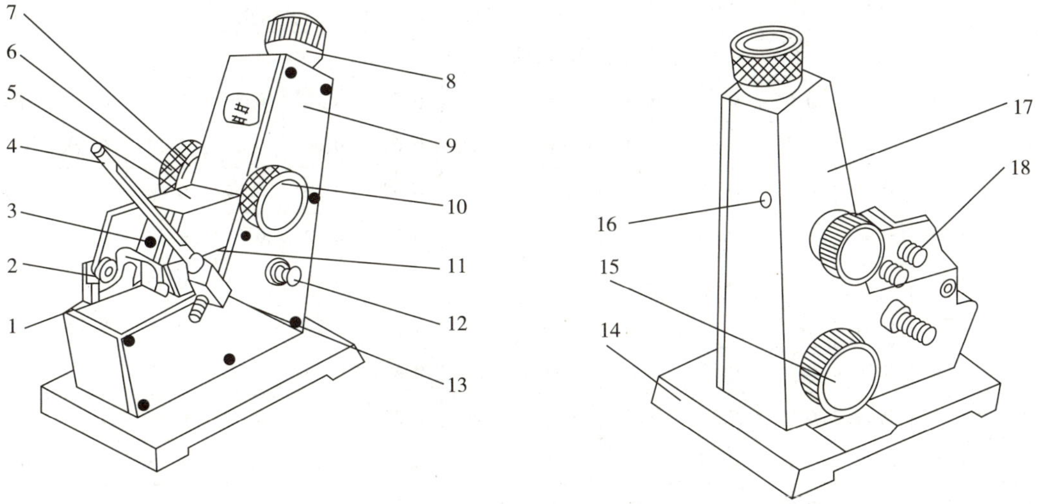

图 1－3 阿贝折光仪示意图

1. 反光镜；2. 转轴；3. 遮光板；4. 温度计；5. 进光棱镜座；6. 色散调节手轮；7. 色散值刻度圈；8. 目镜；9. 盖板；10. 手轮；11. 折射棱镜座；12. 照明刻度盘镜；13. 温度计座；14. 底座；15. 刻度调节手轮；16. 小孔；17. 壳体；18. 恒温器接头

【样品测定】

（一）试样制备

1. 液体制品及泥糊类制品 充分混匀待测样品后直接测定。

2. 果蔬浆（泥）制品等 充分混匀待测样品，用四层纱布挤出滤液，用于测定。

3. 果酱、果冻等

（1）称取适量（一般称取 40g，精确到 0.01g）的待测样品到已称重的烧杯中，加 100～150ml 蒸馏水用玻璃棒搅拌，并缓和煮沸 2～3 分钟，冷却并充分混匀。

（2）20分钟后称重，精确到0.01g，然后用槽纹漏斗或布氏漏斗过滤到干燥容器里，留滤液供测定用。

4. 粥类罐头 开罐后，搅拌均匀制备成待测样品。

5. 固相和液相分开的制品 按样品本身固液相比例，将样品用组织捣碎器捣碎后，过滤后取滤液用于测定。

（二）样品测定

1. 折光计在测定前按说明书进行校正。

2. 分开折光计的两面棱镜，以脱脂棉蘸乙醚或乙醇擦净。

3. 用末端熔圆的玻璃棒蘸取制备好的样液2～3滴小心滴于折光计棱镜平面的中央（注意勿使玻璃棒触及棱镜）。

4. 迅速闭合上下两棱镜，静置1分钟，要求液体均无气泡并充满视野。

5. 对准光源，由目镜观察，调节指示规，使视野分成明暗两部。再旋动微调螺旋，使两部界限明晰，其分线恰在接物镜的十字交叉点上，读取读数。

6. 如折光计标尺刻度为百分数，则读数即为可溶性固形物的质量分数，按可溶性固形物含量对温度的校正表（表1－2）换算成20℃时标准的可溶性固形物质量分数。

表1－2 20℃时可溶性固形物含量对温度的校正表

温度（℃）	可溶性固形物含量/%														
	0	5	10	15	20	25	30	35	40	45	50	55	60	65	70
应减去校正值															
10	0.50	0.54	0.58	0.61	0.64	0.66	0.68	0.70	0.72	0.73	0.74	0.75	0.76	0.78	0.79
11	0.46	0.49	0.53	0.55	0.58	0.60	0.62	0.64	0.65	0.66	0.67	0.68	0.69	0.70	0.71
12	0.42	0.45	0.48	0.50	0.52	0.54	0.56	0.57	0.58	0.59	0.60	0.60	0.61	0.63	0.63
13	0.37	0.40	0.42	0.44	0.46	0.48	0.48	0.49	0.51	0.52	0.53	0.53	0.54	0.55	0.55
14	0.33	0.35	0.37	0.39	0.40	0.41	0.41	0.42	0.44	0.45	0.45	0.45	0.46	0.47	0.48
15	0.27	0.29	0.31	0.33	0.34	0.34	0.34	0.35	0.37	0.37	0.38	0.38	0.39	0.40	0.40
16	0.22	0.24	0.25	0.26	0.27	0.28	0.28	028	0.30	0.30	0.30	0.30	0.31	0.32	0.32
17	0.17	0.18	0.19	0.20	0.21	0.21	0.21	0.21	0.22	0.23	0.23	0.23	0.23	0.24	0.24
18	0.12	0.13	0.13	0.14	0.14	0.14	0.14	0.14	0.15	0.15	0.15	0.16	0.16	0.16	0.16
19	0.06	0.06	0.06	0.07	0.07	0.07	0.07	0.07	0.08	0.08	0.08	0.08	0.08	0.08	0.08
应加入校正值															
21	0.06	0.07	0.07	0.07	0.07	0.08	0.08	0.08	0.08	0.08	0.08	0.08	0.08	0.08	0.08
22	0.13	0.13	0.14	0.14	0.15	0.15	0.15	0.15	0.15	0.16	0.16	0.16	0.16	0.16	0.16
23	0.19	0.20	0.21	0.22	0.22	0.23	0.23	0.23	0.23	0.24	0.24	0.24	0.24	0.24	0.24
24	0.26	0.27	0.28	0.29	0.30	0.30	0.31	0.31	0.31	0.31	0.31	0.32	0.32	0.32	0.32
25	0.33	0.35	0.36	0.37	0.38	0.38	0.39	0.40	0.40	0.40	0.40	0.40	0.40	0.40	0.40
26	0.40	0.42	0.43	0.44	0.45	0.46	0.47	0.48	0.48	0.48	0.48	0.48	0.48	0.48	0.48
27	0.48	0.50	0.52	0.53	0.54	0.55	0.55	0.56	0.56	0.56	0.56	0.56	0.56	0.56	0.56
28	0.56	0.57	0.60	0.61	0.62	0.63	0.63	0.63	0.64	0.64	0.64	0.64	0.64	0.64	0.64
29	0.64	0.66	0.68	0.69	0.71	0.72	0.72	0.73	0.73	0.73	0.73	0.73	0.73	0.73	0.73
30	0.72	0.74	0.71	0.78	0.79	0.80	0.80	0.81	0.81	0.81	0.81	0.81	0.81	0.81	0.81

7. 如折光计读数标尺刻度为折光率，可读出其折光率，然后按折光率与可溶性固形物含量换算表（表1－3）查得样品中可性固形物的质量分数，再按可性固形物含量对温度的校正表换算成20℃标准的可溶性固形物质量分数。

表1－3　20℃时折光率与可溶性固形物含量换算表

折光率	可溶性固形物/%	折光率	可溶性固形物/%	折光率	可溶性固形物/%	折光率	可溶性固形物/%	折光率	可溶性固形物/%	折光率	可溶性固形物/%
1.3330	0.0	1.3459	14.5	1.3793	29.0	1.4066	43.5	1.4373	58.0	1.4713	72.5
1.3337	0.5	1.3557	15.0	1.3802	29.5	1.4076	44.0	1.4385	58.5	1.4737	73.0
1.3344	1.0	1.3565	15.5	1.3811	30.0	1.4086	44.5	1.4396	59.0	1.4725	73.5
1.3351	1.5	1.3573	16.0	1.3820	30.5	1.4096	45.0	1.4407	59.5	1.4749	74.0
1.3359	2.0	1.3582	16.5	1.3829	31.0	1.4107	45.5	1.4418	60.0	1.4762	74.5
1.3367	2.5	1.3590	17.0	1.3838	31.5	1.4117	46.0	1.4429	60.5	1.4774	75.0
1.3373	3.0	1.3598	17.5	1.3847	32.0	1.4127	46.5	1.4441	61.0	1.4787	75.5
1.3381	3.5	1.3606	18.0	1.3856	32.5	1.4137	47.0	1.4453	61.5	1.4799	76.0
1.3388	4.0	1.3614	18.5	1.3865	33.0	1.4147	47.5	1.4464	62.0	1.4812	76.5
1.3395	4.5	1.3622	19.0	1.3874	33.5	1.4158	48.0	1.4475	62.5	1.4825	77.0
1.3403	5.0	1.3631	19.5	1.3883	34.0	1.4169	48.5	1.4486	63.0	1.4838	77.5
1.3411	5.5	1.3639	20.0	1.3893	34.5	1.4179	49.0	1.4497	63.5	1.4850	78.0
1.3418	6.0	1.3647	20.5	1.3902	35.0	1.4189	49.5	1.4509	64.0	1.4863	78.5
1.3425	6.5	1.3655	21.0	1.3911	35.5	1.4200	50.0	1.4521	64.5	1.4876	79.0
1.3433	7.0	1.3663	21.5	1.3920	36.0	1.4211	50.5	1.4532	65.0	1.4888	79.5
1.3441	7.5	1.3672	22.0	1.3929	36.5	1.4221	51.0	1.4544	65.5	1.4901	80.0
1.3448	8.0	1.3681	22.5	1.3939	37.0	1.4231	51.5	1.4555	66.0	1.4914	80.5
1.3456	8.5	1.3689	23.0	1.3949	37.5	1.4242	52.0	1.4570	66.5	1.4927	81.0
1.3464	9.0	1.3698	23.5	1.3958	38.0	1.4253	52.5	1.4581	67.0	1.4941	81.5
1.3471	9.5	1.3706	24.0	1.3968	38.5	1.4264	53.0	1.4593	67.5	1.4954	82.0
1.3479	10.0	1.3715	24.5	1.3978	39.0	1.4275	53.5	1.4605	68.0	1.4967	82.5
1.3487	10.5	1.3723	25.0	1.3987	39.5	1.4285	54.0	1.4616	68.5	1.4980	83.0
1.3494	11.0	1.3731	25.5	1.3997	40.0	1.4296	54.5	1.4628	69.0	1.4993	83.5
1.3502	11.5	1.3740	26.0	1.4007	40.5	1.4307	55.0	1.4639	69.5	1.5007	84.0
1.3510	12.0	1.3749	26.5	1.4016	41.0	1.4318	55.5	1.4651	70.0	1.5020	84.5
1.3518	12.5	1.3758	27.0	1.4026	41.5	1.4329	56.0	1.4663	70.5	1.5033	85.0
1.3526	13.0	1.3767	27.5	1.4036	42.0	1.4340	56.5	1.4676	71.0		
1.3533	13.5	1.3775	28.0	1.4046	42.5	1.4351	57.0	1.4688	71.5		
1.3541	14.0	1.3781	28.5	1.4056	43.0	1.4362	57.5	1.4700	72.0		

8. 糖度计在测量前应校正。打开糖度计盖板，以擦镜纸擦净检测棱镜。取待测溶液数滴，置于检测棱镜上，轻轻合上盖板，避免气泡产生，使溶液遍布棱镜表面，将仪器进光板对准光源或明亮处，由目镜观察，转动目镜调节手轮，使视场的分界线清晰，读取读数。或依据糖度计使用说明书进行操作，读取读数。利用温度校正表，在环境温度下读得的数值加或减温度校正值，获得准确数值。

（三）测定温度

测定时温度最好控制在20℃左右，尽可能缩小校正范围。

（四）测定次数

同一个试验样品进行两次测定。

【结果计算与数据处理】

1. 如果是不稀释的透明液体或非黏稠制品或固相和液相分开的制品，可溶性固形物含量与折光计上所读得的数相等。

2. 如果是经稀释的黏稠制品，则可溶性固形物含量按式1－7计算。

$$X = \frac{D \times m_2}{m_1} \tag{1-7}$$

式中，X为可溶性固形物含量，%；D为稀释溶液里可溶性固形物的质量分数，%；m_2为稀释后的样品质量，g；m_1为稀释前的样品质量，g。

取两次测定的算术平均值作为结果，精确到小数点后一位，同一样品两次测定的结果之差不应超过0.5%。

【技术提示】

（1）使用时要注意保护棱镜，清洗时只能用擦镜纸而不能用滤纸等。

（2）折射率通常在20℃时测定。如果不是，应按照实际测定的温度进行校正。

（3）在滴加样品时，要防止滴管触碰折射镜表面，否则镜面会划出伤痕而损坏

（4）不要用阿贝折光仪测定强酸、强碱等有腐蚀性的液体。

（5）阿贝折光仪使用前后，棱镜要用丙酮或乙醚擦洗干净并干燥。

任务三　旋光度测定法

PPT

一、旋光度

（一）自然光与偏振光

光是一种电磁波，光波的振动方向与其前进的方向垂直。当光线通过尼科尔棱镜时，只有与尼科尔棱镜的光轴平行的光波能通过尼科尔棱镜，故通过尼科尔棱镜的光，只有一个与光的前进方向相互垂直的光波振动平面，这种在一个平面上振动的光称为偏振光。

（二）旋光度

平面偏振光通过含有某些光学活性化合物的液体或溶液时，能引起旋光现象，使偏振光的平面向左或向右旋转。旋转的度数，称为旋光度，以α表示（图1－4）。

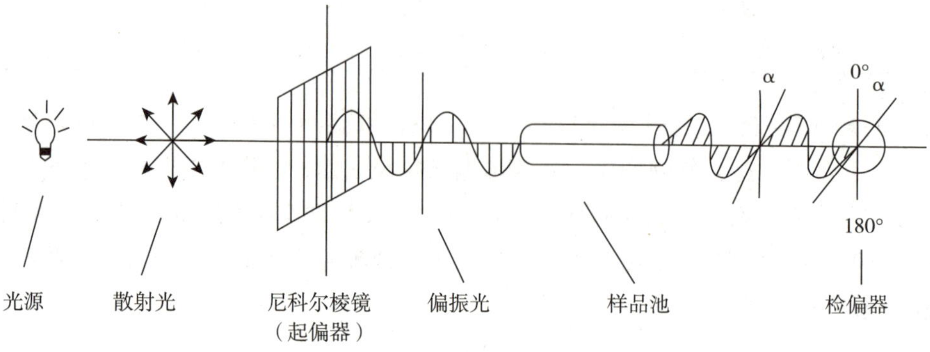

图1－4　旋光现象

二、比旋度

在一定的温度与波长下，平面偏振光透过长 1dm，每毫升中含有旋光物质 1g 的溶液时，测得的旋光度称为比旋度，以 $[\alpha]_\lambda^t$ 表示，旋光度与比旋度的关系以式 1-8 所示。

$$\alpha = [\alpha]_\lambda^t \times C \times L \tag{1-8}$$

式中，α 为旋光度，(°)；$[\alpha]_\lambda^t$ 为比旋度，(°)；t 为溶液温度，20℃；λ 为光的波长，钠光 D 线，589.3nm；C 为溶液的浓度，g/100ml；L 为光线穿过液层的厚度，dm。

三、旋光度测定的意义

食品中含有糖类、氨基酸、乳酸、苹果酸、酒石酸等具有旋光性的物质，可通过测定其物理常数比旋度，鉴别样品的真伪。在食品分析中，旋光法可用于糖类、味精及氨基酸的分析，还可用于谷类食品中淀粉含量的测定。在一定的实验条件下，旋光物质的浓度越大，旋光度值越大，故可通过测定样品溶液的旋光度，计算糖类物质的含量。

此处以味精为样品，介绍 GB 5009.43—2023《食品安全国家标准　味精中麸氨酸钠（谷氨酸钠）的测定》第二法旋光法。味精的主要成分是谷氨酸的钠盐。按《食品安全国家标准　味精》（GB 2720—2015）规定，谷氨酸钠（以干基计）含量要求为：味精≥99.0%，加盐味精≥80.0%，增鲜味精≥97.0%。因此测定味精中谷氨酸钠的含量反映不同味精的纯度，对味精生产工艺及质量把控有重要意义。

实训四　旋光度法测定食品中的谷氨酸钠含量

【测定原理】

谷氨酸钠分子结构中含有一个不对称碳原子，具有光学活性，能使偏振光面旋转一定角度，因此可用旋光仪测定旋光度，根据旋光度换算谷氨酸钠的含量。

【试剂与仪器准备】

仪器

旋光仪，备有钠光灯（钠光谱 D 线 589.3nm），精度 ±0.010。分析天平（感量 0.1mg）。

【样品测定】

1. 试样制备　称取味精 10g（精确至 0.0001g），加少量水溶解并转移至 100ml 容量瓶中，加盐酸 20ml，混匀并冷却至 20℃，定容并摇匀。

2. 旋光仪校正　吸取 20ml 浓盐酸置于 100ml 容量瓶中，用水定容至刻度，作为空白溶液，放入准备好的旋光仪中，稳定后，按“清零”按钮。

3. 样品测定　取少量样品溶液洗涤旋光管 3 次，然后注满旋光管，用干布拭干旋光管外壁（管内不得有气泡），置于仪器中，记录旋光度的读数，并记录样液温度。

【结果计算与数据处理】

谷氨酸钠含量按式 1-9 计算。

$$X = \frac{\frac{\alpha}{L \times C}}{25.16 + 0.047(20 - T)} \times 100 \tag{1-9}$$

式中，X 为样品中谷氨酸钠含量（含1分子结晶水），g/100g；α 为实测试样液的旋光度，（°）；L 为旋光管长度（液层厚道），dm；C 为1ml试样液中谷氨酸钠的质量，g/ml；25.16为谷氨酸钠的比旋光度 $[\alpha]_D^{20}$，（°）；T 为测试液的实测温度，20℃；0.047为温度校正系数；100为换算系数；20，测试液的实测温度，℃。

以重复性条件下获得的两次独立测定结果的算术平均值表示，结果保留三位有效数字。在重复性条件下获得的两次独立测定结果的绝对差值不得超过0.5g/100g。

【技术提示】

（1）记录所用样品管的长度、测定时的温度，并注明所用校正溶剂（如用水作溶剂则可省略）。

（2）样液试管中若有气泡，应让气泡浮在凸颈处；试管通光面两端若有雾状水滴，擦干。

（3）试管螺帽不宜旋得过紧，以免产生应力，影响读数。试管安放时应注意标记的位置和方向。

（4）被测样品要尽量脱盐、除溶剂、排除具有较大旋光度杂质存在的可能；被测样品需严格称量，定量溶解，获得纯的产物作对照。

（5）测量时室内温度湿度尽量保持恒定。仪器应放在干燥通风处，防止潮气侵蚀，尽可能在20℃的工作环境中使用仪器，搬动仪器应小心轻放，避免震动。

（6）钠光灯的使用时间不宜超过4小时，长时间使用时，应采用风扇降温或关机10分钟冷却等方法，以延长钠光灯使用寿命。

任务四　黏度测定法

PPT

一、概述

黏度，指液体的黏稠程度，它是液体在外力作用下发生流动时，分子间所产生的内摩擦力。黏度的大小随温度的变化而变化，温度愈高，黏度愈小。

黏度的大小是判断液态食品品质的一项重要物理常数，测定液体黏度可以了解样品的稳定性，亦可揭示干物质的量与其相应的浓度。黏度的数值有助于解释生产、科研的结果。黏度通常可分为绝对黏度、运动黏度、条件黏度和相对黏度。

绝对黏度，是液体以1cm/s的流速流动时，在每 $1cm^2$ 液面上所需切向力的大小，单位为“Pa·s”。

运动黏度，流体在重力作用下流动时内摩擦力的量度，以同温度下液体的绝对黏度与其密度的比值，单位为“m^2/s”。

条件黏度，是在规定温度下，在指定的黏度计中，一定量液体流出的时间（s）或将此时间与规定温度下同体积水流出时间之比。

相对黏度，是在一定温度时液体的绝对黏度与另一液体的绝对黏度之比，用以比较的液体通常是水或适当的液体。

二、食品黏度测定的方法

黏度的测定可用黏度计。黏度计有多种类型，毛细管黏度计因不能调节线速度不便测定非牛顿流体的黏度，但对高聚物的稀薄溶液或低黏度液体的黏度测定影响不大；旋转式黏度计适用于非牛顿流体的黏度测定。依据GB/T 10247—2008《粘度测量方法》和GB/T 22235—2008《液体粘度的测定》进行食品黏度测量。

实训五 毛细管法测定食品的黏度

【测定原理】

在一定温度下，当液体在直立的毛细管中，以完全湿润管壁的状态流动时，其运动黏度与流动时间成正比。测定时，用已知运动黏度的液体作标准，测量其从毛细管黏度计流出的时间，再测量试样自同一黏度计流出的时间，则可计算出试样的黏度。

【适用范围】

适用于牛顿流体的黏度测量，实验室取样测量 $10^5 mm^2/s$ 以下的运动黏度。

【试剂与仪器准备】

（一）试剂

乙醇；铬酸洗液；石油醚。

（二）仪器

玻璃毛细管黏度计（平氏黏度计，图 1－5）；恒温浴；温度计；密度计；计时器；其他，如电烘箱或吹风机，真空泵或其他抽气设备，黏度计夹子，线坠或其他调垂直装置，乳胶管，能有效清洗黏度计的溶剂或洗液等。

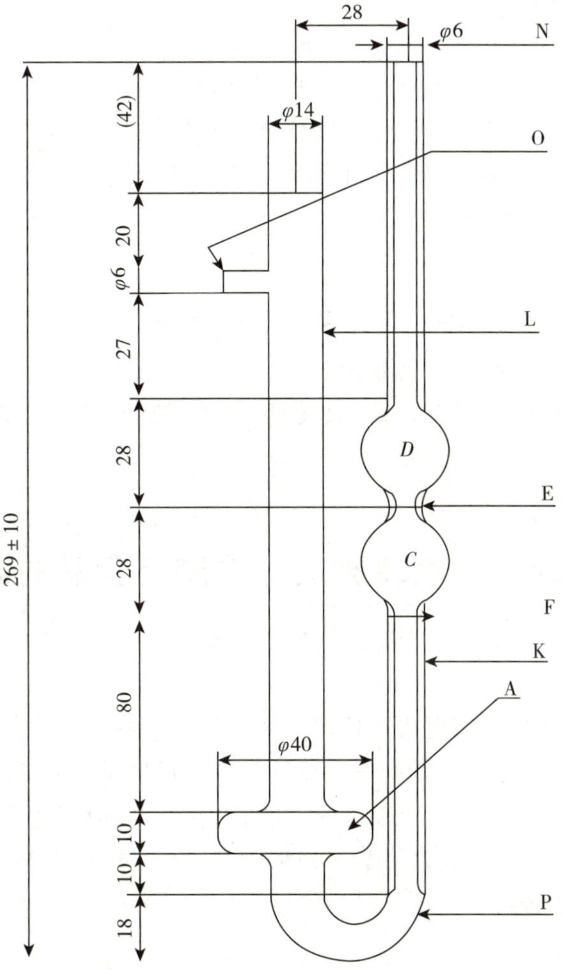

图 1－5 毛细管黏度计结构示意图

A. 下贮器；C. 计时球；D. 上贮器；E. 上计时标线；F. 下计时标线、装液标线；L. 夹持管；N. 通气管；O. 支管；P. 连接管；R. 工作毛细管

【样品测定】

1. 试样准备 对于含有机械杂质的试样应事先过滤。选择适当内径的黏度计，使得流动时间在200秒以上。平氏黏度计的最细内径的流动时间分别不得小于350秒。黏度计在使用前用适当的非碱性溶剂清洗并干燥。

2. 装液 试样温度应控制在试验温度±2℃的范围内，把黏度计倒转过来，让N端插入试样中，将试样吸入至计时球的下标线F，迅速倒转黏度计并擦净管口。

3. 安装 把装好试样的黏度计的管N套上干净的乳胶管，用黏度计夹具或支架把黏度计固定在恒温槽中，让恒温槽液面高于计时球C 20mm以上，使黏度计底部高于恒温槽底20mm以上。调节黏度计使毛细管垂直。

4. 恒温 测量之前，黏度计在恒温槽中、在测量温度下恒温至少15分钟。对黏度大的试样适当延长恒温时间。

5. 测量 将管N与抽气设备（真空泵、洗耳球或注射器等）连通，把试样吸入计时球，至上标线E以上约5mm处，使管N与大气相通，试样自然流下，测量试样弯月面最低点通过计时球上下标线E、F的时间。不重装试样，重复测量两次流动时间，取平均值。两次测量的流动时间之差应不大于平均值的0.2%（精密型）及0.5%（工业型）。

【结果计算与数据处理】

试样运动黏度按式1－10计算。

$$v = \frac{100\pi d^4 ght}{128Vl} - \frac{E}{t^2} \quad (1-10)$$

式中，v为流体的运动黏度，mm^2/s；π为圆周率；d为毛细管内径，cm；l为毛细管长度，cm；h为平均有效液柱高度，cm；V为液体流经毛细管的计时体积，cm^3；g为重力加速度，cm/s^2；t为体积为V的流体的流动时间，s；E动能系数。

【技术提示】

（1）测定过程中必须调整恒温浴的温度为规定的测定温度。

（2）测定前试液和毛细管黏度计均应准确恒温，并保持一定的时间。在恒温器中黏度计放置的时间为：在20℃时，放置10分钟；在50℃时，放置15分钟；在100℃时，放置20分钟。

（3）试液中不能有气泡。

实训六 旋转黏度计法测定食品的黏度

【测定原理】

旋转黏度计（图1－6）上的同步电机以稳定的速度带动刻度转盘旋转，再通过游丝和转轴带动转子旋转。当转子未受到液体的阻力时，则游丝、指针与刻度圆盘同速旋转，指针在刻度盘上指出的刻度为“0”；如果转子受到液体的黏滞阻力，则游丝产生扭力矩，与黏滞阻力抗衡直至达到平衡，这时与游丝连接的指针在刻度圆盘上指示一定的读数，根据这一读数，结合所用的转子号数及转速对照换算系数表，计算出被测样液的绝对黏度。

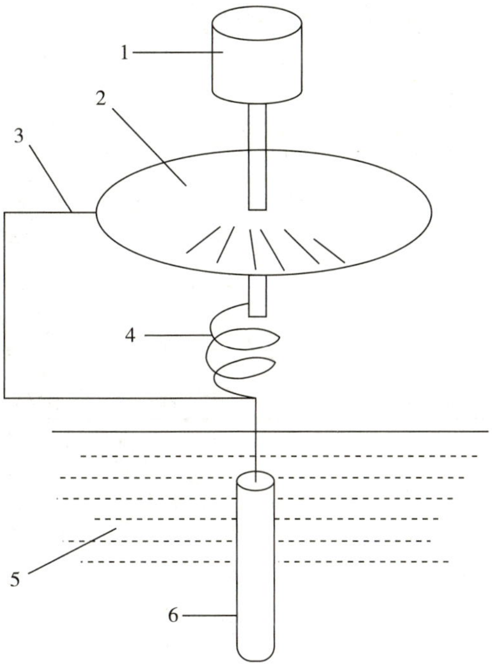

图 1-6 旋转黏度计结构示意图

1. 同步电机；2. 刻度转盘；3. 指针；4. 游丝；5. 被测液体；6. 转子

【试剂与仪器准备】

（一）试剂

脱脂牛奶、全脂牛奶、甜炼乳等。

（二）仪器

NDJ-1 型旋转黏度计。

【样品测定】

1. 调节仪器水平 调整仪器的水平调节螺旋，使仪器处于水平状态。根据检测容器的高低，转动仪器升降夹头旋钮使仪器升降至合适的高度，然后用六角螺纹扳头紧固升降夹头。

2. 安装转子 估算被测样品的黏度范围。结合量程选择合适的转子，并小心安装上仪器的连接螺杆。

3. 准备被测样品 样品置于直径不小于 70mm，高度不小于 130mm 的直筒烧杯中，准确地控制被测液体温度。使转子尽量置于容器中心部位并浸入样液直至液面达到转子的标志刻度为止。选择合适的转速，接通电源开始检测。

4. 读取黏度数据 转子在样液中转动一定时间，指针趋于稳定时，压下操作杆，同时中断电源，使指针停留在刻度盘，读取刻度盘中所指示的数值。当读数过高或过低时，可通过调整转速或转子型号，使刻度读数值落在 30~90 量程之间。

【结果计算与数据处理】

试样的黏度按式 1-11 计算。

$$\eta = k \times s \tag{1-11}$$

式中，η 为样品的绝对黏度，mPa·s；k 为转换系数（表 1-4）；s 为圆盘中指针所指读数。

表 1-4 所列为黏度转换系数，表 1-5 所列为量程最大值。

表1-4 黏度转换系数表

转子代号	转速（r/min）			
	60	30	12	6
0	0.1	0.2	0.5	1
1	1	2	5	10
2	5	10	25	50
3	20	40	100	200
4	100	200	500	1000

表1-5 量程表

最大量程 / 转子代号	转速（r/min）			
	60	30	12	6
0	10	30	50	100
1	100	200	500	1000
2	500	1000	2500	5000
3	2000	4000	10000	20000
4	10000	20000	50000	100000

【技术提示】

（1）安装转子时可用左手固定连接螺杆，同时用右手慢慢将转子旋入连接螺杆，注意不要使转子横向受力，以免转子弯曲。

（2）需选用仪器配备的测试筒检测样品，可按以下步骤操作：安装转子后，用套筒固定螺丝把固定套筒装于黏度盘下方，把一定量样品倒入测试筒，然后将装有样品的测试筒垂直向上套入固定套筒，利用螺丝使之与固定套筒相连接，即可进行黏度测定。

（3）黏度测定量程、系数、转子及转速的选择可按下列方法进行：预先估计被测液体的黏度范围，然后根据量程表选择适当的转子和转速。例如测定约30mPa·s的液体时可选用下列配合：2号转子，6r/min；或3号转子，30r/min。当不能估计出被测液体的大致黏度时，应假定为较高的黏度，试用由小到大的转子和由慢到快的转速。原则是高黏度的液体选用小的转子和慢的转速；低黏度的液体选用大的转子和快的转速。

（4）黏度测定应保证液体的均匀性，测定前转子应有足够长的时间浸于被测液体，使其与被测液体温度一致，可获得较精确的数值。

（5）装有“0”号转子后不得在无液体的情况下“旋转”，以免损坏轴尖。

（6）每次使用完毕应及时清洗转子（注意不得在仪器上进行转子清洗），清洁后的转子要妥善安放于转子架中。

（7）不得随意拆动调整仪器的零件，不要自行加注润滑油。

任务五 液态食品色度、浊度的测定

PPT

色度和浊度是液体食品的一个重要的质量指标，在食品检测中多用于啤酒品质检测。啤酒色度、浊度直接影响其品质和在市场上的销售量。

啤酒色度仪是根据国际照明委员会（CIE）色度学原理，采用国际通用的欧洲酿酒协会（EBC）色度单位及分级标准生产的、用于测定啤酒色度的专用检测仪器，广泛用于啤酒、麦芽类产品生产和食品检测等行业。根据工作原理和方式，啤酒色度仪可分为目视比色式和光电式两种。依据 GB/T 4928—2008《啤酒分析方法》进行色度和浊度的测定。色度的其第一法是比色计法，第二法为分光光度计法。浊度检测使用浊度计法。

实训七 EBC 比色计法测定液态食品的色度

【测定原理】

将除气后的试样注入 EBC 比色计的比色皿中，与标准 EBC 色盘比较，目视读取或自动数字显示出试样的色度，以色度单位 EBC 表示。

【适用范围】

适用于啤酒和麦芽汁的检验，符合欧洲啤酒协会（EBC）标准。

比色范围以淡黄色麦芽汁和啤酒为下限，使用 25mm 或 40mm 比色皿比色，色度范围一般为：10～20EBC 单位；深色啤酒或麦芽汁、焦糖为上限，使用 5mm 或 10mm 比色皿比色，或适当稀释后再使其色度在 20～27EBC 单位，然后比色。

【试剂与仪器准备】

试剂

哈同（Hartong）基准溶液：取重铬酸钾 0.1g（精确至 0.001g）和亚硝酸酰铁氰化钠 3.5g（精确至 0.001g），用水溶解并定容至 1000ml，贮于棕色瓶中，于暗处放置 24 小时后使用。

【样品测定】

1. 仪器校正 将哈同溶液注入 40mm 比色皿中，用色度计测定。其标准色度应为 15EBC 单位；若使用 25mm 比色皿，其标准色度为 9.4EBC。仪器的校正应每月进行一次。

2. 样品处理

（1）方法一 将恒温至 15～20℃的酒样约 300ml，倒入 1000ml 锥形瓶中，盖塞（橡皮塞），在恒温室内轻轻摇动，开塞放气（开始有“砰砰”声），盖塞。反复操作，直至无气体逸出为止。用单层中速干滤纸（漏斗上面盖表面玻璃）过滤。

（2）方法二 采用超声波或磁力搅拌除气。将恒温至 10～20℃啤酒 300ml 移入带排气塞的瓶中，置于超声波水槽中（或搅拌器上），超声或搅拌一定时间后，用单层中速干滤纸（漏斗上面盖表面玻璃）过滤。需要与第一法比对，使其酒精度测定结果相似，以确定超声或搅拌的时间和温度。

3. 保存 除气后的啤酒收集于具塞锥形瓶中，温度应保持在 15～20℃，密封保存，限制在 2 小时内使用。

4. 测定 将试样注入 25mm 比色皿中，然后放到比色盒中，与标准色盘进行比较，当两者色调一致时直接读数。或使用自动数字显示色度计，自动显示、打印其结果。

【结果计算与数据处理】

试样的色度按式 1－12 计算。

$$S = \frac{S_1}{H} \times 25 \qquad (1-12)$$

式中，S 为式样的色度，EBC；S_1 为实测色度，EBC；H 为使用比色皿的厚度，mm；25，换算成标准比色皿的厚度，mm。

所得结果保留至一位小数。在重复性条件下获得的两次独立测定值之差，色度为2～10EBC时，不得大于0.5EBC。色度大于10EBC时，稀释样平行测定值之差不得大于1EBC。

【技术提示】

（1）色度应定期用哈同溶液进行检验。

（2）EBC单位与美国ASBC单位换算公式如下：

$$\text{EBC 单位} = 2.65\text{ASBC 单位} - 1.2$$

$$\text{ASBC 单位} = 0.375\text{EBC 单位} + 0.46$$

实训八　分光光度法测定液态食品的色度

【测定原理】

啤酒的色泽愈深，则在一定波长下的吸光值愈大，因此可直接测定吸光度，然后转换为EBC单位表示色度。

【试剂与仪器准备】

（一）试剂

蒸馏水。

（二）仪器

可见分光光度计（10mm玻璃比色皿）；离心机（4000r/min）。

【样品测定】

1. 样品处理，同项目一实训七。

2. 以蒸馏水为参比溶液调零。

3. 将试样注入10mm玻璃比色皿中，分别在波长430nm和700nm处测定试样的吸光度。若$A_{430} \times 0.039 > A_{700}$表示试样是透明的，按式1－13计算。若$A_{430} \times 0.039 < A_{700}$，表示试样是浑浊的，需要离心或过滤后重新测定。当$A_{430}$的吸光值在0.8以上时，需用水稀释后再测定。

【结果计算与数据处理】

试样中色度按1－13计算。

$$S = A_{430} \times 25 \times n \qquad (1-13)$$

式中，S为试样的色度，EBC；A_{430}为试样在10mm玻璃比色皿、波长430nm处测得的吸光度；25为换算成标准比色皿的厚度，mm；n为稀释倍数。

【技术提示】

（1）测定色度的样品必须无浊度。检查的方法如下：用同一规格的比色皿，在700nm波长处测得的吸光度等于或小于430nm波长处测得的吸光度的0.039倍，表明啤酒无浊度，可直接在430nm波长处测定吸光度。

（2）如果啤酒不是无浊度的，必须离心或过滤，再测其光密度。但在报告结果时，应注明为滤清或澄清啤酒的色度。

拓展阅读

水质色度检测可依据 GB 11903—1989 铂钴比色法检测，适用于清洁水、轻度污染并略带黄色调的水、比较清洁的地面水、地下水和饮用水等。其原理为：用氯铂酸钾和氯化钴配制颜色标准溶液，与被测样品进行目视比较，以测定样品的颜色强度，即为色度。HJ 1182—2021 稀释倍数法适用于污染较严重的地面水和工业废水。

行业标准 SB/T 10323—1999，适用于酿造酱油半成品、副产品的色度测定。

实训九　EBC 浊度计法测定液态食品的浊度

【测定原理】

利用福尔马肼标准溶液校正浊度计，直接测定啤酒样品的浊度，以浊度单位 EBC 表示。

【试剂与仪器准备】

（一）试剂

1. 10g/L 硫酸肼溶液　称取硫酸肼 1g（精确至 0.001g），加水溶解，并定容至 100ml。静置 4 小时使其完全溶解。

2. 六次甲基四胺溶液（100g/L）　称取六次甲基四胺 10g（精确至 0.001g），加水溶解，并定容至 100ml。

3. 福尔马肼标准浊度储备液　吸取 25.0ml 六次甲基四胺溶液于一个具塞锥形瓶中，边搅拌边用吸管加入 25.0ml 硫酸肼溶液，摇匀，盖塞，于室温下放置 24 小时后使用。此溶液为 1000EBC 单位，在 2 个月内可保持稳定。

4. 福尔马肼标准浊度使用液　分别吸取标准浊度储备液 0、0.20、0.50、1.00ml 于 4 个 1000ml 容量瓶中，加重蒸水稀释至刻度，摇匀。该标准浊度使用液的浊度分别为 0、0.20、0.50 和 1.00EBC。该溶液当天配制当天使用。

（二）仪器

浊度计，测量范围为 0.5 ~ 5EBC，分度值为 0.01EBC；分析天平（感量 0.1mg）；具塞锥形瓶（100ml）；吸管（25ml）。

【样品测定】

1. 用标准浊度液校正浊度计。

2. 按浊度计的仪器说明书，取除气但未经过滤、温度为 20℃ ±0.1℃ 的试样倒入浊度计的标准杯中，用 EBC 浊度计进行测定，直接读数（应在试样脱气后 5 分钟内测定）。

【结果计算与数据处理】

所得结果应保留至一位小数，平行试验测定值绝对差值不超过算术平均值的 10%。

拓展阅读

水质浊度的测定可依据 GB 13200—1991，第一法为分光光度法，适用于饮用水、天然水及高浊度水，最低检测浊度为 3 度；第二法为目视比浊法，适用于饮用水和水源水等低浊度的水，最低检测浊度为 1 度。

任务六　气体压力检测法

PPT

某些瓶装或罐装食品容器内，气体的分压常常是其重要的质量指标。例如罐头真空度，汽水、啤酒中二氧化碳含量。

罐头真空度，指罐内残留气体压力和罐外大气压力之差，即罐头真空度 = （大气压力 - 罐内残留压力），在食品工业上，通常用 Pa 表示。常采用罐头真空度测定仪法测定罐头的真空度，其检测依据为 GB/T 10786—2022《罐头食品的检验方法》。

实训十　真空度测定仪法测定罐头真空度

【测定原理】

以穿刺方式使罐内压力通至真空度测试表内，由于大气压与罐内压力差异，推动隔膜移动，读出真空度。

【试剂与仪器准备】

仪器

真空度测试表（刻度为 0.001MPa）。

【操作步骤】

1. 将被检测的实罐样品放置于真空度测试表下方工作台上，静置待测。
2. 扳动真空度测试表上方手把，对准待测罐头罐盖近边缘处，真空度测试表随传动导轨下降，用真空度测试表下端的针头在罐头上穿刺并顺利刺入罐内，密封垫圈形成暂时密封，表盘读数显示罐头真空度。或将手持真空度测试表对准待测罐头罐盖的近边缘处，用真空度测试表下端的针头在罐头上穿刺并顺利刺入罐内，密封垫圈形成暂时密封，表盘读数显示罐头真空度。
3. 读取真空度测试表显示的真空度并记录。

【结果表述】

结果保留到小数点后两位，单位为 MPa。

【岗位对接】

本项目是食品质量与安全、食品检验检测技术、食品生物技术等专业学生必须掌握的内容，为成为合格的食品检测人员打下坚实的基础。

本项目对接食品检验工的资格考试和职业技能标准，按照《中华人民共和国食品安全法》《食品安全国家标准》要求，食品生产经营企业应当加强食品检验工作，对原料检验、半成品检验、成品出厂检验等进行检验控制；食品生产企业可以自行对所生产的食品进行检验，也可委托符合本法规定的食品检验机构进行检验。从事食品检验岗位的工作人员应掌握以下相关的知识和技能要求。

1. 能按照国家标准，正确规范地测定食品的相对密度、折射率、旋光度、黏度、色度与浊度、气体压力、比体积及膨胀率。
2. 能根据检验结果进行食品质量的评价与判定
3. 能熟练使用密度瓶、密度计、折光仪、旋光仪、黏度计、分光光度仪、气体压力测定仪、体积

测定仪等分析仪器

4. 具备相关实验室安全知识和实验室管理能力。

【重点小结】

本项目主要依据国家标准介绍了食品的相对密度、折射率、旋光度、黏度色度与浊度、气体压力、比体积与膨胀率等物理指标的检测方法，具体总结如下。

物理指标	国家标准	方法
相对密度	GB 5009. 2—2024	密度瓶法
		相对密度天平法
		相对密度计法
折射率	GB/T 10786—2022	折射率测定法
旋光度	GB/T 5009. 43—2023	旋光度测定法
黏度	GB/T 22235—2008	毛细管法
	GB/T 10247—2008	旋转黏度计法
色度、浊度	GB/T 4928—2008	色度、浊度测定法
	GB 7098—2015	
气体压力	GB/T 10786—2022	气体压力测定法

目标检测

答案解析

一、单项选择题

1. 物质在某温度下的密度与在同一温度下对 4℃水的相对密度的关系是（　）

A. 相等的　　B. 数值上相同的

C. 可换算的　　D. 无法确定的

2. 可测定酒中乙醇含量以及检测牛乳是否掺水及脱脂等的方法是（　）

A. 折射率法　　B. 旋光度法

C. 密度法　　D. 黏度法

3. 对于同一物质的溶液来说，其折射率大小与其浓度（　）

A. 成正比　　B. 成反比

C. 没有关系　　D. 有关系，但不是简单的正比或反比关系

4. 一定条件下，同一样液温度越高，旋光度测得值（　）

A. 越大　　B. 越小

C. 不变　　D. 无规律变化

二、判断题

1. 用密度瓶法测定食品的相对密度时，天平室内温度应保持在 25℃。（　）

2. 光的折射现象产生的原因是光在各种介质中行进的速度不同造成的。（　）

3. 密度检测一般重复 2 次，最终结果取平均值。（　）

三、简答题

1. 简述密度瓶法测定食品相对密度的原理。
2. 简述旋光度、比旋度的定义。
3. 食品安全国家标准 GB 5009.2—2024 中相对密度测定法有几种?
4. 简述旋光度测定的影响因素。
5. 简述折射率测定的影响因素。

书网融合……

题库

项目二

食品常见成分的检验

学习目标

知识目标

1. 掌握 食品中水分、灰分、酸度、脂类、蛋白质、碳水化合物、维生素、矿物质等成分的检测原理和检测方法。

2. 熟悉 食品中水分的存在形式；灰分、碳水化合物和维生素的分类。

3. 了解 食品中常见成分的测定意义。

能力目标

1. 能根据样品类型及检验目的合理选择国标方法。

2. 能按照标准方法测定食品中的水分、灰分、酸度、脂类、蛋白质、碳水化合物、维生素、矿物质等常见成分。

素质目标

通过学习，树立食品安全意识，建立质和量的概念，培养辩证思维能力。

案例导入

案例 2023年6月，市场监管总局关于15批次食品抽检不合格情况的通告发布，某省儿童用品有限公司销售的、标称××食品有限公司委托××食品有限公司生产的有机原味营养面，其中维生素A含量既不符合食品安全国家标准规定，也不符合产品标签标示要求。

讨论 1. 儿童有机原味营养面为什么要检测维生素A？

2. 食品维生素A检测的方法有哪些？

食品是人类赖以生存的物质基础。食品中一般营养成分包括水分、蛋白质、脂类、碳水化合物、维生素等，它们赋予食品组织结构、风味、口感及营养价值，这些营养成分含量的高低是衡量食品品质的重要指标。

PPT

任务一 食品水分的测定

水是人体赖以生存的基本物质，也是食品的重要组成成分。不同种类的食品，水分含量差别很大，如水果、蔬菜含水量达70%～97%，而饼干含水量仅为2.5%～4.5%。

控制食品中的水分含量，对于保持食品的感官性状，维持食品中各组分的平衡起着重要作用。例如，新鲜面包的水分含量若低于28%时，其外观干瘪、失去光泽；饼干的水分含量大于6.5%时就会失去酥脆感；乳粉的水分含量控制在2.5%～3.0%以内时，可抑制微生物生长繁殖，延长保存期。此外，测定食品中水分含量，可为其评价品质、制定贮藏方案、进行成本核算等提供参考。

一、食品水分含量的测定

食品中水分的存在形式按理化性质可分为游离水和结合水。游离水是指组织、细胞中易结冰、能溶解溶质的水，如润湿水、渗透水、毛细管水等。此类水分和组织结合松散，容易用干燥法从食品中分离出去。结合水是以氢键和食品有机成分相结合的水分，这类水分不易结冰、不能作为溶质的溶剂，如结晶水、吸附水，较难从食品中分离出去，如将其强行除去，则会使食品品质发生变化。

依据 GB 5009. 3—2016《食品中水分的测定》，测定食品中水分含量的方法主要有直接干燥法、减压干燥法、蒸馏法、卡尔·费休法等。

实训一 直接干燥法测定食品中的水分含量

【测定原理】

在 101. 3kPa，温度 101 ~ 105℃下，食品中的水分受热以后产生的蒸汽压高于电热干燥箱中的分压，水分从食品中蒸发出来。通过不断加热和排走水蒸气，从而达到完全干燥的目的。食品在干燥前后的质量差即为水分含量。

【适用范围】

本法以样品在蒸发前后的重量减少来计算水分含量，故适用于在 101 ~ 105℃下，蔬菜、谷物及其制品、水产品、豆制品、乳制品、肉制品、卤菜制品、粮食（水分含量低于 18%）、油料（水分含量低于 13%）、淀粉及茶叶类等食品中水分的测定，不适用于水分含量小于 0. 5g/100g 的样品。

【试剂与仪器准备】

（一）试剂

盐酸（分析纯）；氢氧化钠（分析纯）。

（二）试剂配制

1. 盐酸溶液（6mol/L） 量取 50ml 盐酸，加水稀释至 100ml。

2. 氢氧化钠溶液（6mol/L） 称取 24g 氢氧化钠，加水溶解并稀释至 100ml。

3. 海砂 取用水洗去泥土的海砂、河砂、石英砂或类似物，先用 6mol/L 盐酸溶液煮沸 0. 5 小时，用水洗至中性，再用 6mol/L 氢氧化钠溶液煮沸 0. 5 小时，用水洗至中性，经 105℃干燥备用。

（三）仪器

扁形铝制或玻璃制称量瓶；电热恒温干燥箱；干燥器（内附有效干燥剂）；天平（感量为 0. 1mg）。

【样品测定】

（一）固体样品

取洁净铝制或玻璃制的扁形称量瓶，置于 101 ~ 105℃干燥箱中，瓶盖斜支于瓶边，加热 1. 0 小时，取出盖好，置干燥器内冷却 0. 5 小时，称量，并重复干燥至前后两次质量差不超过 2mg，即为恒重。将混合均匀的试样迅速磨细至颗粒小于 2mm，不易研磨的样品应尽可能切碎，称取 2 ~ 10g 试样（精确至 0. 0001g），放入此称量瓶中，试样厚度不超过 5mm，如为疏松试样，厚度不超过 10mm，加盖，精密称量后，置 101 ~ 105℃干燥箱中，瓶盖斜支于瓶边，干燥 2 ~ 4 小时后，盖好取出，放入干燥器内冷却

0.5 小时后称量，然后再放入 101 ~ 105℃ 干燥箱中干燥 1 小时左右，取出，放入干燥器内冷却 0.5 小时后再称量。并重复以上操作至前后两次质量差不超过 2mg，即为恒重。

（二）半固体或液体试样

取洁净的称量瓶，内加 10g 海砂（可按需适当增加）及一根小玻棒，置于 101 ~ 105℃ 干燥箱中，干燥 1.0 小时后取出，放入干燥器内冷却 0.5 小时后称量，并重复干燥至恒重。然后称取 5 ~ 10g 试样（精确至 0.0001g），置于称量瓶中，用小玻棒搅匀放在沸水浴上蒸干，并随时搅拌，擦去瓶底的水滴，置 101 ~ 105℃ 干燥箱中干燥 4 小时后盖好取出，放入干燥器内冷却 0.5 小时后称量。然后再放入 101 ~ 105℃ 干燥箱中干燥 1 小时左右，取出，放入干燥器内冷却 0.5 小时后再称量。重复以上操作至前后两次质量差不超过 2mg，即为恒重。

【结果计算与数据处理】

试样中水分含量按式 2 - 1 进行计算。

$$X = \frac{m_1 - m_2}{m_1 - m_3} \times 100 \qquad (2-1)$$

式中，X 为试样中水分的含量，g/100g；m_1 为称量瓶（加海砂、玻棒）和试样的质量，g；m_2 为称量瓶（加海砂、玻棒）和试样干燥后的质量，g；m_3 为称量瓶（加海砂、玻棒）的质量，g。

水分含量 ≥1g/100g 时，计算结果保留三位有效数字；水分含量 <1g/100g 时，结果保留两位有效数字。

精密度要求：在重复性条件下获得的两次独立测定结果的绝对差值不得超过算术平均值的 10%。

【技术提示】

（1）采用本法测定的水分含量实际是在 103℃ ±2℃ 直接干燥的情况下所失去物质的总量，不完全是水。

（2）浓稠态样品直接加热干燥，其表面易结硬壳，使内部水分蒸发受阻，故在测定前，需加入精制海砂或无水硫酸钠，搅拌均匀，以防食品结块，同时增大受热与蒸发面积，加速水分蒸发，缩短分析时间。

（3）含油脂样品，在烘烤过程中因脂肪氧化，反而会使后面一次质量增加，计算时应以前一次的质量计算。

（4）蔬菜、水果样品应先洗去泥沙，再用蒸馏水冲洗，吸干表面水分后再进行测定。

（5）样品预处理对分析结果影响比较大。在样品的采集、处理、保存过程中，要防止水分的丢失或受潮。

实训二　减压干燥法测定食品中的水分含量

【测定原理】

利用低压下水的沸点降低的原理，使样品在较低温度下进行干燥以排除水分，再通过烘干前后的称量数值来计算水分的含量。

【适用范围】

减压干燥法适用于高温易分解的样品及水分较多的样品（如糖、味精等食品）中水分的测定，不适用于添加了其他原料的糖果（奶糖、软糖等）中水分的测定，不适用于水分含量小于 0.5g/100g 的样品（糖和味精除外）。

【试剂与仪器准备】

仪器

真空干燥箱；扁形铝制或玻璃制称量瓶；干燥器（内附有效干燥剂）；天平（感量为0.1mg）。

【试样制备】

粉末和结晶试样直接称取；较大块硬糖经研钵粉碎，混匀备用。

【样品测定】

取已恒重（恒重方法同项目一实训一直接干燥法）的称量瓶称取2～10g（精确至0.0001g）试样，放入真空干燥箱内，将真空干燥箱连接真空泵，抽出真空干燥箱内空气（所需压力一般为40～53kPa），并同时加热至所需温度605℃ ±5℃。关闭真空泵上的活塞，停止抽气，使真空干燥箱内保持一定的温度和压力，经4小时后，打开活塞，使空气经干燥装置缓缓通入至真空干燥箱内，待压力恢复正常后再打开。取出称量瓶，放入干燥器中0.5小时冷却后称量，并重复以上操作至前后两次质量差不超过2mg，即为恒重。

【结果计算与数据处理】

结果计算同项目一实训一直接干燥法。

精密度要求：在重复性条件下获得的两次独立测定结果的绝对差值不得超过算术平均值的10%。

【技术提示】

（1）真空干燥箱内各部位温度要求均匀一致，若干燥时间短时，更应严格控制。

（2）减压干燥时，自干燥箱内部压力降至规定真空度时开始计算烘干时间。

（3）干燥结束后，待压力恢复正常后，才可打开干燥箱。

拓展阅读

水分测定的其他方法

水分测定的方法还有卡尔费休法、蒸馏法、红外线快速测定法、红外线吸收光谱法、快速微波干燥法、化学干燥法、气相色谱法和核磁共振波谱法等。卡尔·费休法被广泛应用于多个领域，国际标准化组织把这个方法定为国际标准测微量水分的方法，该方法分为库仑法和容量法。蒸馏法适用于测定含较多其他挥发性物质的食品，如干果、油脂、香辛料等，特别是香料。不同方法适用于不同食品样品，可根据实际情况予以选用。

二、食品水分活度的测定

（一）水分活度及其测定意义

水分活度（A_w）是指在一定温度下，食品中水的蒸汽压（ρ）与纯水的饱和蒸汽压（ρ_0）的比值，即：$A_w=\rho/\rho_0$。水分活度值介于0～1之间。纯水的A_w值为1，完全无水时A_w值为0。食品中的水总有一部分是以结合水的形式存在，而结合水的蒸汽压低于纯水的蒸汽压，所以，食品的水分活度总是小于1。

食品中含有水分，若储藏不当，常会发生腐败。因此，生产上常通过适当降低含水量来延长食品保质期。但含水量相同的不同类食品，其耐藏性仍存在较大差异，其原因在于不同食品中水分活度的差异。食品中结合水含量越高，食品的水分活度就越低，微生物利用度就越低。因此，水分活度反映了食品中水分存在形式和被微生物利用的程度。A_w值对预测食品的耐藏性、指导控制食品的A_w值以达到杀菌保存的目的具有重要的意义。

（二）食品中水分活度的测定方法

依据食品安全国家标准 GB/T 5009.238—2016，食品水分活度的测定方法有水分活度仪扩散法和康卫氏皿扩散法等。

实训三 水分活度仪扩散法测定食品的水分活度

【测定原理】

在密闭、恒温的水分活度仪测量舱内，试样中的水分扩散平衡。此时水分活度仪测量舱内的传感器或数字化探头显示出的响应值（相对湿度对应的数值）即为样品的水分活度（A_w）。

【适用范围】

此法适用于预包装谷物制品、肉制品、水产制品、蜂产品、薯类制品、水果制品、蔬菜制品、乳粉、固体饮料的食品水分活度的测定。适用食品水分活度的范围为 0.60 ~ 0.90。

【试剂与仪器准备】

（一）试剂

所有试剂均使用分析纯试剂，分析用水应符合 GB/T 6682—2008 规定的三级用水。按表 2－1 配制各种无机盐的饱和溶液。

表 2－1 饱和盐溶液的配制

序号	过饱和盐溶液的种类	试剂名称	试剂的质量（g）（加入热水 200ml）[ab]	水分活度（A_w）（25℃）
1	溴化锂饱和溶液	溴化锂（$LiBr \cdot 2H_2O$）	500	0.064
2	氯化锂饱和溶液	氯化锂（$LiCl \cdot H_2O$）	220	0.113
3	氯化镁饱和溶液	氯化镁（$MgCl_2 \cdot 6H_2O$）	150	0.328
4	碳酸钾饱和溶液	碳酸钾（K_2CO_3）	300	0.432
5	硝酸镁饱和溶液	硝酸镁［$Mg(NO_3)_2 \cdot 6H_2O$］	200	0.529
6	溴化钠饱和溶液	溴化钠（$NaBr \cdot 2H_2O$）	260	0.576
7	氯化钴饱和溶液	氯化钴（$CoCl_2 \cdot 6H_2O$）	160	0.649
8	氯化锶饱和溶液	氯化锶（$SrCl_2 \cdot 6H_2O$）	200	0.709
9	硝酸钠饱和溶液	硝酸钠（$NaNO_3$）	260	0.743
10	氯化钠饱和溶液	氯化钠（NaCl）	100	0.753
11	溴化钾饱和溶液	溴化钾（KBr）	200	0.809
12	硫酸铵饱和溶液	硫酸铵［$(NH_4)_2SO_4$］	210	0.810
13	氯化钾饱和溶液	氯化钾（KCl）	100	0.843
14	硝酸锶饱和溶液	硝酸锶［$Sr(NO_3)_2$］	240	0.851
15	氯化钡饱和溶液	氯化钡（$BaCl_2 \cdot 2H_2O$）	100	0.902
16	硝酸钾饱和溶液	硝酸钾（KNO_3）	120	0.936
17	硫酸钾饱和溶液	硫酸钾（K_2SO_4）	35	0.973

a. 易于溶解的温度为宜；b. 冷却至形成固液两相的饱和溶液，贮于棕色试剂瓶中，常温下放置一周后使用。

（二）仪器

水分活度测定仪（精度 ±0.02A_w）；天平（感量 0.01g）；样品皿。

【样品制备】

1. 粉末状固体、颗粒状固体及糊状样品 取有代表性样品至少 200g，混匀，置于密闭的玻璃容器内。

2. 块状样品 取可食部分的代表性样品至少 200g。在室温 18～25℃，湿度 50%～80% 的条件下，迅速切成约小于 3mm×3mm×3mm 的小块，不得使用组织捣碎机，混匀后置于密闭的玻璃容器内。

3. 瓶装固体、液体混合样品 取液体部分。

4. 质量多样混合样品 取有代表性的混合均匀样品。

5. 液体或流动酱汁样品 直接采取均匀样品进行称重。

【样品测定】

1. 在室温 18～25℃、湿度 50%～80% 的条件下，用饱和盐溶液校正水分活度仪。

2. 称取约 1g（精确至 0.01g）试样，迅速放入样品皿中，封闭测量仓，在温度 18～25℃、相对湿度 50%～80% 的条件下测定。每间隔 5 分钟记录水分活度仪的响应值。当相邻两次响应值之差小于 0.005A_w时，即为测定值。仪器充分平衡后，同一样品重复测定三次。

【结果计算与数据处理】

当符合精密度所规定的要求时，取两次平行测定的算术平均值作为结果。计算结果保留两位有效数字。在重复性条件下获得的两次独立测定结果的绝对差值不得超过算术平均值的 5%。

【技术提示】

（1）样品制备时，要迅速捣碎或切碎。

（2）测量表要轻拿轻放。

（3）玻璃器皿必须干燥、洁净。

（4）本法不适用于冷冻和含挥发性成分的食品。

实训四 康卫氏皿扩散法测定食品的水分活度

【测定原理】

在密封、恒温的康卫氏皿中，试样中的自由水与水分活度（A_w）较高和较低的标准饱和溶液相互扩散，达到平衡后，根据试样质量的变化量，求得样品的水分活度。

【适用范围】

此法适用于预包装谷物制品、肉制品、水产制品、蜂产品、薯类制品、水果制品、蔬菜制品、乳粉、固体饮料的食品水分活度的测定。适用食品水分活度的范围为 0.00～0.98。

【试剂与仪器准备】

（一）试剂

同项目二实训三水分活度仪扩散法。

（二）仪器

康卫氏皿（带磨砂玻璃盖）；称量皿，直径 35mm，高 10mm；天平（感量 0.0001g 和 0.1g）；恒温培养箱（0～40℃，精度±1℃）；电热恒温鼓风干燥箱。

【样品制备】

（一）试样制备

同项目二实训三水分活度仪扩散法。

（二）预处理

将盛有试样的密闭容器、康卫氏皿及称量皿置于恒温培养箱内，于25℃±1℃条件下，恒温30分钟。取出后立即使用及测定。

（三）预测定

分别取12.0ml溴化锂饱和溶液、氯化镁饱和溶液、氯化钴饱和溶液、硫酸钾饱和溶液于4只康卫氏皿的外室，用经恒温的称量皿，在预先干燥并称量的称量皿中（精确至0.0001g），迅速称取与标准饱和盐溶液相等份数的同一试样约1.5g（精确至0.0001g），放入盛有标准饱和盐溶液的康卫氏皿的内室。沿康卫氏皿上口平行移动盖好涂有凡士林的磨砂玻璃片，放入25℃±1℃的恒温培养箱内。恒温24小时。取出盛有试样的称量皿，立即称量（精确至0.0001g）。

【预测定结果计算】

试样质量的增减量按式2-2计算。

$$X = \frac{m_1 - m}{m - m_0} \times 100 \quad (2-2)$$

式中，X为试样质量的增减量，g/g；m_1为25℃扩散平衡后，试样和称量皿的质量，g；m_0为称量皿的质量，g；m为25℃扩散平衡前，试样和称量皿的质量，g。

【绘制二维直线图】

以所选饱和盐溶液（25℃）的水分活度（A_w）数值为横坐标，对应标准饱和盐溶液试样的质量增减数值为纵坐标，绘制二维直线图。取横坐标截距值，即为该样品的水分活度预测值。

二维直线图参考如图2-1。

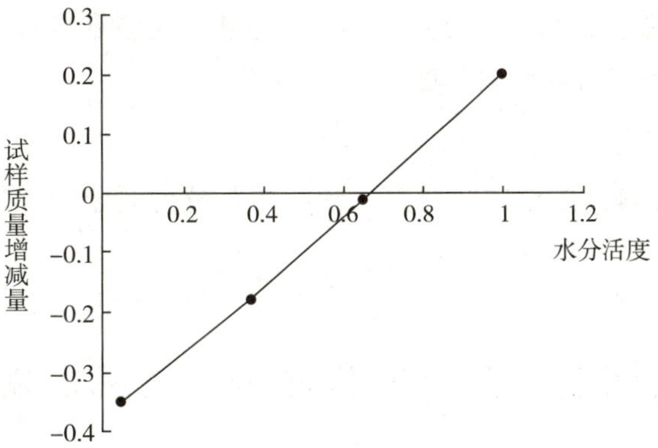

图2-1　水分活度预测结果二维图

【样品测定】

依据预测定结果，分别选用水分活度数值大于和小于试样预测结果数值的饱和盐溶液各3种，各取12.0ml，注入康卫氏皿的外室用经恒温的称量皿，在预先干燥并称量的称量皿中（精确至0.0001g），迅速称取与标准饱和盐溶液相等份数的同一试样约1.5g（精确至0.0001g），放入盛有标准饱和盐溶液的康卫氏皿的内室。沿康卫氏皿上口平行移动盖好涂有凡士林的磨砂玻璃片，放入25℃±1℃的恒温培养箱内，恒温 24 小时。取出盛有试样的称量皿，立即称量（精确至 0.0001g）。

【结果计算与数据处理】

计算方法同“预测定结果计算”。

取横轴截距值，即为该样品的水分活度值，当符合精密度所规定的要求时，取三次平行测定的算术平均值作为结果。

计算结果保留两位有效数字。在重复性条件下获得的两次独立测定结果的绝对差值不超过算术平均值的 10%。

【技术提示】

（1）本法不适用于冷冻和含挥发性成分的食品。

（2）所用器皿必须干燥、洁净。

任务二　食品灰分及矿物质的测定

一、总灰分的测定

（一）总灰分及测定意义

食品的组成非常复杂，除含有大量有机物外，还含有较丰富的无机成分。食品经高温灼烧，有机成分挥发逸散，无机成分残留下来，这些残留物称灰分。灰分是标志食品中无机成分总量的一项指标。但灰分不能准确代表无机物的总量，因为在高温条件下，某些元素如氯、碘、铅等易挥发散失；另一方面，某些金属氧化物会吸收有机物分解产生的二氧化碳而形成碳酸盐，使无机成分增多，因此，通常把食品经高温灼烧后的残留物称为粗灰分（或总灰分）。

测定灰分可以判断食品受污染的程度。如灰分含量超过了正常范围，说明食品中使用了不符合卫生标准的原料或食品添加剂，或食品在加工、储运过程中受到污染。灰分还可以评价食品的加工精度和食品品质。如灰分常用来评价面粉的等级与加工精度，标准粉灰分含量为 0.6%～0.9%，全麦粉灰分含量为 1.2%～2%，面粉的加工精度越高，灰分含量越低。总灰分含量还可反映果胶、明胶等胶质品的胶冻性能。总之，灰分是食品重要的质量控制指标。

（二）总灰分的测定方法

依据 GB 5009.4—2016《食品安全国家标准　食品中灰分的测定》，食品中灰分的测定方法为直接灰化法。

实训五　直接灰化法测定食品总灰分

PPT

【测定原理】

一定量的样品经炭化后，放入高温炉内灼烧，其中的有机物被氧化分解，以二氧化碳、氮的氧化物及水等形式逸出，而无机物残留下来，这些残留物即为灰分。称量残留物的质量即可计算样品中总灰分的含量。

【适用范围】

本方法适用于食品中灰分的测定（淀粉类灰分的方法适用于灰分质量分数不大于 2% 的淀粉和变性

淀粉)。

【试剂与仪器准备】

(一) 试剂

乙酸镁 [$(CH_3COO)_2Mg \cdot 4H_2O$],分析纯;浓硫酸,分析纯。

(二) 试剂配制

1. 乙酸镁溶液(80g/L) 称取8.0g乙酸镁加水溶解并定容至100ml,混匀。

2. 乙酸镁溶液(240g/L) 称取24.0g乙酸镁加水溶解并定容至100ml,混匀。

3. 盐酸溶液(10%) 量取24ml分析纯浓盐酸用蒸馏水稀释至100ml。

(三) 仪器

高温炉(最高使用温度≥950℃);分析天平(感量分别为0.1mg、1mg、0.1g);石英坩埚或瓷坩埚);干燥器(内有干燥剂);电热板;恒温水浴锅(控温精度±2℃)。

【样品测定】

(一) 坩埚预处理

1. 含磷量较高的食品和其他食品 取大小适宜的石英坩埚或瓷坩埚置马弗炉中,在550℃±25℃下灼烧30分钟,冷却至200℃左右,取出,放入干燥器中冷却30分钟,准确称量。重复灼烧至前后两次称量相差不超过0.5mg为恒重。

2. 淀粉类食品 先用沸腾的稀盐酸洗涤,再用大量自来水洗涤,最后用蒸馏水冲洗。将洗净的坩埚置于高温炉内,在900℃±25℃下灼烧30分钟,并在干燥器内冷却至室温,称重,精确至0.0001g。

(二) 称样

1. 含磷量较高的食品和其他食品 灰分大于或等于10g/100g的试样称取2~3g(精确至0.0001g);灰分小于或等于10g/100g的试样称取3~10g(精确至0.0001g,对于灰分含量更低的样品可适当增加称样量)。

2. 淀粉类食品 迅速称取样品2~10g(马铃薯淀粉、小麦淀粉以及大米淀粉至少称5g,玉米淀粉和木薯淀粉称10g),精确至0.0001g。将样品均匀分布在坩埚内,不要压紧。

(三) 测定

1. 一般食品 液体和半固体试样应先在沸水浴上蒸干。固体或蒸干后的试样,先在电热板上以小火加热使试样充分炭化至无烟,然后置于马弗炉中,在550℃±25℃灼烧4小时。冷却至200℃左右,取出,放入干燥器中冷却30分钟,称量前如发现灼烧残渣有炭粒时,应向试样中滴入少许水湿润,使结块松散,蒸干水分,再次灼烧至无炭粒即表示灰化完全,方可称量。重复灼烧至前后两次称量相差不超过0.5mg为恒重。

2. 含磷量较高的豆类及其制品、肉禽制品、蛋制品、水产品、乳及乳制品 称取试样后,加入1.00ml乙酸镁溶液(240g/L)或3.00ml乙酸镁溶液(80g/L),使试样完全润湿。放置10分钟后,在水浴上将水分蒸干,先在电热板上以小火加热使试样充分炭化至无烟,然后置于高温炉中,在550℃±25℃灼烧4小时。冷却至200℃左右,取出,放入干燥器中冷却30分钟,称量前如发现灼烧残渣有炭粒时,应向试样中滴入少许水湿润,使结块松散,蒸干水分再次灼烧至无炭粒即表示灰化完全,方可称量。重复灼烧至前后两次称量相差不超过0.5mg为恒重。

空白试验:吸取3份相同浓度和体积的乙酸镁溶液,做3次试剂空白试验。当3次试验结果的标准偏差小于0.003g时,取算术平均值作为空白值。若标准偏差超过0.003g时,应重新做空白试验。

3. 淀粉类食品 将坩埚置于高温炉口或电热板上，半盖坩埚盖，小心加热，使样品在通气情况下完全炭化至无烟，即刻将坩埚放入高温炉内，将温度升高至900℃ ±25℃，保持此温度直至剩余的碳全部消失为止，一般1小时可灰化完毕，冷却至200℃左右，取出，放入干燥器中冷却30分钟，称量前如发现灼烧残渣有炭粒，应向试样中滴入少许水湿润，使结块松散，蒸干水分再次灼烧至无炭粒即表示灰化完全，方可称量。重复灼烧至前后两次称量相差不超过0.5mg为恒重。

【结果计算与数据处理】

未加乙酸镁溶液试样和加了乙酸镁溶液的试样中灰分含量分别按式2-3、式2-4进行计算。

$$X_1 = \frac{m_1 - m_2}{m_3 - m_2} \times 100 \tag{2-3}$$

$$X_2 = \frac{m_1 - m_2 - m_0}{m_3 - m_2} \times 100 \tag{2-4}$$

式中，X_1（测定时未加乙酸镁溶液）为试样中灰分的含量，g/100g；X_2（测定时加入乙酸镁溶液）为试样中灰分的含量，g/100g；m_0为氧化镁（乙酸镁灼烧后生成物）的质量，g；m_1为坩埚和灰分的质量，g；m_2为坩埚的质量，g；m_3为坩埚和试样的质量，g。

试样中灰分含量≥10g/100g时，保留三位有效数字；试样中灰分含量<10g/100g时，保留2位有效数字。在重复性条件下获得的两次独立测定结果的绝对差值不得超过算术平均值的5%。

【技术提示】

（1）样品在放入高温炉灼烧前要先进行炭化处理，样品炭化时要注意热源强度，防止因高温引起试样中水分急剧蒸发，引起试样飞溅；要防止含糖、蛋白质、淀粉等易发泡膨胀的物质在高温下发泡溢出坩埚。

（2）把坩埚放入高温炉或从炉中取出时，要放在炉口停留片刻，使坩埚预热或冷却，防止因温度剧变而使坩埚破裂。

（3）灼烧后的坩埚应冷却到200℃以下再移入干燥器中，否则会因热的对流作用，造成残灰飞散。冷却后干燥器内形成较大真空环境，从干燥器内取出坩埚时，要缓慢开盖，使空气缓缓流入，缓慢恢复常压，以防残灰飞散。

（4）用过的坩埚经初步洗刷后，可用粗盐酸或废盐酸浸泡10~20分钟，再用水冲刷干净。

（5）加速灰化时，一定要沿坩埚壁加去离子水，不可直接将水洒在残灰上，以防残灰飞扬，造成损失和测定误差。

（6）炭化一定要小火缓慢进行，只发烟不起火，以免被火焰带走试样中的灰分，而影响测定结果。

二、水溶性灰分和水不溶性灰分的测定

食品的灰分除总灰分（即粗灰分）外，按其溶解性还可分为水溶性灰分、水不溶性灰分和酸溶性灰分和酸不溶性灰分。其中水溶性灰分反映的是可溶性的钾、钠、钙、镁等的氧化物和盐类的含量。水溶性灰分含量还可反映果酱、果冻等制品中果汁的含量。水不溶性灰分反映的是污染的泥沙和铁、铝等氧化物及碱土金属的碱式磷酸盐的含量。

水溶性灰分和水不溶性灰分的测定原理与总灰分相似，可基于食品总灰分之上进行测定。用约25ml热去离子水分次将总灰分从坩埚中洗入100ml烧杯中，盖上表面皿，用小火加热至微沸，防止溶液溅出，趁热用无灰滤纸过滤，并用热去离子水分次洗涤杯中残渣，直至滤液和洗涤体积约达150ml为止，将滤纸连同残渣移入原坩埚内，放在沸水浴锅上小心蒸去水分，然后将坩埚烘干并移入高温炉内，以550℃ ±25℃灼烧至无炭粒（一般需1小时）。待炉温降至200℃时，放入干燥器内，冷却至室温，称

重（准确至0.0001g）。再放入高温炉内，以550℃ ±25℃灼烧30分钟，如前冷却并称重。如此重复操作，直至连续两次称重之差不超过0.5mg为止，记下最低质量。

水不溶性灰分的含量按式2－5计算。

$$X_1 = \frac{m_3 - m_1}{m_2 - m_1} \times 100 \qquad (2-5)$$

式中，X_1为水不溶性灰分的含量，g/100g；m_1为坩埚和水不溶性灰分的质量，g；m_2为坩埚的质量，g。m_3为坩埚加试样的质量，g；100为单位换算系数。

水溶性灰分的含量按式2－6计算。

$$X_2 = \frac{m_4 - m_5}{m_0} \times 100 \qquad (2-6)$$

式中，X_2为水溶性灰分的含量，g/100g；m_0为试样的质量，g；m_4为总灰分的质量，g；m_5为水不溶性灰分的质量，g；100为单位换算系数。

试样中灰分含量≥10g/100g时，保留三位有效数字；试样中灰分含量<10g/100g时，保留2位有效数字。在重复性条件下获得的两次独立测定结果的绝对差值不得超过算术平均值的5%。

三、酸溶性灰分和酸不溶性灰分的测定

酸不溶性灰分反映的是污染的泥沙和食品中原来存在的微量氧化硅的含量。

用25ml 10%盐酸溶液将总灰分分次洗入100ml烧杯中，盖上表面皿，在沸水浴上小心加热，至溶液由浑浊变为透明时，继续加热5分钟，趁热用无灰滤纸过滤，用沸蒸馏水少量反复洗涤烧杯和滤纸上的残留物，直至中性（约150ml）。将滤纸连同残渣移入原坩埚内，在沸水浴上小心蒸去水分，移入高温炉内，以550℃ ±25℃灼烧至无炭粒（一般需1小时）。待炉温降至200℃时，取出坩埚，放入干燥器内，冷却至室温，称重（准确至0.0001g）。再放入高温炉内，以550℃ ±25℃灼烧30分钟，如前冷却并称重。如此重复操作，直至连续两次称重之差不超过0.5mg为止，记下最低质量。

酸不溶性灰分的含量（以试样质量计）按式2－7计算。

$$X_3 = \frac{m_3 - m_1}{m_2 - m_1} \times 100 \qquad (2-7)$$

酸不溶性灰分的含量（以干物质计）按式2－8计算。

$$X_4 = X - X_3 \qquad (2-8)$$

式中，X为总灰分含量，g/100g；X_3为酸不溶性灰分的含量，g/100g；X_4为酸溶性灰分的含量，g/100g；m_3为酸不溶性灰分加空坩埚质量，g；m_1为坩埚的质量，g；m_2为坩埚加试样的质量，g。

试样中灰分含量≥10g/100g时，保留三位有效数字；试样中灰分含量<10g/100g时，保留2位有效数字。在重复性条件下获得的两次独立测定结果的绝对差值不得超过算术平均值的5%。

拓展阅读

硫酸盐法测定灰分

淀粉类食品和碳酸钙含量较多的食品用灼烧法不能完全灰化。因此，在测定淀粉类和碳酸钙含量较多的食品需先小火加热使试样炭化至无烟，冷却后再用硫酸处理残留物，再在马弗炉中灰化至恒重，算出硫酸盐灰分的质量分数。

四、食品中常量元素的测定

一般来说，人体内含量较多（≥0.01%体重）、每日膳食需要量在100mg以上的矿物质，称为常量

元素，有钙、镁、钾、钠、氯、硫、磷等。本节主要介绍常见元素镁、钙含量的测定。

（一）食品中镁含量的测定

1. 测定食品中镁含量的意义 镁在人体内含量丰富，主要存在于骨骼肌和细胞内，参与多种酶的活性调节，影响神经冲动的传递和维持肌肉应激性。镁缺乏会使神经-肌肉兴奋性升高，镁摄入量太高又会中毒。因此，测定并控制食品中镁含量具有重要意义。

2. 食品中镁的测定方法 依据 GB 5009.241—2017《食品安全国家标准 食品中镁的测定》中镁含量的测定方法为火焰原子吸收光谱法。

实训六 火焰原子吸收光谱法法测定食品中镁含量

【测定原理】

试样消解处理后，经火焰原子化，在285.2nm处测定吸光度。在一定浓度范围内镁的吸光度值与镁含量成正比，与标准系列比较定量。

【适用范围】

本方法适用于各种食品中镁含量的测定。当称样量为1g（或1ml），定容体积为25ml时，方法的检出限为0.6mg/kg（或0.6mg/L），定量限为2.0mg/kg（或2.0mg/L）。

【试剂与仪器准备】

（一）试剂

高氯酸（$HClO_4$）；硝酸（HNO_3）；盐酸（HCl）。

（二）试剂配制

1. 混合消化液 硝酸：高氯酸（4∶1）。

2. 硝酸溶液（5+95） 量取50ml硝酸，倒入950ml水中，混匀。

3. 硝酸溶液（1+1） 量取250ml硝酸，倒入250ml水中，混匀。

4. 盐酸溶液（1+1） 量取50ml盐酸，倒入50ml水中，混匀。

5. 镁标准储备液 准确称取0.1g（精确至0.0001g）金属镁或0.1658g（精确至0.0001g）于800℃±50℃灼烧至恒重的氧化镁，溶于2.5ml盐酸溶液（1+1）及少量水中，移入100ml容量瓶，加水至刻度，混匀。

6. 镁标准中间液（10.0mg/L） 准确吸取镁标准储备液（1000mg/L）1.00ml，用硝酸溶液（5+95）定容到100ml容量瓶中，混匀。

7. 镁标准使用液（50μg/ml） 取5.0ml镁标准储备液于100ml容量瓶中，用0.5mol/L硝酸溶液定容。

（三）仪器

原子吸收分光光度计（配火焰原子化器，带镁空心阴极灯）；分析天平（感量0.1mg和1mg）；可调式电热炉；可调式电热板；微波消解系统（配聚四氟乙烯消解内罐）；恒温干燥箱；压力消解罐（配聚四氟乙烯消解内罐）；马弗炉。

【样品制备】

在采样和制备过程中，应避免试样污染。其中，粮食、豆类样品去除杂物后，粉碎，储于塑料瓶中；蔬菜、水果、鱼类、肉类等样品用水洗净，晾干，取可食部分，制成匀浆，储于塑料瓶中；饮料、酒、醋、酱油、食用植物油、液态乳等液体样品需摇匀。不同试样可选择不同的消解方式。

1. 湿法消解 称取固体试样 0.2 ~ 3g（精确至 0.001g）或准确移取液体试样 0.500 ~ 5.00ml 于带刻度消化管中，加入 10ml 硝酸、0.5ml 高氯酸，在可调式电热炉上消解（参考条件：120℃保持 0.5 ~ 1 小时，升至 180℃/保持 2 ~ 4 小时，升至 200 ~ 220℃）。若消化液呈棕褐色，再补加硝酸，消解至冒白烟，消化液呈无色透明或略带黄色，取出消化管，冷却后用水定容至 25ml，混匀备用。同时做试剂空白试验。亦可采用锥形瓶，于可调式电热板上，按上述操作方法进行湿法消解。

2. 微波消解 称取固体试样 0.2 ~ 0.8g（精确至 0.001g）或准确移取液体试样 0.500 ~ 3.00ml 于微波消解罐中，加入 5ml 硝酸，按照微波消解的操作步骤消解试样。冷却后取出消解罐，在电热板上于 140 ~ 160℃赶酸至 0.5 ~ 1ml。消解罐放冷后，将消化液转移至 25ml 容量瓶中，用少量水洗涤消解罐 2 ~ 3 次，合并洗涤液于容量瓶中并用水定容至刻度，混匀备用。同时做试剂空白试验。

3. 压力罐消解 称取固体试样 0.2 ~ 1g（精确至 0.001g）或准确移取液体试样 0.500 ~ 5.00ml 于消解内罐中，加入 5ml 硝酸。盖好内盖，旋紧不锈钢外套，放入恒温干燥箱，于 140 ~ 160℃下保持 4 ~ 5 小时。冷却后缓慢旋松外罐，取出消解内罐，放在可调式电热板上于 140 ~ 160℃赶酸至 1ml 左右。冷却后，将消化液转移至 25ml 容量瓶中，用少量水洗涤内罐和内盖 2 ~ 3 次，合并洗涤液于容量瓶中并用水定容至刻度，混匀备用。同时做试剂空白试验。

4. 干法灰化 称取固体试样 0.5 ~ 5g（精确至 0.001g）或准确移取液体试样 0.500 ~ 10.0ml 于坩埚中，将坩埚在电热板上缓慢加热，微火碳化至不再冒烟。碳化后的试样放入马弗炉中，于 550℃灰化 4 小时。若灰化后的试样中有黑色颗粒，应将坩埚冷却至室温后加少许硝酸溶液（5 + 95）润湿残渣，于电热板小火蒸干后置马弗炉 550℃继续灰化，直至试样成白灰状。在马弗炉中冷却后取出，冷却至室温，用 2.5ml 硝酸溶液（1 + 1）溶解，并用少量水洗涤坩埚 2 ~ 3 次，合并洗涤液于容量瓶中并定容至 25ml，混匀备用。同时做试剂空白试验。

【样品测定】

（一）测定条件

根据各自仪器性能调至最佳状态。参考条件为：空气 - 乙炔火焰，波长 285.2nm，狭缝 0.2nm，灯电流 5 ~ 15mA。

（二）标准曲线制作

吸取镁标准中间液 0、2.00、4.00、6.00、8.00 和 10.0ml 于 100ml 容量瓶中，用硝酸溶液（5 + 95）定容至刻度。此镁标准系列溶液的质量浓度分别为 0、0.200、0.400、0.600、0.800 和 1.00mg/L。可根据仪器的灵敏度及样品中镁的实际含量确定标准系列溶液中镁的质量浓度。

将镁标准系列溶液按质量浓度由低到高的顺序分别导入火焰原子化器后测其吸光度值，以质量浓度为横坐标，吸光度值为纵坐标，制作标准曲线。

（三）试样溶液的测定

在与测定标准溶液相同的实验条件下，将空白溶液和试样溶液分别导入原子化器测其吸光度值，与标准系列比较定量。

【结果计算与数据处理】

以各浓度系列标准溶液浓度与对应的吸光度绘制标准曲线。

测定用试样液及试剂空白液由标准曲线查出浓度值，再按式 2 - 9 进行计算。

$$X = \frac{(\rho - \rho_0) \times V}{m} \quad (2-9)$$

式中，X 试样中镁的含量，mg/kg 或 mg/L；ρ 为试样溶液中镁的质量浓度，mg/ml；ρ_0 为试剂空白液中镁的浓度，mg/ml；V 为试样消化液的定容体积，ml；m 为试样称样量获移取体积，g 或 ml。

当镁含量≥10.0mg/kg（或 10.0mg/L）时，计算结果保留三位有效数字，当镁含量<10.0mg/kg（或 10.0mg/L）时，计算结果保留两位有效数字。在重复性条件下获得的两次独立测定结果的绝对差值不得超过算术平均值的10%。当称样量为1g（或1ml），定容体积为25ml 时，方法的检出限为0.6mg/kg（或0.6mg/L），定量限为2.0mg/kg（或2.0mg/L）。

【技术提示】

（1）所有玻璃器皿及聚四氟乙烯消解内罐均需硝酸溶液（1+5）浸泡过夜，用自来水反复冲洗，最后用水冲洗干净。

（2）试样制备过程中应防止各种污染。所用的设备如电磨、绞肉机、匀浆器、打碎机等必须是不锈钢制品。所用容器必须是玻璃或聚乙烯制品。鲜样（如蔬菜、水果、鲜鱼、鲜肉等）先用自来水冲洗干净后，再用去离子水充分洗净。干粉类试样（如面粉、奶粉等）取样后立即装入容器密封保存，防止污染。

（3）所用玻璃仪器均经硫酸-重铬酸钾洗液浸泡数小时，再用洗衣粉充分洗刷，其后用水反复冲洗，再用去离子水冲洗烘干。

（二）食品中钙含量的测定

1. 测定食品中钙含量的意义 钙与人体健康息息相关，是构成人体骨骼和牙齿的主要成分。缺钙可导致儿童佝偻病、青少年发育迟缓、孕妇高血压、老年人骨质疏松等。因此，测定食品中钙含量具有重要意义。

2. 食品中钙的测定方法 依据 GB 5009.92—2016《食品安全国家标准 食品中钙的测定》中食品中钙的测定方法为火焰原子吸收光谱法、EDTA 滴定法、电感耦合等离子体发射光谱法和电感耦合等离子体质谱法。

实训七 火焰原子吸收光谱法测定食品中钙含量

PPT

【测定原理】

试样经消解处理后，加入镧溶液作为释放剂，经原子吸收火焰原子化，422.7nm 处测定的吸光度值在一定浓度范围内与钙含量成正比，与标准系列比较定量。

【适用范围】

本标准适用于食品中钙含量的测定。

【试剂与仪器准备】

（一）试剂

高氯酸（$HClO_4$）。

（二）试剂配制

1. 硝酸溶液（5+95） 量取 50ml 硝酸，倒入 950ml 水中，混匀。

2. 硝酸溶液（1+1） 量取 250ml 硝酸，倒入 250ml 水中，混匀。

3. 盐酸溶液（1+1） 量取50ml盐酸，倒入50ml水中，混匀。

4. 镧溶液（20g/L） 称取23.45g氧化镧，先用少量水湿润后再加入75ml盐酸溶液（1+1）溶解，转入1000ml容量瓶中，加水定容至刻度，混匀。

5. 钙标准储备液（1000mg/L） 准确称取2.4963g（纯度>99.99%）碳酸钙，加盐酸溶液（1+1）溶解，移入1000ml容量瓶中，加水定容至刻度，混匀。

6. 钙标准中间液（100mg/L） 准确吸取钙标准储备液（1000mg/L）10ml于100ml容量瓶中，加硝酸溶液（5+95）至刻度，混匀。

（三）仪器

原子吸收光谱仪（配火焰原子化器，钙空心阴极灯）；分析天平（感量1mg和0.1mg）；可调式电热炉；可调式电热板；微波消解系统（配聚四氟乙烯消解内罐）；恒温干燥箱；压力消解罐（配聚四氟乙烯消解内罐）；马弗炉。

【样品制备】

在采样和制备过程中，应避免试样污染。粮食、豆类样品去除杂物后，粉碎，储于塑料瓶中；蔬菜、水果、鱼类、肉类等样品用水洗净，晾干，取可食部分，制成匀浆，储于塑料瓶中；饮料、酒、醋、酱油、食用植物油、液态乳等液体样品需摇匀。不同样品可选择不同的消解方法。

1. 湿法消解 准确称取固体试样0.2～3g（精确至0.001g）或准确移取液体试样0.500～5.00ml于带刻度消化管中，加入10ml硝酸、0.5ml高氯酸，在可调式电热炉上消解（参考条件：120℃保持0.5～1小时，升至180℃保持2～4小时，升至200～220℃）。若消化液呈棕褐色，再加硝酸，消解至冒白烟，消化液呈无色透明或略带黄色。取出消化管，冷却后用水定容至25ml，再根据实际测定需要稀释，并在稀释液中加入一定体积的镧溶液（20g/L），使其在最终稀释液中的浓度为1g/L，混匀备用，此为试样待测液。同时做试剂空白试验。亦可采用锥形瓶，于可调式电热板上，按上述操作方法进行湿法消解。

2. 微波消解 准确称取固体试样0.2～0.8g（精确至0.001g）或准确移取液体试样0.500～3.00ml于微波消解罐中，加入5ml硝酸，按照微波消解的操作步骤消解试样。冷却后取出消解罐，在电热板上于140～160℃赶酸至1ml左右。消解罐放冷后，将消化液转移至25ml容量瓶中，用少量水洗涤消解罐2～3次，合并洗涤液于容量瓶中并用水定容至刻度。根据实际测定需要稀释，并在稀释液中加入一定体积镧溶液（20g/L）使其在最终稀释液中的浓度为1g/L，混匀备用，此为试样待测液。同时做试剂空白试验。

3. 压力罐消解 准确称取固体试样0.2～1g（精确至0.001g）或准确移取液体试样0.500～5.00ml于消解内罐中，加入5ml硝酸。盖好内盖，旋紧不锈钢外套，放入恒温干燥箱，于140～160℃下保持4～5小时。冷却后缓慢旋松外罐，取出消解内罐，放在可调式电热板上于140～160℃赶酸至1ml左右。冷却后将消化液转移至25ml容量瓶中，用少量水洗涤内罐和内盖2～3次，合并洗涤液于容量瓶中并用水定容至刻度，混匀备用。根据实际测定需要稀释，并在稀释液中加入一定体积的镧溶液（20g/L），使其在最终稀释液中的浓度为1g/L，混匀备用，此为试样待测液。同时做试剂空白试验。

4. 干法灰化 准确称取固体试样0.5～5g（精确至0.001g）或准确移取液体试样0.500～10.0ml于坩埚中，小火加热，炭化至无烟，转移至马弗炉中，于550℃灰化3～4小时。冷却，取出。对于灰化不彻底的试样，加数滴硝酸，小火加热，小心蒸干，再转入550℃马弗炉中，继续灰化1～2小时，至试样呈白灰状。冷却，取出，用适量硝酸溶液（1+1）溶解转移至刻度管中，用水定容至25ml。根据实际测定需要稀释，并在稀释液中加入一定体积的镧溶液，使其在最终稀释液中的浓度为1g/L，混匀备用，此为试样待测液。同时做试剂空白试验。

【样品测定】

（一）测定条件

测定波长为42.7nm，狭缝1.3nm，灯电流为5～15mA，燃烧头高度为3mm，空气流量为9L/min，乙炔流量为2L/min。

（二）标准曲线制作

钙标准系列溶液：分别吸取钙标准中间液（100mg/L）0、0.50、1.00、2.00、4.00、6.00ml于100ml容量瓶中，另在各容量瓶中加入5ml镧溶液（20g/L），最后加硝酸溶液（5+95）定容至刻度，混匀。此钙标准系列溶液中钙的质量浓度分别为0、0.50、1.00、2.00、4.00和6.00mg/L。可根据仪器的灵敏度及样品中镁的实际含量确定标准系列溶液中镁的质量浓度。

将钙标准系列溶液按质量浓度由低到高的顺序分别导入火焰原子化器后测其吸光度值，以质量浓度为横坐标，吸光度值为纵坐标，制作标准曲线。

（三）试样溶液的测定

在与测定标准溶液相同的实验条件下，将空白溶液和试样溶液分别导入原子化器测其吸光度值，与标准系列比较定量。

【结果计算与数据处理】

以各浓度系列标准溶液浓度与对应的吸光度绘制标准曲线。

测定用试样液及试剂空白液由标准曲线查出浓度值，再按式2-10进行计算。

$$X = \frac{(\rho - \rho_0) \times f \times V}{m} \qquad (2-10)$$

式中，X为试样中钙的含量，mg/kg或mg/L；ρ为试样液中钙的质量浓度，mg/L；ρ_0为空白液中钙的质量浓度，mg/L；V为试样消化液的定容体积，ml；f为消化液的稀释倍数；m为试样质量，g或ml。

当钙含量≥10.0mg/kg或10.0mg/L时，计算结果保留三位有效数字，当钙含量<10.0mg/kg或10.0mg/L时，计算结果保留两位有效数字。

【技术提示】

（1）所用玻璃仪器需用硫酸-重铬酸钾洗液浸泡数小时，再用洗衣粉充分洗刷，而后用水反复冲洗，最后用去离子水冲洗，烘干。

（2）本法最低检出限为0.1μg。线性范围为0.5～2.5μg。

（3）在重复性条件下获得的两次独立测定结果的绝对差值不得超过算术平均值的10%。

实训八 EDTA滴定法测定食品中钙含量

【测定原理】

在适当的pH范围内，钙与EDTA（乙二胺四乙酸二钠）形成金属络合物。以EDTA滴定，在达到当量点时，溶液呈现游离指示剂的颜色。根据EDTA用量，计算钙的含量。

【适用范围】

本方法适用于各种食品中钙的测定。

【试剂与仪器准备】

(一) 试剂

氢氧化钾 (KOH); 硫化钠 (Na_2S); 柠檬酸钠 ($Na_3C_6H_5O_7 \cdot 2H_2O$); 乙二胺四乙酸二钠 (EDTA, $C_{10}H_{14}N_2O_8Na_2 \cdot 2H_2O$); 盐酸 (HCl), 优级纯; 钙红指示剂 ($C_{21}O_7N_2SH_{14}$); 硝酸 (HNO_3), 优级纯; 高氯酸 ($HClO_4$), 优级纯。

(二) 试剂配制

1. 氢氧化钾溶液 (1.25mol/L) 称取 71.13g 氢氧化钾, 用去离子水定容至 1000ml。

2. 硫化钠溶液 (10g/L) 称取 1g 硫化钠, 用水稀释至 100ml, 混匀。

3. 柠檬酸钠溶液 (0.05mol/L) 称取 14.7g 柠檬酸钠, 用去离子水定容至 1000ml, 混匀。

4. EDTA 溶液 称取 4.5g EDTA, 用水稀释至 1000ml, 混匀, 贮存于聚乙烯瓶中, 4℃保存。使用时稀释 10 倍即可。

5. 钙红指示剂 称取 0.1g 钙红指示剂, 用去离子水稀释至 100ml, 溶解后即可使用。储存于冰箱中可保持一个半月以上。

6. 盐酸溶液 (1+1) 量取 500ml 盐酸, 与 500ml 水混合均匀。

7. 钙标准储备液 (100.0mg/L) 准确称取 0.2496g (纯度大于 99.99%, 105~110℃烘干 2 小时) 碳酸钙, 加盐酸溶液 (1+1) 溶解, 移入 1000ml 容量瓶中, 加水定容至刻度, 混匀。

(三) 仪器

分析天平 (感量为 1mg 和 0.1mg); 可调式电热炉; 可调式电热板; 马弗炉。

【样品制备】

试样制备、湿法消解和干法灰化均同项目二实训七火焰原子吸收光谱法测定食品中钙含量。

【样品测定】

1. 标定 EDTA 浓度 吸取 0.500ml 钙标准储备液 (100.0mg/L) 于试管中, 加 1 滴硫化钠溶液 (10g/L) 和 0.1ml 柠檬酸钠溶液 (0.05mol/L), 加 1.5ml 氢氧化钾溶液 (1.25mol/L), 加 3 滴钙红指示剂, 立即以稀释 10 倍的 EDTA 溶液滴定, 至指示剂由紫红色变蓝色为止, 记录所消耗的稀释 10 倍的 EDTA 溶液的体积。根据滴定结果计算出每毫升稀释 10 倍的 EDTA 溶液相当于钙的毫克数, 即滴定度 (T)。

2. 试样及空白滴定 分别吸取 0.100~1.00ml (根据钙的含量而定) 试样消化液及空白液于试管中, 加 1 滴硫化钠溶液 (10g/L) 和 0.1ml 柠檬酸钠溶液 (0.05mol/L), 加 1.5ml 氢氧化钾溶液 (1.25mol/L), 加 3 滴钙红指示剂, 立即以稀释 10 倍的 EDTA 溶液滴定, 至指示剂由紫红色变蓝色为止, 记录所消耗的稀释 10 倍的 EDTA 溶液的体积。

【结果计算与数据处理】

试样中钙含量按式 2-11 计算。

$$X = \frac{T \times (V_1 - V_0) \times V_2 \times 1000}{m \times V_3} \qquad (2-11)$$

式中, X 为试样中钙的含量, mg/kg 或 mg/L; T 为 EDTA 滴定度, mg/ml; V_1 为滴定试样溶液时所消耗的稀释 10 倍的 EDTA 溶液的体积, ml; V_0 为滴定空白溶液时所消耗的稀释 10 倍的 EDTA 溶液的体积, ml; V_2 为试样消化液的定容体积; m 为试样质量或移取体积, g 或 ml。V_3 滴定用试样待测液的体积, ml。

计算结果保留三位有效数字。

【技术提示】

(1) 在重复性条件下获得的两次独立测定结果的绝对差值不得超过算术平均值的10%。

(2) 以称样量4g(或4ml),定容至25ml,吸取1.00ml试样消化液测定时,方法的定量限为100mg/kg(或100mg/L)。

(3) 所用玻璃仪器都要用硫酸-重铬酸钾洗液浸泡数小时,再用洗衣粉洗刷,用水反复冲洗,最后用去离子水冲洗并烘干,才可使用。

(4) 加钙红指示剂后,不能放置过久,否则终点不明显。

(5) 试样消化时,酸不可烧干,以免发生危险。

(6) 钙标准溶液和EDTA溶液配制后应贮存于聚乙烯瓶内,4℃保存。

五、食品中微量金属元素的测定

微量元素指含量小于体重的0.01%,人体每日膳食需要量为微克至毫克的矿物元素。微量元素虽在人体内含量不多,但与人的健康息息相关,摄入过量或缺乏都会不同程度引起人体生理异常或疾病,甚至危及生命。微量金属元素主要有锌、铁、铜、钼、铬、钴等。此处主要介绍元素锌、铁、铜含量的测定。

(一) 食品中锌含量的测定

1. 食品中锌含量测定的意义 锌是人体必需微量元素,能促进生长发育与组织再生,促进维生素A代谢等。人体缺锌会导致生长迟缓、食欲不振、味觉迟钝、皮肤创伤不易愈合、性成熟延迟等;锌过量又会导致机体免疫功能下降。因此,测定并控制食品中锌含量具有重要意义。

2. 食品中锌测定的方法 依据GB 5009.14—2017《食品安全国家标准 食品中锌的测定》,食品中锌的测定方法主要有火焰原子吸收光谱法、电感耦合等离子发射光谱法、电感耦合等离子体质谱法和二硫腙比色法。此处重点介绍原子吸收光谱法。

实训九 火焰原子吸收光谱法测定食品中锌含量

【测定原理】

试样消解处理后,经火焰原子化,在213.9nm处测定吸光度。在一定浓度范围内锌的吸光度与其含量成正比,与标准系列比较定量。

【适用范围】

本方法适用于各类食品中锌含量的测定。

【试剂与仪器准备】

(一) 试剂

高氯酸($HClO_4$);氧化锌,纯度>99.99%。

(二) 试剂配制

1. 硝酸溶液(5+95) 量取50ml硝酸,倒入950ml水中,混匀。

2. 硝酸溶液(1+1) 量取250ml硝酸,倒入250ml水中,混匀。

3. 锌标准储备液（1000mg/L） 准确称取 1.2447g（精确至 0.0001g）氧化锌，加少量硝酸溶液（1+1），加热溶解，冷却后移入 1000ml 容量瓶，加水至刻度，混匀。

4. 锌标准中间液（10.0mg/L） 准确吸取锌标准储备液（1000mg/L）1.00ml 于 100ml 容量瓶中，加硝酸溶液（5+95）至刻度，混匀。

（三）仪器

原子吸收光谱仪（配火焰原子化器，锌空心阴极灯）；分析天平（感量 1mg 和 0.1mg）；可调式电热炉；可调式电热板；微波消解系统（配聚四氟乙烯消解内罐）；恒温干燥箱；压力消解罐（配聚四氟乙烯消解内罐）；马弗炉。

【样品制备】

试样的采样与制备同项目二实训七火焰原子吸收光谱法测定食品中钙含量。不同试样可选择不同的消解方式。

1. 湿法消解 准确称取固体试样 0.2～3g（精确至 0.001g）或准确移取液体试样 0.500～5.00ml 于带刻度消化管中，加入 10ml 硝酸、0.5ml 高氯酸，在可调式电热炉上消解（参考条件：120℃保持 0.5～1 小时，升至 180℃保持 2～4 小时，升至 200～220℃）。若消化液呈棕褐色，再加少量硝酸，消解至冒白烟，消化液呈无色透明或略带黄色，取出消化管，冷却后用水定容至 25ml 或 50ml，混匀备用。同时做试剂空白试验。亦可采用锥形瓶，于可调式电热板上，按上述操作方法进行湿法消解。

2. 微波消解 准确称取固体试样 0.2～0.8g（精确至 0.001g）或准确移取液体试样 0.500～3.00ml 于微波消解罐中，加入 5ml 硝酸，按照微波消解的操作步骤消解试样（消解参考条件：设定温度 120℃，升温时间 5 分钟，恒温时间 5 分钟；设定温度 160℃，升温时间 5 分钟，恒温时间 10 分钟；设定温度 180℃，升温时间 5 分钟，恒温时间 10 分钟）。冷却后取出消解罐，在电热板上于 140～160℃赶酸至 1ml 左右。消解罐放冷后，将消化液转移至 25ml 或 50ml 容量瓶中，用少量水洗涤消解罐 2～3 次，合并洗涤液于容量瓶中，用水定容至刻度，混匀备用。同时做试剂空白试验。

3. 压力罐消解 准确称取固体试样 0.2～1g（精确至 0.001g）或准确移取液体试样 0.500～5.00ml 于消解内罐中，加入 5ml 硝酸。盖好内盖，旋紧不锈钢外套，放入恒温干燥箱，于 140～160℃下保持 4～5 小时。冷却后缓慢旋松外罐，取出消解内罐，放在可调式电热板上于 140～160℃赶酸至 1ml 左右。冷却后将消化液转移至 25～50ml 容量瓶中，用少量水洗涤内罐和内盖 2～3 次，合并洗涤液于容量瓶中并用水定容至刻度，混匀备用。同时做试剂空白试验。

4. 干法灰化 准确称取固体试样 0.5～5g（精确至 0.001g）或准确移取液体试样 0.500～10.0ml 于坩埚中，小火加热，炭化至无烟，转移至马弗炉中，于 550℃灰化 3～4 小时。冷却，取出。对于灰化不彻底的试样，加数滴硝酸，小火加热，小心蒸干，再转入 550℃马弗炉中，继续灰化 1～2 小时，至试样呈白灰状。冷却，取出，用适量硝酸溶液（1+1）溶解并用水定容至 25ml 或 50ml。同时做试剂空白试验。

【样品测定】

（一）测定条件

根据各自仪器性能调至最佳状态。

（二）标准曲线制作

锌标准系列溶液：分别准确吸取锌标准中间液 0、1.00、2.00、4.00、8.00 和 10.0ml 于 100ml 容量瓶中，加硝酸溶液（5+95）至刻度，混匀。此锌标准系列溶液的质量浓度分别为 0、0.100、0.200、0.400、0.800 和 1.00mg/L。可根据仪器的灵敏度及样品中锌的实际含量确定标准系列溶液中锌元素的质量浓度。

将锌标准系列溶液按质量浓度由低到高的顺序分别导入火焰原子化器，原子化后测其吸光度值，以质量浓度为横坐标，吸光度值为纵坐标，制作标准曲线。

（三）试样溶液的测定

在与测定标准溶液相同的实验条件下，将空白溶液和试样溶液分别导入原子化器测其吸光度值，与标准系列比较定量。

【结果计算与数据处理】

试样中锌含量按式 2－12 计算。

$$X = \frac{(\rho - \rho_0) \times V}{m} \tag{2-12}$$

式中，X 为试样中锌的含量，mg/kg 或 mg/L；ρ 试样溶液中锌的质量浓度，mg/L；ρ_0 为试样溶液中锌的质量浓度，mg/L；V 试样消化液的定容体积，单位为毫升 ml；m 为试样质量或体积，g 或 ml。

当锌含量≥10.0mg/kg（或 10.0mg/L）时，计算结果保留三位有效数字；当锌含量＜10.0mg/kg（或 10.0mg/L）时，计算结果保留两位有效数字。

【技术提示】

（1）火焰原子化器测定条件也可根据仪器型号，调至最佳条件。

（2）在重复性条件下获得的两次独立测定结果的绝对差值不得超过算术平均值的 10%。

（3）当称样量为 0.5g（或 0.5ml），定容体积为 25ml 时，方法的检出限为 1mg/kg（或 1mg/L），定量限为 3mg/kg（或 3mg/L）。

知识拓展

双硫腙比色法测定食品中锌含量

双硫腙比色法适用于所有食品中锌含量的测定，检出限为 2.5mg/kg。其原理是：试样经消化后，在 pH 4.0～5.5 时，锌离子与双硫腙形成紫红色络合物，溶于四氯化碳，与标准系列比较定量。本方法灵敏度较高，但必须严格控制 pH，同时所用水应为无锌水，经阴、阳离子交换树脂纯化。器皿使用前要用硝酸溶液洗涤，然后再用无离子水冲洗干净。双硫腙比色法分为一次提取法与二次提取法。二次提取法操作步骤、耗用试剂较多，但精密度比一次提取法高。

（二）食品中铁含量的测定

1. 测定食品中铁含量的意义 铁是人体必需元素，参与体内氧与二氧化碳的转运、交换和组织呼吸过程，还可提高机体免疫力。缺少铁会引起贫血，而摄入过多则会导致急性中毒。

2. 食品中铁的测定方法 依据 GB 5009.90—2016《食品安全国家标准 食品中铁的测定》，食品中铁含量测定方法为火焰原子吸收光谱法、电感耦合等离子体发射光谱法和电感耦合等离子体质谱法。

实训十 火焰原子吸收光谱法测定食品中铁含量

PPT

【测定原理】

试样消解后，经原子吸收火焰原子化，在 248.3nm 处测定吸光度值。在一定浓度范围内铁的吸光度值与铁含量成正比，与标准系列比较定量。

【适用范围】

本标准适用于食品中铁含量的测定。

【试剂与仪器准备】

（一）试剂

高氯酸（$HClO_4$）；硫酸铁铵铵［$NH_4Fe(SO_4)_2 \cdot 12H_2O$］，纯度 >99.99%。

（二）试剂配制

1. 硝酸溶液（5+95） 量取 50ml 硝酸，倒入 950ml 水中，混匀。

2. 硝酸溶液（1+1） 量取 250ml 硝酸，倒入 250ml 水中，混匀。

3. 硫酸溶液（1+3） 量取 50ml 硫酸，倒入 150ml 水中，混匀。

4. 铁标准储备液（1000mg/L） 准确称取 0.8631g（精确至 0.0001g）硫酸铁铵，加水溶解，加 1.00ml 硫酸溶液（1+3），移入 100ml 容量瓶，加水定容至刻度。混匀。此铁溶液质量浓度为 1000mg/L。

5. 铁标准中间液（100mg/L） 准确吸取铁标准储备液（1000mg/L）10ml 于 100ml 容量瓶中，加硝酸溶液（5+95）定容至刻度，混匀。此铁溶液质量浓度为 100mg/L。

（三）仪器

原子吸收光谱仪（配火焰原子化器，铁空心阴极灯）；分析天平（感量 1mg 和 0.1mg）；可调式电热炉；可调式电热板；微波消解系统（配聚四氟乙烯消解内罐）；恒温干燥箱；压力消解罐（配聚四氟乙烯消解内罐）；马弗炉。

【样品制备】

采样和制备同项目二实训七。可选择的样品消解方法如下。

1. 湿法消解 准确称取固体试样 0.5~3g（精确至 0.001g）或准确移取液体试样 1.00~5.00ml 于带刻度消化管中，加入 10ml 硝酸和 0.5ml 高氯酸，在可调式电热炉上消解（参考条件：120℃保持 0.5~1 小时，升至 180℃保持 2~4 小时，升至 200~220℃）。若消化液呈棕褐色，再加硝酸，消解至冒白烟，消化液呈无色透明或略带黄色，取出消化管，冷却后将消化液转移至 25ml 容量瓶中，用少量水洗涤 2~3 次，合并洗涤液于容量瓶中并用水定容至刻度，混匀备用。同时做试样空白试验。亦可采用锥形瓶，于可调式电热板上，按上述操作方法进行湿法消解。

2. 微波消解 准确称取固体试样 0.2~0.8g（精确至 0.001g）或准确移取液体试样 1.00~3.00ml 于微波消解罐中，加入 5ml 硝酸，按照微波消解的操作步骤消解试样。冷却后取出消解罐，在电热板上于 140~160℃赶酸至 1.0ml 左右。冷却后将消化液转移至 25ml 容量瓶中，用少量水洗涤内罐和内盖 2~3 次，合并洗涤液于容量瓶中并用水定容至刻度，混匀备用。同时做试样空白试验。

3. 压力罐消解 准确称取固体试样 0.3~2g（精确至 0.001g）或准确移取液体试样 2.00~5.00ml 于消解内罐中，加入 5ml 硝酸。盖好内盖，旋紧不锈钢外套，放入恒温干燥箱，于 140~160℃下保持 4~5 小时。冷却后缓慢旋松外罐，取出消解内罐，放在可调式电热板上于 140~160℃赶酸至 1.0ml 左右。冷却后将消化液转移至 25ml 容量瓶中，用少量水洗涤内罐和内盖 2~3 次，合并洗涤液于容量瓶 中并用水定容至刻度，混匀备用。同时做试样空白试验。

4. 干法灰化 准确称取固体试样 0.5~3g（精确至 0.001g）或准确移取液体试样 2.00~5.00ml 于坩埚中，小火加热，炭化至无烟，转移至马弗炉中，于 550℃灰化 3~4 小时。冷却，取出。对于灰化不彻底的试样，加数滴硝酸，小火加热，小心蒸干，再转入 550℃马弗炉中，继续灰化 1~2 小时，至试样呈白灰状。冷却，取出，用适量硝酸溶液（1+1）溶解，转移至25ml容量瓶中，用少量水洗涤内罐和内盖2~3次，合并洗涤液于容量瓶中并用水定容至刻度。同时做试样空白试验。

【样品测定】

（一）测定条件

根据各自仪器性能调至最佳状态。

（二）标准曲线制作

铁标准系列溶液：分别准确吸取铁标准中间液（100mg/L）0、0.50、1.00、2.00、4.00和6.00ml于100ml容量瓶中，加硝酸溶液（5+95）定容至刻度，混匀。此铁标准系列溶液中铁的质量浓度分别为0、0.50、1.00、2.00、4.00和6.00mg/L。可根据仪器的灵敏度及样品中铁的实际含量确定标准溶液系列中铁的具体浓度。

（三）试样溶液的测定

在与测定标准溶液相同的实验条件下，将空白溶液和试样溶液分别导入原子化器测其吸光度值，与标准系列比较定量。

【结果计算与数据处理】

测定用试样液及试剂空白液由标准曲线查出浓度值，再按式2-13进行计算。

$$X = \frac{(\rho - \rho_0) \times V}{m} \quad (2-13)$$

式中，X为试样的铁含量，mg/kg或mg/L；ρ为测定样液中铁的质量浓度，mg/L；ρ_0为空白液中铁的质量浓度，mg/L；V试样消化液的定容体积，ml；m试样称样量或移取体积，g或ml。

当铁含量≥10.0mg/kg（或10.0mg/L）时，计算结果保留三位有效数字；当铁含量<10.0mg/kg（或10.0mg/L）时，计算结果保留两位有效数字。

【技术提示】

（1）在重复性条件下获得的两次独立测定结果的绝对差值不得超过算术平均值的10%。

（2）当称样量为0.5g（或0.5ml），定容体积为25ml时，方法检出限为0.75mg/kg（或0.75mg/L），定量限为2.5mg/kg（或2.5mg/L）。

（三）食品中铜含量的测定

1. 测定食品中铜含量的意义 铜是人体健康不可缺少的微量营养素，对于血液、中枢神经和免疫系统、头发、皮肤、骨骼等的发育和功能有重要影响。

2. 食品中铜的测定方法 依据GB 5009.13—2017《食品安全国家标准 食品中铜的测定》，铜的测定方法有石墨炉和火焰原子吸收光谱法、电感耦合等离子体质谱法和电感耦合等离子体发射光谱法，此处介绍石墨炉原子吸收光谱法。电感耦合等离子体质谱法是第三法，具体参照GB 5009.268—2016《食品安全国家标准 食品中多元素的测定》检测，该标准适用于食品中硼、钠、镁、铝、钾、钙、钛、钒、铬、锰、铁、钴、镍、铜、锌、砷、硒、锶、钼、镉、锡、锑、钡、汞、铊、铅的测定。

实训十一 石墨炉原子吸收光谱法测定食品中铜含量

【测定原理】

试样消解处理后，经石墨炉原子化，在324.8nm处测定吸光度。在一定浓度范围内铜的吸光度值与铜含量成正比，与标准系列比较定量。

【适用范围】

本标准适用于各类食品中铜含量的测定。

【试剂与仪器准备】

（一）试剂

高氯酸（$HClO_4$）；五水硫酸铜（$CuSO_4 \cdot 5H_2O$），纯度>99.99%。

（二）试剂配制

1. 硝酸溶液（5+95） 量取50ml硝酸，倒入950ml水中，混匀。

2. 硝酸溶液（1+1） 量取250ml硝酸，倒入250ml水中，混匀。

3. 铜标准储备液（1000mg/L） 准确称取3.9289g（精确至0.0001g）五水硫酸铜，用少量硝酸溶液（1+1）溶解，移入1000ml容量瓶，加水至刻度，混匀。

4. 铜标准中间液（10.0mg/L） 准确吸取铜标准储备液（1000mg/L）1.00ml于100ml容量瓶中，加硝酸溶液（5+95）至刻度，混匀。

（三）仪器

原子吸收光谱仪（配石墨炉原子化器，附铜空心阴极灯）；分析天平（感量1mg和0.1mg）；可调式电热炉；可调式电热板；微波消解系统（配聚四氟乙烯消解内罐）；恒温干燥箱；压力消解罐（配聚四氟乙烯消解内罐）；马弗炉。

【样品制备】

采样和制备同项目二实训七火焰原子吸收光谱法测定食品钙的含量。常见的试样消解方法如下。

1. 湿法消解 称取固体试样0.2～3g（精确至0.001g）或准确移取液体试样0.500～5.00ml于带刻度消化管中，加入10ml硝酸、0.5ml高氯酸，在可调式电热炉上消解（参考条件：120℃保持0.5～1小时，升至180℃保持2～4小时，升至200～220℃）。若消化液呈棕褐色，再加少量硝酸，消解至冒白烟，消化液呈无色透明或略带黄色，取出消化管，冷却后用水定容至10ml，混匀备用。同时做试剂空白试验。亦可采用锥形瓶，于可调式电热板上，按上述操作方法进行湿法消解。

2. 微波消解 称取固体试样0.2～0.8g（精确至0.001g）或准确移取液体试样0.500～3.00ml于微波消解罐中，加入5ml硝酸，按照微波消解的操作步骤消解试样。冷却后取出消解罐，在电热板上于140～160℃赶酸至1ml左右。消解罐放冷后，将消化液转移至10ml容量瓶中，用少量水洗涤消解罐2～3次，合并洗涤液于容量瓶中，用水定容至刻度，混匀备用。同时做试剂空白试验。

3. 压力罐消解 称取固体试样0.2～1g（精确至0.001g）或准确移取液体试样0.500～5.00ml于消解内罐中，加入5ml硝酸。盖好内盖，旋紧不锈钢外套，放入恒温干燥箱，于140～160℃下保持4～5小时。冷却后缓慢旋松外罐，取出消解内罐，放在可调式电热板上于140～160℃赶酸至1ml左右。冷却后将消化液转移至10ml容量瓶中，用少量水洗涤内罐和内盖2～3次，合并洗涤液于容量瓶中并用水定容至刻度，混匀备用。同时做试剂空白试验。

4. 干法灰化 称取固体试样0.5～5g（精确至0.001g）或准确移取液体试样0.500～10.0ml于坩埚中，小火加热，炭化至无烟，转移至马弗炉中，于550℃灰化3～4小时。冷却，取出，对于灰化不彻底的试样，加数滴硝酸，小火加热，小心蒸干，再转入550℃马弗炉中，继续灰化1～2小时，至试样呈白灰状。冷却，取出，用适量硝酸溶液（1+1）溶解并用水定容至10ml。同时做试剂空白试验。

【样品测定】

（一）测定条件

根据各自仪器性能调至最佳状态。参考条件为：波长324.8nm，狭缝0.5nm，灯电流8～12mA，干燥阶段85～120℃保持40～50秒，灰化阶段800℃保持20～30秒，原子化阶段2350℃保持4～5秒。

（二）标准曲线制作

铜标准系列溶液：分别吸取铜标准中间液（10.0mg/L）0、1.00、2.00、4.00、8.00和10.0ml于100ml容量瓶中，加硝酸溶液（5+95）至刻度，混匀。此铜标准系列溶液的质量浓度分别为0、0.100、0.200、0.400、0.800和1.00mg/L。

可根据仪器的灵敏度及样品中铜的实际含量确定标准系列溶液中铜元素的质量浓度。按质量浓度由低到高的顺序，将10μl铜标准系列溶液和5μl磷酸二氢铵－硝酸钯溶液（可根据所使用的仪器确定最佳进样量），同时注入石墨炉，原子化后测其吸光度值。以质量浓度为横坐标，吸光度值为纵坐标，制作标准曲线。

（三）试样溶液的测定

在与测定标准溶液相同的实验条件下，将10μl空白溶液或试样溶液与5μl磷酸二氢铵－硝酸钯溶液（可根据所使用的仪器确定最佳进样量）同时注入石墨炉，原子化后测其吸光度值，与标准系列比较定量。

【结果计算与数据处理】

测定用试样液及试剂空白液由标准曲线查出浓度值，再按式2－14进行计算。

$$X = \frac{(\rho - \rho_0) \times V}{m \times 1000} \qquad (2-14)$$

式中，X为试样的铜含量，mg/kg或mg/L；ρ为试样液中铜的质量浓度，μg/L；ρ_0为空白液中铜的质量浓度，μg/L；V为试样消化液的定容体积，ml；m试样称样量或移取体积，g或ml；1000为换算系数。

当铜含量≥1.00mg/kg（或1.00mg/L）时，计算结果保留三位有效数字；当铜含量＜1.00mg/kg（或1.00mg/L）时，计算结果保留两位有效数字。在重复性条件下获得两次独立测定结果的绝对差值不超过算术平均值的20%。

六、食品中微量非金属元素的测定

碘和硒是人体必需的微量非金属元素，它们参与人体的多种生理活动。对维持人体的正常代谢及保持人体健康起着重要作用。

（一）食品中碘含量的测定

1. 测定食品中碘含量的意义 碘是人体必需的微量元素，它参与人体甲状腺素的合成，与人的生长发育、新陈代谢密切相关。人体对碘的日需要量为100～150μg，摄入过多或过少都会引起疾病。

2. 食品中碘测定的方法 依据GB 5009.267—2020《食品安全国家标准 食品中碘的测定》，可采用电感耦合等离子体质谱法、氧化还原滴定法、砷铈催化分光光度法以及气相色谱法，根据不同食品选择方法。此处主要介绍电感耦合等离子体质谱法、气相色谱法测定食品中碘的方法。

实训十二　电感耦合等离子体质谱法测定食品中碘含量

【测定原理】

试样中的碘经四甲基氢氧化铵溶液提取，采用电感耦合等离子体质谱仪测定，以碘元素特定质量数127（质荷比，*m/z*）定性，以碘元素和内标元素质谱信号的强度比值与碘元素的浓度成正比进行定量，测定试样中碘的含量。

【适用范围】

本法适用于所有食品中铜含量的测定。本法检出限为0.01mg/kg。

【试剂与仪器准备】

（一）试剂

25%四甲基氢氧化铵［$(CH_3)_4NOH$］水溶液；异丙醇，色谱纯；氩气（Ar），氩气（≥99.995%）或液氩；氦气（He），≥99.995%；碘化钾（KI）或碘酸钾（KIO_3），基准试剂。

（二）试剂配制

1. 提取液（5%）　量取100ml 25%四甲基氢氧化铵水溶液，用水稀释至500ml，用于样品前处理。

2. 稀释液（0.5%）　量取10ml 25%四甲基氢氧化铵水溶液，用水稀释至500ml，用于标准溶液的配制和样品溶液的稀释。

3. 碘标准贮备液（1000mg/L）　称取已于180℃±2℃干燥至恒重的碘酸钾0.1685g，用水溶解并定容至100ml；或称取经硅胶干燥器干燥24小时的碘化钾0.1307g，用水溶解并稀释至100ml，贮存于棕色瓶中；也可采用经国家认证并授予标准物质证书的碘标准溶液。

4. 碘标准中间液（10.0mg/L）　吸取1.00ml碘元素标准贮备液，用稀释液定容至100ml。

5. 碘标准使用液（100μg/L）　吸取1.00ml碘元素标准中间液，用稀释液定容至100ml。

6. 碘系列标准溶液　分别吸取适量体积的碘标准使用液，用稀释液配制成浓度为0、0.10、1.00、5.00、10.0、15.0和20.0μg/L的系列标准溶液，亦可依据样品溶液中碘元素浓度适当调整系列标准浓度范围。

7. 内标元素标准溶液（1000mg/L）　碲（Te）、铟（In）、铑（Rh）、铼（Re）等任意一种单元素或多元素内标标准贮备液。

8. 内标使用液　先用水将内标元素标准溶液稀释10倍或100倍，再从中取适量溶液用稀释液配成适当浓度的内标使用液。内标溶液可采用手动定量加入标准系列及样品溶液中，也可由仪器在线加入，内标与样品溶液混合后，内标的参考浓度为10～100μg/L。

（三）仪器

电感耦合等离子体质谱仪（ICP－MS）；天平（感量为0.1mg和1mg）；恒温干燥箱；离心机（转速大于3000r/min）；涡旋混匀器；样品粉碎设备，匀浆机、高速粉碎机。

【样品制备】

（一）试样制备与消解

1. 试样制备

（1）固态样品

1）干样　豆类、谷物、菌类、茶叶、干制水果、焙烤食品等低含水量样品，取可食部分，必要时经高速粉碎机粉碎均匀；对于固体乳制品、蛋白粉、面粉等呈均匀状的粉状样品，摇匀。

2）鲜样　蔬菜、水果、水产品等样品必要时洗净，晾干，取可食部分匀浆均匀；对于肉类、蛋类等样品，取可食部分匀浆至均质。

3）速冻及罐头食品　经解冻的速冻食品及罐头样品，取可食部分匀浆至均质。

（2）液态样品　软饮料、调味品等样品摇匀。

2. 试样处理　称取试样0.2～1g（精确到0.001g）于50ml的耐110℃塑料离心管中，加入5ml提取液，涡旋1分钟，使样品充分分散均匀，旋紧盖子，置于85℃±5℃恒温干燥箱（每隔半小时取出振摇）或水浴摇床提取3小时，冷却，用水定容至50ml，并以大于3000r/min的转速离心10分钟，取上层清液，用0.45μm过滤膜过滤后，备用，同时做试剂空白试验。为了防止样品遇水结块，可采用称量纸称取样品，然后慢慢加入盛有提取液的离心管中，涡旋1分钟，若样品过稠，可补加5ml提取液，如大米粉及面粉等吸水性强的样品。

【样品测定】

1. 标准曲线的制作　将碘标准溶液注入ICP－MS中，测定碘元素和内标元素的信号响应值，以碘元素的质量浓度为横坐标，碘元素与所选内标元素响应信号值的比值为纵坐标，绘制标准曲线。仪器操作参考条件为：射频功率1550W，等离子体气流量15L/min，载气流量0.80～0.90L/min，辅助气流量0.30～0.40L/min，分析时泵速0.1r/s，采样深度8～10mm，雾化器为高盐/同心雾化器。半导体制冷雾室，控温在2.0℃。石英炬管，碰撞池气体He气流速4～5ml/min，每测一个样品，进样系统的冲洗时间大于60秒。

2. 试样溶液的测定　将空白和试样溶液分别注入电感耦合等离子质谱仪中，测定碘元素和所选内标元素的信号响应值，计算碘元素与所选内标元素的响应信号值比值，根据标准曲线得到待测液中碘元素的质量浓度。

【结果计算与数据处理】

试样中碘元素的含量按式2－15计算。

$$X = \frac{(\rho - \rho_0) \times V \times f}{m \times 1000} \qquad (2-15)$$

式中，X为碘元素含量，mg/kg；ρ为试样溶液中碘元素质量浓度，μg/L；ρ_0为试空白液中碘质量浓度，μg/L；V为试样消化液定容体积，ml；f为试样稀释倍数；m为试样称取质量，g。

计算结果保留三位有效数字。样品碘元素含量大于1mg/kg时，在重复性条件下获得的两次独立测定结果的绝对差值不得超过算术平均值的10%；小于或等于1mg/kg且大于0.1mg/kg时，在重复性条件下获得的两次独立测定结果的绝对差值不得超过算术平均值的15%；小于或等于0.1mg/kg时，在重复性条件下获得的两次独立测定结果的绝对差值不得超过算术平均值的20%。

实训十三　气相色谱法测定食品中碘含量

PPT

【测定原理】

试样中的碘在硫酸条件下与丁酮反应生成丁酮与碘的衍生物，经气相色谱分离，电子捕获检测器检测，外标法定量。

【适用范围】

本法适用于婴幼儿食品和乳品中碘的测定方法。本法检出限为 0.02mg/kg，定量限为 0.07mg/kg。

【试剂与仪器准备】

（一）试剂

淀粉酶，酶活力≥1.5U/mg；碘化钾（KI）或碘酸钾（KIO_3），基准物质；过氧化氢（H_2O_2）；亚铁氰化钾［$K_4Fe(CN)_6 \cdot 3H_2O$］；乙酸锌［$Zn(CH_3COO)_2$］；丁酮（C_4H_8O），色谱纯；硫酸（H_2SO_4），优级纯；正己烷（C_6H_{14}），色谱纯；无水硫酸钠（Na_2SO_4）。

（二）试剂配制

1. 过氧化氢（3.5%）溶液 量取 11.7ml 过氧化氢稀释至 100ml。

2. 亚铁氰化钾溶液（109g/L） 称取 109g 亚铁氰化钾，加水至 1000ml。

3. 乙酸锌溶液（219g/L） 称取 219g 乙酸锌，加水至 1000ml。

4. 碘标准贮备液（1000mg/L） 称取已于 180℃ ±2℃ 干燥至恒重的碘酸钾 0.1685g，用水溶解并定容至 100ml；或称取经硅胶干燥器干燥 24 小时的碘化钾 0.1307g，用水溶解并稀释至 100ml，贮存于棕色瓶中。

5. 碘标准工作液（1.0mg/ml） 吸取 10.0ml 碘标准贮备液，用水定容至 100ml 混匀，再移取 1.0ml 浓度为 100mg/L 的碘溶液，用水定容至 100ml 混匀。

（三）仪器

气相色谱仪，带电子捕获检测器（ECD）；分析天平（感量为 0.1mg 和 0.01g）；恒温干燥箱。

【样品制备】

（一）试样制备

1. 不含淀粉的试样 称取混合均匀的固体试样 5g 或液体试样 20g（精确至 0.01g）于 150ml 锥形瓶中，固体试样用 25ml 约 40℃ 的水溶解。

2. 含淀粉的试样 称取混合均匀的固体试样 5g，液体试样 20g（精确至 0.01g）于 150ml 锥形瓶中，加入 0.2g 淀粉酶，固体试样用 25ml 约 40℃ 的水充分溶解，置于 60℃ 恒温干燥箱中酶解 30 分钟，取出冷却。

（二）试样测定液制备

1. 沉淀 将“（一）”中处理过的试样溶液转入 100ml 容量瓶中，加入 5ml 亚铁氰化钾溶液（109g/L）和 5ml 乙酸锌溶液（219g/L）后，用水定容至刻度，充分振摇后静止 10 分钟。滤纸过滤后吸取滤液 10ml 于 100ml 分液漏斗中，加 10ml 水。

2. 衍生和提取 向分液漏斗中加入 0.7ml 硫酸、0.5ml 丁酮（色谱纯）、2.0ml 过氧化氢（3.5%），充分混匀，室温下保持 20 分钟后加入 20ml 正己烷振荡萃取 2 分钟。静止分层后，将水相移入另一分液漏斗中，再进行第二次萃取。合并有机相，用水洗涤 2～3 次。通过无水硫酸钠过滤脱水后移入 50ml 容量瓶中，用正己烷定容，此为试样测定液，同时做试剂空白试验。

（三）碘标准测定液的制备

分别吸取 1.0、2.0、4.0、8.0、12.0ml 碘标准工作液，相当于 1.0、2.0、4.0、8.0、12.0μg 的碘，其他分析步骤同“（二）试样测定液的制备”。

【样品测定】

（一）参考色谱条件

色谱柱：DB－5 石英毛细管柱（柱长 30m，内径 0.32mm，膜厚 0.25μm）或具同等性能的色谱柱。

进样口温度：260℃；ECD 检测器温度：300℃；分流比：10：1；进样量：1.0μl。

程序升温条件：升温速率不限，温度 50℃，持续 9 分钟；升温速率 30℃/min，温度 220℃，持续 3 分钟。

（二）标准曲线的制作

将碘标准测定工作溶液分别注入气相色谱仪中得到标准测定液的峰面积（或峰高）。以标准测定液的峰面积（或峰高）为纵坐标，碘标准工作溶液中碘的质量为横坐标，制作标准曲线。

（三）试样溶液的测定

将试样测定溶液注入气相色谱仪中得到峰面积（或峰高），从标准曲线中获得试样中碘的含量。

【结果计算与数据处理】

试样中碘含量按式 2－16 进行计算。

$$X = \frac{m_1}{m_2} \times f \qquad (2-16)$$

式中，X 为试样中碘的含量，mg/kg；m_1 为从标准曲线中查得试样中碘的质量，μg；m_2 为称取的试样质量，g；f 为稀释倍数。

样品中碘元素含量大于 1mg/kg 时，在重复性条件下获得的两次独立测定结果的绝对差值不得超过算术平均值的 10%；小于等于 1mg/kg 且大于 0.1mg/kg 时，在重复性条件下获得的两次独立测定 结果的绝对差值不得超过算术平均值的 15%；小于等于 0.1mg/kg 时，在重复性条件下获得的两次独立测定结果的绝对差值不得超过算术平均值的 20%。计算结果保留 3 位有效数字。

拓展阅读

砷铈催化分光光度法

砷铈催化分光光度法是采用碱灰化处理试样，使用碘催化砷铈反应，反应速度与碘含量成定量关系。

$$H_3AsO_3 + 2Ce^{4+} + H_2O \rightarrow H_3AsO_4 + 2Ce^{3+} + 2H^+$$

反应体系中，Ce^{4+} 为黄色，Ce^{3+} 为无色，用分光光度计测定剩余 Ce^{4+} 的吸光度值，依据碘含量与吸光度值的对数线性关系，计算食品中碘的含量。

本方法适用于粮食、蔬菜、水果、豆类及其制品、乳及其制品、肉、鱼、蛋等食品中碘的测定。需特别注意的是，试剂三氧化二砷以及由此配制的亚砷酸溶液均为剧毒品，需遵守有关剧毒品操作规程。

（二）食品中硒含量的测定

1. 测定食品中硒含量的意义 硒是人体必需微量元素之一，是人体内的抗氧化剂，具有抗突变、抗氧化、抗细胞增殖、增强机体免疫力、防治克山病等多种生理功能，但摄入量过多又会引起中毒。

2. 硒含量的测定方法 依据 GB 5009.93—2017《食品安全国家标准　食品中硒的测定》，食品中硒含量的测定方法有氢化物原子荧光光谱法、荧光法和电感耦合等离子体质谱法。

实训十四 氢化物原子荧光光谱法测定食品中硒含量

【测定原理】

试样经酸加热消化后，在6mol/L盐酸介质中，将试样中的六价硒还原成四价硒，用硼氢化钠或硼氢化钾作还原剂，将四价硒在盐酸介质中还原成硒化氢，由载气（氩气）带入原子化器中进行原子化，在硒空心阴极灯照射下，基态硒原子被激发至高能态，在去活化回到基态时，发射出特征波长的荧光，其荧光强度与硒含量成正比，与标准系列比较定量。

【适用范围】

本方法适用于所有食品中硒的测定，取样量为1g时，本方法的检出限为0.002mg/kg。

【试剂与仪器准备】

（一）试剂

硝酸（HNO_3），优级纯；高氯酸（$HClO_4$），优级纯；盐酸（HCl），优级纯；氢氧化钠（NaOH），优级纯；过氧化氢（H_2O_2）；硼氢化钠（$NaBH_4$），优级纯；铁氰化钾［$K_3Fe(CN)_6$］，优级纯。

（二）试剂配制

1. 硝酸－高氯酸混合酸（9＋1） 将900ml硝酸与100ml高氯酸混匀。

2. 氢氧化钠溶液（5g/L） 称取5g氢氧化钠，溶于1000ml水中，混匀。

3. 硼氢化钠碱溶液（8g/L） 称取8g硼氢化钠，溶于氢氧化钠溶液（5g/L）中，混匀。临用现配。

4. 盐酸溶液（6mol/L） 量取50ml盐酸，缓慢加入40ml水中，冷却后用水定容至100ml，混匀。

5. 铁氰化钾溶液（100g/L） 称取10g铁氰化钾，溶于100ml水中，混匀。

6. 盐酸溶液（5＋95） 量取25ml盐酸，缓慢加入475ml水中，混匀。

7. 硒标准溶液（1000mg/L） 国家认证并授予标准物质证书。

8. 硒标准中间液（100mg/L） 准确吸取1.00ml硒标准溶液（1000mg/L）于10ml容量瓶中，加盐酸溶液（5＋95）定容至刻度，混匀。

9. 硒标准使用液（1.00mg/L） 准确吸取硒标准中间液（100mg/L）1.00ml于100ml容量瓶中，用盐酸溶液（5＋95）定容至刻度，混匀。

10. 硒标准系列溶液 分别准确吸取硒标准使用液（1.00mg/L）0、0.50、1.00、2.00和3.00ml于100ml容量瓶中，加入铁氰化钾溶液（100g/L）10ml，用盐酸溶液（5＋95）定容至刻度，混匀待测。此硒标准系列溶液的质量浓度分别为0、5.0、10.0、20.0和30.0μg/L。

（三）仪器

原子荧光光谱仪（配硒空心阴极灯）；分析天平（感量为1mg）；电热板；微波消解系统（配聚四氟乙烯消解内罐）。

注：所有玻璃器皿及聚四氟乙烯消解内罐均需硝酸（1＋5）浸泡过夜，用自来水反复冲洗，最后用水冲洗干净。

【样品制备】

（一）试样制备

在采样和制备过程中，应避免试样污染。

1. 粮食、豆类样品 样品去除杂物后，粉碎，储于塑料瓶中。

2. 蔬菜、水果、鱼类、肉类等样品 用水洗净，晾干，取可食部分，制成匀浆，储于塑料瓶中。

3. 饮料、酒、醋、酱油、食用植物油、液态乳等液体样品 将样品摇匀。

（二）试样消解

1. 湿法消解 称取固体试样 0.5 ~ 3g（精确至 0.001g）或准确移取液体试样 1.00 ~ 5.00ml，置于锥形瓶中，加 10ml 硝酸 - 高氯酸混合酸（9 + 1）及数粒玻璃珠，盖上表面皿冷消化过夜。次日于电热板上加热，并及时补加硝酸。当溶液变为清亮无色并伴有白烟产生时，再继续加热至剩余体积为 2ml 左右，切不可蒸干。冷却，再加 5ml 盐酸溶液（6mol/L），继续加热至溶液变为清亮无色并伴有白烟出现。冷却后转移至 10ml 容量瓶中，加入 2.5ml 铁氰化钾溶液（100g/L），用水定容，混匀待测。同时做试剂空白试验。

2. 微波消解 称取固体试样 0.2 ~ 0.8g（精确至 0.001g）或准确移取液体试样 1.00 ~ 3.00ml，置于消化管中，加 10ml 硝酸、2ml 过氧化氢，振摇混合均匀，于微波消解仪中消化，微波消化推荐条件步骤为：①设定温度 120℃，升温 6 分钟，恒温 1 分钟；②设定温度 150℃，升温 3 分钟，恒温 5 分钟；③设定温度 200℃，升温 5 分钟，恒温 10 分钟。消解结束待冷却后，将消化液转入锥形烧瓶中，加数粒玻璃珠，在电热板上继续加热至近干，切不可蒸干。再加 5ml 盐酸溶液（6mol/L），继续加热至溶液变为清亮无色并伴有白烟出现，冷却，转移至 10ml 容量瓶中，加入 2.5ml 铁氰化钾溶液（100g/L），用水定容，混匀待测。同时做试剂空白试验。

【样品测定】

（一）仪器参考条件

根据各自仪器性能调至最佳状态。参考条件为：负高压 340V；灯电流 100mA；原子化温度 800℃；炉高 8mm；载气流速 500ml/min；屏蔽气流速 1000ml/min；测量方式标准曲线法；读数方式峰面积；延迟时间 1 秒；读数时间 15 秒；加液时间 8 秒；进样体积 2ml。

（二）标准曲线的制作

以盐酸溶液（5 + 95）为载流，硼氢化钠碱溶液（8g/L）为还原剂，连续用标准系列的零管进样，待读数稳定之后，将标硒标准系列溶液按质量浓度由低到高的顺序分别导入仪器，测定其荧光强度，以质量浓度为横坐标，荧光强度为纵坐标，制作标准曲线。

（三）试样溶液的测定

在与测定标准系列溶液相同的实验条件下，将空白溶液和试样溶液分别导入仪器，测其荧光值强度，与标准系列比较定量。

【结果计算与数据处理】

试样中硒含量按式 2 - 17 进行计算。

$$X = \frac{(\rho - \rho_0) \times V}{m \times 1000} \qquad (2-17)$$

式中，X 为试样中硒的含量，mg/kg 或 mg/L；ρ 试样溶液中硒的质量浓度，μg/L；ρ_0 为空白溶液中硒的质量浓度，μg/L；V 为试样消化液总体积，ml；m 为试样称样量或移取体积，g 或 ml。

当硒含量≥1.00mg/kg（或 1.00mg/L）时，计算结果保留三位有效数字，当硒含量 < 1.00mg/kg（或 1.00mg/L）时，计算结果保留两位有效数字。在重复性条件下获得的两次独立测定结果的绝对差值不得超过算术平均值的 20%。

【技术提示】

消解条件可根据不同的仪器自行设定。

实训十五　荧光分光光度法测定食品中硒含量

【测定原理】

将试样用混合酸消化，使硒化合物氧化为无机硒 Se^{4+}，在酸性条件下 Se^{4+} 与 2,3 －二氨基萘（DAN）反应生成 4,5 －苯并苯硒脑，然后用环己烷萃取后上机测定。4,5 －苯并苯硒脑在波长为 376nm 的激发作用下，发射光波长为 520nm 的荧光，测定其荧光强度，与标准系列比较定量。

【适用范围】

本方法适用于所有食品中硒的测定，取样量为 1g 时，本方法的检出限为 0.01mg/kg。

【试剂与仪器准备】

（一）试剂

盐酸（HCl），优级纯；环己烷（C_6H_{12}），色谱纯；2,3－二氨基萘（DAN，$C_{10}H_{10}N_2$）；乙二胺四乙酸二钠（EDTA－2Na，$C_{10}H_{14}N_2Na_2O_8$）；盐酸羟胺（$NH_2OH \cdot HCl$）；甲酚红（$C_{21}H_{18}O_5S$）；氨水（$NH_3 \cdot H_2O$）。优级纯。

（二）试剂配制

1. 盐酸溶液（1%）　量取 5ml 盐酸，用水稀释至 500ml，混匀。

2. DAN 试剂（1g/L）　此试剂在暗室内配制。称取 DAN 0.2g 于一带盖锥形瓶中，加入盐酸溶液（1%）200ml，振摇约 15 分钟使其全部溶解。加入约 40ml 环己烷，继续振荡 5 分钟。将此液倒入塞有玻璃棉（或脱脂棉）的分液漏斗中，待分层后滤去环己烷层，收集 DAN 溶液层，反复用环己烷纯化直至环己烷中荧光降至最低时为止（5～6 次）。将纯化后的 DAN 溶液储于棕色瓶中，加入约 1cm 厚的环己烷覆盖表层，于 0～5℃保存。必要时在使用前再以环己烷纯化一次。

3. 硝酸－高氯酸混合酸（9＋1）　将 900ml 硝酸与 100ml 高氯酸混匀。

4. 盐酸溶液（6mol/L）　量取 50ml 盐酸，缓慢加入 40ml 水中，冷却后用水定容至 100ml，混匀。

5. 氨水溶液（1＋1）　将 5ml 水与 5ml 氨水混匀。

6. EDTA 混合液　取 EDTA 溶液（0.2mol/L）及盐酸羟胺溶液（100g/L）各 50ml，加甲酚红指示剂（0.2g/L）5ml，用水稀释至 1L，混匀。

（1）EDTA 溶液（0.2mol/L）　称取 EDTA－2Na 37g，加水并加热至完全溶解，冷却后用水稀释至 500ml。

（2）盐酸羟胺溶液（100g/L）　称取 10g 盐酸羟胺溶于水中，稀释至 100ml，混匀。

（3）甲酚红指示剂（0.2g/L）　称取甲酚红 50mg 溶于少量水中，加氨水溶液（1＋1）1 滴，待完全溶解后加水稀释至 250ml，混匀。

7. 盐酸溶液（1＋9）　量取 100ml 盐酸，缓慢加入到 900ml 水中，混匀。

8. 硒标准溶液（1000mg/L）　国家认证并授予标准物质证书。

9. 硒标准中间液（100mg/L）　准确吸取 1.00ml 硒标准溶液（1000mg/L）于 10ml 容量瓶中，加盐酸溶液（1%）定容至刻度，混匀。

10. 硒标准使用液（50.0μg/L） 准确吸取硒标准中间液（100mg/L）0.50ml 于 1000ml 容量瓶中，用盐酸溶液（1%）定容至刻度，混匀。

（三）仪器

荧光分光光度计；天平（感量为 1mg）；粉碎机；电热板；水浴锅。

注：所有玻璃器皿及聚四氟乙烯消解内罐均需硝酸（1+5）浸泡过夜，用自来水反复冲洗，最后用水冲洗干净。

【样品制备】

（一）试样处理

在采样和制备过程中，应避免试样污染。

1. 粮食、豆类样品 样品去除杂物后，粉碎，储于塑料瓶中。

2. 蔬菜、水果、鱼类、肉类等样品 样品用水洗净，晾干，取可食部分，制成匀浆，储于塑料瓶中。

3. 饮料、酒、醋、酱油、食用植物油、液态乳等液体样品 将样品摇匀。

（二）试样的消解

准确称取 0.5～3g（精确至 0.001g）固体试样，或准确吸取液体试样 1.00～5.00ml，置于锥形瓶中，加 10ml 硝酸－高氯酸混合酸（9+1）及数粒玻璃珠，盖上表面皿冷消化过夜。次日于电热板上加热，并及时补加硝酸。当溶液变为清亮无色并伴有白烟产生时，再继续加热至剩余体积 2ml 左右，切不可蒸干，冷却后再加 5ml 盐酸溶液（6mol/L），继续加热至溶液变为清亮无色并伴有白烟出现，再继续加热至剩余体积 2ml 左右，冷却。同时做试剂空白。

【样品测定】

（一）仪器参考条件

根据各自仪器性能调至最佳状态。参考条件为：激发光波长 376nm、发射光波长 520nm。

（二）硒标准曲线制作

准确吸取硒标准使用液（50.0μg/L）0、0.20、1.00、2.00、4.00ml，相当于含有硒的质量为 0、0.010、0.050、0.100、0.200μg，加盐酸溶液（1+9）至 5ml 后，加入 20ml EDTA 混合液，用氨水溶液（1+1）及盐酸溶液（1+9）调至淡红橙色（pH 1.5～2.0）。以下步骤在暗室操作：加 DAN 试剂（1g/L）3ml，混匀后，置沸水浴中加热 5 分钟，取出冷却后，加环己烷 3ml，振摇 4 分钟，将全部溶液移入分液漏斗，待分层后弃去水层，小心将环己烷层由分液漏斗上口倾入带盖试管中，勿使环己烷中混入水滴。环己烷中反应产物为 4,5－苯并苤硒脑，待测。

将硒标准系列溶液按质量由低到高的顺序分别上机测定 4,5－苯并苤硒脑的荧光强度。以质量为横坐标，荧光强度为纵坐标，制作标准曲线。

（三）样品测定

将“（二）”消化后的试样溶液以及空白溶液加盐酸溶液（1+9）至 5ml 后，按照标准曲线制作测定步骤同时进行测定。

【结果计算与数据处理】

试样中硒含量按式 2－18 进行计算。

$$X = \frac{m_1}{F_1 - F_0} \times \frac{F_2 - F_0}{m} \qquad (2-18)$$

式中，X 为试样中硒的含量，mg/kg 或 mg/L；m_1 为试管中硒质量，单位为 μg；F_1 为标准管硒荧光读数；F_2 为试样管荧光读数；F_0 为空白管荧光读数；m 为试样称样量或移取体积，g 或 ml。

当硒含量≥1.00mg/kg（或 mg/L）时，计算结果保留三位有效数字；当硒含量＜1.00mg/kg（或 mg/L）（或 mg/L）时，计算结果保留两位有效数字。

在重复性条件下获得的两次独立测定结果的绝对差值不得超过算术平均值的 20%。

【技术提示】

试验中使用的 DAN 试剂有一定毒性，本试剂使用人员应有相关工作经验。使用者有责任采取适当的安全和健康措施，并保证符合国家有关规定的条例。

任务三　食品中酸类物质的测定

PPT

食品中的酸类物质，主要是溶于水的一些有机酸和无机酸。食品中的酸不仅可产生酸味而改变食品的口感，同时在食品的加工、贮存及品质管理等方面被认为是重要的成分，其作用包括：可影响食品的风味、营养及稳定性；判断食品的新鲜程度及质量的优劣；判断果蔬的成熟度等。

食品的酸度通常用总酸度（滴定酸度）、有效酸度、挥发酸度来表示。总酸度是指食品中所有酸性物质的总量，包括已离解的酸浓度和未离解的酸浓度，采用标准碱液来滴定，并以样品中主要代表酸的百分含量表示。有效酸度指样品中呈离子状态的氢离子的浓度（严格地讲是活度）用 pH 计进行测定，用 pH 值表示。挥发性酸度指食品中易挥发部分的有机酸，如乙酸、甲酸等，可用直接或间接法进行测定。

一、食品总酸度的测定

总酸存在于果蔬制品、饮料、乳制品、酒、蜂产品、淀粉制品、谷物制品和调味品等。总酸是指最终能释放出的氢离子数量，是一个定数；pH 代表物质在溶液中释放 H^+（或 OH^-）的能力，涉及溶液中 H^+ 的平衡问题，可以随物质的浓度变化而释放或多或少的 H^+。由于柠檬酸和冰醋酸都是弱酸，在溶液中不是完全离解的，所以其配制的溶液是一个缓冲溶液，在一定的浓度范围内，加水不会改变溶液的 pH。

根据酸碱中和理论，用氢氧化钠标准溶液滴定试样中的酸，用酚酞指示剂或者 pH 计指示 pH 值到 8.2，确定为滴定终点。根据碱液的消耗量计算食品中的总酸含量。食品中总酸参照 GB 12456—2021《食品安全国家标准　食品中总酸的测定》进行。

实训十六　酸碱滴定法测定食品总酸度

【测定原理】

根据酸碱中和原理，用碱液滴定试液中的酸，以酚酞为指示剂确定滴定终点。按碱液的消耗量计算食品中的总酸含量。

【适用范围】

适用于果蔬制品、饮料（澄清透明类）、白酒、米酒、啤酒和白醋中总酸的测定。

【试剂与仪器准备】

（一）试剂

氢氧化钠；酚酞；95%乙醇。

（二）试剂配制

1. 无二氧化碳的水 将水煮沸15分钟以逐出二氧化碳，冷却，密闭。

2. 酚酞指示液（10g/L） 称取1g酚酞溶于乙醇（95%），用乙醇（95%）稀释至100ml。

3. 氢氧化钠标准滴定溶液（0.1mol/L） 按照GB/T 5009.1的要求配制和标定，或购买经国家认证并授予标准物质证书的标准滴定溶液。

4. 氢氧化钠标准滴定溶液（0.01mol/L） 用移液管吸取100ml 0.1mol/L氢氧化钠标准滴定溶液至容量瓶，用水稀释到1000ml，现用现配，必要时重新标定。

5. 氢氧化钠标准滴定溶液（0.05mol/L） 用移液管吸取50ml 0.1mol/L氢氧化钠标准滴定溶液至容量瓶，用水稀释到100ml，现用现配，必要时重新标定。

（三）仪器

分析天平（感量为0.01g和0.1mg）；碱式滴定管（容量10ml最小刻度0.05ml，容量25ml最小刻度0.1ml）；水浴锅；锥形瓶（100ml、150ml、250ml）；移液管（25ml、50ml、100ml）；均质器；超声波发生器；研钵；组织捣碎机。

【样品制备】

（一）试样的制备

试样常温放置，密封保存。

1. 液体样品

（1）不含二氧化碳的样品 充分混合均匀，置于密闭玻璃容器内。

（2）含二氧化碳的样品 至少取200g样品（精确到0.01g）于500ml烧杯中，在减压下摇动3～4分钟，以除去液体样品中的二氧化碳。

2. 固体样品 取有代表性的样品至少200g（精确到0.01g），置于研钵或组织捣碎机中，加入与样品等量的无二氧化碳水，用研钵研碎或用组织捣碎机捣碎，混匀成浆状后置于密闭玻璃容器内。

3. 固液混合样品 按样品的固、液体比例至少取200g（精确到0.01g），用研钵研碎或用组织捣碎机捣碎，混匀后置于密闭玻璃容器内。

（二）待测溶液的制备

1. 液体样品 称取25g（精确至0.01g）或用移液管吸取25.0ml试样至250ml容量瓶中，用无二氧化碳的水定容至刻度，摇匀。用快速滤纸过滤，收集滤液，用于测定。

2. 其他样品 称取25g（精确至0.01g）试样，置150ml带有冷管的锥形瓶中，加入约50ml 80℃无二氧化碳的水，混合均匀，置于沸水浴中煮沸30分钟（摇动2～3次，使试样中的有机酸全部溶解于溶液中），取出，冷却至室温，用无二氧化碳的水定容至250ml，用快速滤纸过滤，收集滤液，用于测定。

【样品测定】

1. 根据试样总酸的可能含量，使用移液管吸取25ml、50ml或者100ml试液，置于250ml三角瓶中，加入 2 ~ 4 滴（10g/L）酚酞指示液，用 0.1mol/L. 氢氧化钠标准滴定溶液（若为白酒等样品，总酸≤ 4g/kg，可用 0.01mol/L 或 0.05mol/L 氢氧化钠滴定溶液）滴定至微红色 30 秒不褪色。记录消耗 0.1mol/L 氢氧化钠标准滴定溶液的体积数值。

2. 空白试验：按试样酸度的操作，用同体积无二氧化碳的水代替试液做空白试验，记录消耗氢氧化钠标准滴定溶液的体积数值。

【结果计算与数据处理】

总酸的含量按式 2 – 19 计算。

$$X = \frac{[c \times (V_1 - V_2)] \times k \times F}{m} \times 1000 \qquad (2-19)$$

式中，X 为试样中总酸的含量，g/kg 或 g/L；c 为氢氧化钠标准滴定溶液的浓度，mol/L；V_1 为滴定试样时消耗氢氧化钠标准滴定溶液的体积，ml；V_2 为空白试液时消耗氢氧化钠标准滴定溶液的体积，ml；k 为酸的换算系数：苹果酸，0.067；乙酸，0.060；酒石酸，0.075；柠檬酸，0.064；柠檬酸（含一分子结晶水），0.070；乳酸，0.090；盐酸，0.036；硫酸，0.049；磷酸，0.049；F 为试液的稀释倍数；m 为试样的质量，g 或 ml；1000 为换算系数。

计算结果精确至小数点后两位。同一样品，两次测定的结果之差不得超过两次测定平均值的 2%。

【技术提示】

（1）溶剂　试样浸渍、稀释用水应为无 CO_2 的蒸馏水，因为 CO_2 若溶于水中可造成水偏酸性而使测定结果偏高。无 CO_2 的纯化水的制备方法：将纯化水煮沸 20 分钟后用碱石灰保护冷却，或将蒸馏水在使用前煮沸 15 分钟并迅速冷却备用，必要时需经碱液抽真空处理。对含有 CO_2 的饮料、酒类等，测定前应加热煮沸 30 分钟，除去 CO_2。

（2）滴定液的用量　试样浸渍、稀释时的用水量应根据试样中总酸含量来慎重选择，为使误差不超过允许范围，一般要求滴定时消耗的氢氧化钠滴定液（0.1mol/L）不得少于 5ml，最好为 10 ~ 15ml。

（3）有色溶液的处理　若待测溶液本身具有较深的颜色，可在滴定前用与样液相同体积的新煮沸的冷水稀释或采用试验滴定法，即对有色样液，用新煮沸的冷水稀释，并按 100ml 样液加入 0.3ml 酚酞的比例加入酚酞指示液，用氢氧化钠滴定液滴定至近终点时，取此溶液 2 ~ 3ml 移入盛有 20ml 新煮沸过的冷水中，若试验结果表明还未达到终点，将稀释的样液倒回原样液中，继续滴定至终点出现。若颜色过深或浑浊，宜采用电位滴定法指示终点。

二、有效酸度的测定

有效酸度是指被测液中 H^+ 的浓度，准确地说应是溶液中 H^+ 的活度，所反映的是已离解的那部分酸的浓度，常用 pH 值表示。其大小可借酸度计（即 pH 计）来测定。pH 的大小与总酸中酸的性质与数量有关，还与食品中缓冲物的质量与缓冲能力有关。

有机酸与食物的色香味即稳定性有关；有机酸的种类是判断食品质量的重要指标；利用食品中有机酸的含量和含糖量之比，判断某些果蔬的成熟度。在食品酸度测定中，有效酸度（pH 值）的测定往往比测定总酸度更具有实际意义，更能说明问题，表示食品介质的酸碱性。

本实验参照 GB 12456—2021《食品安全国家标准　食品中总酸的测定》。

实训十七 酸度计法测定食品有效酸度

【测定原理】

根据酸碱中和原理，用氢氧化钠标准滴定溶液滴定试液中的酸，中和试样溶液至 pH 8.2（若酸为磷酸，则终点为 8.7～8.8）时，确定为滴定终点。按碱液的消耗量计算食品中的总酸含量。

【试剂与仪器准备】

（一）试剂

氢氧化钠溶液 0.1ml/L。

（二）试剂配制

pH 8.0 缓冲溶液 取磷酸氢二钾 5.59g 和磷酸二氢钾 0.4lg，用水定容至 1000ml。

（三）仪器

分析天平（感量为 0.01g 和 0.1g）；pH 计，精度 ±0.1（pH）；磁力搅拌器；水浴锅；烧杯（100ml、150ml、250ml）；移液管（25ml、50ml、100ml）。

【样品测定】

（一）试样制备和待测溶液的制备

操作步骤同总酸测定。

（二）样品测定

1. 根据试样总酸的可能含量，使用移液管吸取 25ml、50ml 或者 100ml 试液，置于 150ml 烧杯中。将酸度计电源接通，稳定后，根据使用的 pH 计校正规程或用 pH 8.0 缓冲溶液校正 pH 计。将盛有试液的烧杯放到磁力搅拌器上，浸入酸度计电极。按下 pH 计数开关，开动搅拌器，迅速用 0.1mol/L 氢氧化钠标准滴定溶液（若为白酒等样品，总酸≤4g/kg，可用 0.01mol/L 或 0.05mol/L 氢氧化钠标准滴定溶液）滴定，随时观察溶液 pH 变化。接近滴定终点时，放慢滴定速度。一次滴加半滴（最多一滴），直至溶液的 pH 达到终点，记录消耗氢氧化钠标准滴定溶液的体积的数值（各种酸滴定终点的 pH：磷酸，8.7～8.8；其他酸，8.2。

2. 空白试验：按样液酸度测定，用二氧化碳的水代替试液做空白试验，记录消耗氢氧化钠标准溶液的毫升数。

【结果计算与数据处理】

有效酸度的含量按总酸测定（2－19）计算。在重复条件下获得的两次独立测定结果的绝对差值不得超过算术平均值的 10%。

三、挥发酸的测定

挥发酸即易挥发的酸，是所有低分子量的脂肪酸，是以游离态或结合态存在的所有乙酸和丙酸等脂肪酸的总和，但甲酸除外。测定挥发性酸的方法有直接法和间接法。直接法是用碱液滴定由蒸馏或其他方法所得的挥发性酸；间接法是将挥发性酸蒸发除去后，滴定残渣的不挥发酸的酸度，再由总酸度减去此残渣酸度即得挥发酸含量。

挥发酸测定参照 GB/T 10467－1989《水果和蔬菜产品中挥发性酸度的测定方法》进行测定。

实训十八　直接法测定食品中挥发酸含量

【测定原理】

样品经处理后，加入适量磷酸使结合态的挥发酸游离出来，用水蒸气蒸馏法使挥发酸分离，经冷凝、收集后，用氢氧化钠滴定液滴定，根据所消耗滴定液的浓度和体积，计算挥发酸的含量。

【适用范围】

水蒸气蒸馏法适用于各类饮料、果蔬及其制品（如发酵制品、酒类）中挥发酸的含量测定。

【试剂与仪器准备】

（一）试剂

1. 氢氧化钠滴定液（0.1mol/L） 同项目二实训十六。

2. 酚酞指示液 同项目二实训十六。

3. 1%磷酸溶液 称取 10.0g 磷酸，用少量新煮沸的冷水溶解并稀释至 100ml。

（二）仪器

蒸馏装置 如图 2-2 所示。

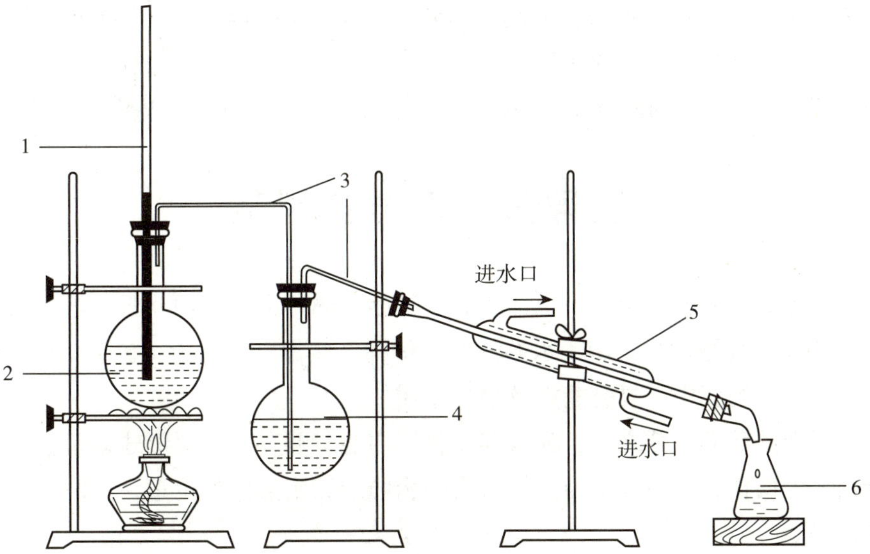

图 2-2　水蒸气蒸馏装置示意图

1. 安全管；2. 水蒸气发生瓶；3. 导气管；4. 蒸馏瓶；5. 冷凝管；6. 接受瓶

【样品测定】

称取 2~3g（视挥发酸含量多少酌情增减）搅碎混匀的样品，用 50ml 新煮沸过的纯化水将样品全部转移至 250ml 圆底烧瓶中，加 1%磷酸溶液 1ml，连接水蒸气蒸馏装置，通入水蒸气使挥发酸蒸馏出来，加热蒸馏至馏出液约 300ml 为止。将馏出液加热至 60~65℃，加入 3 滴酚酞指示液，用氢氧化钠滴定液（0.1mol/L）滴定至溶液显微红色且 30 秒不褪色即为终点，同时以水做空白试验。

【结果计算与数据处理】

样品中挥发酸含量按式 2-20 计算。

$$X = \frac{(V - V_0) \times 0.006 \times c}{m} \times 100\% \tag{2-20}$$

式中，X 为挥发酸的百分含量（以醋酸计），%；V 为样品消耗氢氧化钠滴定液的体积，ml；V_0 为空白试验消耗氢氧化钠滴定液的体积，ml；0.006 为每 1ml 氢氧化钠滴定液（0.1mol/L）换算为醋酸的质量，g/mol；c 为氢氧化钠滴定液的实际浓度，mol/L；m 为供试品的质量，g。

重复性连续两次测定结果之差，每 100ml 或 100g 样品中乙酸相关不得超过 12mg。

【技术提示】

（1）样品蒸馏前，蒸气发生器内的水应先煮沸 10 分钟，以排除其中的 CO_2，并用蒸气冲洗整个蒸馏装置。

（2）滴定前应将馏出液加热至 60～65℃，使其终点明显，加快反应速度，减短滴定时间并减少溶液与空气的接触，提高测定的准确性。

（3）在蒸馏过程中，蒸馏瓶内液面要保持恒定，整套装置的各个连接部分应密封，以防挥发酸泄漏。

（4）由于挥发酸包括游离态与结合态，为使测定结果准确，需要加入少量磷酸使结合态的挥发酸游离出来，以便蒸馏。

（5）若试样中含有二氧化硫，需除去其对测定的干扰。方法如下：在已用标准碱液滴定过的蒸馏液中加入 5ml 25% 硫酸酸化，以淀粉为指示剂，用碘滴定液（0.02mol/L）滴定至溶液显蓝色且 10 秒不褪色为终点，并从计算结果中扣除此滴定体积。

（6）若试样中含有山梨酸、苯甲酸等，需测出馏出液中防腐剂的量，以校正其滴定结果。

任务四　脂类的测定

PPT

脂类是脂肪和类似脂肪物质的统称，包括脂肪、磷脂和固醇类，指用非极性溶剂（如三氯甲烷或乙醚）从生物细胞或组织中提取的、不溶于水的油性有机物，又称脂质。脂类包括脂肪酸和醇等所组成的酯类及其衍生物，包括单纯脂类、复合酯类及衍生脂质。

脂类是食品中重要的营养成分之一，为人和动物体内能量贮存的主要形式，每克脂肪在体内提供的热能是糖类或蛋白质的两倍，它不仅供给人体必需的脂肪酸和脂溶性维生素，同时还对人体脏器起到润滑、保护及缓冲作用。

在食品的加工过程中，原料、半成品、成品的脂类含量直接影响到产品的外观、风味、口感、组织结构和品质。但脂肪具有性质不稳定，可发生氧化、酸败等变质反应，造成食品的质量下降，故测定食品的脂肪含量，不仅可用来评价食品的品质，衡量食品的营养价值，而且对实现生产过程的质量管理、实行工艺监督有着重要的意义。

一、脂肪的测定

脂肪易溶于有机溶剂而难溶于水，测定脂肪含量时，多数采用低沸点有机溶剂提取，常用的溶剂有乙醚、石油醚、三氯甲烷－甲醇的混合溶剂等。提取溶剂应根据被测物质的极性和食品的组成进行选择，其中乙醚沸点低（34.6℃），溶解脂肪能力强，但易燃、易氧化、可饱和 2% 的水分而同时提取出糖类等亲水成分；石油醚的沸点较高（30～60℃），吸收水分比乙醚少且没有乙醚易燃，安全性较乙醚高，可允许样品中含有微量的水分，石油醚没有胶溶现象，不会将淀粉、蛋白质等干扰成分夹带而出，现有的食品分析标准方法以乙醚作为提取剂，为提高提取效率，可用乙醚与石油醚的混合溶剂用于游离态的脂肪提取。三氯甲烷－甲醇对脂蛋白、磷脂的提取率较高，适用于水产品、禽类、蛋类等食品中脂肪的提取。

脂肪测定参考 GB 5009.6—2016《食品安全国家标准　食品中脂肪的测定》进行。

实训十九　索氏抽提法测定食品中脂肪含量

【测定原理】

脂肪易溶于有机溶剂。试样直接用无水乙醚或石油醚等溶剂抽提后，蒸发除去溶剂，干燥，得到游离态脂肪的含量。

【适用范围】

适用于水果、蔬菜及其制品、粮食及粮食制品、肉及肉制品、蛋及蛋制品、水产及其制品、焙烤食品、糖果等食品中游离态脂肪含量的测定

【试剂与仪器设备】

（一）试剂

无水乙醚；石油醚：沸程 30～60℃；石英砂；脱脂棉。

（二）仪器

电热鼓风干燥箱；干燥器（内附有效干燥剂）；分析天平（感量 0.001g 和 0.0001g）；索氏提取器；恒温水浴锅；滤纸筒；蒸发皿。

【样品制备】

1. 固体样品　称取充分混匀后的试样 2～5g，准确至 0.001g，全部移入滤纸筒内。

2. 液体样品或半固体试样　称取混匀后的试样 5～10g，准确至 0.001g，置于蒸发皿中，加入约 20g 石英砂，于沸水浴上蒸干后，在电热鼓风干燥箱中于 100℃ ±5℃ 干燥 30 分钟后，取出，研细，全部移入滤纸筒内。蒸发皿及粘有试样的玻璃棒，均用沾有乙醚的脱脂棉擦净，并将棉花放入滤纸筒内。

【样品测定】

1. 抽提　将滤纸筒放入索氏抽提器的抽提筒内，连接已干燥至恒重的接收瓶，由抽提器冷凝管上端加入无水乙醚或石油醚至瓶内容积的三分之二处，于水浴上加热，使无水乙醚或石油醚不断回流抽提（6～8 次/小时），一般抽提 6～10 小时。提取结束时，用磨砂玻璃棒接取 1 滴提取液，磨砂玻璃棒上无油斑表明提取完毕。

2. 称量　取下接收瓶，回收无水乙醚或石油醚，待接收瓶内溶剂剩余 1～2ml 时在水浴上蒸干，再于 100℃ ±5℃ 干燥 1 小时，放干燥器内冷却 0.5 小时后称量。重复以上操作直至恒重（直至两次称量的差不超过 2mg）。

【结果计算与数据处理】

试样中脂肪含量按式 2－21 计算。

$$X = \frac{m_1 - m_0}{m_2} \times 100 \qquad (2-21)$$

式中，X 为样品中脂肪的含量，g/100g；m_1 为恒重后接受瓶和脂肪的质量，g；m_0 为接受瓶的质量，

g；m_2为试样的质量 m_2，g；100 为换算系数。

计算结果保留至小数点后一位。在重复性条件下获得的两次独立测定结果的绝对差值不得超过算术平均值的 10%。

【技术提示】

（1）提取用的乙醚应无水、无过氧化物、无醇且挥发残渣含量低，因为含水乙醚可同时提取出食品中的糖类等亲水成分，含有过氧化物的乙醚在蒸馏或干燥时易发生爆炸。过氧乙醚的检查和处理：取 6ml 乙醚，加 2ml 10% 碘化钾溶液，用力振摇，静置 1 分钟，待分层后，若有过氧化物，可析出碘，使水层出现黄色（或滴加 4 滴 0.5% 淀粉指示剂显蓝色）；处理方法：将乙醚倒入蒸馏瓶中，加一段无锈铁丝或铝丝，收集重蒸馏乙醚。

（2）乙醚或石油醚都是易燃易爆且挥发性强的有机溶剂，在实验过程中应注意实验室通风，禁止使用明火加热，应使用电热套或水浴加热，回收溶剂时可使用旋转蒸发仪。

（3）样品中的水分会影响溶剂的提取效率，同时造成非脂成分溶出而使测定结果不准，故样品应充分分散、干燥。装样品的滤纸筒松紧要适度，滤纸筒高度不能超过回流弯管，否则超过弯管的样品不能与溶剂接触而使提取不完全。

（4）样品与浸出物在烘箱中干燥时间不能过长，以防止不饱和脂肪酸受热氧化而使重量增加，如重量增加时，以增重前的重量作为恒重。

（5）提取时水浴温度不宜过高（夏天约 65℃，冬天约 80℃），以 1 分钟从冷凝管滴下 80 滴左右，1 小时回流 6～12 次为宜。

（6）对含糖及糊精较多的食品，要先以冷水使糖及糊精溶解并过滤除去，将残渣连同滤纸一起烘干，再放入抽提管内。

（7）为防止提取过程中乙醚从冷凝管上端挥发，并防止空气中的水分进入，可在冷凝管的上端连接一个氯化钙管，或塞一团干燥的脱脂棉球，但不能用塞子将冷凝管上端完全封闭。

实训二十 酸水解法测定食品中脂肪含量

【测定原理】

食品中的结合态脂肪必须用强酸使其游离出来，游离出的脂肪易溶于有机溶剂。试样经盐酸水解后用无水乙醚或石油醚提取，除去溶剂即得游离态和结合态脂肪的总含量。

【适用范围】

适用于水果、蔬菜及其制品、粮食及粮食制品、肉及肉制品、蛋及蛋制品、水产及其制品、焙烤食品、糖果等食品中游离态脂肪及结合态脂肪总量的测定。

【试剂与仪器准备】

（一）试剂

盐酸；乙醇；无水乙醚；石油醚，30～60℃沸程；碘；碘化钾。

（二）试剂配制

1. 盐酸溶液（2mol/L） 量取 50ml 盐酸，加入到 250ml 水中，混匀。

2. 碘液（0.05mol/L） 称取 6.5g 碘和 25g 碘化钾于少量水中溶解，稀释至 1L。

（三）仪器

恒温水浴锅；电热板（满足200℃高温）；锥形瓶；分析天平（感量为0.1g和0.001g）；电热鼓风干燥箱。

【样品制备】

1. 肉制品 称取混匀后的试样3～5g，准确至0.001g，置于锥形瓶（250ml）中，加入50ml 2mol/L盐酸溶液和数粒玻璃细珠，盖上表面皿，于电热板上加热至微沸，保持1小时，每10分钟旋转摇动1次。取下锥形瓶，加入150ml热水，混匀，过滤。锥形瓶和表面皿用热水洗净，热水一并过滤。沉淀用热水洗至中性（用蓝色石蕊试纸检验，中性时试纸不变色）。将沉淀和滤纸置于大表面皿上，于100℃±5℃干燥箱内干燥1小时，冷却。

2. 淀粉 根据总脂肪含量的估计值，称取混匀后的试样25～50g，准确至0.1g，倒入烧杯并加入100ml水。将100ml盐酸缓慢加到200ml水中，并将该溶液在电热板上煮沸后加入样品液中，加热此混合液至沸腾并维持5分钟，停止加热后，取几滴混合液于试管中，待冷却后加入1滴碘液，若无蓝色出现，可进行下一步操作。若出现蓝色，应继续煮沸混合液，并用上述方法不断地进行检查，直至确定混合液中不含淀粉为止，再进行下一步操作。

将盛有混合液的烧杯置于水浴锅（70～80℃）中30分钟，不停地搅拌，以确保温度均匀，使脂肪析出。用滤纸过滤冷却后的混合液，并用干滤纸片取出黏附于烧杯内壁的脂肪。为确保定量的准确性，应将冲洗烧杯的水进行过滤。在室温下用水冲洗沉淀和干滤纸片，直至滤液用蓝色石蕊试纸检验不变色。将含有沉淀的滤纸和干滤纸片折叠后，放置于大表面皿上，在100℃±5℃的电热恒温干燥箱内干燥1小时。

3. 其他食品

（1）固体试样 称取2～5g，准确至0.001g，置于50ml试管内，加入8ml水，混匀后再加10ml盐酸。将试管放入70～80℃水浴中，每隔5～10分钟以玻璃棒搅拌1次，至试样消化完全为止，一般40～50分钟。

（2）液体试样 称取约10g，准确至0.001g，置于50ml试管内，加10ml盐酸。其余操作同（1）。

【样品测定】

（一）抽提

1. 肉制品、淀粉 将干燥后的试样装入滤纸筒内，其余抽提步骤同索式提取法的抽提。

2. 其他食品 取出试管，加入10ml乙醇，混合。冷却后将混合物移入100ml具塞量筒中，以25ml无水乙醚分数次洗试管，一并倒入量筒中。待无水乙醚全部倒入量筒后，加塞振摇1分钟，小心开塞，放出气体，再塞好，静置12分钟，小心开塞，并用乙醚冲洗塞及量筒口附着的脂肪。静置10～20分钟，待上部液体清晰，吸出上清液于已恒重的锥形瓶内，再加5ml无水乙醚于具塞量筒内，振摇，静置后，仍将上层乙醚吸出，放入原锥形瓶内。

（二）称量

同项目二实训十九。

【结果计算及数据处理】

试样中脂肪含量按式2－21计算。在重复性条件下获得的两次独立测定结果的绝对差值不得超过算术平均值的10%。

【技术提示】

（1）面包、蛋糕等食品由于内部结构中具有许多空穴，使脂肪结合或藏在组织内部，造成乙醚不能充分渗入样品颗粒内部，或由于脂类与蛋白质、糖类形成结合脂，故索氏提取法不能将其完全提取出来，此时采用酸水解法可以有效地将蛋白质、糖类水解，使脂肪游离出来，再用有机溶剂提取。

(2) 固体样品需充分研细，增大样品的比表面积；液体样品应充分混匀以便水解。

(3) 水解后加入乙醇可使蛋白质沉淀，降低表面张力，促进脂肪球聚合，还能使糖类、有机酸等溶解。用乙醚提取脂肪时，为避免乙醇与乙醚互溶，需加入石油醚与其混合，降低乙醇在乙醚中的溶解度，使乙醇残留物在保留在水层中，使分层清晰。

(4) 挥干溶剂后若有黑色焦油状残留物，是分解产物与水混入所致，将使测定值偏高。可用等量乙醚及石油醚溶解后过滤，再次进行挥干溶剂的操作。

二、胆固醇的测定

胆固醇又名胆甾醇，是一种具有甾体结构的类脂化合物，白色或淡黄色结晶，其溶解性与脂肪相似，易溶于三氯甲烷、乙醚等非极性溶剂而难溶于水，广泛分布于动物体内，以脑及神经组织中最丰富，在肾、脾、皮肤、肝和胆汁中也有较高含量。

胆固醇是人体必需的一种生理活性物质，人体体内的胆固醇按来源分为内源性和外源性两类，内源性胆固醇以乙酸为原料在人体肝脏中通过生物合成获得，占胆固醇总量的70%以上；外源性胆固醇通过摄入蛋黄、蟹黄、动物内脏（脑、肝、肾）、鱼子等富含胆固醇的食物获得，占人体胆固醇总量约30%。

胆固醇可在人体肝脏中转化为胆汁酸，促进脂类的消化吸收；也可生成7-脱氢胆固醇而受紫外线催化产生维生素 D_3；同时还可受酶的作用产生盐皮质激素及糖皮质激素，影响人体的糖、蛋白质、脂类、水分、盐类的代谢，调节生理功能；胆固醇也是构成人体细胞膜、维持细胞正常功能及形态的重要物质。

目前胆固醇的测定参考 GB 5009.128—2016《食品安全国家标准　食品中胆固醇的测定》进行。

实训二十一　气相色谱法测定食品中胆固醇含量

【测定原理】

样品经无水乙醇-氢氧化钾溶液皂化，石油醚和无水乙醚混合提取，提取液浓缩至干，无水乙醇定容后，采用气相色谱法检测，外标法定量。

【适用范围】

适用于肉及肉制品、蛋及蛋制品、乳及乳制品等各类动物性食品以及植物油脂中胆固醇的测定。本法检出限0.3mg/100g。

【试剂与仪器准备】

(一) 试剂

甲醇，色谱纯；无水乙醇；石油醚，沸程30~60℃；无水乙醚；无水硫酸钠；氢氧化钾；胆固醇标准品。

(二) 试剂配制

1. 60%氢氧化钾溶液　称取60g氢氧化钾，缓慢加水溶解，并定容至100ml。

2. 石油醚-无水乙醚混合液（1+1，体积比）　将石油醚和无水乙醚等体积混合均匀。

3. 胆固醇标准储备液（1.0mg/ml） 称取胆固醇标准品 0.05g（精确至 0.1mg），用无水乙醇溶解并定容至 50ml，放置 0～4℃密封可贮藏半年。

4. 胆固醇标准系列工作液 分别吸取标准储备液（1.0mg/ml）25、50、100、500 和 2000μl，用无水乙醇定容至 10ml，该标准系列工作液的浓度分别为 2.5、5、10、50 和 200μg/ml。现用现配。

（三）仪器

相色谱仪，配有氢火焰离子化检测器（FID）；匀浆机；电子天平（感量为 1mg 和 0.1mg）；皂化装置

【样品制备】

（一）试样的制备

1. 肉及肉制品等各类固体试样 取样品的可食部分 200g 进行均质。将试样装入密封的容器里，防止变质和成分变化。试样应在均质化 24 小时内尽快分析。

2. 植物油脂、乳品等液体试样 取混匀后的均匀液体试样装入密封容器里待测。

（二）样品处理

1. 皂化 称取制备后的样品 0.25～10g（准确至 0.001g，胆固醇含量为 0.5～5mg），于 250ml 圆底烧瓶中，加入 30ml 无水乙醇，10ml 60% 氢氧化钾溶液，混匀。将试样在 100℃磁力搅拌加热电热套皂化回流 1 小时，不时振荡防止试样黏附在瓶壁上，皂化结束后，用 5ml 无水乙醇自冷凝管顶端冲洗其内部，取下圆底烧瓶，用流水冷却至室温。

2. 提取 定量转移全部皂化液于 250ml 分液漏斗中，用 30ml 水分 2～3 次冲洗圆底烧瓶，洗液并入分液漏斗，再用 40ml 石油醚－无水乙醚混合液（1＋1，体积比）分 2～3 次冲洗圆底烧瓶并入分液漏斗，振摇 2 分钟，静置，分层。转移水相，合并三次有机相，用水每次 100ml 洗涤提取液至中性，初次水洗时轻轻旋摇，防止乳化，提取液通过约 10g 无水硫酸钠脱水转移到 150ml 平底烧瓶中。

3. 浓缩 将上述平底烧瓶中的提取液在真空条件下蒸发至近干，用无水乙醇溶解并定容至 5ml，待气相色谱仪测定。

不同试样的前处理需要同时做空白试验。

【样品测定】

1. 仪器条件设置 参考 GB 5009.128—2016。

2. 标准曲线的制作 分别取胆固醇标准系列工作液注入气相色谱仪，在上述色谱条件下测定标准溶液的响应值（峰面积），以浓度为横坐标、峰面积为纵坐标，制作标准曲线。

3. 试样测定 试样溶液注入气相色谱仪，测定峰面积，由标准曲线得到试样溶液中胆固醇的浓度。根据保留时间定性，外标法定量。

【结果计算与数据处理】

试样中胆固醇的含量按式 2－22 计算。

$$X = \frac{\rho \times V}{m \times 1000} \times 100 \qquad (2-22)$$

式中，X 为试样中胆固醇含量，mg/100；ρ 为试样溶液中胆固醇的浓度，μg/ml；V 为试样溶液最终定容的体积，ml；m 为试样质量，g；1000、100 为换算系数。

计算结果应扣除空白。结果保留三位有效数字。在重复性条件下获得的两次独立测定结果的绝对差值不得超过算术平均值的 10%。

任务五 碳水化合物的测定

碳水化合物是人类能量的主要来源，具有许多重要的生理功能。碳水化合物是大多数食品的主要成分之一，其含量是食品营养价值高低的重要标志之一，也赋予食品许多特性，包括容积、形状、黏度、乳化稳定性和起泡性、持水能力、香味等。如食品加工中需控制糖酸比（影响风味和质量）；焦糖化反应可使食品有诱人的色泽与风味，又能影响食品品质。因此，碳水化合物的检测对食品工业的工艺管理、质量管理具有重要的意义。

碳水化合物可分为单糖、低聚糖和多糖。单糖是碳水化合物的最基本组成单位，食品中的单糖主要有葡萄糖、果糖和半乳糖，以及核糖、阿拉伯糖和木糖。低聚糖又称寡糖，是由2~10个分子的单糖通过糖苷键连接形成的直链或支链的有机化合物，主要有蔗糖、乳糖、麦芽糖低聚糖等。由很多单糖缩合而成的高分子化合物，称为多糖，主要有淀粉、果胶、纤维素。

碳水化合物的测定方法依其种类不同而异，但许多碳水化合物的测定方法都基于还原糖的测定。

一、还原糖的测定

分子结构中含有还原性基团（如游离醛基或游离酮基）的糖，叫还原糖。如葡萄糖分子中含有游离醛基，果糖分子中含有游离酮基，乳糖和麦芽糖分子中含有游离的半缩醛羟基，因它们都具有还原性，所以都属于还原糖。常见的蔗糖、糊精、淀粉等，它们本身不具有还原性但可以通过水解形成具有还原性的单糖，再进行测定，然后换算成相应糖类的含量。所以碳水化合物的测定是以还原糖的测定为基础的。

依据GB 5009.7—2016《食品安全国家标准　食品中还原糖的测定》，还原糖的测定方法有直接滴定法和高锰酸钾法。

实训二十二　直接滴定法测定食品中还原糖含量

PPT

【测定原理】

试样经除去蛋白质后，在加热条件下，以亚甲蓝作为指示剂，直接滴定标定过的碱性酒石酸铜溶液（用还原糖标准溶液标定），还原糖将溶液中的二价铜还原成氧化亚铜。达到终点时，稍微过量的还原糖将蓝色的亚甲蓝还原，溶液由蓝色变成无色，即为滴定终点。根据样品液消耗体积计算试样中还原糖含量。

【适用范围】

适用于各类食品中还原糖的测定，是目前最常用的测定还原糖的方法。当称样量为5.0g时，直接滴定法的检出限为0.25g/100g。但对色深的试样（如酱油、深色果汁等）因色素干扰使终点难以判断，从而影响其准确性。

【试剂与仪器准备】

（一）试剂

盐酸（HCl）；硫酸铜（$CuSO_4 \cdot 5H_2O$）；亚甲基蓝（$C_{16}H_{18}ClN_3S \cdot 3H_2O$），指示剂；酒石酸钾钠［$C_4H_4O_6KNa \cdot 4H_2O$］；氢氧化钠（NaOH）；乙酸锌［$Zn(CH_3COO)_2 \cdot 2H_2O$］；冰乙酸（$C_2H_4O_2$）；亚

铁氰化钾 [$K_4Fe(CN)_6 \cdot 3H_2O$]；葡萄糖（$C_6H_{12}O_6$）；果糖（$C_6H_{12}O_6$）；乳糖（$C_6H_{12}O_6$）；蔗糖（$C_{12}H_{22}O_{11}$）。

（二）试剂配制

1. 碱性酒石酸铜甲液 称取 15g 硫酸铜（$CuSO_4 \cdot 5H_2O$）、0.05g 亚甲蓝，溶于水中并稀释至 1000ml。

2. 碱性酒石酸铜乙液 称取 50g 酒石酸钾钠及 75g 氢氧化钠，溶于水中，再加入 4g 亚铁氰化钾，完全溶解后，用水稀释至 1000ml，贮存于橡胶塞玻璃瓶内。

3. 乙酸锌溶液（219g/L） 称取 21.9g 乙酸锌，加 3ml 冰乙酸，加水溶解并稀释至 100ml。

4. 亚铁氰化钾溶液（106g/L） 称取 10.6g 亚铁氰化钾，加水溶解并稀释至 100ml。

5. 氢氧化钠溶液（40g/L） 称取 4g 氢氧化钠，加水溶解并稀释至 100ml。

6. 盐酸溶液（1+1，体积比） 量取 50ml 盐酸，加水 50ml 混匀。

7. 葡萄糖标准溶液（1.0mg/ml） 准确称取经过 98～100℃干燥 2 小时的葡萄糖 1g，加水溶解后加入盐酸溶液 5ml，并用水定容至 1000ml。此溶液每毫升相当于 1.0mg 葡萄糖。

8. 果糖标准溶液（1.0mg/ml） 准确称取经过 98～100℃干燥 2 小时的果糖 1g，加水溶解后加入盐酸溶液 5ml，并用水定容至 1000ml。此溶液每毫升相当于 1.0mg 果糖。

9. 乳糖标准溶液（1.0mg/ml） 准确称取经过 98～100℃干燥 2 小时的乳糖（含水）1g，加水溶解后加入盐酸溶液 5ml，并用水定容至 1000ml。此溶液每毫升相当于 1.0mg 乳糖（含水）。

10. 转化糖标准溶液（1.0mg/ml） 准确称取 1.0526g 蔗糖，用 100ml 水溶解，置具塞三角瓶中，加 5ml 盐酸，在 68～70℃水浴中加热 15 分钟，放置至室温，转移至 1000ml 容量瓶中并加水定容至 1000ml。每毫升标准溶液相当于 1.0mg 转化糖。

（三）仪器

酸式滴定管（25ml）；可调温电炉；水浴锅；天平（感量为 0.1mg）。

【样品制备】

（一）试样处理

1. 含淀粉的食品 称取粉碎或混匀后的试样 10～20g（精确至 0.001g），置 250ml 容量瓶中，加水 200ml，在 45℃水浴中加热 1 小时，并时时振摇，冷却后加水至刻度，混匀，静置，沉淀。吸取 200.0ml 上清液置于另一 250ml 容量瓶中，缓慢加入乙酸锌溶液 5ml 和亚铁氰化钾溶液 5ml，加水至刻度，混匀，静置 30 分钟，用干燥滤纸过滤，弃去初滤液，取后续滤液备用。

2. 酒精性饮料 称取混匀后的试样 100g（精确至 0.01g），置于蒸发皿中，用氢氧化钠溶液中和至中性，在水浴上蒸发至原体积的 1/4 后，移入 250ml 容量瓶中，缓慢加入乙酸锌溶液 5ml 和亚铁氰化钾溶液 5ml，加水至刻度，混匀，静置 30 分钟，用干燥滤纸过滤，弃去初滤液，取后续滤液备用。

3. 碳酸类饮料 称取混匀后的试样 100g（精确至 0.01g）于蒸发皿中，在水浴上微热搅拌除去二氧化碳后，移入 250ml 容量瓶中，用水洗涤蒸发皿，洗液并入容量瓶，加水至刻度，混匀后备用。

4. 其他食品 称取粉碎后的固体试样 2.5～5g（精确至 0.001g）或混匀后的液体试样 5～25g（精确至 0.001g），置 250ml 容量瓶中，加 50ml 水，缓慢加入乙酸锌溶液 5ml 和亚铁氰化钾溶液 5ml，加水至刻度，混匀，静置 30 分钟，用干燥滤纸过滤，弃去初滤液，取后续滤液备用。

（二）标定碱性酒石酸铜溶液

吸取碱性酒石酸铜甲液 5.0ml 和碱性酒石酸铜乙液 5.0ml，于 150ml 锥形瓶中，加水 10ml，加入玻璃珠 2～4 粒，从滴定管中加葡萄糖（或其他还原糖标准溶液）约 9ml，控制在 2 分钟中内加热至沸，趁热以每1滴2秒的速度继续滴加葡萄糖（或其他还原糖标准溶液），直至溶液蓝色刚好褪去为终点，记录消耗葡萄糖（或其他还原糖标准溶液）的总体积，同时平行操作3份，取其平均值，计算每10ml（碱性酒石酸甲、乙液各5ml）碱性酒石酸铜溶液相当于葡萄糖（或其他还原糖）的质量（mg）。

注：也可以按上述方法标定4~20ml碱性酒石酸铜溶液（甲、乙液各半）来适应试样中还原糖的浓度变化。

【样品测定】

（一）试样溶液预测

吸取碱性酒石酸铜甲液5.0ml和碱性酒石酸铜乙液5.0ml于150ml锥形瓶中，加水10ml，加入玻璃珠2~4粒，控制在2分钟内加热至沸，保持沸腾以先快后慢的速度，从滴定管中滴加试样溶液，并保持沸腾状态，待溶液颜色变浅时，以1滴/2秒的速度滴定，直至溶液蓝色刚好褪去为终点，记录样品溶液消耗体积。

注：当样液中还原糖浓度过高时，应适当稀释后再进行正式测定，使每次滴定消耗样液的体积控制在与标定碱性酒石酸铜溶液时所消耗的还原糖标准溶液的体积相近，约10ml左右，结果按式2-23计算；当浓度过低时则采取直接加入10ml样品液，免去加水10ml，再用还原糖标准溶液滴定至终点，记录消耗的体积与标定时消耗的还原糖标准溶液体积之差，相当于10ml样液中所含还原糖的量，结果按式2-24计算。

（二）试样溶液的测定

吸取碱性酒石酸铜甲液5.0ml和碱性酒石酸铜乙液5.0ml，置于150ml锥形瓶中，加水10ml，加入玻璃珠2~4粒，从滴定管滴加比预测体积少1ml的试样溶液至锥形瓶中，控制在2分钟内加热至沸，保持沸腾继续以1滴/2秒的速度滴定，直至蓝色刚好褪去为终点，记录样液消耗体积，同法平行操作三份，得出平均消耗体积（V）。

【结果计算与数据处理】

试样中还原糖的含量（以某种还原糖计）按式2-23进行计算。

$$X = \frac{m_1}{m \times F \times V/250 \times 1000} \times 100 \tag{2-23}$$

式中，X为试样中还原糖的含量（以某种还原糖计），g/100g；m_1为碱性酒石酸铜溶液（甲、乙液各半）相当于某种还原糖的质量，mg；V为测定时平均消耗试样溶液的体积，ml；m为试样的质量（或体积），g（ml）；F为系数，含淀粉的食品为0.8，其余为1；250为试样制备的定容体积，ml。

当浓度过低时，试样中还原糖的含量（以某种还原糖计）按式2-24进行计算。

$$X = \frac{m_2}{m \times F \times 10/250 \times 1000} \times 100 \tag{2-24}$$

式中，X为试样中还原糖的含量（以某种还原糖计），g/100g；m_2为标定时体积与加入样品后消耗的还原糖标准溶液体积之差相当于某种还原糖的质量，mg；m为试样质量，g；F为系数，10为样液体积，ml；250为定容体积，ml；1000为换算系数。

还原糖含量≥10g/100g时，计算结果保留三位有效数字；还原糖含量<10g/100g时，计算结果保留两位有效数字。

【技术提示】

（1）此法具有试剂用量少，操作简单，快速，滴定终点明显等特点。所得的氧化剂碱性酒石酸铜的氧化能力比较强，醛糖和酮糖都能被氧化，所测得是总还原糖含量。

（2）碱性酒石酸铜甲液和乙液应分别贮存，用时再混合，否则酒石酸钾钠铜络合物长期在碱性条件下会慢慢析出氧化亚铜沉淀，使试剂有效浓度降低。

（3）直接滴定法对糖进行定量的基础是碱性酒石酸铜溶液中铜的量，因此，样品处理不能采用硫酸铜-氢氧化钠作为澄清剂。

（4）亚甲蓝本身也是一种氧化剂，其氧化型为蓝色，还原型为无色，但在测定条件下其氧化能力比碱性酒石酸铜弱，还原糖将溶液中碱性酒石酸铜耗尽时，稍微过量一点的还原糖会将亚甲蓝还原，变为无色，指示滴定终点。

（5）此反应是可逆的，当空气中的氧与无色亚甲蓝结合时，又变为蓝色。因此，滴定时要保持沸腾状态，使上升蒸汽阻止空气侵入溶液中，且不能随意摇动锥形瓶，更不能把锥形瓶从热源上取下来滴定，以防止空气进入反应溶液。

（6）在碱性酒石酸铜乙液中加入少量亚铁氰化钾，可以消除氧化亚铜红色沉淀对滴定终点的观察干扰，亚铁氰化钾可与滴定时生成的氧化亚铜沉淀络合成无色的络合物，使终点变色更明显。

（7）本法对滴定操作条件要求很严格，测定过程中还原糖浓度、滴定速度、热源强度及煮沸时间等都对测定结果有很大影响。还原糖浓度要求与还原糖标准溶液的浓度相近；继续滴定至终点的体积应控制在0.5～1ml，保证在1分钟以内完成续滴工作；热源强度和煮沸时间应严格按照操作规定执行。

（8）样品溶液必须进行预测。本法对样品溶液中还原糖浓度有一定要求（1mg/ml左右），测定时样品溶液的消耗体积应与标定还原糖标准溶液时消耗的体积相近，通过预测可了解样品溶液的浓度是否合适，浓度过大或过小应加以调整，使预测时消耗样液量在10ml左右。预测定与正式测定的检测条件应一致。

（9）为了提高测定的准确度，用于表示结果的还原糖种类应与标定碱性酒石酸铜溶液的还原糖一致，如用葡萄糖表示结果，就用葡萄糖标准溶液标定碱性酒石酸铜溶液。

拓展阅读

高锰酸钾滴定法测定食品中还原糖

高锰酸钾滴定法是GB/T 5009.7—2016中测定还原糖的第二方法。其原理是：将还原糖与一定量过量的碱性酒石酸铜溶液反应，还原糖将二价铜还原为氧化亚铜，经过滤，得到氧化亚铜沉淀，加入过量的酸性硫酸铁溶液将其氧化溶解，而三价铁盐被定量地还原为亚铁盐，用高锰酸钾标准溶液滴定所生成的亚铁盐，根据高锰酸钾溶液消耗量可计算出氧化亚铜的量，再从检索表中查出与氧化亚铜量相当的还原糖量，即可计算出样品中还原糖含量。

本方法适用于各类食品中还原糖的测定，有色样液也不受限制。本法的准确度高，重现性好，准确度和重现性都优于直接滴定法。但是操作复杂、费时，需使用特制的高锰酸钾法糖类检索表。

二、蔗糖和总糖的测定

（一）蔗糖的测定

蔗糖生产和应用在人类生活中已有几千年的历史。它普遍存在于具有光合作用的植物中，特别是甜菜、甘蔗和水果中含量极高，是甜性食品中较常见的成分，也是食品工业中最重要的甜味剂。

蔗糖由一分子葡萄糖和一分子果糖缩合而成的。蔗糖是非还原性双糖，不能用测定还原糖的方法直接测定，但是在一定条件下可以水解产生具有还原性的葡萄糖和果糖，再采用测定还原糖的方法测定蔗糖含量。一般采用酸水解法测定蔗糖含量，对于纯度高的蔗糖溶液，也可以采用相对密度、折光率、旋光率等物理检验法测定蔗糖含量。

依据 GB/T 5009.8—2023《食品安全国家标准　食品中果糖、葡萄糖、蔗糖、麦芽糖、乳糖的测定》，蔗糖的测定方法有高效液相色谱法和酸水解法。

实训二十三　高效液相色谱法测定食品中蔗糖含量

【测定原理】

试样经处理后，用高效液相色谱氨基柱（NH_2柱）分离，用示差折光检测器或发光散射检测器检测，根据蔗糖的折光指数与浓度成正比，外标单点法定量。

【适用范围】

适用于粮食及粮食制品、乳及乳制品、果蔬及果蔬制品、甜味料、糖果、饮料和婴幼儿食品中蔗糖的测定。当称样量为 10g 时，检出限为 0.2g/100g。

【试剂与仪器准备】

（一）试剂

实验用水的电导率（25℃）为 0.01mS/m。

乙腈，色谱纯；乙酸锌；亚铁氰化钾；冰乙酸；蔗糖，标准品。

（二）试剂配制

1. 乙酸锌溶液（1mol/L） 称取乙酸锌 21.9g，加入 3ml 冰乙酸，溶于水并稀释至 100ml，混匀。

2. 亚铁氰化钾溶液（0.25mol/L） 称取亚铁氰化钾 10.6g，溶于水并稀释至 100ml，混匀。

3. 标准储备液（20.0mg/ml） 称取经过 90℃ ±2℃ 干燥 2 小时的蔗糖 1g（精确至 0.001g），用水溶解后转移至 50ml 容量瓶中，加入 2.5ml 乙腈，用水定容至刻度。置于 0～4℃密封，保存期 3 个月。

4. 标准工作液 吸取 0.100、1.00、2.00、3.00 和 5.00ml 标准储备液（20.0mg/ml）于 10.0ml 容量瓶中，用水定容至刻度，配得蔗糖的质量浓度为 0.200、2.00、4.00、6.00、10.0mg/ml 的标准工作液，可根据实际样品溶液的浓度适当调整标准工作液浓度。临用现配。

（三）仪器

高效液相色谱仪，附示差折光检测器或蒸发光散射检测器；分析天平（感量为 1mg 和 10mg）；旋涡混合器；离心机（转速≥4000r/min）；超声波清洗器；样品粉碎设备，高速粉碎机；恒温干燥箱；恒温水浴装置。

【样品制备】

（一）样液制备

取适量有代表性的样品，饮料等液态均匀样品直接摇匀；非均匀的样品需匀浆或粉碎均匀；冷冻饮品室温融化后充分搅拌均匀，必要时可采用 30～40℃水浴加热搅拌；巧克力采用 50～60℃水浴加热熔融，并趁热充分搅拌均匀。

（二）试样提取

称取试样 1～10g（精确至 0.001g）于 100ml 比色管中，加入 50ml 水，涡旋混匀至充分溶解，再缓慢加入 5ml 乙酸锌溶液和 5ml 亚铁氰化钾溶液，涡旋混匀，超声 30 分钟，转移至 100ml 容量瓶中并用水定容至刻度，混匀，静置。

（三）试样净化

上述试样提取液用滤纸过滤（弃去初滤液）或离心获取上清液后，用0.45μm水性滤膜针头过滤器过滤至样品瓶，供高效液相色谱仪分析。

【样品测定】

（一）高效液相色谱参考条件

色谱柱：氨基柱（4.6mm×250mm，5μm）；柱温：40℃；示差检测器温度：40℃；流动相：乙腈+水（70+30，体积比）；流速：1.0ml/min；进样量：10μl。

（二）标准曲线的制作

将标准工作液按浓度从低到高依次注入高效液相色谱仪，测定蔗糖相应的峰面积或峰高。示差折光检测器以标准工作液的浓度为横坐标，以峰面积或峰高为纵坐标绘制标准曲线；蒸发光散射检测器以标准工作液浓度的幂函数为横坐标，以峰面积或峰高的幂函数为纵坐标绘制标准曲线。

（三）试样溶液的测定

将试样溶液注入高效液相色谱仪中，根据保留时间定性，记录目标物的峰面积或峰高，根据标准曲线得到试样溶液中蔗糖浓度。同时做空白对照试验。

【结果计算与数据处理】

试样中蔗糖含量按式2-25计算。

$$X = \frac{(\rho - \rho_0) \times V \times f}{m \times 1000} \times 100 \tag{2-25}$$

式中，X为试样中蔗糖含量，g/100g；ρ为根据标准曲线得到的试样溶液中蔗糖的质量浓度，mg/ml；ρ_0为根据标准曲线得到的空白中蔗糖的质量浓度，mg/ml；V为定容体积，ml；f为稀释倍数；m为试样的称样量，g；1000、100为换算系数。

糖的含量≥10g/100g时，计算结果保留3位有效数字；糖的含量<10g/100g时，计算结果保留2位有效数字。在重复条件下获得的2次独立测定结果的绝对差值不得超过算术平均值的10%。

实训二十四　酸水解-莱茵-埃农式法测定食品中蔗糖含量

【测定原理】

样品经除蛋白质等杂质后，其中蔗糖经盐酸水解转化为还原糖，再按还原糖测定。分别测定水解前后样液中还原糖的含量，两者的差值即为由蔗糖水解产生的还原糖的量，再乘以换算系数0.95即为蔗糖的含量。

根据蔗糖水解反应方程式：

$$C_{12}H_{12}O_{11} + H_2O \xrightarrow{HCl} C_6H_{12}O_6 + C_6H_{12}O_6$$

蔗糖的相对分子量为342，水解后产生2分子单糖，其相对分子质量之和为360。即1g转化糖相当量于0.95g蔗糖。

【适用范围】

适用于食品中蔗糖含量的测定。当称样量为5g时，检出限为0.24g/100g。

【试剂与仪器准备】

（一）试剂

氢氧化钠（NaOH）；甲基红（$C_{15}H_{15}N_3O_2$），指示剂；亚甲基蓝（$C_{16}H_{18}ClN_3S \cdot 3H_2O$），指示剂；盐酸（HCl）；冰乙酸（$CH_3COOH$）；乙酸锌［$Zn(CH_3COO)_2 \cdot 2H_2O$］；亚铁氰化钾［$K_4Fe(CN)_6 \cdot 3H_2O$］；硫酸铜（$CuSO_4 \cdot 5H_2O$）；酒石酸钾钠（$C_4H_4O_6KNa \cdot 4H_2O$）；95%乙醇（$C_2H_5OH$）。

（二）试剂配制

1. 盐酸溶液（50%，体积分数） 量取盐酸50ml，缓慢加入50ml水中，冷却后混匀。

2. 氢氧化钠溶液（40g/L） 称取氢氧化钠4.0g，加水溶解后，冷却，用水稀释至100ml，混匀。

3. 甲基红指示液（1g/L） 称取甲基红0.1g，用95%乙醇溶解并稀释至100ml，混匀。

4. 葡萄糖标准溶液（1.00mg/ml） 称取经过96℃±2℃烘箱中干燥2小时的葡萄糖1g（精确至0.001g），加水溶解后转移至1000ml的容量瓶中，加入5ml盐酸，并用水定容至刻度。置于0~4℃密封保存。

5. 其余试剂 同项目二实训二十二。

（三）仪器

分析天平（感量为1mg和10mg）；恒温水浴装置；可调温电炉；酸式滴定管（25ml）；样品粉碎设备，高速粉碎机；恒温干燥箱。

【样品制备】

（一）试样处理

按项目二实训二十二中试样处理方法进行预处理操作。

（二）酸水解

取2份50ml的试样处理液，分别置于100ml容量瓶中。其中1份加5ml盐酸溶液（1∶1），在68~70℃水浴中加热15分钟，冷却至室温，加2滴甲基红指示液，用氢氧化钠（200g/L）中和至中性，加水至刻度，混匀。另一份直接用水稀释到100ml，混匀。

【样品测定】

按项目二实训二十二标定碱性酒石酸铜溶液，分别测定两份试样的还原糖含量。

【结果计算与数据处理】

试样中还原糖的含量（按葡萄糖计）按式2-26进行计算。

$$R = \frac{A}{m \times 50/250 \times V/100 \times 1000}F \times 100 \qquad (2-26)$$

式中，R为试样中还原糖的质量分数（以葡萄糖计），g/100g；A为碱性酒石酸铜溶液（甲、乙液各半）相当于葡萄糖的质量，mg；m为试样的质量，g；50为酸水解中吸取样液体积，ml；250为试样定容体积，ml；V为测定时消耗试样液的体积，ml；100为酸水解定容体积，ml；1000为换算系数；当样品为淀粉时F为1.25，其他食品时F为1。

以葡萄糖为标准滴定溶液时，按式2-27计算试样中蔗糖含量。

$$X = (R_2 - R_1) \times 0.95 \qquad (2-27)$$

式中，X为试样中蔗糖含量，g/100g；R_2为经水解后样液中还原糖量，g/100g；R_1为未经水解的样液中还原糖量，g/100g；0.95为还原糖（以葡糖糖计）换算成蔗糖的系数。蔗糖含量≥10g/100g时，计算结果保留3位有效数字；蔗糖含量<10g/100g时，计算结果保留2位有效数字。

【技术提示】

（1）在本法酸水解条件下，蔗糖可以完全水解，其他还原性双糖不水解，原有的单糖不被破坏。因此必须严格控制水解条件，以保证结果的准确性与重现性。

（2）果糖在酸性溶液中易分解，故水解结束后应立即取出并迅速冷却中和。

（3）用还原糖法测定蔗糖时，为减少误差，测得的还原糖可以转化糖表示，所以用直接滴定法时，碱性酒石酸铜溶液的标定需采用蔗糖标准溶液按测定条件水解后进行标定。

（二）总糖的测定

食品中的总糖通常是指食品中存在的具有还原性的糖（葡萄糖、果糖、乳糖、麦芽糖等）和在测定条件下能水解为还原性单糖的碳水化合物的总量。应当注意的是，此处的总糖与营养学上所指的总糖是有区别的，营养学上总糖是指被人体消化、吸收利用的糖类物质，包括淀粉，而这里讲的总糖不包括淀粉，因为在该条件下，淀粉的水解作用微弱。

总糖是许多食品（如麦乳精、果蔬罐头、巧克力、软饮料等）的重要质量指标，是食品生产中常规的检验项目，总糖含量直接影响食品的质量及成本。它包括原料自有的、生产需要加入的和在生产过程中形成的还原糖。因此在食品分析中总糖的测定具有十分重要的意义。

实训二十五　酸水解—直接滴定法测定食品中总糖含量

PPT

【测定原理】

试样经处理除去蛋白质等杂质后，加入稀盐酸在加热条件下使蔗糖水解转化为还原糖，再以直接滴定法测定水解后试样中还原糖的总量。

【适用范围】

适用于所有食品总糖的测定。

【试剂与仪器准备】

同项目二实训二十四。

【样品制备】

同项目二实训二十二。

【样品测定】

按项目二实训二十四的方法水解试样，再按项目二实训二十二的方法测定还原糖含量。

【结果计算与数据处理】

试样品中总糖含量按式 2－28 计算。

$$X = \frac{m_1}{m \times \frac{50}{V_1} \times \frac{V_2}{100} \times 1000} \times 100 \qquad (2-28)$$

式中，X 为试样中总糖的含量（以转化糖计），g/100g；m_1 为 10ml 碱性酒石酸铜相当于转化糖质量，mg；V_1 为试样处理液的总体积，ml；V_2 为测定时消耗试样水解液的体积，ml；m 为试样质量，g。

【技术提示】

（1）转化糖即为水解后的蔗糖，因蔗糖的旋光性是右旋的，而水解后所得的葡萄糖和果糖的混合物是左旋的，这种旋光性的变化称转化，因而称水解后的蔗糖为转化糖。

（2）总糖测定结果一般根据产品质量指标要求，以转化糖或葡萄糖计。因此，碱性酒石酸铜的标定就用相应的糖的标准溶液来进行标定。即用转化糖表示时，应用标准转化糖溶液标定碱性酒石酸铜溶液，用葡萄糖表示时，应用标准葡萄糖溶液标定碱性酒石酸溶液。

拓展阅读

蒽酮光度法

除上述规定的方法外，蔗糖和总糖测定的方法还有蒽酮光度法。糖类遇浓硫酸时，脱水生成糠醛衍生物，后者可与蒽酮缩合成蓝绿色的化合物，当糖量在20～200mg范围时，其呈色强度与溶液中糖量成正比，故可比色定量总糖。此法是微量法，适合于含微量糖类的样品，具有灵敏度高、试剂用量少等优点。

三、淀粉的测定

淀粉是植物性食品的重要组成成分，它是一种多糖，是供给人体热量的主要来源。淀粉在食品工业中用途广泛，主要作为食品的原辅料。如制作面包、糕点、饼干时，将淀粉掺进面粉中，调节面筋浓度和胀润度；在冷饮中作为稳定剂；在糖果生产中用淀粉制成糖浆；在肉类罐头中作为增稠剂等。在其他食品中还可作为胶体生成剂、保湿剂、乳化剂、黏合剂等。淀粉含量是某些食品主要的质量指标，也是食品生产管理中的一个常检项目。

淀粉可逐步水解为短链淀粉、糊精、麦芽糖、葡萄糖，可通过测定葡萄糖含量，计算淀粉含量。依据GB 5009.9—2023《食品安全国家标准　食品中淀粉的测定》，淀粉测定常用的方法有三种：酶水解法、酸水解法和皂化-酸水解法，本教材主要介绍前两种。

实训二十六　酶水解法测定食品中淀粉含量

【测定原理】

试样经去除脂肪及可溶性糖后，淀粉依次经淀粉酶解和盐酸水解成葡萄糖，测定葡萄糖含量，并转换成样品中淀粉含量。

【适用范围】

适用于食品（肉制品除外）中淀粉的测定。因淀粉酶具有严格的选择性，只水解淀粉不水解其他多糖，故不受半纤维素、多缩戊糖、果胶等多糖的干扰。

【试剂与仪器准备】

（一）试剂

碘（I_2）；碘化钾（KI）；α-淀粉酶（酶活力≥1.6U/mg）；无水乙醇（C_2H_5OH）或95%乙醇；石油醚（沸程为60～90℃）；乙醚（$C_4H_{10}O$）；甲苯（C_7H_8）；三氯甲烷（$CHCl_3$）；盐酸（HCl）；氢氧化钠（NaOH）；硫酸铜（$CuSO_4 \cdot 5H_2O$）；酒石酸钾钠（$C_4H_4O_6KNa \cdot 4H_2O$）；亚铁氰化钾［$K_4Fe(CN)_6 \cdot 3H_2O$］；亚甲蓝（$C_{16}H_{18}ClN_3S \cdot 3H_2O$），指示剂；甲基红（$C_{15}H_{15}N_3O_2$），指示剂；α-萘酚（$C_{10}H_8O$）；浓硫酸（$H_2SO_4$）。

（二）试剂配制

1. 甲基红指示液（2g/L） 称取甲基红 0.20g，用 95% 乙醇溶解并定容至 100ml。

2. 盐酸溶液（1+1） 量取 50ml 盐酸与 50ml 水混匀。

3. 氢氧化钠溶液（200g/L） 称取 20g 氢氧化钠，加水溶解并稀释至 100ml。

4. 碱性酒石酸铜甲液 称取 15g 硫酸铜及 0.050g 亚甲蓝，溶于水中并稀释至 1000ml。

5. 碱性酒石酸铜乙液 称取 50g 酒石酸钾钠、75g 氢氧化钠，溶于水中，再加入 4g 亚铁氰化钾，完全溶解后，用水稀释至 1000ml，贮存于橡胶塞玻璃瓶内。

6. 淀粉酶溶液（5g/L） 称取 α－淀粉酶 0.5g，加 100ml 水溶解，临用现配制；也可加入数滴甲苯或三氯甲烷防止长霉，置于 4℃ 冰箱中。

7. 碘溶液 称取 3.6g 碘化钾溶于 20ml 水中，加入 1.3g 碘，溶解后加水稀释至 100ml。

8. 乙醇溶液（85%，体积分数） 取 85ml 无水乙醇，加水稀释至 100ml 混匀。也可用 95% 乙醇配制。

9. 乙醇溶液（40%，体积分数） 取 40ml 无水乙醇，加水稀释至 100ml 混匀。也可用 95% 乙醇配制。

10. α－萘酚乙醇溶液（10g/L） 称取 α－萘酚 1g，用 95% 乙醇溶解并稀释至 100ml。

（三）标准品

D－无水葡萄糖（$C_6H_{12}O_6$），纯度≥98%（HPLC）。

（四）标准溶液配制

葡萄糖标准溶液（1.00mg/ml） 准确称取 1g（精确到 0.001g）经过 98～100℃ 干燥 2 小时的 D－无水葡萄糖，加水溶解后加入 5ml 盐酸，并以水定容至 1000ml。此溶液每毫升相当于 1.0mg 葡萄糖。临用现配。

（五）仪器

40 目筛（孔径 0.425mm）；天平（感量为 1mg 和 0.1mg）；恒温水浴锅（可加热至 100℃）；回流装置（附 250ml 锥形瓶）；组织捣碎机；电炉；滴定管（25ml）。

【样品制备】

1. 试样制备 易于粉碎的试样取试样可食部分磨碎，过 40 目筛，称取 2～5g（精确到 0.001g）；不易磨碎试样，可准确加入适量水并记录质量，匀浆后称取相当于原样质量 2～5g。置于放有折叠慢速滤纸的漏斗内，先用 50ml 石油醚或乙醚分 5 次洗除脂肪（可用玻棒轻轻搅动分散样品），再用乙醇溶液（85%，体积分数）分次洗去可溶性糖类至微糖检验结果为阴性。含有麦芽糊精的试样，先用 100ml 乙醇溶液（85%，体积分数）洗涤，再用乙醇溶液（40%，体积分数）洗涤至微糖检验结果为阴性。滤干乙醇溶液，将残留物移入 250ml 烧杯内，用 50ml 水洗净滤纸，洗液并入烧杯内，将烧杯置沸水浴加热至糊化完全，一般需 15 分钟，放冷至 60℃ 以下，加 20ml 淀粉酶溶液，在 55～60℃ 保温 1 小时，并不断搅拌。然后取 1 滴此液加 1 滴碘溶液，应不显现蓝色。若显蓝色，再加热糊化并加 20ml 淀粉酶溶液，继续保温，直至加碘溶液不显蓝色为止。加热至沸，冷后移入 250ml 容量瓶中，用适量体积的水洗涤烧杯，并转入容量瓶中，加水至刻度，混匀，过滤，并弃去初滤液。

取 50.00ml 滤液，置于 250ml 锥形瓶中，加 5ml 盐酸（1+1），装上回流冷凝器，在沸水浴中回流 1 小时，冷后加 2 滴甲基红指示液，用氢氧化钠溶液（200g/L）中和至中性，溶液转入 100ml 容量瓶中，洗涤锥形瓶，洗液并入 100ml 容量瓶中，加水至刻度，混匀备用。

2. 微糖检验方法 取洗涤液 2ml 在小试管中，加入 α－萘酚乙醇溶液（10g/L）4 滴，沿管壁缓缓加入浓硫酸 1ml。在水与酸的界面出现紫色环，判定为阳性；在水与酸的界面出现黄绿色环，判定为阴性。

注：由于洗涤液中含有乙醇和水，加入浓硫酸时，需沿试管壁缓慢加入并保证试管口不对着人。

【样品测定】

1. 标定碱性酒石酸铜溶液 吸取5.00ml碱性酒石酸铜甲液及5.00ml碱性酒石酸铜乙液，置于150ml锥形瓶中，加水10ml，加入玻璃珠2粒，从滴定管滴加约9ml葡萄糖标准溶液，控制在2分钟内加热至沸，保持溶液呈沸腾状态，以1滴/2秒的速度继续滴加葡萄糖，直至溶液蓝色刚好褪去为终点，记录消耗葡萄糖标准溶液的总体积，同时做3份平行，取其平均值，计算标定酒石酸铜溶液（甲、乙液各半）相当于葡萄糖的质量ml（mg），结果按照式2－29计算。

注：也可以按上述方法标定4～20ml碱性酒石酸铜溶液（甲、乙液各半）来适应试样中还原糖的浓度变化。试样溶液测定使用碱性酒石酸铜溶液体积与标定碱性酒石酸铜溶液体积相同。

2. 试样溶液预测 吸取5.00ml碱性酒石酸铜甲液及5.00ml碱性酒石酸铜乙液，置于150ml锥形瓶中，加水10ml，加入玻璃珠2粒，控制在2分钟内加热至沸，保持沸腾以先快后慢的速度，从滴定管中滴加试样溶液，并保持溶液沸腾状态，待溶液颜色变浅时，以1滴/2秒的速度滴定，直至溶液蓝色刚好褪去为终点。记录试样溶液的消耗体积。当样液中葡萄糖浓度过高时，应适当稀释后再进行正式测定，使每次滴定消耗试样溶液的体积控制在与标定碱性酒石酸铜溶液时所消耗的葡萄糖标准溶液的体积相近，约在10ml左右。

3. 试样溶液测定 吸取5.00ml碱性酒石酸铜甲液及5.00ml碱性酒石酸铜乙液，置于150ml锥形瓶中，加水10ml，加入玻璃珠2粒，从滴定管滴加比预测体积少1ml的试样溶液至锥形瓶中，使在2分钟内加热至沸，保持沸腾状态继续以1滴/2秒的速度滴定，直至蓝色刚好褪去为终点，记录样液消耗体积。同法平行操作3份，得出平均消耗体积。结果按式2－30计算。

当浓度过低时，则采取直接加入25.00ml样品液，免去加水10ml，再用葡萄糖标准溶液滴定至终点，记录消耗的体积与标定时消耗的葡萄糖标准溶液体积之差相当于10ml样液中所含葡萄糖的量。结果按式2－31、式2－32计算。

4. 试剂空白测定 同时量取20.00ml水及与试样溶液处理时相同量的淀粉酶溶液，按反滴法做试剂空白试验。即用葡萄糖标准溶液滴定试剂空白溶液至终点，记录消耗的体积与标定时消耗的葡萄糖标准溶液体积之差相当于10ml样液中所含葡萄糖的量。按式2－33、式2－34计算试剂空白中葡萄糖的含量。

【结果计算与数据处理】

1. 标定碱性酒石酸铜溶液相当于葡萄糖质量按式2－29计算。

$$m_1 = \rho \times V_S \qquad (2-29)$$

式中，m_1为标定用碱性酒石酸铜溶液（甲、乙液各半）相当于葡萄糖的质量，mg；ρ为葡萄糖标准溶液质量浓度，mg/ml；V_S为标定碱性酒石酸铜溶液（甲、乙液各半）时消耗的葡萄糖标准溶液的体积，ml。

2. 试样中葡萄糖含量按式2－30计算。

$$X_1 = \frac{m_1}{\frac{50}{250} \times \frac{V_1}{100}} \qquad (2-30)$$

式中，X_1为所称试样中葡萄糖的量，mg；m_1为标定用碱性酒石酸铜溶液（甲、乙液各半）相当于葡萄糖的质量，mg；50为测定用样品溶液体积，ml；250为样品定容体积，ml；V_1为测定时平均消耗试样溶液体积，ml；100为测定用样品的定容体积，ml。

3. 当试样中淀粉浓度过低时，葡萄糖含量按式 2－31、式 2－32 进行计算：

$$X_1 = \frac{m_2}{\frac{50}{250} \times \frac{10}{100}} \tag{2-31}$$

$$m_2 = m_1\left(1 - \frac{V_2}{V_S}\right) \tag{2-32}$$

式中，X_2为所称试样中葡萄糖的质量，mg；m_2为标定 10ml 碱性酒石酸铜溶液（甲、乙液各半）时消耗的葡萄糖标准溶液的体积与加入试样后消耗的葡萄糖标准溶液体积之差，相当于葡萄糖的质量，mg；50 为测定用样品溶液体积，ml；250 为样品定容体积，ml；10 为直接加入的试样体积，ml；100 为测定用样品的定容体积，ml；m_1为 10ml 碱性酒石酸铜溶液（甲、乙液各半）相当于葡萄糖的质量，mg；V_2为加入试样后消耗的葡萄糖标准溶液体积，ml；V_S为标定 10ml 碱性酒石酸铜溶液（甲、乙液各半）时消耗的葡萄糖标准溶液的体积，ml。

4. 试剂空白值按式 2－33、式 2－34 计算：

$$X_0 = \frac{m_0}{\frac{50}{250} \times \frac{10}{100}} \tag{2-33}$$

$$X_0 = m_1\left(1 - \frac{V_0}{V_S}\right) \tag{2-34}$$

式中，X_0为试剂空白值，mg；m_0为标定 10ml 碱性酒石酸铜溶液（甲、乙液各半）时消耗的葡萄糖标准溶液的体积与加入空白后消耗的葡萄糖标准溶液体积之差相当于葡萄糖的质量，mg。50 为测定用样品溶液体积，ml；250 为样品定容体积，ml；10 为直接加入的试样体积，ml；100 为测定用样品的定容体积，ml；V_0为加入空白试样后消耗的葡萄糖标准溶液体积，ml；V_S为标定 10ml 碱性酒石酸铜溶液（甲、乙液各半）时消耗的葡萄糖标准溶液的体积，ml。

5. 试样中淀粉的含量按式 2－35 计算。

$$X = \frac{(X_1 - X_0) \times 0.9}{m \times 1000} \times 100 \quad 或 \quad X = \frac{(X_2 - X_0) \times 0.9}{m \times 1000} \times 100 \tag{2-35}$$

式中，X 为试样中淀粉的含量，g/100g；0.9 为还原糖（以葡萄糖计）换算成淀粉的换算系数；m 为试样质量，g。

结果 <1g/100g 时，保留 2 位有效数字。结果≥1g/100g 时，保留 3 位有效数字。在重复性条件下获得的 2 次独立测定结果的绝对差值不得超过算术平均值的 10%。

【技术提示】

（1）淀粉酶能使淀粉分解为麦芽糖，其特点是具有专一性，通常糖化能力为 1∶25 或 1∶50。当使用温度超过 85℃或有酸碱存在时失去酶活性，长期贮存酶的活性降低，配制后的酶溶液活性降低更快。因此使用时配制，贮于冰箱保存，使用前应对其糖化能力进行测定，以确定其使用量。

（2）酶活性测定方法：取已知量可溶性淀粉，加不同量的淀粉酶溶液，置 55～60℃水浴保温 1 小时后，用碘液检查是否存在淀粉，以确定酶的活力及分解淀粉时所需加入的酶量。

实训二十七　酸水解法测定食品中淀粉含量

【测定原理】

试样经除去脂肪及可溶性糖后，淀粉经盐酸水解成葡萄糖，测定葡萄糖含量，并折算成样品中淀粉含量。

【适用范围】

该法适用于淀粉含量较高，而其他能被水解为还原糖的多糖含量较少的样品。对于淀粉含量较低而半纤维素、多缩戊糖和果胶含量较高的样品不适宜用该法。

【试剂与仪器准备】

（一）试剂

盐酸（HCl）；氢氧化钠（NaOH）；乙酸铅（$PbC_4H_6O_4.3H_2O$）；硫酸钠（Na_2SO_4）；石油醚，沸点范围为60～90℃；乙醚（$C_4H_{10}O$；无水乙醇（C_2H_5OH）或95%乙醇；甲基红（$C_{15}H_{15}N_3O_2$），指示剂；精密 pH 试纸（6.8～7.2）；α－萘酚（$C_{10}H_8O$）；浓硫酸（H_2SO_4）。

（二）试剂配制

1. 甲基红指示液（2g/L） 称取甲基红0.20g，用少量乙醇溶解后，加水定容至100ml。

2. 氢氧化钠溶液（400g/L） 称取40g氢氧化钠加水溶解后，冷却至室温，稀释至100ml。

3. 乙酸铅溶液（200g/L） 称取20g乙酸铅，加水溶解并稀释至100ml。

4. 硫酸钠溶液（100g/L） 称取10g硫酸钠，加水溶解并稀释至100ml。

5. 盐酸溶液（1+1） 量取50ml盐酸，与50ml水混合。

6. 乙醇溶液（85%，体积分数） 取85ml无水乙醇，加水稀释至100ml混匀。也可用95%乙醇配制。

7. 乙醇溶液（40%，体积分数） 取40ml无水乙醇，加水稀释至100ml混匀。也可用95%乙醇溶液。

8. α－萘酚乙醇溶液（10g/L） 称取α－萘酚1g，用95%乙醇溶解至100ml。

（三）标准品

同项目二实训二十六。

（四）仪器

40目筛（孔径0.425mm）；天平（感量为1mg和0.1mg）；恒温水浴锅，可加热至100℃；回流装置（附250ml锥形瓶）；组织捣碎机；电炉；滴定管（25ml）。

【样品制备】

（一）试样处理

1. 易于粉碎的试样 取试样可食部分磨碎，过40目筛，称取2～5g（精确到0.001g）；不易磨碎试样，可准确加入适量水并记录质量，匀浆后称取相当于原样质量2～5g。置于放有慢速滤纸的漏斗中，先用50ml石油醚或乙醚分5次洗去试样中脂肪（可用玻棒轻轻搅动分散样品），弃去石油醚或乙醚。再用乙醇（85%，体积分数）分次洗去可溶性糖类至微糖检验结果为阴性。含有麦芽糊精的试样，先用100ml乙醇溶液（85%，体积分数）洗涤，再用乙醇溶液（40%，体积分数）洗涤至微糖检验结果为阴性。滤干乙醇溶液，以100ml水洗涤漏斗中残渣并转移至250ml锥形瓶中，加入30ml盐酸（1+1），接好冷凝管，置沸水浴中回流2小时。回流完毕，立即冷却。待试样水解液冷却后，加入2滴甲基红指示液，先用氢氧化钠溶液（400g/L）调至黄色，再用盐酸（1+1）校正至试样水解液变成红色。若试样水解液颜色较深，可用精密pH试纸测试，使试样水解液的pH约为7。然后加20ml乙酸铅溶液（200g/L），摇匀，放置10分钟。再加20ml硫酸钠溶液（100g/L），以除去过多的铅。摇匀后将全部溶液及残渣转入500ml容量瓶中，用水洗涤锥形瓶，洗液合并入容量瓶中，加水至刻度。过滤，弃去初滤液

20ml，滤液供测定用。

2. 微糖检验方法 同项目二实训二十六。

【样品测定】

同项目二实训二十六中的方法进行操作。

【结果计算与数据处理】

试样中淀粉含量按式 2－36 计算。

$$X=\frac{(A_1-A_2)\times 0.9}{m\times\frac{V}{500}\times 1000}\times 100 \quad (2-36)$$

式中，X 为试样中淀粉的含量，g/100g；A_1 为测定用试样中水解液中还原糖的质量，mg；A_2 为试剂空白葡萄糖质量，mg；m 为称取试样质量，g；V 为测定用式样水解液体积，ml；500 为试样溶液总体积，ml；0.9 为葡萄糖折算成淀粉的换算系数。

结果＜1g/100g，保留 2 位有效数字。结果≥1g/100g，保留 3 位有效数字。在重复性条件下获得的 2 次独立测定结果的绝对差值不得超过算术平均值的 10%。

【技术提示】

（1）利用盐酸对淀粉的水解，可一次性将淀粉水解成葡萄糖，较为简便易行。但盐酸水解淀粉的专一性较差，可同时将试样中半纤维素水解成一些还原性物质，使还原糖的结果偏高，因此对含有半纤维素高的食品如食物壳皮、高粱等，不宜采用此方法。

（2）样品中加入乙醇溶液后，为防止糊精随可溶性糖一起被洗掉，混合液中乙醇的浓度应在 80% 以上。

（3）水解条件要严格控制，要保证淀粉水解完全，并避免因加热时间过长对葡萄糖产生影响。

拓展阅读

淀粉测定的其他方法

除上述国标规定的方法外，淀粉测定的方法还有：

1. 碘－淀粉光度法 由于淀粉颗粒可与碘生成深蓝色的络合物，故可根据生成络合物颜色的深浅，用分光光度计测定吸光度而计算出淀粉的含量。

2. 旋光法 淀粉具有旋光性，在一定条件下旋光度的大小与淀粉的浓度成正比。因此用氯化钙溶液提取淀粉，使之与其他成分分离，用氯化锡沉淀提取液中的蛋白质后，测定旋光度，即可计算出淀粉含量。此法操作简单、快速，适用于淀粉含量较高，而可溶性糖类含量较少的谷类样品，如面粉、米粉等。

四、膳食纤维的测定

膳食纤维（DF）是指不能被人体小肠消化吸收但具有健康意义的、植物中天然存在或通过提取、合成的、聚合度 DP≥3 的碳水化合物聚合物，包括纤维素、半纤维素、果胶及木质素等。采用物理、酶解或化学手段，由食物原料中分离提取或合成获得，并经科学证据证明具有有益生理作用的碳水化合物聚合物。

膳食纤维按溶解性分为可溶性膳食纤维（SDF）和不溶性膳食纤维（IDF）。

可溶性膳食纤维是指能溶于水的膳食纤维，包括不可消化的低聚糖和部分多聚糖等。检测过程中根据可否被78%乙醇沉淀，分为可沉淀的可溶性膳食纤维（SDFP）和不可沉淀的可溶性膳食纤维（SDFS）。

不溶性膳食纤维是指不能溶于水的膳食纤维部分，包括木质素、纤维素、部分半纤维素等。

总膳食纤维（TDF）是指可溶性膳食纤维与不溶性膳食纤维之和。

膳食纤维虽然在人体内不能被消化，但可促进肠道蠕动，排便通畅。因此，膳食纤维在预防结肠癌、阑尾炎和心脏病等多种疾病方面有一定的作用，是人类食物不可缺少的组成部分。

测定纤维素，可估算出食品中不能消化的部分，以此评定该食品的营养价值及其经济价值。食品成分表中一般提供的是植物性食品的粗纤维含量。

粗纤维的含量是果蔬制品的一项质量指标，用它可以鉴定果蔬的鲜嫩度。例如，青豌豆按其鲜嫩程度分为三级，其粗纤维含量分别为：一级1.8%左右；二级2.2%左右；三级2.5%左右。

依据GB 5009.88—2023《食品安全国家标准　食品中膳食纤维的测定》，膳食纤维测定方法为酶重量法。

实训二十八　酶重量法测定食品中的膳食纤维

PPT

【测定原理】

试样经匀质化处理，采用酶解去除淀粉和蛋白质后，得到不可消化的酶解液。

将酶解液用78%乙醇沉淀，收集沉淀部分经洗涤、干燥、称重后，测定残渣中部分膳食纤维（DF），包括不溶性膳食纤维（IDF）和可沉淀的可溶性膳食纤维（SDFP）质量；收集滤液部分，经脱盐、浓缩后，采用液相色谱法（内标法）测定不可沉淀的可溶性膳食纤维（SDFS），二者之和为总膳食纤维（TDF）。

将酶解液直接抽滤并用热水洗涤，收集滤渣部分经洗涤、干燥、称重后测定IDF残渣质量。收集滤液部分再用78%乙醇沉淀，沉淀经干燥、称重后测定可沉淀的SDFP残渣质量，滤液部分测定SDFS，SDFS和SDFP之和为可溶性膳食纤维（SDF）。

TDF、IDF和SDFP残渣质量需扣除残留的蛋白质、灰分和试剂空白质量，即可得到相应部分的膳食纤维含量。

【适用范围】

适用于植物性食品及其制品以及添加了膳食纤维组分的食品中总膳食纤维、可溶性膳食纤维、不溶性膳食纤维的测定。但不包括低聚果糖、低聚半乳糖、聚葡萄糖、抗性麦芽糊精、抗性淀粉等膳食纤维组分。

【试剂与仪器准备】

（一）试剂

95%乙醇（CH_3CH_2OH）；丙酮（CH_3COCH_3）；石油醚，沸程30～60℃；氢氧化钠（NaOH）；重铬酸钾（$K_2Cr_2O_7$）；三羟甲基氨基甲烷（$C_4H_{11}NO_3$，Tris）；顺丁烯二酸（$C_4H_4O_4$）；冰乙酸（$C_2H_4O_2$）；浓盐酸（HCl）；浓硫酸（H_2SO_4）；二水合氯化钙（$CaCl_2 \cdot 2H_2O$）；胰α－淀粉酶，40～60U/mg，于－20℃冰箱储存；热稳定α－淀粉酶液，≥250U/mg，于－5～5℃冰箱储存；蛋白酶，7～15U/ml，于2～8℃冰箱储存；淀粉葡萄糖苷酶液，30～60U/ml，于2～8℃储存；硅藻土；弱碱性丙烯酸系阴离子交换树脂（OH^-），功能基团为叔胺基的交联丙烯酸凝胶，平均粒径0.50～0.75mm，离子交换容量（以OH^-

计）≥1.6mmol/ml；强酸性氢离子交换树脂（H^+）：功能基团为磺酸（SO_3^-）的苯乙烯-二乙烯基苯共聚物，平均粒径0.82~1.00mm，离子交换容量（以H^+计）≥1.6mmol/ml。

注：可采用Na^+型离子交换树脂，使用前需转化为H^+型：量取500ml Na^+型离子交换树脂于5L烧杯中，加入2L 1mol/L盐酸溶液，浸泡1小时，间隔5分钟搅拌1次；待树脂沉淀后，弃去上清液，再加入4L水，搅拌5分钟后静置，待树脂沉淀后，弃去上清液；将树脂转移到预先铺好滤纸的过滤器上，用水冲洗树脂，直到树脂pH在4~7之间，备用。

（二）试剂配制

1. 乙醇溶液（85%） 取895ml 95%乙醇，用水稀释并定容至1L，混匀。

2. 乙醇溶液（78%） 取821ml 95%乙醇，用水稀释并定容至1L，混匀。

3. 盐酸溶液（1mol/L） 取83ml浓盐酸，缓慢加入500ml水中，混合均匀后加水稀释至1L。

4. 盐酸溶液（2mol/L） 取167ml盐酸，缓慢加入500ml水中，混合均匀后加水稀释至1L。

5. 氢氧化钠溶液（4mol/L） 称取16g氢氧化钠，缓慢加入60ml水，溶解后加水稀释至100ml，混匀。

6. 氢氧化钠溶液（1mol/L） 称取4g氢氧化钠，缓慢加入60ml水，溶解后加水稀释至100ml，混匀。

7. 氢氧化钠溶液（0.1mol/L） 称取0.4g氢氧化钠，缓慢加入60ml水，溶解后加水稀释至100ml，混匀。

8. 顺丁烯二酸缓冲液（50mmol/L） 称取11.6g顺丁烯二酸溶于1600ml水中，用4mol/L氢氧化钠溶液调整至pH 6.0，再加入0.6g二水合氯化钙，加水稀释至2L。在4℃避光保存，保存期不超过1个月。

9. 三羟甲基氨基甲烷（Tris）溶液（0.75mol/L） 称取90.8g Tris固体溶于约800ml水中，加水稀释至1L。

10. 乙酸溶液（2mol/L） 量取115ml冰乙酸，加水稀释至1L。

11. 混合酶溶液 取0.5g胰α-淀粉酶与0.05g淀粉葡萄糖苷酶，用50ml 50mmol/L顺丁烯二酸缓冲液配成每毫升含400U胰α-淀粉酶和30U淀粉葡萄糖苷酶的溶液，涡旋振荡5分钟。临用现配。

注：如需降低淀粉酶解时间，可配制高浓度混合酶溶液，即胰α-淀粉酶和淀粉葡萄糖苷酶浓度分别为800U/ml和340U/ml。

12. 蛋白酶溶液 取2.5g蛋白酶，用50ml 50mmol/L顺丁烯二酸缓冲液配成每毫升含50mg的蛋白酶溶液，涡旋振荡5分钟。临用现配。使用前于4℃储存。

13. 酸洗硅藻土 取200g硅藻土于600ml的2mol/L盐酸中，浸泡过夜，过滤，用水洗至滤液为中性，置于550℃±5℃马弗炉中灼烧后备用。

14. 重铬酸钾洗液 称取100g重铬酸钾，用200ml水溶解，把烧杯放于冷水中冷却后，缓慢加入1800ml浓硫酸混合，边加边用玻璃棒搅动，防止溅出。

（三）标准品

二甘醇（$C_4H_{10}O_3$），纯度≥99%；D-葡萄糖（$C_6H_{12}O_6$），纯度≥99%；蔗果三糖（$C_{18}H_{32}O_{16}$），纯度≥98%；D-麦芽糖一水合物（$C_{12}H_{22}O_{11} \cdot H_2O$）：纯度≥98%。

（四）标准溶液配制

1. 二甘醇内标溶液（100mg/ml） 准确称取10g（精确至0.1mg）二甘醇，用水稀释，转移至100ml容量瓶中，加水定容至刻度。临用现配。

2. D－葡萄糖标准溶液（10mg/ml） 准确称取1.0g（精确至0.1mg）D－葡萄糖，用水溶解后转移至100ml容量瓶中，加水定容至刻度。临用现配。

3. D－葡萄糖/二甘醇溶液标准系列工作液 分别吸取0.50、1.0、2.0、4.0、8.0ml 10mg/ml的D－葡萄糖标准溶液至10ml容量瓶中，再加入0.2ml 100mg/ml二甘醇内标溶液，加水稀释并定容至刻度。标准系列工作液中D葡萄糖含量分别相当于0.5、1.0、2.0、4.0、8.0mg/ml，二甘醇含量相当于2.0mg/ml。临用现配。

4. 定性用标准溶液 称取约0.10g蔗果三糖和0.10g D－麦芽糖一水合物，用水溶解，转移至50ml容量瓶中，加入1ml，100mg/ml二甘醇内标溶液，加水定容至刻度。临用现配。

（四）仪器

1. 分析天平 感量0.1mg和1mg。

2. 真空过滤装置 真空泵或有调节装置的抽吸器。1L抽滤瓶，侧壁有抽滤口，带与抽滤瓶配套的橡胶塞，用于酶解液抽滤。

3. 恒温振荡水浴箱 带自动计时器，控温范围在室温5～100℃，温度波动±1℃。

4. 高型无导流口烧杯 400ml或600ml。

5. 坩埚 具粗面烧结玻璃板，孔径40～60μm。清洗后的坩埚在马弗炉中550℃±5℃灰化6小时，炉温降至130℃以下取出，于重铬酸钾洗液中室温浸泡2小时，用水冲洗干净，再用15ml丙酮冲洗后风干。用前，加入约1.0g硅藻土，130℃±3℃烘干，取出坩埚，在干燥器中冷却约1小时，称量，记录处理后坩埚质量（m_G），精确到0.1mg。

6. 高效液相色谱仪（HPLC） 配制示差折光检测器和80℃柱温箱。

7. 烘箱 40℃±1℃，105℃±2℃，130℃±3℃。

8. 马弗炉 550℃±5℃。

9. 旋转蒸发仪

10. 干燥器 二氧化硅或同等的干燥剂。

11. pH计 具有温度补偿功能，精度±0.1。临用前分别用pH 4.0、7.0和10.0标准缓冲液校正。

12. 水相微孔滤膜 孔径0.45μm。

13. 匀浆机或粉碎机

【样品制备】

（一）试样制备

所有试样均需匀质处理。必要时可根据水分、脂肪和糖的含量进行脱水、脱脂或脱糖处理。

1. 匀质处理 固体试样经碾磨、粉碎、混匀后备用，半固体、液体试样经匀浆混匀后备用。

2. 脱水 水分含量≥70%且不易混匀的固体、半固体及含有沉浮物的液体试样，称取适量试样（m_C，不少于50g），置于105℃±2℃烘箱干燥4小时。将试样转至干燥器中，待试样温度下降到室温后称量（m_D）。根据干燥前后试样质量，计算试样质量变化因子（f）。干燥后试样匀质化处理后，置于干燥器中待用。

注：也可参照GB 5009.3采用减压干燥的方法。

3. 脱脂 脂肪含量≥10%的试样，称取适量试样（m_C，不少于50g），置于1000ml。锥形瓶中，加入500ml石油醚混匀，放气，振摇2分钟，放置10分钟后，去除石油醚，连续3次。脱脂后试样混匀再按上述脱水步骤进行干燥，称量（m_D），计算处理后试样质量变化因子（f）。试样匀质化处理后，置于干燥器中待用。

注：若试样脂肪含量未知，可按先脱脂再干燥粉碎的方法处理。

4. 脱糖 称适量试样（m_C，不少于50g），置于1000ml锥形瓶中，加入500ml 85%乙醇溶液，混匀，振摇2分钟，去除乙醇溶液部分，连续3次。脱糖后试样置于40℃烘箱内干燥过夜，称量（m_D），计算处理后试样质量变化因子（f）。试样匀质化处理后，置于干燥器中待用。

注：一般情况下试样无须脱糖处理，如试样因糖含量较高导致黏度过大，影响后续酶解、抽滤效果，宜采用脱糖处理；需要测定SPFS的试样不宜进行脱糖处理。

（二）称样

准确称取2份待测试样（m），精确至0.1mg，2份试样质量差≤0.005g。一般固体试样杯取0.25～3g，液体试样称取1.0～5.0g。

（三）酶解

将试样转置于400～600ml高脚烧杯中，加入50mmol/L顺丁烯二酸缓冲液35ml，用磁力搅拌直至试样完全分散在缓冲液中。同时制备2个空白样品同步操作。

注：搅拌均匀，避免试样结成团块，以防止酶解过程中试样不能与酶充分接触。

1. 淀粉酶解

（1）酶解条件1（适用于不含抗性淀粉的试样）

1）热稳定α-淀粉酶酶解 向高脚烧杯中加入50μl热稳定α-淀粉酶液，缓慢搅拌，加盖铝箔，置于95～100℃的恒温振荡水浴箱中，当温度升至95℃开始计时，振摇反应35分钟。将烧杯取出，冷却至60℃，打开铝箔盖，用刮勺将烧杯内壁的糊状物以及烧杯底部的胶状物刮下，用5ml 50mmol/L顺丁烯二酸缓冲液冲洗烧杯壁和刮勺。

注：为帮助淀粉分散，可适当加入10～15ml二甲基亚砜。

2）淀粉葡糖苷酶酶解 向高脚烧杯中边搅拌边加入100μl淀粉葡萄糖苷酶液，盖上铝箔，继续置于60℃±1℃水浴中，当水温至60℃时计时，振摇反应30分钟。

（2）酶解条件2（适用于所有试样） 向高脚烧杯中加入5ml胰α-淀粉酶和淀粉葡萄糖苷酶混合酶溶液，缓慢搅拌，加盖铝箔，置于37℃的恒温振荡水浴箱中持续振摇，当温度升至37℃开始计时，酶解16小时。

注：如采用高浓度混合酶溶液，酶解时间可适当缩减，不少于4小时。

打开铝箔盖，向试样溶液中加入3.0ml 0.75mol/L Tris溶液，使试样溶液pH至8.2±0.2。盖上铝箔，置于95～100℃水浴箱中水浴加热约20分钟，不时轻摇烧杯。取出烧杯冷却至60℃±1℃。

2. 蛋白酶酶解 向每个烧杯中加入100μl蛋白酶溶液（如为动物性食品加入500μl蛋白酶溶液），盖上铝箔，置于60℃±1℃水浴中持续振摇30分钟。打开铝箔盖，边搅拌边加入4ml 2mol/L乙酸溶液，用1mol/L氢氧化钠溶液或1mol/L盐酸溶液调pH至4.3±0.2。

注：一定要在60℃±1℃条件下调pH，因为温度降低会使pH升高。注意空白样的pH测定，保证pH在适宜范围内。

3. 加入内标溶液 如测定SDFS，向酶解液中加入2ml 100mg/ml二甘醇内标溶液，混匀。

【样品测定】

（一）总膳食纤维（TDF）的测定

1. 沉淀 向试样酶解液中，加入4倍体积已预热至60℃±1℃的95%乙醇。取出烧杯，盖上铝箔，室温条件下沉淀1～2小时。

2. 抽滤 取已处理的坩埚，用15ml 78%乙醇润湿硅藻土并展平，接上真空抽滤装置，抽去乙醇使坩埚中硅藻土平铺于滤板上。将试样乙醇沉淀液转移入坩埚中抽滤，用刮勺和78%乙醇将高脚烧杯中所有残渣转至坩埚中，用15ml 78%乙醇洗涤残渣2次。收集滤液转移至500ml容量瓶中，使用78%乙醇定容至刻度，用于SDFS的测定，残渣用于IDF和SDFP的测定。

3. 残渣测定

（1）残渣质量　残渣分别用15ml 95%乙醇洗涤2次，15ml丙酮洗涤2次，抽滤去除洗涤液。将坩埚连同残渣置于烘箱内于105℃±2℃烘干过夜。将坩埚转移至干燥器内冷却1小时，称量包括坩埚质量及残渣质量（m_{GR}），精确至0.1mg，减去坩埚质量，计算试样残渣质量（m_R）。

（2）蛋白质和灰分的测定　取1份试样残渣参照GB 5009.5测定蛋白质含量（m_P），折算系数为6.25。取另一份试样参照GB 5009.4测定灰分含量，即在550℃±25℃灰化4小时后转至干燥器中，冷却后精确称量坩埚及残渣总质量（m_{GA}），精确至0.1mg，减去坩埚质量，计算灰分质量（m_A）。

4. SDFS的测定

注：无添加膳食纤维组分的试样，由于大部分植物性食品及其制品SDFS含量较低，因此测定TDF时也可不包含SDFS部分。

（1）浓缩　取200ml滤液至旋转蒸发瓶中，于50℃水浴减压蒸发至近干。

（2）复溶　量取20ml水加入旋转蒸发瓶中，溶解残留物形成复溶液。

（3）脱盐　取15ml带盖聚丙烯管，预先装填阴离子交换树脂（OH^-）和氢离子交换树脂（H^+）各2g；取5ml复溶液加至聚丙烯管中，旋紧盖子反复颠倒混合5分钟以上进行脱盐，静置沉淀10分钟，将上清液转移至15ml带盖聚丙烯管中；向沉淀物中加入5ml水，旋紧盖子反复颠倒混匀，静置5分钟以上，合并上清液，混合后经0.45μm滤膜过滤，上机待测。

（4）色谱参考条件　色谱柱选用高效水相体积排阻（SEC）凝胶色谱柱，以亲水性球形多孔聚甲基丙烯酸酯型高聚物作为填料，孔径小于20nm，柱长300mm，内径7.8mm，粒径7μm，或等效柱，两根凝胶色谱柱串联；保护柱用高效水相体积排阻（SEC）凝胶保护柱，填料与色谱柱相同，柱长40mm，内径6.0mm粒径12μm；流动相用水（一级水）；柱温80℃；检测器温度50℃；进样量20μl；流速0.5ml/min；洗脱时间60min。

（5）SDFS保留时间的确定　取定性标准溶液上机测定，至少平行测定2次。根据蔗果三糖和D-麦芽糖保留时间和基线分离效果，确定碳水化合物聚合度≥3与聚合度≤3的分界值、待测组分保留时间区间。

（6）D-葡萄糖响应因子（Rf）的确定　取D-葡萄糖/二甘醇标准系列工作液上机测定。以标准系列工作液中D-葡萄糖质量与二甘醇质量比值为横坐标，以D-葡萄糖峰面积与内标二甘醇峰面积比值为纵坐标，绘制过（0，0）点标准曲线，曲线斜率即为响应因子（R？）。

（7）SDFS测定　取脱盐后试样液上机测定，根据聚合度≥3聚合物峰面积（PASDFS）和二甘醇峰面积（PA_{IS}）计算SDFS含量。

（二）不溶性膳食纤维（IDF）的测定

1. 按“样品制备”第（二）点称样步骤进行，并选择第（三）点中适宜的酶解方法。

2. 抽滤，取已处理的坩埚，用3ml水润湿硅藻土并展平，抽去水分使坩埚中的硅藻土平铺于滤板上。将试样酶解液全部转移至坩埚中抽滤，残渣用10ml 70℃热水洗涤2次，用于IDF的测定。

残渣测定：按“样品测定”步骤（一）第3点操作。

（三）可溶性膳食纤维（SDF）的测定

1. 称样　按“样品制备”第（二）点步骤，酶解选择第（三）点中适宜的方法进行。

2. 抽滤　按照“样品测定”步骤（一）第2点方法。

3. 收集滤液 至另一已预先称量的600ml高脚烧杯中，称量“烧杯+滤液”的总质量，扣除烧杯质量，估算滤液体积。

4. 沉淀 按乙醇与滤液体积4∶1的比例加入预热至60℃±1℃的95%乙醇，盖上铝箔，室温下沉淀1小时以上。

5. 再抽滤 按照“样品测定”步骤（一）第2点抽滤方法操作。滤液用于SDFS的测定，残渣用于SDFP的测定。

6. 测定 残渣按“样品测定”步骤（一）第3点测定SDFP；滤液按第（四）点第4点测定SDFS。SDFP与SDFS之和为可溶性膳食纤维。

注：未添膳食纤维组分的试样，可溶性膳食纤维中可不包含SDFS部分。

【结果计算与数据处理】

1. 试样制备中质量变化因子按式2-37计算。

$$f = \frac{m_C}{m_D} \tag{2-37}$$

式中，f为试样制备过程中质量变化因子；m_C为试样制备前试样质量，g；m_D为试样制备后试样质量，g。

注：如果试样没有经过脱水、脱脂、脱糖等处理，$f=1$。

2. 坩埚中残渣质量按式2-38计算。

$$m_R = m_{GR} - m_G \tag{2-38}$$

式中，m_R为坩埚中残渣质量，g；m_{GR}为坩埚及残渣质量，g；m_G为坩埚质量，g。

3. 试剂空白质量按式2-39计算。

$$m_B = \frac{m_{BR1} + m_{BR2}}{2} - m_{BP} - m_{BA} \tag{2-39}$$

式中，m_B为试剂空白质量，g；m_{BR1}、m_{BR2}为2份试剂空白残渣质量，g；m_{BP}为试剂空白残渣中蛋白质质量，g；m_{BA}为试剂空白残渣中灰分质量，g。

4. 根据残渣测定获得的IDF，SDFP和不含SDFS的TDF含量按式2-40计算。

$$X_{DF} = \frac{\frac{m_{R1} + m_{R2}}{2} - m_p - m_A - m_B}{\frac{m_1 + m_2}{2} \times f} \times 100 \tag{2-40}$$

式中，X_{DF}为试样中膳食纤维的含量，g/100g；m_{R1}、m_{R2}为2份试样残渣质量，g；m_P为试样残渣中蛋白质质量，g；m_A为试样残渣中灰分质量，g；m_B为试剂空白质量，g；m_1、m_2为2份试样称量质量，g；f为试样制备过程中质量变化因子；100为换算为克每百克的系数。

5. SDFS的含量按式2-41计算。

$$X_{SDFS} = \frac{PA_{SDFS} \times m_{IS}}{PA_{IS} \times \frac{m_1 + m_2}{2} \times Rf \times f} \times \frac{100}{1000} \tag{2-41}$$

式中，X_{SDFS}为试样中SDFS含量，g/100g；PA_{SDFS}为试样上机液中待测物质峰面积；

PA_{IS}为试样上机液中内标物峰面积；m_{IS}为试样酶解液中加入内标物质量，mg；m_1、m_2为2份试样称量质量，g；Rf为标准物质与内标物质响应因子；f为试样制备过程中质量变化因子；100为换算系数；1000为换算系数。

以重复性条件下获得的2次独立测定结果的算术平均值表示，结果保留至小数点后2位。

6. 检测结果的表达及换算关系　未添加膳食纤维组分的食品，如植物性食品及其制品，TDF 和 SDF 的检测结果中可不包括 SDFS 部分，TDF 表示为 TDF（酶重量法），结果相当于 TDF = IDF + SDFP；SDF 表示为 SDF（酶重量法），结果相当于 SDFP。

TDF（酶重量法）、IDF 和 SDF（酶重量法）可分别独立检测，也可根据换算公式进行相加或相减。

TDF（酶重量法）= IDF + SDF（酶重量法）

添加了可溶性膳食纤维组分的食品应测定 SDFS、TDF 和 SDF 测定结果分别表示为 TDF（酶重量 - 液相色谱法）和 SDF（酶重量 - 液相色谱法）。

TDF（酶重量 - 液相色谱法） = TDF（酶重量法） + SDFS

在重复性条件下获得的 2 次独立测定结果的绝对差值不得超过算术平均值的 20%。

【技术提升】

（1）为防止团块形成，使受试物与酶能充分接触，调节 pH 至 8.2 搅拌直到样品完全分散。酶解时注意搅拌均匀，避免试样结成团块，以防止试样酶解过程中不能与酶充分接触。

（2）用热稳定的淀粉酶进行酶解处理。水浴起始的水浴温度应达到 95℃。如试样中抗性淀粉含量较高（>40%），可延长热稳定 α - 淀粉酶酶解时间至 90 分钟，如必要也可另加入 10ml 二甲基亚砜帮助淀粉分散。

（3）用蛋白酶进行酶解处理。开始时的水浴温度应达到 60℃。调最终 pH 为 4.3 ~ 4.7。应在 60℃ ±1℃ 时调 pH，因为温度降低会使 pH 升高。同时注意进行空白样液的 pH 测定，保证空白样和试样液的 pH 一致。

拓展阅读

膳食纤维测定的其他方法

除上述测定方法外，膳食纤维的其他测定方法如下。

1. 酸碱处理法　该法操作简便、迅速，但由于酸碱处理时纤维成分会发生不同程度的降解，使测得值与纤维的实际含量差别很大。

2. 中性洗涤剂法　不溶性膳食纤维可采用中性洗涤剂法测定。适用于谷物及其制品、饲料、果蔬等样品。本法设备简单、操作容易、准确度高、重现性好。

3. 酸性洗涤剂法　在用酸性洗涤剂所得残留物中包括全部的纤维素和木质素及少量矿物质（灰分），测得结果高于酸碱处理法，但低于中性洗涤剂法，也比较接近于食品中膳食纤维的含量。

五、果胶的测定

果胶物质是复杂的高分子聚合物，分子中有半乳糖醛酸、乳糖、阿拉伯糖、葡萄糖醛酸等，但基本结构是半乳糖醛酸以 α - 1,4 苷键聚合形成的聚半乳糖醛酸。果胶物质是一种植物胶，存在于果蔬类植物组织中，如苹果中含量为 0.7% ~ 1.5%（以湿品计），在蔬菜中以南瓜含量最多（达 7% ~ 17%），是构成植物细胞的主要成分之一。

果胶在食品工业中用途较广，如利用果胶的水溶液在适当的条件下形成凝胶的特性，可以生产果酱、果冻及高级糖果等食品；利用果胶具有增稠、稳定、乳化等功能，可以在饮料的分层、稳定结构、防止沉淀、改善风味等方面起到重要作用；利用低甲氧基果胶具有络合有害金属的性质，可以用其制成防治某些职业病的保健饮料。

依据 NY/T 2016—2011《水果及其制品中果胶含量的测定》，果胶的测定方法为分光光度法。

实训二十九　咔唑比色法测定食品中果胶

PPT

【测定原理】

果胶经水解生成半乳糖醛酸，在硫酸中与咔唑试剂发生缩合反应，生成紫红色化合物，该化合物在525nm处有最大吸收，其吸收值与果胶含量成正比，以半乳糖为标准物质，标准曲线法定量。

【适用范围】

此法适用于各类水果及其制品中果胶含量的测定。

【试剂与仪器准备】

（一）试剂

无水乙醇；硫酸，优级纯。

（二）试剂配制

1. 67%乙醇　无水乙醇：水 =2：1。

2. 40g/L 氢氧化钠　称取4.0g氢氧化钠，用水溶解并定容至100ml。

3. 1g/L 咔唑乙醇溶液　称取化学纯咔唑0.1000g，溶解于精制乙醇中并定容到100ml。

4. 半乳糖醛酸标准储备溶液　准确称取半乳糖醛酸0.1000g，溶于蒸馏水，加入0.5ml氢氧化钠溶液（40g/L），并定容到100ml，得浓度为1mg/ml半乳糖醛酸标准储备液。

5. 半乳糖醛酸标准使用液　分别准确吸取0.0、1.0、2.0、3.0、4.0、5.0ml半乳糖醛酸标准储备溶液于50ml容量瓶中，定容，得一组浓度分别为0.0、20.0、40.0、60.0、80.0、100.0mg/L的半乳糖醛酸标准使用液。

（三）仪器

分光光度计；组织捣碎机；分析天平（感量为0.0001g）；恒温水浴振荡器；离心机（4000r/min）。

【样品制备】

（一）试样制备

果酱及果汁制品将样品搅拌均匀即可。新鲜水果，取水果可食部分，用自来水和去离子水依次清洗后，用干净纱布轻轻擦去表面水分，苹果、桃等个体比较大的样品采用对角线分割法，取对角可食部分，将其切碎，充分混匀；山楂、葡萄等个体比较小的样品可随机取若干个体切碎混匀。用四分法取样或者直接放入组织捣碎机中制成匀浆。

（二）预处理

称取试样1.0～5.0g（精确至0.001g）于50ml刻度离心管中，加入少量滤纸屑，再加入35ml约75℃的无水乙醇，在85℃水浴中加热10分钟，充分振荡。冷却，再用无水乙醇使总体积接近50ml，在4000r/min的条件下离心15分钟，弃去上清液。此步骤反复操作，直至上清液中不在产生糖的穆立虚反应为止（检验方法：取上清液0.5ml，置于试管中，加入5% α－萘酚的乙醇溶液2～3滴，充分混匀，再加入硫酸1ml混匀，若在两液层界面不产生紫红色环，证明上清液中不含有糖分）。保留沉淀A，同时做试剂空白试验。

（三）果胶提取液的制备

1. 酸提取方式　将上述制备出的沉淀A，用pH 0.5的硫酸溶液全部洗入三角瓶中，混匀，在85℃

水浴中加热60分钟，期间不时振荡，冷却后移入100ml容量瓶中，用pH 0.5的硫酸溶液定容，过滤，保留滤液B供测定用。

2. 碱提取方式 对于香蕉等淀粉含量高的样品应采用碱提取方式。将上述制备出的沉淀A，用水全部洗入100ml容量瓶中，加入5ml氢氧化钠溶液，定容，混匀。至少放置15分钟，期间应不时振荡，过滤，保留滤液C供测定用。

【样品测定】

（一）标准工作曲线的绘制

吸取0.0、20.0、40.0、60.0、80.0、100.0mg/L的半乳糖醛酸标准使用液各1.0ml于25ml玻璃试管中，分别加入0.25ml咔唑乙醇溶液，产生白色絮状沉淀，不断摇动试管，再快速加入5.0ml硫酸，摇匀。立刻将试管放入85℃水浴振荡器内水浴20分钟，取出后放冷水中迅速冷却。在1.5小时的时间内，用分光光度计在波长525nm处测定标准溶液的吸光度，以半乳糖醛酸浓度为横坐标，吸光度值为纵坐标，绘制标准曲线。

（二）测定

吸取1.0ml滤液B或者C于25ml玻璃试管中，加入0.25ml咔唑乙醇溶液，同标准溶液显色方法进行显色，在1.5小时的时间内，用分光光度计在波长525nm处测定标准溶液的吸光度，根据曲线计算出滤液B或者C中果胶含量，以半乳糖醛酸计。按上述方法做空白对照试验，用空白调零。如果吸光度超过100mg/L半乳糖醛酸的吸光度时，将滤液B或者C稀释后重新测定。

【结果计算与数据处理】

样品中果胶物质的含量按式2-42进行计算。

$$X=\frac{C\times V}{m\times 100} \tag{2-42}$$

式中，X为样品中果胶物质（半乳糖醛酸计）质量分数，g/kg；C为滤液B或者C中半乳糖醛酸质量浓度，mg/L；V为果胶沉淀A定容体积，ml；m为样品质量，g。

【技术提示】

（1）此法操作简便、快速，准确度高，重现性好。但糖分的存在对咔唑的呈色反应影响较大，使结果偏高，故样品处理时应充分洗涤以除去糖分。

（2）硫酸浓度对呈色反应影响较大，故在测定样液和制作标准曲线时，应使用同规格、同批号的浓硫酸，以保证其浓度一致。

拓展阅读

重量法测定果胶

此法需先用70%乙醇处理样品，使果胶沉淀，再依次用乙醇、乙醚洗涤沉淀，以除去可溶性糖类、脂肪、色素等物质，残渣分别用酸或用水提取总果胶或水溶性果胶。果胶经皂化生成果胶酸钠，再经醋酸酸化使之生成果胶酸，加入钙盐则生成果胶酸钙沉淀，烘干后称重。

适用于各类食品，方法稳定可靠，但操作较烦琐费时。果胶酸钙沉淀中易夹杂其他胶态物质，使本法选择性较差。

任务六　蛋白质和氨基酸的测定

PPT

一、蛋白质的测定

蛋白质是生命的物质基础。在食品加工过程中，蛋白质及其分解产物对食品的色、香、味有极大的影响，是食品的重要组成成分。测定食品中蛋白质含量，对于合理开发利用食品资源、评价食品营养价值、控制食品加工中产品品质等都具有重要意义。

蛋白质是由多种不同的 α－氨基酸通过肽链相互连接而成的，所含的主要化学元素为 C、H、O、N，其中 N 是蛋白质区别于其他有机化合物的主要标志。不同的蛋白质其氨基酸构成比例及方式不同，故含氮量也不同。一般蛋白质含氮为 16%，即 1 份氮相当于 6.25 份蛋白质，此数值称为蛋白质换算系数，不同类食品的蛋白质系数有所不同。

依据 GB 5009.5—2016《食品安全国家标准　食品中蛋白质的测定》，食品中蛋白质的测定方法有凯氏定氮法、分光光度法和燃烧法等。

实训三十　凯氏定氮法测定食品中蛋白质含量

【测定原理】

食品中的蛋白质在催化剂加热条件下被分解，产生的氨与硫酸结合成硫酸铵。碱化蒸馏使氨游离，用硼酸吸收形成硼酸铵，然后以盐酸或硫酸标准滴定溶液滴定。根据标准酸消耗量计算氮含量，再乘以换算系数，即为蛋白质含量。

【适用范围】

适用于各种食品中蛋白质的测定。凯氏定氮法，当称样量为 5.0g 时，检出限为 8mg/100g。全自动凯氏定氮仪法，当称样量为 5.0g 时，检出限为 0.1mg/100g。

【试剂与仪器准备】

（一）试剂

硫酸标准溶液 [c（$1/2H_2SO_4$）＝0.0500mol/L] 或盐酸标准溶液 [c（HCl）＝0.0500mol/L]；浓硫酸（H_2SO_4密度为 1.84g/L）；硫酸铜（$CuSO_4 \cdot 5H_2O$）；硫酸钾（K_2SO_4）。

（二）试剂配制

1. 硼酸溶液（20g/L）　称取 20g 硼酸，加水溶解后并稀释至 1000ml。

2. 氢氧化钠溶液（400g/L）　称取 40g 氢氧化钠加水溶解后，放冷，并稀释至 100ml。

3. 甲基红乙醇溶液（1g/L）　称取 0.1g 甲基红，溶于 95% 乙醇，用 95% 乙醇稀释至 100ml。

4. 亚甲基蓝乙醇溶液（1g/L）　称取 0.1g 亚甲基蓝，溶于 95% 乙醇，用 95% 乙醇稀释至 100ml。

5. 溴甲酚绿乙醇溶液（1g/L）　称取 0.1g 溴甲酚绿，溶于 95% 乙醇，用 95% 乙醇稀释至 100ml。

6. A 混合指示液　2 份甲基红乙醇溶液与 1 份亚甲基蓝乙醇溶液临用时混合。

7. B 混合指示液　1 份甲基红乙醇溶液与 5 份溴甲酚绿乙醇溶液临用时混合。

（三）仪器

天平（感量为1mg）；定氮蒸馏装置（图2-3）或自动凯氏定氮仪。

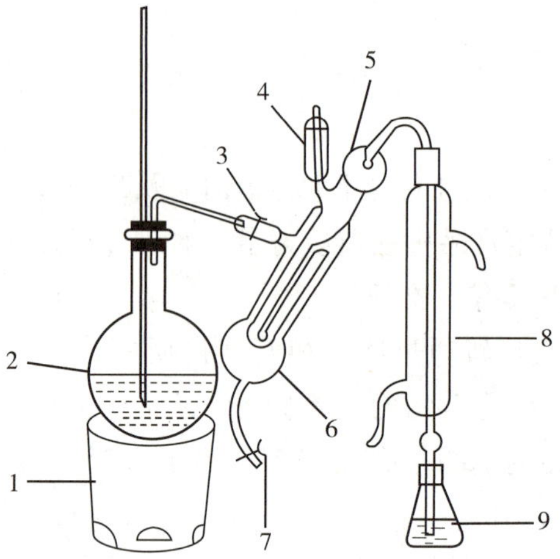

图2-3 定氮蒸馏装置

1. 电炉；2. 水蒸气发生器；3. 螺旋夹；4. 小玻杯及棒状玻塞；
5. 反应室；6. 反应室外层；7. 橡皮管及螺旋夹；8. 冷凝管；9. 蒸馏液接收瓶

【样品测定】

（一）凯氏定氮法

1. 试样处理 称取充分混匀的固体试样0.2~2g、半固体试样2~5g或液体试样10~25g（相当于30~40mg氮），精确至0.001g，移入干燥的100ml、250ml或500ml定氮瓶中，加入0.2g硫酸铜、6g硫酸钾及20ml硫酸，轻摇后于瓶口放一小漏斗，将瓶以45°角斜支于有小孔的石棉网上。小心加热，待内容物全部炭化，泡沫完全停止后，加强火力，并保持瓶内液体微沸，至液体呈蓝绿色并澄清透明后，再继续加热0.5~1小时。取下放冷，小心加入20ml水。放冷后，移入100ml容量瓶中，并用少量水洗定氮瓶，洗液并入容量瓶中，再加水至刻度，混匀备用。同时做试剂空白试验。

2. 蒸馏 按图2-3装好定氮蒸馏装置，向水蒸气发生器内装水至2/3处，加入数粒玻璃珠，加甲基红乙醇溶液数滴及数毫升硫酸，以保持水呈酸性，加热煮沸水蒸气发生器内的水并保持沸腾。

3. 吸收与滴定 向接收瓶内加入10.0ml硼酸溶液及1~2滴混合指示液，并使冷凝管的下端插入液面下，根据试样中氮含量，准确吸取2.0~10.0ml试样处理液由小玻杯注入反应室，以10ml水洗涤小玻杯并使之流入反应室内，随后塞紧棒状玻塞。将10.0ml氢氧化钠溶液倒入小玻杯，提起玻塞使其缓缓流入反应室，立即将玻塞盖紧，并加水于小玻杯水封以防漏气。夹紧螺旋夹，开始蒸馏。蒸馏10分钟后移动蒸馏液接收瓶，液面离开冷凝管下端，再蒸馏1分钟。然后用少量水冲洗冷凝管下端外部，取下蒸馏液接收瓶。尽快以硫酸或盐酸标准滴定溶液滴定至终点，如用A混合指示液，终点颜色为灰蓝色；如用B混合指示液，终点颜色为浅灰红色。同时作试剂空白试验。

（二）自动凯氏定氮仪法

称取固体试样0.2~2g、半固体试样2~5g或液体试样10~25g（相当于30~40mg氮），精确至0.001g。按照仪器说明书的要求进行检测。

【结果计算及数据处理】

试样中蛋白质的含量按式2-43进行计算。

$$X = \frac{(V_1 - V_2) \times c \times 0.0140 \times F}{m \times \frac{V_3}{100}} \times 100 \tag{2-43}$$

式中，X 为试样中蛋白质的含量，g/100g；V_1 为试液消耗硫酸或盐酸标准滴定液的体积，ml；V_2 为试剂空白消耗硫酸或盐酸标准滴定液的体积，ml；V_3 为吸取消化液的体积，ml；c 为硫酸或盐酸标准滴定溶液浓度，mol/L；0.0140 为 1.0ml 硫酸［$c(1/2H_2SO_4) = 1.000$mol/L］或盐酸［$c(HCl) = 1.000$mol/L］标准滴定溶液相当的氮的质量，g；m 为试样的质量，g；F 为蛋白质换算系数。

以重复性条件下获得的两次独立测定结果的算术平均值表示，蛋白质含量≥1g/100g 时，结果保留三位有效数字；蛋白质含量＜1g/100g 时，结果保留两位有效数字。在重复性条件下获得的两次独立测定结果的绝对差值不得超过算术平均值的 10%。

【技术提示】

（1）本法不适用于添加无机含氮物质、有机非蛋白质含氮物质的食品测定。

（2）本法所用试剂溶液应为无氨蒸馏水配制。

（3）消化时注意事项

1）消化不要用强火，应保持和缓沸腾，注意不断转动凯氏烧瓶，以便利用冷凝酸液将附在瓶壁上的固体残渣洗下并促进其消化完全。

2）样品中若含脂肪或糖较多时，消化过程中易产生大量泡沫，为防止泡沫溢出瓶外，在开始消化时应用小火加热，并不断摇动；或者加入少量辛醇或液体石蜡或硅油消泡剂，并同时注意控制热源强度。

3）当样品消化液不易澄清透明时，可将凯氏烧瓶冷却，加入 30% 过氧化氢 2～3ml，再继续加热消化。

4）一般消化至消化液呈透明后，继续消化 30 分钟即可，但对于含有特别难以氨化的含氮化合物的样品，如含赖氨酸、组氨酸、色氨酸、酪氨酸或脯氨酸等时，需适当延长消化时间。有机物如分解完全，消化液呈蓝色或浅绿色，但含铁量多时，呈较深绿色。

5）在消化反应中，为了加速蛋白质的分解，缩短消化时间，常加入硫酸钾和硫酸铜等物质。其中硫酸钾的加入起到提高溶液的沸点、加快有机物分解的作用。硫酸铜起催化剂作用，且可指示消化反应的完成。凯氏定氮法中可用的催化剂种类很多，除硫酸铜外，还有氧化汞、汞、硒粉等，但考虑到效果、价格及环境污染等多种因素，应用最广泛的是硫酸铜。使用时常加入少量过氧化氢、次氯酸钾等作为氧化剂以加速有机物的氧化分解。

（4）蒸馏时注意事项

1）蒸馏装置不能漏气。

2）蒸馏前若加碱量不足，消化液呈蓝色不生成氢氧化铜沉淀，此时需再增加氢氧化钠用量。

3）蒸馏完毕后，应先将冷凝管下端提离液面清洗管口，再蒸 1 分钟后关掉热源，否则可能造成吸收液倒吸。

4）硼酸吸收液的温度不应超过 40℃，否则对氨的吸收作用减弱而造成损失，此时可置装有硼酸吸收液的接收瓶于冷水浴中使用。

5）当取样量较大，如试样超过 5g，可按 1g 试样 5ml 的比例增加硫酸用量。

6）混合指示剂在碱性溶液中呈绿色，在中性溶液中呈灰色，在酸性溶液中呈红色。

实训三十一 分光光度法测定食品中蛋白质含量

【测定原理】

食品中的蛋白质在催化加热条件下被分解，分解产生的氨与硫酸结合生成硫酸铵，在 pH 4.8 的乙酸钠 - 乙酸缓冲溶液中与乙酰丙酮和甲醛反应生成黄色的 3,5 - 二乙酰 -2,6 - 二甲基 -1,4 - 二氢化吡啶化合物。在波长 400nm 下测定吸光度值，与标准系列比较定量，结果乘以换算系数，即为蛋白质含量。

【适用范围】

本法适用于各种食品中蛋白质的测定。

【试剂仪器准备】

（一）试剂

硫酸铜（$CuSO_4 \cdot 5H_2O$）；硫酸钾（K_2SO_4）；硫酸（H_2SO_4，密度为 1.84g/L），优级纯；氢氧化钠（NaOH）；对硝基苯酚（$C_6H_5NO_3$）；乙酸钠（$CH_3COONa \cdot 3H_2O$）；无水乙酸钠（CH_3COONa）；乙酸（CH_3COOH），优级纯；37% 甲醛（HCHO）；乙酰丙酮（$C_5H_8O_2$）。

（二）试剂配制

1. 氢氧化钠溶液（300g/L） 称取 30g 氢氧化钠加水溶解后，放冷，并稀释至 100ml。

2. 对硝基苯酚指示剂溶液（1g/L） 称取 0.1g 对硝基苯酚指示剂溶于 20ml 95% 乙醇中，加水稀释至 100ml。

3. 乙酸溶液（1mol/L） 量取 5.8ml 乙酸，加水稀释至 100ml。

4. 乙酸钠溶液（1mol/L） 称取 41g 无水乙酸钠或 68g 乙酸钠，加水溶解后并稀释至 500ml。

5. 乙酸钠 - 乙酸缓冲溶液 量取 60ml 乙酸钠溶液与 40ml 乙酸溶液混合，该溶液 pH 4.8。

6. 显色剂 15ml 甲醛与 7.8ml 乙酰丙酮混合，加水稀释至 100ml，剧烈振摇混匀（室温下放置稳定 3 天）。

7. 氨氮标准储备溶液（以氮计，1.0g/L） 称取 105℃ 干燥 2 小时的硫酸铵 0.4720g 加水溶解后移于 100ml 容量瓶中，并稀释至刻度，混匀，此溶液每毫升相当于 1.0mg 氮。

8. 氨氮标准使用溶液（0.1g/L） 用移液管吸取 10.00ml 氨氮标准储备液于 100ml 容量瓶内，加水定容至刻度，混匀，此溶液每毫升相当于 0.1mg 氮。

（三）仪器

分光光度计；电热恒温水浴锅（100℃ ±0.5℃）；10ml 具塞玻璃比色管；天平（感量为 1mg）。

【样品制备】

1. 试样消解 称取经粉碎混匀的固体试样 0.1 ~0.5g（精确至 0.001g）、半固体试样 0.2 ~1g（精确至 0.001g）或液体试样 1 ~5g（精确至 0.001g），移入干燥的 100ml 或 250ml 定氮瓶中，加入 0.1g 硫酸铜、1g 硫酸钾及 5ml 硫酸，摇匀后于瓶口放一小漏斗，将定氮瓶以 45°角斜支于有小孔的石棉网上。缓慢加热，待内容物全部炭化，泡沫完全停止后，加强火力，并保持瓶内液体微沸，至液体呈蓝绿色澄清透明后，再继续加热半小时。取下放冷，慢慢加入 20ml 水，放冷后移入 50ml 或 100ml 容量瓶中，并用少量水洗定氮瓶，洗液并入容量瓶中，再加水至刻度，混匀备用。按同一方法做试剂空白试验。

2. 试样溶液的制备 吸取 2.00 ~5.00ml 试样或试剂空白消化液于 50ml 或 100ml 容量瓶内，加 1 ~2 滴对硝基苯酚指示剂溶液，摇匀后滴加氢氧化钠溶液中和至黄色，再滴加乙酸溶液至溶液无色，用水稀释至刻度，混匀。

【样品测定】

1. 标准曲线的绘制 吸取0.00、0.05、0.10、0.20、0.40、0.60、0.80、1.00ml氨氮标准使用溶液（相当于0.00、5.00、10.0、20.0、40.0、60.0、80.0、100.0μg氮），分别置于10ml比色管中。加4.0ml钠－乙酸缓冲溶液及4.0ml显色剂，加水稀释至刻度，混匀。置于100℃水浴中加热15分钟。取出用水冷却至室温后，移入1cm比色杯内，以零管为参比，于波长400nm处测量吸光度值，根据标准各点吸光度值绘制标准曲线或计算线性回归方程。

2. 试样测定 吸取0.50～2.00ml（相当于氮＜100μg）试样溶液和同量的试剂空白溶液，分别于10ml比色管中。加4.0ml乙酸钠－乙酸缓冲溶液及4.0ml显色剂，加水稀释至刻度，混匀。置于100℃水浴中加热15分钟。取出用水冷却至室温后，移入1cm比色杯内，以零管为参比，于波长400nm处测量吸光度值，试样吸光度值与标准曲线比较定量或代入线性回归方程求出含量。

【结果计算及数据处理】

试样中蛋白质的含量按式2－44进行计算。

$$X = \frac{c - c_0}{m \times \frac{V_2}{V_1} \times \frac{V_4}{V_3} \times 1000 \times 1000} \times 100 \times F \qquad (2-44)$$

式中，X为试样中蛋白质的含量，g/100g；c为试样测定液中氮的含量，μg；c_0为试剂空白测定液中氮的含量，μg；V_1为试样消化液定容体积，ml；V_2为制备试样溶液的消化液体积，ml；V_3为试样溶液总体积，ml；V_4为测定用试样溶液体积，ml；m为试样质量，g；F为蛋白质换算系数。

以重复性条件下获得的两次独立测定结果的算术平均值表示，蛋白质含量≥1g/100g时，结果保留三位有效数字；蛋白质含量＜1g/100g时，结果保留两位有效数字。在重复性条件下获得的两次独立测定结果的绝对差值不得超过算术平均值的10%。

拓展阅读

燃烧法测定食品中蛋白质含量

试样在900～1200℃高温下燃烧，燃烧过程中产生混合气体，其中的碳、硫等干扰气体和盐类被吸收管吸收，氮氧化物被全部还原成氮气，形成的氮气气流通过热导检测仪（TCD）进行检测。本方法适用于蛋白质含量在10g/100g以上的粮食、豆类、奶粉、米粉、蛋白质等固体试样的筛选测定。

二、氨基酸态氮的测定

氨基酸是构成蛋白质最基本的物质。分析氨基酸的含量即可了解蛋白质水解的程度，也可评价食品的营养价值。氨基酸含量是某些发酵产品（如调味品）的质量指标，也是目前许多保健食品的质量指标之一。食品常有很多种氨基酸同时存在一种食品中，所以需要测定总的氨基酸量；通常它们不以氨基酸百分率来表示，而以氨基酸中所含的氮（氨基酸态氮）的百分率表示。

氨基酸测定方法很多，如酸碱滴定法（双指示剂滴定法、电位滴定法）、茚三酮比色法等。食品中氨基酸含量的测定通常采用酸碱滴定法。近年来出现了多种氨基酸分析仪等，可以快速、准确地测出氨基酸含量。

GB/T 5009.235—2016《食品安全国家标准　食品中氨基酸态氮的测定》，测定氨基酸态氮含量的方法主要有酸度计和比色法。

实训三十二 酸度计法测定食品中氨基酸态氮含量

【测定原理】

利用氨基酸的两性作用，加入甲醛以固定氨基的碱性，使羧基显示出酸性，用氢氧化钠标准溶液滴定后定量，以酸度计测定终点。

【适用范围】

此法适用于以粮食和其副产品豆饼、麸皮等为原料酿造或配制的酱油，以粮食为原料酿造的酱类，以及以黄豆、小麦粉为原料酿造的豆酱类食品中氨基酸态氮的测定。

【试剂与仪器准备】

（一）试剂

甲醛（36%～38%）；邻苯二甲酸氢钾。

（二）试剂配制

1. 酚酞指示液（10g/L） 称取酚酞1g，溶于95%的乙醇中，用95%乙醇稀释至100ml。

2. 氢氧化钠溶液［氢氧化钠标准溶液 c（NaOH）=0.050mol/L］ 称取110g氢氧化钠于250ml的烧杯中，加100ml的水，振摇使之溶解成饱和溶液，冷却后置于聚乙烯的塑料瓶中，密塞，放置数日，澄清后备用。取上层清液2.7ml，加适量新煮沸过的冷蒸馏水至1000ml，摇匀。

氢氧化钠标准溶液的标定：准确称取约0.36g在105～110℃干燥至恒重的基准邻苯二甲酸氢钾，加80ml新煮沸过的水，使之尽量溶解，加2滴酚酞指示液（10g/L），用氢氧化钠溶液滴定至溶液呈微红色，30秒不褪色。记下耗用氢氧化钠溶液毫升数。同时做空白对照试验。

氢氧化钠标准溶液的浓度按式2－45计算。

$$c = \frac{m}{(V_1 - V_2) \times 0.2042} \tag{2-45}$$

式中，c为氢氧化钠标准溶液的实际浓度，mol/L；m为基准邻苯二甲酸氢钾的质量，g；V_1为氢氧化钠标准溶液的用量体积，ml；V_2为空白试验中氢氧化钠标准溶液的用量体积，ml；0.2042为与1.00ml氢氧化钠标准溶液（1.000mol/L）相当的基准邻苯二甲酸氢钾的质量，g/mmol。

（三）仪器

酸度计（配磁力搅拌器）；10ml微量滴定管；分析天平（感量0.1mg）。

【样品测定】

1. 酱油试样 称量5.0g试样于50ml的烧杯中，用水分数次洗入100ml容量瓶中，加水至刻度，混匀后吸取20.0ml置于200ml烧杯中，加60ml水，开动磁力搅拌器，用氢氧化钠标准溶液滴定至酸度计指示pH为8.2，记下消耗氢氧化钠标准溶液的毫升数，可计算总酸含量。加入10.0ml甲醛溶液，混匀，再用氢氧化钠标准滴定溶液继续滴定至pH 9.2，记下消耗氢氧化钠标准滴定溶液的毫升数。同时取80ml水，先用氢氧化钠标准溶液调节至pH 8.2，再加入10.0ml甲醛溶液，用氢氧化钠标准滴定溶液滴定至pH 9.2。同时做试剂空白试验。

2. 酱及黄豆酱样品 将酱或黄豆酱样品搅拌均匀后，放入研钵中，在10分钟内迅速研磨至无肉眼可见颗粒，装入磨口瓶中备用。用已知重量的称量瓶称取搅拌均匀的样品5.0g，用50ml 80℃左右的蒸馏水分数次洗入100ml烧杯中，冷却后，转入100ml容量瓶中，用少量水分次洗涤烧杯，洗液并入容量瓶中，并加水至刻度，混匀后过滤。吸取滤液 10.0ml，置于 200ml 烧杯中，加 60ml 水，开动磁力搅拌器，用氢氧化钠标准溶液（0.050mol/L）滴定至酸度计指示 pH 为 8.2，记下消耗氢氧化钠标准溶液的毫升数，可计算总酸含量。加入 10.0ml 甲醛溶液，混匀。再用氢氧化钠标准溶液继续滴定至 pH 9.2，记下消耗氢氧化钠标准溶液的毫升数。同时取 80ml 水，先用氢氧化钠标准溶液（0.050mol/L）调节至 pH 8.2，再加入 10.0ml 甲醛溶液，用氢氧化钠标准溶液滴定至 pH 9.2。同时做试剂空白试验。

【结果计算及数据处理】

试样中氨基酸态氮的含量按式 2－46 进行计算。

$$X=\frac{(V_2-V_1)\times c\times 0.014}{m\times\frac{V_3}{V_4}}\times 100 \quad (2-46)$$

式中，X 为试样中氨基酸态氮的含量，g/100g；V_1为测定用试样稀释液加入甲醛后消耗氢氧化钠标准溶液的体积，ml；V_2为试剂空白试验加入甲醛后消耗氢氧化钠标准溶液体积，ml；c 为氢氧化钠标准滴定溶液的浓度，mol/L；0.014 为与 1.00ml 氢氧化钠标准溶液相当氮的质量，g；m 为称取试样的质量，g；V_3为试样稀释液的取用量，ml；V_4为试样稀释液的定容体积，ml。

计算结果保留两位有效数字。

【技术提示】

（1）甲醛是有毒、易挥发的溶液，一定要在通风柜中进行，实验室保持通风良好。

（2）注意滴定过程烧杯中酸度计的电极安装位置，不要触及磁力搅拌器的搅拌棒，否则会破坏电极。

任务七　维生素的测定

PPT

维生素（vitamin）是维持机体生命活动过程和正常生理功能所必需的一类微量的低分子有机化合物。维生素种类较多，目前已确认的有 30 余种，其中被认为对维持人体健康和促进发育至关重要的有 20 余种。各种维生素既不参与构成身体各种组织，也不会向机体提供能量，但却在能量代谢以及调节机体物质代谢中有着十分重要的作用。它们一般不能在人体内合成，或合成量不能够满足机体需要，因此需要经常从食物中摄取。

通常根据各维生素的溶解性质，将其分为两大类，即脂溶性维生素和水溶性维生素。脂溶性维生素是指能溶于脂肪及有机溶剂但不溶于水的维生素，在食物中通常与脂类共存，其吸收也与肠道中的脂类密切相关，包括维生素 A、维生素 D、维生素 E、维生素 K。水溶性维生素是指可溶于水的维生素，主要包括 B 族维生素和维生素 C。

不同食品中各种维生素的含量通常不同，主要取决于食品的种类，另外也与食品的加工工艺、贮存条件等因素有关，许多维生素还对光、热、氧气、pH 等环境因素敏感，若加工、贮存不当，均可造成食品中维生素的大量损失。因此，从保障人体健康、评价食品维生素营养价值、避免维生素缺失、开发利用富含维生素的食品资源、研究各类食品合理加工工艺及贮存条件、最大限度保留食品中维生素含量等方面考虑，测定食品中维生素的含量具有十分重要的意义和作用。

本部分主要介绍在营养上对人体较为重要的维生素 A、维生素 D、维生素 E 以及维生素 B_1、维生素 B_2、维生素 C 的测定方法。

一、脂溶性维生素的测定

脂溶性维生素不溶于水，易溶于脂肪、乙醇、丙酮、三氯甲烷、乙醚、苯等有机溶剂。其中，维生素A和维生素D耐热性好，对酸不稳定，对碱稳定；维生素E在无氧的条件下，对酸和碱均比较稳定；维生素K对酸和碱不稳定，对热稳定，容易被光、氧化剂及醇破坏。

根据脂溶性维生素所具有的上述性质，在测定时，通常先将样品皂化处理，在经水洗除去类脂物，再用有机溶剂提取脂溶性维生素（不皂化物），浓缩后溶于适当的溶剂后进行测定。

维生素A、维生素E的测定方法根据GB 5009.82—2016《食品安全国家标准　食品中维生素A、D、E的测定》，主要有反相高效液相色谱法和正相高效液相色谱法。

维生素D根据GB 5009.296—2023《食品安全国家标准　食品中维生素D的测定》，主要有正相色谱净化－反相液相色谱法、在线柱切换－反相液相色谱法、液相色谱－串联质谱法。

实训三十三　反相高效液相色谱法测定食品中维生素A和维生素E的含量

【测定原理】

试样中的维生素A及维生素E经皂化（含淀粉先用淀粉酶酶解）、提取、净化、浓缩后，C_{30}或PFP反相液相色谱柱分离，紫外检测器或荧光检测器检测，外标法定量。

【适用范围】

本方法适用于食品中维生素A和维生素E的测定。

【试剂与仪器准备】

（一）试剂

无水乙醇（C_2H_5OH），不含醛类物质；抗坏血酸（$C_6H_8O_6$）；乙醚［$(CH_3CH_2)_2O$］，不含过氧化物；石油醚（$C_5H_{12}O_2$），沸程为30～60℃；氢氧化钾（KOH）；无水硫酸钠（Na_2SO_4）；pH试纸（pH范围1～14）；醇（CH_3OH），色谱纯；淀粉酶（活力单位≥100U/mg）；2,6－二叔丁基对甲酚（$C_{15}H_{24}O$），简称BHT。

（二）试剂配制

1. 氢氧化钾溶液（50g/100g） 称取50g氢氧化钾，加入50ml水溶解，冷却后储存于聚乙烯瓶中。

2. 石油醚－乙醚溶液（1＋1） 量取200ml石油醚，加入200ml乙醚，混匀。

3. 维生素A标准储备溶液（0.500mg/ml） 准确称取25.0mg维生素A标准品，用无水乙醇溶解后，转移入50ml容量瓶中，定容至刻度，此溶液浓度约为0.500mg/ml。将溶液转移至棕色试剂瓶中，密封后，在－20℃下避光保存，有效期1个月。临用前将溶液回温至20℃，并进行浓度校正。

4. 维生素E标准储备溶液（1.00mg/ml） 分别准确称取α－生育酚、β－生育酚、γ－生育酚和δ－生育酚各50.0mg，用无水乙醇溶解后，转移入50ml容量瓶中，定容至刻度，此溶液浓度约为1.00mg/ml。将溶液转移至棕色试剂瓶中，密封后，在－20℃下避光保存，有效期6个月。临用前将溶液回温至20℃，并进行浓度校正。

5. 维生素A和维生素E混合标准溶液中间液 准确吸取维生素A标准储备溶液1.00ml和维生素E标准储备溶液各5.00ml于同一50ml容量瓶中，用甲醇定容至刻度，此溶液中维生素A浓度为10.0μg/ml，维生素 E 各生育酚浓度为 100μg/ml。在 -20℃下避光保存，有效期半个月。

6. 维生素 A 和维生素 E 标准系列工作溶液 分别准确吸取维生素 A 和维生素 E 混合标准溶液中间液 0.20、0.50、1.00、2.00、4.00、6.00ml 于 10ml 棕色容量瓶中，用甲醇定容至刻度，该标准系列中维生素 A 浓度为 0.20、0.50、1.00、2.00、4.00、6.00μg/ml，维生素 E 浓度为 2.00、5.00、10.0、20.0、40.0、60.0μg/ml。临用前配制。

（三）仪器

分析天平（感量为 0.01mg）；恒温水浴振荡器；旋转蒸发仪；氮吹仪；紫外分光光度计；分液漏斗萃取净化振荡器；高效液相色谱仪，带紫外检测器或二极管阵列检测器或荧光检测器。

【样品制备】

（一）试样准备

将一定数量的样品按要求经过缩分、粉碎均质后，储存于样品瓶中，避光冷藏，尽快测定。使用的所有器皿不得含有氧化性物质；分液漏斗活塞玻璃表面不得涂油；处理过程应避免紫外光照，尽可能避光操作；提取过程应在通风柜中操作。

（二）试样处理

1. 皂化

（1）不含淀粉样品 称取 2～5g（精确至 0.01g）经均质处理的固体试样或 50g（精确至 0.01g）液体试样于 150ml 平底烧瓶中，固体试样需加入约 20ml 温水，混匀，再加入 1.0g 抗坏血酸和 0.1g BHT，混匀，加入 30ml 无水乙醇，再加入 10～20ml 氢氧化钾溶液，边加边振摇，混匀后于 80℃恒温水浴震荡皂化 30 分钟，皂化后立即用冷水冷却至室温。如皂化液冷却后，液面有浮油，需要加入适量氢氧化钾溶液，并适当延长皂化时间。

（2）含淀粉样品 称取 2～5g（精确至 0.01g）经均质处理的固体试样或 50g（精确至 0.01g）液体样品于 150ml 平底烧瓶中，固体试样需用约 20ml 温水混匀，加入 0.5～1g 淀粉酶，放入 60℃水浴避光恒温振荡 30 分钟后，取出，向酶解液中加入 1.0g 抗坏血酸和 0.1g BHT，混匀，加入 30ml 无水乙醇，再加入 10～20ml 氢氧化钾溶液，边加边振摇，混匀后于 80℃恒温水浴振荡皂化 30 分钟，皂化后立即用冷水冷却至室温。

2. 提取 将皂化液用 30ml 水转入 250ml 的分液漏斗中，加入 50ml 石油醚-乙醚混合液（如只测维生素 A 与 α-生育酚，可用石油醚作提取剂），振荡萃取 5 分钟，将下层溶液转移至另一 250ml 的分液漏斗中，加入 50ml 的混合醚液再次萃取，合并醚层。

3. 洗涤 用约 100ml 水洗涤醚层，约需重复 3 次，直至将醚层洗至中性（可用 pH 试纸检测下层溶液 pH 值），去除下层水相。

4. 浓缩 将洗涤后的醚层经无水硫酸钠（约 3g）滤入 250ml 旋转蒸发瓶或氮气浓缩管中，用约 15ml 石油醚冲洗分液漏斗及无水硫酸钠 2 次，并入蒸发瓶内，并将其接在旋转蒸发仪或气体浓缩仪上，于 40℃水浴中减压蒸馏或气流浓缩，待瓶中醚液剩下约 2ml 时，取下蒸发瓶，立即用氮气吹至近干。用甲醇分次将蒸发瓶中残留物溶解并转移至 10ml 容量瓶中，定容至刻度。溶液过 0.22μm 有机系滤膜后供高效液相色谱测定。

【样品测定】

（一）色谱参考条件

色谱柱：C_{30}柱（柱长 250mm，内径 4.6mm，粒径 3μm），或相当者；柱温：20℃；流动相：A 为水；B 为甲醇（洗脱梯度见表 2－2），流速 0.8ml/min；紫外检测波长：维生素 A 为 325nm；维生素 E 为 294nm；进样量：10μl。

表 2－2 C_{30} 色谱柱反相高效液相色谱法洗脱梯度参考条件

时间（min）	流动相 A（%）	流动相 B（%）	流速（ml/min）
0.0	4	96	0.8
13.0	4	96	0.8
20.0	0	100	0.8
24.0	0	100	0.8
24.5	4	96	0.8
30.0	4	96	0.8

（二）标准曲线的制作

本法采用外标法定量。将维生素 A 和维生素 E 标准系列工作溶液分别注入高效液相色谱仪中，测定相应的峰面积，以峰面积为纵坐标，以标准测定液浓度为横坐标绘制标准曲线，计算直线回归方程。

（三）测定

试样液经高效液相色谱仪分析，测得峰面积，采用外标法通过上述标准曲线计算其浓度。在测定过程中，建议每测定 10 个样品用同一份标准溶液或标准物质检查仪器的稳定性。

【结果计算与数据处理】

试样中维生素 A 或维生素 E 的含量按式 2－47 计算。

$$X=\frac{\rho\times V\times f\times 100}{m} \tag{2-47}$$

式中，X 为样中维生素 A 或维生素 E 的含量，维生素 A 单位为 μg/100g，维生素 E 单位 mg/100g；ρ 为根据标准曲线计算得到的试样中维生素 A 或维生素 E 的浓度，μg/ml；V 为定容体积，ml；f 为换算因子（维生素 A：$f=1$；维生素 E：$f=0.001$）；100 为试样中量以每 100g 计算的换算系数；m 为试样的称样量，g。

计算结果保留三位有效数字。在重复性条件下获得的两次独立测定结果的绝对差值不得超过算术平均值的 10%。

实训三十四 正相色谱净化－反相液相色谱法测定食品中维生素 D 的含量

【测定原理】

试样经氢氧化钾乙醇溶液皂化，液液萃取净化，浓缩后，用正相高效液相色谱仪通过硅胶柱将维生素 D 与其他杂质分离，将收集的馏分浓缩后，再经反相色谱柱分离维生素 D_2。与维生素 D_3，紫外检测器检测，内标法（或外标法）定量。当试样中不含维生素 D_2时，可用维生素 D_2作内标测定维生素 D_3；当试样中不含维生素 D_3时，可用维生素 D_3作内标测定维生素 D_2。否则，用外标法测定。

【适用范围】

本方法适用于添加了麦角钙化醇或胆钙化醇的食品中维生素 D_2和 D_3的测定。当固体试样取样量为 10.00g，正相进样液定容 2ml 时，维生素 D_2、维生素 D_3的检出限为 0.6μg/100g，定量限为 2μg/100g。

【试剂与仪器准备】

（一）试剂

无水乙醇（C_2H_5OH），色谱纯，不含醛类物质；抗坏血酸（$C_6H_8O_6$）；2,6－二叔丁基对甲酚（$C_{15}H_{24}O$），简称BHT；氢氧化钾（KOH）；正己烷（$C_4H_{10}O$）；石油醚（$C_5H_{12}O_2$），沸程为30～60℃；无水硫酸钠（Na_2SO_4）；pH试纸（pH范围1～14）；甲醇，色谱纯；环己烷（C_6H_{12}）；异丙醇（C_3H_8O）；α－淀粉酶，活力单位≥1.5U/mg。

（二）试剂配制

1. 氢氧化钾溶液（50%，质量分数） 称取50g氢氧化钾，溶于50g水中，冷却后储存于聚乙烯瓶中。

2. BHT－乙醇溶液（0.2g/100ml） 称取1.0g BHT，溶于500ml无水乙醇中，临用前配制。

3. 异丙醇－环己烷－正己烷溶液（2+125+125） 将异丙醇、环己烷和正己烷按2∶125∶125的体积比混合均匀，超声脱气。

4. 甲醇－水溶液（19+1） 将甲醇和水按19∶1的体积比混合均匀，超声脱气。

5. 维生素 D_2 标准储备溶液（1000mg/L） 准确称取50mg（精确至0.1mg）维生素 D_2 标准品于小烧杯中，用无水乙醇溶解并转移至50ml容量瓶中，定容至刻度，混匀。将该储备溶液装至棕色试剂瓶中，密封后在－18℃下避光保存，保存期6个月。临用前浓度校正。

6. 维生素 D_3 标准储备溶液（1000mg/L） 准确称取50mg（精确至0.1mg）维生素 D_3 标准品于小烧杯中，用无水乙醇溶解并转移至50ml容量瓶中，定容至刻度，混匀。将该储备溶液装至棕色试剂瓶中，密封后在－18℃下避光保存，保存期6个月。临用前浓度校正。

7. 维生素 D_2 标准使用液（10.0mg/L） 准确吸取维生素 D_2 标准储备液（1000mg/L）1.00ml于100ml容量瓶中，用无水乙醇稀释至刻度，混匀。在－18℃下避光保存，保存期3个月。

8. 维生素 D_3 标准使用液（10.0mg/L） 准确吸取维生素 D_3 标准储备液（1000mg/L）1.00ml于100ml容量瓶中，用无水乙醇稀释至刻度，混匀。在－18℃下避光保存，保存期3个月。

各系列标准工作溶液参考GB 5009.296—2023《食品安全国家标准 食品中维生素D的测定》。

（三）仪器

分析天平（感量为0.1mg、0.01g）；磁力搅拌器，带加热和控温功能；旋转蒸发仪；氮吹仪；紫外分光光度计；分液漏斗萃取振荡器；恒温水浴锅；恒温振荡器；超声波清洗器；正相高效液相色谱仪，带紫外检测器，进样器配500μl定量环；反相高效液相色谱仪，带紫外检测器，进样器配100μl定量环。

【样品制备】

（一）试样准备

将一定数量的样品按要求经过缩分、粉碎、均质后，储存于样品瓶中，避光冷藏，尽快测定。

1. 婴幼儿配方食品、特殊医学用途配方食品、乳及乳制品、冷冻饮品、饮料和其他食品

（1）固体试样 称取均质后的试样25g（m_1，精确至0.01g）至250ml干燥玻璃瓶中，加入约200ml温水（40～45℃），记录加水后的溶液质量（m_2，精确至0.01g）。充分混匀溶解，室温避光放置15分钟，每隔5分钟振摇30秒。称取制备后的浆液20～50g（m_3，精确至0.01g）至150ml平底烧瓶中。按式2－48计算样品质量 m。

$$m = \frac{m_1 \times m_3}{m_2} \tag{2-48}$$

（2）液体试样　称取摇匀后的试样 20～50g（m，精确至 0.01g）至 150ml 平底烧瓶中。

2. 谷物及其制品、焙烤食品、婴幼儿谷类辅助食品及其他含淀粉试样　称取均质后的试样 5～10g（m，精确至 0.01g）于 150ml 平底烧瓶中，加入约 20ml 温水（40～45℃），混匀。婴幼儿谷类辅助食品可先制成浆液，再称取制备后的浆液 20～50g（m_3，精确至 0.01g）至 150ml 平底烧瓶中。

3. 其他食品　称取均质后的固体试样 5～20g（m，精确至 0.01g）或液体试样 20～50g（m，精确至 0.01g）于 150ml 平底烧瓶中，加入 20～30ml 温水（40～45℃），混匀。

（二）试样处理

1. 皂化

（1）婴幼儿配方食品、特殊医学用途配方食品、乳及乳制品、冷冻饮品、饮料和其他食品于上述平底烧瓶中，加入 100μl 内标使用溶液（10.0mg/L），再加入 1.0g 抗坏血酸和 30～50ml BHT－乙醇溶液（0.2g/100ml），混匀，再加入 20～30ml 氢氧化钾溶液（50%，质量分数），边加边振摇，混匀后于磁力搅拌器或恒温振荡器中皂化，温度 80℃ ±2℃，时间 30 分钟（或温度 25℃ ±5℃，时间 16 小时 ±2 小时），皂化后立即用冷水冷却至室温。

（2）谷物及其制品、焙烤食品、婴幼儿谷类辅助食品及其他含淀粉试样　于上述平底烧瓶中，加入 100μl 内标使用溶液（10.0mg/L）和 1.0g α－淀粉酶，放入 60℃恒温水浴振荡 30 分钟，向酶解液中加入 1.0g 抗坏血酸和 30～50ml BHT－乙醇溶液（0.2g/100ml），混匀，再加入 20～30ml 氢氧化钾溶液（50%，质量分数），边加边振摇，混匀后于磁力搅拌器或恒温振荡器中皂化，温度 80℃ ±2℃，时间 30 分钟（或温度 25℃ ±5℃，时间 16 小时 ±2 小时），皂化后立即用冷水冷却至室温。

如用外标法，则不加内标，其余操作同上，皂化条件选择温度 25℃ ±5℃，时间 16 小时 ±2 小时。

2. 提取　将上述皂化液用 30ml 水转入 250ml 分液漏斗中，加入 50ml 石油醚，振荡萃取 5 分钟，将下层溶液转移至另一 250ml 分液漏斗中，加入 50ml 石油醚重复萃取 1～2 次，合并石油醚层。用约 150ml 水洗涤石油醚层，去除下层水相，重复洗涤至少 3 次，直至将石油醚层洗至中性（可用广泛 pH 试纸检测下层溶液）。

3. 浓缩　将洗涤后的石油醚层缓慢流过预先填充厚度 3～5cm 无水硫酸钠粉末的玻璃层析柱，滤入 250ml 旋转蒸发瓶或氮吹浓缩管中，用 15ml 石油醚冲洗分液漏斗及玻璃层析柱内无水硫酸钠次，合并入蒸发瓶或氮吹浓缩管中，并将其接在旋转蒸发仪或氮吹浓缩仪上，于 40℃水浴中旋蒸或氮吹浓缩，待石油醚剩余约 1ml 时，取下蒸发瓶或浓缩管，用石油醚将浓缩液转移至 2ml 容量瓶中，氮吹至近干，用正己烷定容至刻度，0.45μm 微孔滤膜滤过，供正相高效液相色谱净化。

【样品测定】

（一）色谱参考条件

1. 正相色谱参考条件　硅胶色谱柱（柱长 250mm，柱内径 4.6mm，填料粒径 5μm，或相当者）；流动相：异丙醇－环己烷－正己烷溶液（2＋125＋125）；流速：1.0ml/min；波长：264nm；柱温：35℃；进样量：500μl。

2. 正相色谱系统适用性试验　各取维生素 D_2标准使用液和维生素 D_3标准使用液 200μl 于 10ml 具塞试管中，40℃水浴中氮气吹至近干。残渣用 10ml 正己烷振荡溶解。取该溶液 500μl 注入正相高效液相色谱仪中测定，确定维生素 D_2和维生素 D_3的保留时间。

3. 试样待测液正相色谱净化　将 500μl 待测液注入正相液相色谱仪中，根据维生素 D_2和维生素 D_3标准溶液保留时间收集维生素 D_2和维生素 D_3馏分于试管中。将试管置于 40℃水浴中氮气吹至近干，准确加入 1.0ml 甲醇，振荡溶解残渣，即为试样测定液。

4. 反相液相色谱参考条件 多环芳烃 C_{18} 柱（柱长 150mm，柱内径 4.6mm，填料粒径 5μm，或相当者）；流动相：甲醇 - 水溶液（19 + 1）；流速：1.0ml/min；波长：264nm；柱温：35℃；进样量：100μl。

（二）标准曲线的制作

将标准系列工作溶液分别注入反相液相色谱仪中，内标法以标准系列工作溶液中维生素 D_2（或维生素 D_3）与其对应内标的质量比为横坐标，以维生素 D_2（或维生素 D_3）的峰面积与其对应内标的峰面积比为纵坐标，绘制标准曲线。外标法以标准系列工作溶液中维生素 D_2（或维生素 D_3）的浓度为横坐标，维生素 D_2（或维生素 D_3）的峰面积为纵坐标，绘制标准曲线。

（三）样品测定

1. 定性分析 将试样溶液注入液相色谱仪中进行测定，同样测试条件，试样溶液中维生素 D_2，维生素 D_3 的保留时间与标准工作溶液中相应的保留时间相比，偏差应在 ±2.5% 以内。

2. 定量测定 将试样溶液注入反相液相色谱仪中，得到维生素 D_2（或维生素 D_3）的峰面积，根据相应的标准曲线得到试样溶液中维生素 D_2（或维生素 D_3）的浓度。试样溶液中的响应值应在标准曲线线性范围内，超过线性范围，可适当减少取样量重新测定。

3. 空白试验 不称取试样，按试样的皂化、提取和浓缩分析步骤操作，应不含有干扰待测组分的物质。内标法需要做不加内标的样品试验，确认加入内标的可行性。

【结果计算与数据处理】

试样中维生素 D_2、维生素 D_3 的含量，内标法按式 2-49、式 2-50 计算，外标法按式 2-51 计算：

$$X = \frac{N \times 100}{m \times 1000} \qquad (2-49)$$

式中，X 为样中维生素 D_2（或维生素 D_3）的含量，μg/100g；N 为试样溶液中维生素 D_2（或维生素 D_3）与其对应内标的峰面积比值对应的质量，ng，100 为由每克换算为每百克的换算系数；m 为试样的取样量，g；1000 为由 ng 换算为 μg 的换算系数。

$$N = K \times N_{is} \qquad (2-50)$$

式中，K 为从标准曲线查得的质量比；N_{is} 为试样中加入的内标质量，ng。

$$X = \frac{c \times V_1 \times V_3 \times 100}{m \times V_2 \times 1000} \times f \qquad (2-51)$$

式中，X 为试样中维生素 D_2（或维生素 D_3）的含量，μg/100g；c 为根据标准曲线得到的进样溶液中维生素 D_2（或维生素 D_3）的质量浓度，μg/L；V_1 为正相色谱净化时试样溶液定容体积，ml；V_3 为反相色谱测定时试样溶液定容体积，ml；100 为由每克换算为每百克的换算系数；m 为试样的取样量，g；V_2 正相色谱净化时试样溶液取用体积，ml；1000 为由 μg/L 换算为 μg/ml 的换算系数；f 为稀释因子。

计算结果保留三位有效数字。在重复性条件下获得的两次独立测定结果的绝对差值不得超过算术平均值的 15%。

二、水溶性维生素的测定

水溶性维生素广泛存在于动植物中，通常以辅酶的形式参与机体的物质代谢过程。水溶性维生素易溶于水，不溶于大部分有机溶剂。在酸性介质中较稳定，碱性介质中不稳定，同时加热的情况下，水溶性维生素在碱性介质中比酸性介质中更容易被破坏和分解。另外，水溶性维生素容易收到空气、光、热、酶、金属离子等因素影响，其中维生素 B_2 对光，特别是紫外线敏感，维生素 C 对氧和金属铜离子敏感，易被氧化。

因此，在测定水溶性维生素时，通常多在酸性溶液中进行前处理，如维生素 B_1 和维生素 B_2 先采用烟酸水解，再经过淀粉酶、木瓜蛋白酶等酶解作用，让结合态的维生素游离出来，再进行提取操作。维生素 C 则常用草酸、草酸－乙醇、偏磷酸－乙醇溶液直接进行提取。

根据 GB 5009. 84—2016《食品安全国家标准　食品中维生素 B_1 的测定》、GB 5009. 85—2016《食品安全国家标准　食品中维生素 B_2 的测定》、GB 5413. 18—2010《食品安全国家标准　婴幼儿食品和乳品中维生素 C 的测定》、GB 5009. 86—2016《食品安全国家标准　食品中抗坏血酸的测定》，维生素 B_1、维生素 B_2 和维生素 C 的测定方法主要有高效液相色谱法、荧光光度法等。

实训三十五　高效液相色谱法测定食品中的维生素 B_1 的含量

PPT

【测定原理】

样品在稀盐酸介质中恒温水解、中和，再酶解，水解液用碱性铁氰化钾溶液衍生，正丁醇萃取后，经 C_{18} 反相色谱柱分离，用高效液相色谱－荧光检测器检测，外标法定量。

【适用范围】

本方法适用于食品中维生素 B_1 含量的测定。当称样量为 10. 0g 时，按照本标准方法的定容体积，食品中维生素 B_1 的检出限为 0. 03mg/100g。

【试剂与仪器准备】

（一）试剂

正丁醇（$CH_3CH_2CH_2CH_2OH$）；铁氰化钾［$K_3Fe(CN)_6$］；氢氧化钠（NaOH）；盐酸（HCl）；乙酸钠（$CH_3COONa \cdot 3H_2O$）；冰乙酸（CH_3COOH）；甲醇（CH_3OH），色谱纯；五氧化二磷（P_2O_5）或者氯化钙（$CaCl_2$）；木瓜蛋白酶，应不含维生素 B_1，酶活力≥800U（活力单位）/mg；淀粉酶，应不含维生素 B_1，酶活力≥3700U/g。

（二）试剂配制

1. 铁氰化钾溶液（20g/L）　称取 2g 铁氰化钾，用水溶解并定容至 100ml，摇匀。临用前配制。

2. 氢氧化钠溶液（100g/L）　称取 25g 氢氧化钠，用水溶解并定容至 250ml，摇匀。

3. 碱性铁氰化钾溶液　将 5ml 铁氰化钾溶液与 200ml 氢氧化钠溶液混合，摇匀。临用前配制。

4. 盐酸溶液（0. 1mol/L）　移取 8. 5ml 盐酸，加水稀释至 1000ml，摇匀。

5. 盐酸溶液（0. 01mol/L）　量取 0. 1mol/L 盐酸溶液 50ml，用水稀释并定容至 500ml，摇匀。

6. 乙酸钠溶液（0. 05mol/L）　称取 6. 80g 乙酸钠，加 900ml 水溶解，用冰乙酸调至 pH 4. 0～5. 0，加水定容至 1000ml。经 0. 45μm 微孔滤膜过滤后使用。

7. 乙酸钠溶液（2. 0mol/L）　称取 27. 2g 乙酸钠，用水溶解并定容至 100ml，摇匀。

8. 混合酶溶液　称取 1. 76g 木瓜蛋白酶、1. 27g 淀粉酶，加水定容至 50ml，涡旋，使呈混悬状液体，冷藏保存。临用前再次摇匀后使用。

（三）标准溶液配制

1. 维生素 B_1 标准储备液（500μg/ml）　准确称取经五氧化二磷或者氯化钙干燥 24 小时的盐酸硫胺素标准品 56. 1mg（精确至 0. 1mg），相当于 50mg 硫胺素、用 0. 01mol/L 盐酸溶液溶解并定容至 100ml，摇匀。置于 0～4℃冰箱中，保存期为 3 个月。

2. 维生素 B_1 标准中间液（10.0μg/ml） 准确移取 2.00ml 标准储备液，用水稀释并定容至 100ml，摇匀。临用前配制。

3. 维生素 B_1 标准系列工作液 吸取维生素 B_1 标准中间液 0、50.0、100、200、400、800、1000μl，用水定容至 10ml，标准系列工作液中维生素 B_1 的浓度分别为 0、0.0500、0.100、0.200、0.400、0.800、1.00μg/ml。临用时配制。

（四）仪器

高效液相色谱仪（配制荧光检测器）；分析天平（感量为 0.01g 和 0.1mg）；离心机（转速≥4000r/min）；pH 计（精度 0.01）；组织捣碎机（最大转速≥10000r/min）；电热恒温干燥箱或高压灭菌锅。

【样品制备】

（一）试样制备

1. 液体或固体粉末样品 将样品混合均匀后，立即测定或于冰箱中冷藏。

2. 新鲜水果、蔬菜和肉类 取 500g 左右样品（肉类取 250g），用匀浆机或者粉碎机将样品均质后，制得均匀性一致的匀浆，立即测定或者于冰箱中冷冻保存。

3. 其他含水量较低的固体样品 如含水量在 15% 左右的谷物，取 100g 左右样品，用粉碎机将样品粉碎后，制得均匀性一致的粉末，立即测定或者于冰箱中冷藏保存。

（二）试样溶液制备

1. 试液提取 称取 3～5g（精确至 0.01g）固体试样或者 10～20g 液体试样于 100ml 锥形瓶中（带有软质塞子），加 60ml 0.1mol/L 盐酸溶液，充分摇匀，塞上软质塞子，高压灭菌锅中 121℃保持 30 分钟。水解结束待冷却至 40℃以下取出，轻摇数次；用 pH 计指示，用 2.0mol/L 乙酸钠溶液调节至 pH4.0 左右，加入 2.0ml（可根据酶活力不同适当调整用量）混合酶溶液，摇匀后，置于培养箱中 37℃过夜（约 16 小时）；将酶解液全部转移至 100ml 容量瓶中，用水定容至刻度，摇匀，离心或者过滤，取上清液备用。

2. 试液衍生化 准确移取上述上清液或者滤液 2.0ml 于 10ml 试管中，加入 1.0ml 碱性铁氰化钾溶液，涡旋混匀后，准确加入 2.0ml 正丁醇，再次涡旋混匀 1.5 分钟后静置约 10 分钟或者离心，待充分分层后，吸取正丁醇相（上层）经 0.45μm 有机微孔滤膜过滤，取滤液于 2ml 棕色进样瓶中，供分析用。若试液中维生素 B_1 浓度超出线性范围的最高浓度值，应取上清液稀释适宜倍数后，重新衍生后进样。

另取 2.0ml 标准系列工作液，与试液同步进行衍生化。

【样品测定】

（一）仪器参考条件

色谱柱：C_{18} 反相色谱柱（粒径 5μm，250mm×4.6mm）或相当者；流动相：0.05mol/L 乙酸钠溶液－甲醇（65＋35）；流速：0.8ml/min；检测波长：激发波长 375nm，发射波长 435nm；进样量：20μl。

（二）标准曲线的制作

将标准系列工作液衍生物注入高效液相色谱仪中，测定相应的维生素 B_1 峰面积，以标准工作液的浓度（μg/ml）为横坐标，以峰面积为纵坐标，绘制标准曲线。

（三）试样溶液的测定

按照设置好的色谱条件，将试样衍生物溶液注入高效液相色谱仪中，得到维生素 B_1 的峰面积，根据标准曲线计算得到待测液中维生素 B_1 的浓度。

【结果计算与数据处理】

试样中维生素 B_1（以硫胺素计）含量按式 2-52 计算。

$$X = \frac{c \times V \times f}{m \times 1000} \times 100 \tag{2-52}$$

式中，X 为试样中维生素 B_1（以硫胺素计）的含量，mg/100g；c 为由标准曲线计算得到的试液（提取液）中维生素 B_1 的浓度，μg/ml；V 为试液（提取液）的定容体积，ml；f 为试液（上清液）衍生前的稀释倍数；m 为试样的质量，g。

计算结果以重复性条件下获得的两次独立测定结果的算术平均值表示，结果保留三位有效数字。两次独立测定结果的绝对差值不得超过算术平均值的 10%。

实训三十六　高效液相色谱法测定食品中的维生素 B_2 的含量

【测定原理】

试样在稀盐酸环境中恒温水解，调至 pH 6.0～6.5，用木瓜蛋白酶和高峰淀粉酶酶解，定容过滤后，滤液经反相色谱柱分离，高效液相色谱荧光检测器检测，外标法定量。

【适用范围】

本方法适用于食品中维生素 B_2 含量的测定。当取样量为 10.00g 时，方法检出限为 0.006mg/100g。

【试剂与仪器准备】

（一）试剂

盐酸（HCl）；冰乙酸（CH_3COOH）；氢氧化钠（NaOH）；三水乙酸钠（$CH_3COONa \cdot 3H_2O$）；木瓜蛋白酶，活力单位≥10U/mg；高峰淀粉酶，活力单位≥100U/mg，或性能相当者。

（二）试剂配制

1. 盐酸溶液（0.1mol/L） 吸取 9ml 盐酸，用水稀释并定容至 1000ml。

2. 盐酸溶液（1+1） 量取 100ml 盐酸，缓慢倒入 100ml 水中，混匀。

3. 氢氧化钠溶液（1mol/L） 准确称取 4g 氢氧化钠，加 90ml 水溶解，冷却后定容至 100ml。

4. 乙酸钠溶液（0.1mol/L） 准确称取 13.60g 三水乙酸钠，加 900ml 水溶解，用水定容至 1000ml。

5. 乙酸钠溶液（0.05mol/L） 称取 6.80g 乙酸钠，加 900ml 水溶解，用冰乙酸调至 pH 4.0～5.0 之间，加水定容至 1000ml。经 0.45μm 微孔滤膜过滤后使用。

6. 混合酶溶液 准确称取 2.345g 木瓜蛋白酶和 1.175g 高峰淀粉酶，加水溶解后定容至 50ml。临用前配制。

7. 盐酸溶液（0.12mol/L） 吸取 1ml 盐酸，用水稀释并定容至 100ml。

（三）标准溶液配制

1. 维生素 B_2 标准储备液（100μg/ml） 将维生素 B_2 标准品置于真空干燥器或装有五氧化二磷的干燥器中干燥处理 24 小时后，准确称取 10mg（精确至 0.1mg）维生素 B_2 标准品，加入 2ml 盐酸溶液（1+1），超声溶解后，立即用水转移并定容至 100ml。混匀后转移入棕色玻璃容器中，在 4℃ 冰箱中贮存，保存期 2 个月。标准储备液在使用前需要进行浓度校正。

2. 维生素 B_2标准中间液（2.00μg/ml） 准确吸取 2.00ml 维生素 B_2标准储备液，用水稀释并定容至 100ml。临用前配制。

3. 维生素 B_2标准系列工作液 分别吸取维生素 B 标准中间液 0.25、0.50、1.00、2.50、5.00ml，用水定容至 10ml，该标准系列浓度分别为 0.05、0.10、0.20、0.50、1.00μg/ml。临用前配制。

（四）仪器

高效液相色谱仪（带荧光检测器）；天平（感量为 1mg 和 0.01mg）；高压灭菌锅；pH 计，精度 0.01；涡旋振荡器；组织捣碎机；恒温水浴锅；干燥器；分光光度计。

【样品制备】

取样品约 500g，用组织捣碎机充分打匀均质，分装入洁净棕色磨口瓶中，密封，并做好标记，避光存放备用。

称取 2～10g 均质后的试样（精确至 0.01g，试样中维生素 B_2的含量大于 5μg）于 100ml 具塞锥形瓶中，加入 60ml 0.1mol/L 的盐酸溶液，充分摇匀，塞好瓶塞。将锥形瓶放入高压灭菌锅内，在 121℃下保持 30 分钟，冷却至室温后取出。用氢氧化钠溶液调至 pH 6.0～6.5。加入 2ml 混合酶溶液，摇匀后，置于 37℃培养箱或恒温水浴锅中过夜酶解。将酶解液转移至 100ml 容量瓶中，加水定容至刻度，用干滤纸过滤，过 0.45μm 水相滤膜备用。操作过程应避免强光照射。不加试样，按同一操作方法做空白对照试验。

【样品测定】

（一）仪器参考条件

色谱柱：C_{18}柱（粒径 5μm，250mm×4.6mm）或相当者；流动相：0.05mol/L 乙酸钠溶液－甲醇（65＋35）；流速：1ml/min；检测波长：激发波长 462nm，发射波长 522nm；进样量：20μl。

（二）标准曲线的制作

将标准系列工作液分别注入高效液相色谱仪中，测定相应的峰面积，以标准工作液的浓度为横坐标，以峰面积为纵坐标，绘制标准曲线。

（三）试样溶液的测定

将试样溶液注入高效液相色谱仪中，得到相应的峰面积，根据标准曲线得到待测液中维生素 B_2的浓度。空白试验溶液色谱图中应不含待测组分峰或其他干扰峰。

【结果计算与数据处理】

试样中维生素 B_2的含量按式 2－53 计算。

$$X = \frac{\rho \times V}{m} \times \frac{100}{1000} \qquad (2-53)$$

式中，X 为试样中维生素 B_2（以核黄素计）的含量，mg/100g；ρ 为根据标准曲线计算得到的试样中维生素 B_2的浓度，μg/ml；V 为试样溶液的最终定容体积，ml；m 为试样质量，单位为克（g）；100 为换算为 100g 样品中含量的换算系数；1000 为将浓度单位 μg/ml 换算为 mg/ml 的换算系数。

计算结果保留三位有效数字。在重复性条件下获得的两次独立测定结果的绝对差值不得超过算术平均值的 10%。

实训三十七 荧光分光光度法测定婴幼儿食品和乳品中维生素C的含量

【测定原理】

维生素C（抗坏血酸）在活性炭存在下氧化成脱氢抗坏血酸，它与邻苯二胺反应生成荧光物质，用荧光分光光度计测定其荧光强度，其荧光强度与维生素C的浓度成正比，以外标法定量。

【适用范围】

本方法适用于婴幼儿食品和乳品中维生素C的测定。本方法测定的是还原型维生素C和氧化型维生素C的总量。方法的检出限为0.1mg/100g。

【试剂与仪器准备】

（一）试剂配制

1. 淀粉酶 酶活力1.5U/mg，根据活力单位大小调整用量。

2. 偏磷酸－乙酸溶液A 称取15g偏磷酸及40ml乙酸（36%）于200ml水中，溶解后稀释至500ml备用。

3. 偏磷酸－乙酸溶液B 称取15g偏磷酸及40ml乙酸（36%）于100ml水中，溶解后稀释至250ml备用。

4. 酸性活性炭 称取粉状活性炭（化学纯，80～200目）约200g，加入1L体积分数为10%的盐酸，加热至沸腾，真空过滤，取下结块于一个大烧杯中，用水清洗至滤液中无铁离子为止，在110～120℃烘箱中干燥约10小时后使用。

检验铁离子的方法：普鲁士蓝反应。将20g/L亚铁氰化钾与体积分数为1%的盐酸等量混合，将上述洗出滤液滴入，如有铁离子则产生蓝色沉淀。

5. 乙酸钠溶液 用水溶解500g三水乙酸钠，并稀释至1L。

6. 硼酸－乙酸钠溶液 称取3.0g硼酸，用乙酸钠溶液溶解并稀释至100ml。临用前配制。

7. 邻苯二胺溶液（400mg/L） 称取40mg邻苯二胺，用水溶解并稀释至100ml。临用前配制。

8. 维生素C标准溶液（100μg/ml） 称取0.050g维生素C标准品，用偏磷酸－乙酸溶液A溶解并定容至50ml，再准确吸取10.0ml该溶液用偏磷酸—乙酸溶液A稀释并定容至100ml。临用前配制。

（二）仪器

荧光分光光度计；天平（感量为0.1mg）；烘箱（温度可调）；培养箱（45℃±1℃）。

【样品制备】

（一）试样处理

1. 含淀粉的试样 称取约5g（精确至0.0001g）混合均匀的固体试样或约20g（精确至0.0001g）液体试样（含维生素C约2mg）于150ml三角瓶中，加入0.1g淀粉酶，固体试样加入50ml 45～50℃的蒸馏水，液体试样加入30ml 45～50℃的蒸馏水，混合均匀后，用氮气排除瓶中空气，盖上瓶塞，置于45℃±1℃培养箱内30分钟，取出冷却至室温，用偏磷酸－乙酸溶液B转至100ml容量瓶中定容。

2. 不含淀粉的试样 称取混合均匀的固体试样约5g（精确至0.0001g），用偏磷酸－乙酸溶液A溶解，定容至100ml。或称取混合均匀的液体试样约50g（精确至0.0001g），用偏磷酸－乙酸溶液B溶解，定容至100ml。

（二）待测液的制备

1. 试样及标准溶液的空白溶液 将上述处理好的试样及维生素C标准溶液转至放有约2g酸性活性炭的250ml三角瓶中，剧烈振动，过滤（弃去约5ml最初滤液），即为试样及标准溶液的滤液。然后准确吸取5.0ml试样及标准溶液的滤液，分别置于25ml及50ml放有5.0ml硼酸－乙酸钠溶液的容量瓶中，静置30分钟后，用蒸馏水定容。

2. 试样溶液及标准溶液 在此30分钟内，再准确吸取5.0ml试样及标准溶液的滤液于另外的25ml及50ml放有5.0ml乙酸钠溶液和约15ml水的容量瓶中，用水稀释至刻度。

3. 试样待测液 分别准确吸取2.0ml试样溶液及试样的空白溶液于10.0ml试管中，向每支试管中准确加入5.0ml邻苯二胺溶液，摇匀，在避光条件下放置60分钟后待测。

4. 标准系列待测液 准确吸取标准溶液0.5、1.0、1.5、2.0ml，分别置于10ml试管中，再用水补充至2.0ml。同时准确吸取标准溶液的空白溶液2.0ml于10ml试管中。向每支试管中准确加入5.0ml邻苯二胺溶液，摇匀，在避光条件下放置60分钟后待测。

【样品测定】

1. 标准曲线的绘制 将标准系列待测液立刻移入荧光分光光度计的石英杯中，于激发波长350nm，发射波长430nm条件下测定其荧光值。以标准系列荧光值分别减去标准空白荧光值为纵坐标，对应的维生素C质量浓度为横坐标，绘制标准曲线。

2. 试样待测液的测定 将试样待测液立刻移入荧光分光光度计的石英杯中，于激发波长350nm，发射波长430nm条件下测定其荧光值。试样溶液荧光值减去试样空白溶液荧光值后在标准曲线上查得对应的维生素C质量浓度。

【结果计算与数据处理】

试样中维生素C的含量按式2－54计算。

$$X = \frac{c \times V \times f}{m} \times \frac{100}{1000} \qquad (2-54)$$

式中，X为试样中维生素C的含量，mg/100g；V为试样的定容体积，ml；c为由标准曲线查得的试样测定液中维生素C的质量浓度，μg/ml；m为试样的质量，g；f为试样稀释倍数。

以重复性条件下获得的两次独立测定结果的算术平均值表示，结果保留至小数点后一位。获得两次独立测定结果的绝对差值不得超过算术平均值的10%。

实训三十八 高效液相色谱法测定食品中抗坏血酸的含量

【测定原理】

试样中的抗坏血酸用偏磷酸溶解超声提取后，以离子对试剂为流动相，经反相色谱柱分离，其中L（+）－抗坏血酸和D（－）－抗坏血酸直接用配有紫外检测器的液相色谱仪（波长245nm）测定，试样中的L（+）－脱氢抗坏血酸经L－半胱氨酸溶液进行还原后，用紫外检测器（波长245nm）测定L（+）－抗坏血酸总量，或减去原样品中测得的L（+）－抗坏血酸含量而获得L（+）－脱氢抗坏血酸的含量。以色谱峰的保留时间定性，外标法定量。

【适用范围】

本方法适用于乳粉、谷物、蔬菜、水果及其制品，肉制品、维生素类补充剂、果冻、胶基糖果、八宝粥、葡萄酒中的L（+）-抗坏血酸、D（-）-抗坏血酸和L（+）-抗坏血酸总量的测定。

【试剂与仪器准备】

（一）试剂

偏磷酸 $(HPO_3)_n$，含量（以 HPO_3 计）≥38%；磷酸三钠（$Na_3PO_4 \cdot 12H_2O$）。；磷酸二氢钾（KH_2PO_4）；磷酸（H_3PO_4），85%；L-半胱氨酸（$C_3H_7NO_2S$），优级纯；十六烷基三甲基溴化铵（$C_{19}H_{42}BrN$），色谱纯；甲醇（CH_3OH），色谱纯。

（二）试剂配制

1. 偏磷酸溶液（200g/L） 称取200g偏磷酸，用水溶解并定容至1L。

2. 偏磷酸溶液（20g/L） 称取50ml 200g/L偏磷酸，用水溶解并定容至500ml。

3. 磷酸三钠溶液（100g/L） 称取100g（精确至0.1g）磷酸三钠，用水溶解并定容至1L。

4. L-半胱氨酸溶液（40g/L） 称取4g L-半胱氨酸，溶于水并稀释至100ml。临用时配制。

5. L（+）-抗坏血酸标准贮备溶液（1.000mg/ml） 准确称取L（+）-抗坏血酸标准品0.01g（精确至0.01mg），用20g/L的偏磷酸溶液定容至10ml。该贮备液在2~8℃避光条件下可保存一周。

6. D（-）-抗坏血酸标准贮备溶液（1.000mg/ml） 准确称取D（-）-抗坏血酸标准品0.01g（精确至0.01mg），用20g/L的偏磷酸溶液定容至10ml。该贮备液在2~8℃避光条件下可保存一周。

7. 抗坏血酸混合标准系列工作液 分别吸取L（+）-抗坏血酸和D（-）-抗坏血酸标准贮备液0、0.05、0.50、1.0、2.5、5.0ml，用20g/L的偏磷酸溶液定容至100ml。标准系列工作液中L（+）-抗坏血酸和D（-）-抗坏血酸的浓度分别为0、0.5、5.0、10.0、25.0、50.0μg/ml。临用时配制。

（三）仪器

液相色谱仪（配有二极管阵列检测器或紫外检测器）；pH计，精度为0.01，天平（感量为0.1g、1mg、0.01mg）；超声波清洗器；离心机（转速≥4000r/min）；均质机；滤膜，0.45μm水相膜；振荡器。

【样品制备】

整个检测过程应在避光条件下进行。

（一）试样制备

1. 液体或固体粉末样品 混合均匀后，应立即用于检测。

2. 水果、蔬菜及其制品或其他固体样品 取100g左右样品加入等质量20g/L的偏磷酸溶液，经均质机均质并混合均匀后，应立即测定。

（二）试样溶液制备

称取相对于样品0.5~2g（精确至0.001g）混合均匀的固体试样或匀浆试样，或吸取2~10ml液体试样［使所取试样含L（+）-抗坏血酸0.03~6mg］于50ml烧杯中，用20g/L的偏磷酸溶液将试样转移至50ml容量瓶中，震摇溶解并定容。摇匀，全部转移至50ml离心管中，超声提取5分钟后，于4000r/min离心5分钟，取上清液过0.45μm水相滤膜，滤液待测［由此试液可同时分别测定试样中L（+）-抗坏血酸和D（-）-抗坏血酸的含量］。

（三）试样溶液的还原

准确吸取20ml上述离心后的上清液于50ml离心管中，加入10ml 40g/L的L-半胱氨酸溶液，用100g/L磷酸三钠溶液调节至pH 7.0~7.2，以200次/分振荡5分钟。再用磷酸调节至pH 2.5~2.8，用水将试液全部转移至50ml容量瓶中，并定容至刻度。混匀后取此试液过0.45μm水相滤膜后待测［由此试液可测定试样中包括脱氢型的 L（+）-抗坏血酸总量]。

若试样含有增稠剂，可准确吸取 4ml 经 L-半胱氨酸溶液还原的试液，再准确加入 1ml 甲醇，混匀后过 0.45μm 滤膜后待测。

【样品测定】

（一）仪器参考条件

色谱柱：C_{18} 柱（粒径 5μm，250mm×4.6mm）或相当者；检测器：二级管阵列检测器或紫外检测器；流速：0.7ml/min；检测波长：245nm；进柱温：25℃；样量：20μl；流动相：A 为 6.8g 磷酸二氢钾和 0.91g 十六烷基三甲基溴化铵，用水溶解并定容至 1L（用磷酸调至 pH 2.5～2.8）；B 为 100% 甲醇。按 A∶B=98∶2 混合，经 0.45μm 滤膜滤过，超声脱气。

（二）标准曲线制作

分别对抗坏血酸混合标准系列工作溶液进行测定，以 L（+）-抗坏血酸［或 D（-）-抗坏血酸］标准溶液的质量浓度（μg/ml）为横坐标，L（+）-抗坏血酸［或 D（-）-抗坏血酸］的峰高或峰面积为纵坐标，绘制标准曲线或计算回归方程。

（三）试样溶液的测定

对试样溶液进行测定，根据标准曲线得到测定液中 L（+）-抗坏血酸［或 D（-）-抗坏血酸］的浓度（μg/ml）。空白试验系指除不加试样外，采用完全相同的分析步骤、试剂和用量，进行平行操作。

【结果计算与数据处理】

试样中 L（+）-抗坏血酸［或 D（-）-抗坏血酸］的含量和 L（+）-抗坏血酸总量按式 2-55 计算。

$$X = \frac{(c_1 - c_0) \times V}{m \times 1000} \times F \times K \times 100 \qquad (2-55)$$

式中，X 为试样中 L（+）-抗坏血酸［或 D（-）-抗坏血酸、L（+）-抗坏血酸总量含量］，mg/100g；c_1 为样液中 L（+）-抗坏血酸［或 D（-）-抗坏血酸］的质量浓度，μg/ml；c_0 为样品空白液中 L（+）-抗坏血酸［或 D（-）-抗坏血酸］的质量浓度，μg/ml；V 为试样的最后定容体积，ml；m 为实际检测试样质量，g；1000 为换算系数（由 μg/ml 换算成 mg/ml 的换算因子）；F 为稀释倍数（若使用试样还原步骤时，即为 2.5）；K 为若使用甲醇沉淀步骤时，即为 1.25；100 为换算系数（由 mg/g 换算成 mg/100g 的换算因子）。

计算结果以重复性条件下获得的两次独立测定结果的算术平均值表示，结果保留三位有效数字。两次独立测定结果的绝对差值不超过算术平均值的 2%。

【岗位对接】

本项目是食品质量与安全、食品检测技术、食品营养与检测等专业学生必须掌握的内容，为成为合格的食品检测人员打下坚实的基础。

本项目对接食品检验工的资格考试和职业技能标准，按照《中华人民共和国食品安全法》《食品安全国家标准》要求，食品生产经营企业应当加强食品检验工作，对原料检验、半成品检验、成品出厂检验等进行检验控制；食品生产企业可以自行对所生产的食品进行检验，也可以委托符合本法规定的食品检验机构进行检验。从事食品检验岗位的工作人员均应掌握以下相关的知识和技能要求。

1. 能按照国家标准，正确规范测定各类食品中的水分、灰分、矿物质、酸类物质、脂类、碳水化合物、蛋白质、氨基酸和维生素的含量。

2. 会根据检验结果进行食品品质的判定。

3. 熟练使用紫外分光光度计、原子吸收分光光度计、气相色谱仪、高效液相色谱仪、荧光分光光度计等分析仪器。

4. 具有相关实验室安全知识和实验室管理能力。

【重点小结】

本项目主要依据国家标准介绍了食品的水分、灰分、矿物质、酸类物质、脂类、碳水化合物、蛋白质、氨基酸和维生素等常见成分的检测方法，具体总结如下。

成分	分类		国家标准	方法
水分	水分含量		GB 5009. 3—2016 GB/T 20980—2007	直接干燥法
				减压干燥法
				蒸馏法
				卡尔·费休法
				红外线快速测定法
	水分活度		GB 5009. 238—2016	康卫氏皿扩散法
				水分活度扩散法
灰分	总灰分		GB 5009. 4—2016	直接灰化法
	水溶性灰分和水不溶性灰分 酸溶性灰分和酸不溶性灰分			
矿物质	常量元素	镁	GB 5009. 241—2017	火焰原子吸收光谱法
		钙	GB 5009. 92—2016	火焰原子吸收光谱法 EDTA 滴定法
	微量金属元素	锌	GB 5009. 14—2017	火焰原子吸收光谱法
		铁	GB 5009. 90—2016	火焰原子吸收光谱法
	微量非金属元素	铜	GB 5009. 13—2017	石墨炉原子吸收光谱法
		碘	GB 5009. 267—2020	电感耦合等离子体质谱法 气相色谱法
		硒	GB 5009. 93—2017	氢化物原子荧光光谱法 荧光分光光度法
酸类物质	总酸度		GB 12456—2021	酸碱滴定法
	有效酸度			酸度计法
	挥发酸		GB/T 10467－1989	直接法
脂类	脂肪		GB 5009. 6—2016	索氏抽提法 酸水解法
	胆固醇		GB 5009. 128—2016	气相色谱法

续表

成分	分类		国家标准	方法
碳水化合物	还原糖		GB 5009.7—2016	直接滴定法
	蔗糖		GB/T 5009.8—2023	高效液相色谱法 酸水解－莱茵－埃农式法
	总糖			酸水解－直接滴定法
	淀粉		GB 5009.9—2023	酶水解法 酸水解法
	膳食纤维		GB 5009.88—2023	酶重量法
	果胶		NY/T 2016—2011	咔唑比色法
蛋白质和氨基酸	蛋白质		GB 5009.5—2016	凯氏定氮法 分光光度法
	氨基酸态氮		GB/T 5009.235—2016	酸度计法
维生素	脂溶性维生素	维生素 A	GB 5009.82—2016	反相高效液相色谱法
		维生素 E		
		维生素 D	GB 5009.296—2023	正相色谱净化－反相液相色谱法
	水溶性维生素	维生素 B_1	GB 5009.84—2016	高效液相色谱法
		维生素 B_2	GB 5009.85—2016	高效液相色谱法
		维生素 C	GB 5413.18—2010	荧光分光光度法
		抗坏血酸	GB 5009.86—2016	高效液相色谱法

目标检测

答案解析

一、单项选择题

1. 因核黄素对光，尤其是紫外线敏感，因此在测定样品中核黄素含量时，试样打匀均质后应（　）存放备用

A. 隔绝氧气　　B. 避光

C. 烘干后　　D. 水浴加热后

2. 为使食品中的挥发酸游离出来，在测定前需要加入少量的（　）

A. 硫酸　　B. 磷酸

C. 氢氧化钾　　D. 盐酸

3. 下列维生素中，属于水溶性维生素且易被氧化的是（　）

A. 维生素 A　　B. 维生素 E

C. 维生素 B_2　　D. 维生素 C

二、判断题

1. 测定样品中钙含量时，需先将样品用石磨研碎。（　）

2. 直接滴定法测定还原糖含量滴定时不能随意摇动锥形瓶，更不能把锥形瓶从热源上取下来滴定。（　）

三、简答题

1. 食品的灰分与食品中原有的无机成分在数量和组成上是否完全相同？
2. 直接滴定法测定食品中还原糖时为何必须在沸腾条件下进行滴定，且不能随意摇动锥形瓶？
3. 测定脂溶性维生素时，含淀粉样品和不含淀粉样品皂化处理的区别是什么？

（魏瑞芝　李文婷　薛香菊　张　远　李　杰）

书网融合……

题库

项目三

食品添加剂的检验

学习目标

知识目标

1. **掌握** 常见食品添加剂的测定原理和方法。
2. **熟悉** 食品添加剂的测定目的和意义。
3. **了解** 食品添加剂的用途。

能力目标

1. 能根据食品的类型及性质选择适当的分析方法。
2. 能采用规定方法测定食品中常见添加剂。

素质目标

通过正确认识食品添加剂，学会辩证思维，培养发现问题、分析问题和解决问题的基本能力及创新意识。

案例导入

案例 2023 年 5 月 19 日，福建省市场监督管理局发布 2023 年第 18 期食品安全监督抽检信息通告，检出不合格食品 6 批次，其中，5 批次食品检出食品添加剂、微生物污染和农药残留问题。该通告揭露漳州市世纪兴成食品有限公司 2023 年 2 月 20 日生产的“好运雪饼”，二氧化硫残留量超过国家标准规定。二氧化硫以及焦亚硫酸钾、焦亚硫酸钠、亚硫酸钠、亚硫酸氢钠等食品添加剂对食品具有漂白、防腐和抗氧化作用，是食品生产加工中常用的漂白剂和防腐剂。《食品安全国家标准　食品添加剂使用标准》（GB 2760—2024）中明确规定，饼干中二氧化硫的最大残留量为 0.1g/kg，若消费者食用了超限量的二氧化硫，可引起恶心、呕吐、腹痛、腹泻等消化道反应，长期食用含有超标二氧化硫的食品，可造成消化道黏膜损伤而引发消化系统疾病。

讨论 1. 我国允许使用的食品添加剂有哪些？

2. 如何科学正确地检测食品中的添加剂含量？

食品添加剂是指为改善食品品质和色、香、味，以及为防腐、保鲜和加工工艺的需要而加入食品中的人工合成或者天然物质。食品用香料、胶基糖果中基础剂物质、食品工业用加工助剂、营养强化剂也包括在内。

食品添加剂按其来源可分为天然食品添加剂与化学合成食品添加剂两大类：天然食品添加剂是利用动植物或微生物的代谢产物为原料，经提取加工后获得的天然物质，如甜菜红、姜黄素、辣椒红素、β－胡萝卜素、叶绿素等；化学合成食品添加剂是将化学原料通过化学反应（氧化、还原、缩合、聚合、成盐等）生产获得的物质，如苯甲酸钠、山梨酸钾、亚硝酸钠、亚硫酸钠、甜蜜素等。食品中使用的大多数添加剂属于化学合成食品添加剂。

我国《食品安全国家标准 食品添加剂使用标准》（GB 2760—2024）中允许使用的食品添加剂按功能和用途分为23类，共2200多种，包括酸度调节剂、抗结剂、消泡剂、抗氧化剂、漂白剂、膨松剂、胶基糖果中基础剂物质、着色剂、护色剂、乳化剂、酶制剂、增味剂、面粉处理剂、被膜剂、水分保持剂、营养强化剂、防腐剂、稳定剂和凝固剂、甜味剂、增稠剂、食品用香料、食品工业用加工助剂、其他类添加剂。

食品添加剂促进了现代食品工业的快速发展，在下列情况下可使用食品添加剂：保持或提高食品本身的营养价值；作为某些特殊膳食用食品的必要配料或成分；提高食品的质量和稳定性，改进其感官特性；便于食品的生产、加工、包装、运输或者贮藏。

但添加剂并不是人体必需的营养成分，长期食用含有过量添加剂甚至非法添加物的食品，会对人体健康造成危害。食品添加剂使用时应符合以下基本要求：不应对人体产生任何健康危害；不应掩盖食品腐败变质；不应掩盖食品本身或加工过程中的质量缺陷或以掺杂、掺假、伪造为目的而使用食品添加剂；不应降低食品本身的营养价值；在达到预期效果的前提下尽可能降低在食品中的使用量。

任务一 甜味剂的测定

PPT

甜味剂是一类能赋予食品甜味的食品添加剂。按其营养价值可分为营养性甜味剂和非营养性甜味剂两类。按其甜度分为低甜度甜味剂与高甜度甜味剂；按其来源可分为天然甜味剂与人工合成甜味剂。

人工合成的甜味剂由于具有安全性高、甜度高、用量少、热量少、多数不升高血糖等特点，故又称为非营养性或低热量甜味剂。对于患有肥胖、高血压、糖尿病、龋齿的特殊人群，甜味剂能代替糖类满足其感官需求；加之又具有高效、经济等优点，因此在食品特别是软饮料工业中被广泛应用。

我国《食品安全国家标准 食品添加剂使用标准》（GB 2760—2024）中允许使用的甜味剂共20种，其中，糖精钠与甜蜜素的价格低廉、甜度高、在生产过程中易滥用，故本节内容主要介绍糖精钠与甜蜜素的测定。

一、糖精钠的测定

糖精钠又名邻苯甲酰磺酰亚胺钠，为无色结晶或白色结晶性粉末，无臭或微有香气，味浓甜带苦，甜度为蔗糖的300~500倍，无营养价值，不被人体利用，若食品中添加过量会出现苦味。

表3-1 糖精钠在不同食品中的最大使用量（以糖精计）

食品名称	最大使用量（g/kg）	食品名称	最大使用量（g/kg）
水果干类（仅限芒果干、无花果干）	5.0	腌渍的蔬菜	0.15
冷冻饮品（食用冰除外）	0.15	新型豆制品 （大豆蛋白及其膨化食品、大豆素肉）	1.0
果酱	0.2	熟制豆类	1.0
蜜饯	1.0	带壳熟制坚果与籽类	1.2
蜜饯类、凉果类	5.0	脱壳熟制坚果与籽类	1.0
凉果类	5.0	复合调味料	0.15
话梅类	5.0	配制酒	0.15
果糕类	5.0		

我国《食品安全国家标准 食品中苯甲酸、山梨酸、糖精钠的测定》（GB 5009.28—2016）中采用液相色谱法和气相色谱法测定糖精钠的含量。其中，液相色谱法可同时测定食品中苯甲酸、山梨酸及糖精钠的含量。

实训一 液相色谱法测定食品中苯甲酸、山梨酸、糖精钠含量

【测定原理】

样品经水提取，高脂肪样品经正己烷脱脂、高蛋白样品经蛋白沉淀剂沉淀蛋白质，采用液相色谱分离、紫外检测器检测，外标法定量。

【适用范围】

本方法适用于食品中苯甲酸、山梨酸和糖精钠的测定。

本方法取样量2g，定容体积50ml时，苯甲酸、山梨酸和糖精钠（以糖精计）的检出限为0.005g/kg，定量限为0.01g/kg。

【试剂与仪器准备】

除非另有说明，本方法所用试剂均为分析纯，水为GB/T 6682规定的一级水。

（一）试剂

正己烷；甲醇，色谱纯；乙酸铵，色谱纯；甲酸，色谱纯。

（二）试剂配制

1. 氨水溶液（1+99） 取氨水1ml，加入99ml水中，混匀。

2. 亚铁氰化钾溶液［$K_4Fe(CN)_6 \cdot 3H_2O$］（92g/L） 称取亚铁氰化钾106g，加入适量水溶解，并用水定容至1000ml。

3. 乙酸锌溶液［$Zn(CH_3COO)_2 \cdot 2H_2O$］（183g/L） 称取乙酸锌220g溶解于少量水中，加入冰乙酸30ml，用水定容至1000ml。

4. 乙酸铵溶液（20mmol/L） 称取乙酸铵1.54g，加入适量水溶解，用水定容至1000ml，经0.22μm水相微孔滤膜过滤后备用。

5. 甲酸－乙酸铵溶液（2mmol/L甲酸＋20mmol/L乙酸铵） 称取乙酸铵1.54g，加入适量水溶解，再加入甲酸75.2μl，加水定容至1000ml，经0.22μm水相微孔滤膜过滤后备用。

6. 糖精钠（$C_6H_4CONNaSO_2$，CAS号：128－44－9） 纯度≥99%，或经国家认证并授予标准物质证书的标准物质。

7. 苯甲酸钠（C_6H_5COONa，CAS号：532－32－1） 纯度≥99%；或苯甲酸（C_6H_5COOH，CAS号：65－85－0），纯度≥99.0%，或经国家认证并授予标准物质证书的标准物质。

8. 山梨酸钾（$C_6H_7KO_2$，CAS号：590－00－1） 纯度≥99%；或山梨酸（$C_6H_8O_2$，CAS号：110－44－1），纯度≥99.0%，或经国家认证并授予标准物质证书的标准物质。

（三）仪器

高效液相色谱仪，配紫外检测器或二极管阵列检测器；超声波发生器；微孔滤膜及过滤器；分析天平（感量0.001g和0.0001g）；涡旋混合器；高速离心机（转速≥8000r/min）；匀浆机；恒温水浴锅。

【样品制备】

（一）试样制备

取多个预包装的饮料、液态奶等均匀样品直接混合；非均匀的液态、半固态样品用组织匀浆机匀浆；固体样品用研磨机充分粉碎并搅拌均匀；奶酪、黄油、巧克力等采用50～60℃加热熔融，并趁热充

分搅拌均匀。取其中的200g装入玻璃容器中，密封，液体试样于4℃保存，其他试样于-18℃保存。

（二）试样提取

1. 一般性试样 精密称取约2g（精确至1mg）试样于50ml具塞离心管中，加水约25ml，涡旋混匀，于50℃水浴超声20分钟，冷却至室温后加入亚铁氰化钾溶液2ml和乙酸锌溶液2ml，混匀，于8000r/min离心5分钟，将水相转移至50ml容量瓶中，于残渣中加水20ml，涡旋混匀后超声5分钟，于8000r/min离心5分钟，将水相转移到同一个容量瓶中，并用水定容至刻度，混匀。取适量上清液过0.22μm滤膜，待测。

碳酸饮料、果酒、果汁、蒸馏酒等测定时可以不加蛋白沉淀剂。

2. 含胶基的果冻、糖果等试样 精密称取约2g（精确至1mg）试样于50ml具塞离心管中，加水约25ml，涡旋混匀，于70℃水浴加热溶解试样，于50℃水浴超声20分钟，冷却至室温后加亚铁氰化钾溶液2ml和乙酸锌溶液2ml，混匀，于8000r/min离心5分钟，将水相转移至50ml容量瓶中，于残渣中加水20ml，涡旋混匀后超声5分钟，于8000r/min离心5分钟，将水相转移到同一个容量瓶中，并用水定容至刻度，混匀。取适量上清液过0.22μm滤膜，待测。

3. 油脂、巧克力、奶油、油炸食品等高油脂试样 精密称取约2g（精确至1mg）试样于50ml具塞离心管中，加正己烷10ml，于60℃水浴加热约5分钟，并不时轻摇以溶解脂肪，然后加氨水溶液（1+99）25ml，乙醇1ml，涡旋混匀，于50℃水浴超声20分钟，冷却至室温后，加亚铁氰化钾溶液2ml与乙酸锌溶液2ml，混匀，于8000r/min离心5分钟，弃去有机相，残渣加水20ml，涡旋混匀后超声5分钟，于8000r/min离心5分钟，将水相转移至同一个容量瓶中，并用水定容至刻度，摇匀，取适量上清液过0.22μm滤膜，待测。

（三）标准溶液制备

1. 苯甲酸、山梨酸和糖精钠（以糖精计）标准贮备液（1000mg/L） 取糖精钠适量于称量瓶中，于120℃干燥4小时，冷却后置于干燥器中备用。分别精密称取苯甲酸钠0.118g、山梨酸钾0.134g、干燥后的糖精钠0.117g（精确至0.1mg），加水溶解并分别定容至100ml。本液于4℃贮存，保存期为6个月。若使用苯甲酸和山梨酸标准品时，需要用甲醇定容；三种储备液分开配制并冷藏贮存。

2. 苯甲酸、山梨酸、糖精钠（以糖精计）混合标准中间溶液（200mg/L） 分别精密量取苯甲酸、山梨酸和糖精钠标准贮备液各10.00ml于同一个50ml容量瓶中，加水稀释至刻度，摇匀。本液于4℃贮存，保存期为3个月。

3. 苯甲酸、山梨酸、糖精钠（以糖精计）混合标准系列工作溶液 分别精密量取苯甲酸、山梨酸、糖精钠混合标准中间溶液0、0.05、0.25、0.50、1.00、2.50、5.00和10.0ml，置于10ml容量瓶中，加水稀释至刻度，摇匀；配制成质量浓度分别为0、1.00、5.00、10.0、20.0、50.0、100和200mg/L的混合标准系列工作溶液。临用前现配。

【样品测定】

（一）色谱条件

1. 色谱柱 C_{18}柱，250mm×4.6mm×5μm，或等效色谱柱。

2. 流动相 甲醇-乙酸铵溶液（5：95）。

3. 流速 1ml/min。

4. 检测波长 230nm。

5. 进样量 10μl。

当存在干扰峰或需要辅助定性时，可以采用加入甲酸的流动相来测定：甲醇+甲酸-乙酸铵=8+92。

（二）标准曲线的绘制

将混合标准系列工作溶液用0.22μm滤膜过滤后，依次注入高效液相色谱仪，记录色谱图，以保留时间定性，分别测得苯甲酸、山梨酸、糖精钠（以糖精计）标准物质的峰面积。

以混合标准系列工作溶液的质量浓度为横坐标，各标准物质的峰面积为纵坐标，分别绘制三种待测物的标准曲线，计算回归方程。

（三）试样溶液测定

将试样溶液注入高效液相色谱仪中，同法测得苯甲酸、山梨酸、糖精钠的峰面积，代入对应的回归方程中，分别计算出待测溶液中苯甲酸、山梨酸和糖精钠（以糖精计）的质量浓度。

【结果计算与数据处理】

试样中苯甲酸、山梨酸和糖精钠的含量按式3-1计算。

$$X=\frac{\rho\times v}{m\times 1000} \tag{3-1}$$

式中，X为试样中苯甲酸、山梨酸、糖精钠的含量（以糖精计），g/kg；ρ为试液溶液中糖精钠的质量浓度，mg/L；V为试样定容体积，ml；m为试样质量g；1000为mg/L单位换算为mg/ml的换算系数。

计算结果保留3位有效数字。在重复性条件下获得的两次独立测定结果的绝对差值不得超过算术平均值的10%。

【技术提示】

1. 若本试验仅测定糖精钠，只需制备糖精钠标准储备液、标准中间液、标准系列工作溶液即可。
2. 本方法为反相高效液相色谱法，样品在测定前需严格进行脱脂、除去蛋白质，并用微孔滤膜过滤后，方可注入高效液相色谱仪中，否则易造成固定相分离效能下降、色谱柱流路堵塞等影响。

二、甜蜜素的测定

甜蜜素，又名环己基氨基磺酸钠，为白色针状、片状结晶或结晶性粉末，无臭，味甜。甜蜜素为酱菜类、调味汁、糕点、配制酒和饮料中常用的一种非营养性甜味剂，甜度为蔗糖的30~50倍，它具有风味良好、不带异味，与糖精钠复配使用可掩盖糖精钠不良苦涩味的优点。

我国《食品安全国家标准　食品添加剂使用标准》（GB 2760—2024）中对甜蜜素的用量有明确规定，其最大使用量以环己基氨基磺酸计（表3-2）。

表3-2　甜蜜素在不同食品中的最大使用量（以环己基氨基磺酸计）

食品名称	最大使用量（g/kg）	食品名称	最大使用量（g/kg）
冰冻饮品（食用冰除外）	0.65	带壳熟制坚果与籽类	6.0
水果罐头	0.65	脱壳熟制坚果与籽类	1.2
果酱	1.0	面包	1.6
蜜饯类、凉果类	8.0	糕点	1.6
蜜饯	1.0	饼干	0.65
话梅类	8.0	复合调味料	0.65
果糕类	8.0	饮料类（包装饮用水、果蔬汁（浆）、浓缩果蔬汁（浆）除外）	0.65
腌渍蔬菜	1.0	配制酒	0.65
熟制豆类	1.0	果冻	0.65
腐乳类	0.65	膨化食品	0.2

甜蜜素是国内使用超标较严重的甜味剂之一，若消费者经常食用甜蜜素含量超标的食品，会对肝脏及神经系统造成毒害，对老年人、未成年人及孕妇的危害更大。

《食品安全国家标准　食品中环己基氨基磺酸盐的测定》（GB 5009.97—2023）提供了三种测定方法，气相色谱法、高效液相色谱法和液相色谱 - 质谱/质谱法。

实训二　气相色谱法测定食品中甜蜜素含量

【测定原理】

食品中的环己基氨基磺酸钠用水提取，在硫酸介质中与亚硝酸钠反应，生成环己醇亚硝酸酯和环己醇，用正庚烷萃取后，用气相色谱 - 氢火焰离子化检测器测定，外标法定量。

【适用范围】

本方法适用于食品（蒸馏酒、发酵酒、配制酒、料酒及其他含乙醇的食品除外）中环己基氨基磺酸盐的测定。

取样量为 2g 时，本方法检出限为 0.01g/kg，定量限为 0.03g/kg。

【试剂与仪器准备】

除另有说明，本方法所用试剂均为分析纯，水为 GB/T 6682 规定的一级水。

（一）试剂

正庚烷，色谱纯；石油醚，沸程 30～60℃；硫酸，95%～98%（质量分数），密度 1.84g/ml；亚硝酸钠；淀粉酶，酶活力≥1500U/g；无水乙醇。

（二）试剂配制

1. 亚硝酸钠溶液（50g/L）　称取 50g 亚硝酸钠，溶于水并稀释至 1000ml，摇匀。

2. 硫酸溶液（200g/L）　量取 108ml 硫酸，缓缓加入 800ml 水中，不断搅拌避免局部过热，冷却后加水稀释至 1000ml，摇匀。

3. 环己基氨基磺酸标准储备液（6.00mg/ml）　精密称取适量环己基氨基磺酸钠标准品，加水溶解并定容至 100ml，混匀（环己基氨基磺酸钠折算为环己基氨基磺酸的换算系数为 0.8907）。本液置于 1～4℃避光贮存，有效期 1 年。

4. 环己基氨基磺酸标准中间液（1200μg/ml）　精密量取 10.00ml 环己基氨基磺酸标准储备液，加水稀释并定容至 50ml，混匀。本液置于 1～4℃贮存，有效期 6 个月。

（三）仪器

气相色谱仪，配氢火焰离子化检测器（FID）；涡旋混合器；高速离心机（转速≥4000r/min）；超声波发生器；样品粉碎机；10μl 微量注射器；恒温水浴锅；分析天平（感量 1mg、0.1mg）研磨机；匀浆机。

【样品制备】

（一）试样准备

1. 液体试样　直接摇匀（含二氧化碳的试样，超声除去气泡后摇匀）。

2. 非均匀的液态、半固态试样　取适量试样，经匀浆机匀浆后混匀。

3. 巧克力、巧克力制品、奶酪、黄油等试样 取适量试样，-18℃冷冻后，粉碎机粉碎并搅拌均匀。

4. 固态试样 取适量试样，用研磨机或粉碎机粉碎并搅拌均匀。

（二）试样提取

1. 巧克力、奶油、奶酪、乳粉、调味面制品、油腐乳、油豆豉、肉及肉制品、水产品罐头等含较高油脂试样 称取2g试样（精确至0.001g）于离心管中，加入石油醚20ml，涡旋5分钟，超声10分钟，5000r/min离心3分钟，弃去石油醚层，再加入石油醚20ml提取1次，弃去石油醚层，60℃±2℃水浴挥去残留石油醚，加入水20ml（巧克力、奶油、奶酪、乳粉等试样需在水浴锅中60℃±2℃加热20分钟），涡旋5分钟，超声提取30分钟，混匀后放至室温备用。

2. 果冻、糖粉、米粉、淀粉制品等试样 称取2g试样（精确至0.001g）于离心管中，加入水20ml（米粉、淀粉等试样需再加入淀粉酶0.2g），混合均匀后，60℃±2℃水浴加热20分钟，涡旋5分钟，超声提取10分钟，混匀后放至室温备用。

3. 其他固体、半固体试样 称取2g试样（精确至0.001g）于离心管中，加水至20ml，涡旋5分钟，超声提取10分钟，混匀后放至室温备用。

（三）试样衍生化

将装有试样提取液的离心管置于冰浴10分钟后，依次加入正庚烷10ml、亚硝酸钠溶液（50g/L）5ml、硫酸溶液（200g/L）5ml，混匀，于冰浴中放置30分钟，其间振摇3~5次。取出后涡旋3分钟，于4℃条件下9000r/min离心3分钟（如出现乳化现象，可缓慢滴加无水乙醇，同时轻摇离心管，直到破乳，于4℃条件下9000r/min离心3分钟），取上清液过0.45μm有机相滤膜，供上机测定。

（四）标准系列工作溶液的制备及衍生化

分别精密量取环己基氨基磺酸标准中间液（1200μg/ml）0.05、0.10、0.25、0.50、1.00、2.5、5.0ml于离心管中，用水稀释至20ml，按“试样衍生化”同法处理。此时正庚烷中待测物的浓度分别相当于6、12、30、60、120、300、600μg/ml，临用现配。

【样品测定】

（一）色谱条件

1. 色谱柱 内涂50%苯基-50%甲基聚硅氧烷的中等极性毛细管柱，30m×0.32mm×0.25μm或等效色谱柱。

2. 柱温升温程序 初温50℃保持3分钟，10℃/min升温至70℃保持0.5分钟，30℃/min升温至220℃保持3分钟。

3. 进样口温度 230℃。

4. 进样量 1μl。

5. 进样方式 分流进样，分流比为1∶5。

6. 检测器 氢火焰离子化检测器（FID），温度260℃。

7. 载气 高纯氮气，流速为2.0ml/min；氢气32ml/min；空气300ml/min。

（二）标准曲线绘制

分别精密吸取1μl经衍生化处理的标准系列工作溶液上清液，依次注入气相色谱仪中，测得不同浓度下被测物的峰面积，以浓度为横坐标，以环己醇亚硝酸酯和环己醇两峰面积之和为纵坐标，绘制标准曲线，计算回归方程。

（三）测定

精密吸取1μl经衍生化处理的试样待测液上清液，同法测得环己醇亚硝酯与环己醇的峰面积之和。将峰面积代入回归方程，即得。

若试样上清液响应值超出标准曲线的线性范围，可用正庚烷定量稀释后再进行测定。平行测定次数不少于两次。

【结果计算及数据处理】

试样中环己基氨基磺酸的含量按式3－2计算。

$$X=\frac{\rho\times V\times 1000\times f}{m\times 1000\times 1000} \tag{3-2}$$

式中，X为试样中环己基氨基磺酸的含量，g/kg；ρ为标准曲线计算出定容样液中环己基氨基磺酸的浓度，μg/ml；f为稀释倍数；m为试样质量，g；V为试样最后定容体积，ml。1000为X单位从μg/g换算成g/kg的换算系数。

计算结果以重复性条件下获得的两次独立测定结果的算术平均值表示，结果保留三位有效数字。在重复性条件下获得的两次独立测定结果的绝对差值不得超过算术平均值的15%。

实训三　高效液相色谱法测定食品中甜蜜素含量

【测定原理】

食品中的环己基氨基磺酸盐用水提取后，在硫酸介质中与次氯酸钠反应，生成N,N－二氯环己胺，用正庚烷萃取后，用高效液相色谱－紫外或二极管阵列检测器测定，外标法定量。

【适用范围】

本方法适用于食品中环己基氨基磺酸盐的测定。

取样量2g时，本方法检出限为0.01g/kg，定量限0.03g/kg。

【试剂与仪器准备】

除非另有说明，本方法所用试剂均为分析纯，水为GB/T 6682规定的一级水。

（一）试剂

正庚烷，色谱纯；乙腈，色谱纯；石油醚，沸程30～60℃；硫酸，95%～98%（质量分数），密度1.84g/ml；次氯酸钠；碳酸氢钠；无水乙醇。

（二）试剂配制

1. 硫酸溶液（1＋1） 量取250ml硫酸，小心缓慢地加入250ml水中，不断搅拌防止局部过热，混匀。

2. 次氯酸钠溶液 将次氯酸钠用水稀释，混匀。保持有效氯含量120g/L以上，贮存于棕色瓶中，临用现配。也可用市售产品，需标定。

3. 碳酸氢钠（50g/L） 称取25g碳酸氢钠，加水溶解并稀释至500ml，混匀。

4. 环己基氨基磺酸标准储备液（6.00mg/ml） 同本项目实训二。

5. 环己基氨基磺酸标准中间液（1200μg/ml） 同本项目实训二。

（三）仪器

高效液相色谱仪（配有紫外检测器或二极管阵列检测器）；分析天平（感量1mg、0.1mg）；涡旋混合器；高速离心机；超声波发生器；粉碎机；研磨机；匀浆机；恒温水浴装置。

【样品制备】

（一）试样准备

同本项目实训二。

（二）试样提取

同本项目实训二。

（三）试样衍生化

向装有试样提取液的离心管中依次缓慢加入硫酸溶液（1 +1）4ml、正庚烷 10ml、次氯酸钠溶液 2ml，涡旋 3 分钟，9000r/min 离心 3 分钟（如有乳化现象，可缓慢加入无水乙醇，同时轻摇离心管，直至破乳，于 4℃条件下 9000r/min 离心 3 分钟），立即移取上清液 3ml 于另一离心管中，加入碳酸氢钠溶液（50g/L）15ml，涡旋 5 分钟，9000r/min 离心 3 分钟，取上清液经 0.22μm 有机相微孔滤膜滤过，供上机测定。

（四）标准系列工作溶液的制备与衍生化

分别精密量取 0.05、0.10、0.25、0.50、1.0、2.5、5.0ml 环己基氨基磺酸标准中间液（1200μg/ml）于离心管中，用水稀释至 20ml，按"试样衍生化"同法操作。此时正庚烷中待测物的浓度分别为 6、12、30、60、120、300、600μg/ml。临用现配。

【样品测定】

（一）色谱条件

1. 色谱柱　C_{18}柱，4.6mm × 150mm，5μm 或同等性能的色谱柱。

2. 流动相　水 + 乙腈（25 +75），等度洗脱。

3. 流速　1.0ml/min。

4. 进样量　10μl。

5. 柱温　40℃。

6. 检测器　紫外检测器或二极管阵列检测器。

7. 检测波长　314nm。

（二）标准曲线绘制

取衍生后的标准系列工作溶液各 10μl，依次注入高效液相色谱仪，以保留时间定性，测得峰面积。以标准系列工作溶液的浓度为横坐标，以 *N*,*N* - 二氯环己胺峰面积为纵坐标，绘制标准曲线，计算回归方程。

（三）测定

取衍生后的试样，注入高效液相色谱仪，同法测定 *N*,*N* - 二氯环己胺峰面积后，代入回归方程，计算样品中环己基氨基磺酸的浓度，平行测定次数不少于两次。

【结果计算及数据处理】

试样中环己基氨基磺酸含量按式 3 - 3 计算。

$$X = \frac{\rho \times v \times 1000 \times f}{m \times 1000 \times 1000} \tag{3-3}$$

式中，X 为试样中环己基氨基磺酸的含量，g/kg；ρ 为标准曲线计算出样品溶液中环己基氨基磺酸的浓度，μg/ml；V 为定容体积，ml；f 为稀释倍数；m 为试样质量，g。1000 为 X 单位从 μg/g 换算成 g/kg 时的换算系数。

拓展阅读

甜蜜素测定方法

甜蜜素的测定方法除了气相色谱法、高效液相色谱法之外，还可用液相色谱－质谱/质谱法。该法可用于白酒、葡萄酒、黄酒、料酒中环己基氨基磺酸钠的测定。其原理为酒样经水浴加热除去乙醇后以水定容，用液相色谱－质谱/质谱仪测定其中的环己基氨基磺酸钠，保留时间及相对离子丰度定性，外标法定量。计算结果以重复性条件下获得的两次独立测定结果的算术平均值表示，结果保留三位有效数字。在重复性条件下获得的两次独立测定结果的绝对差值不得超过算术平均值的15%。

任务二　防腐剂的测定

PPT

防腐剂是指能防止食品腐败变质、抑制食品中微生物繁殖、延长食品保存期的食品添加剂，在食品工业中被广泛使用。我国《食品安全国家标准　食品添加剂使用标准》（GB 2760—2024）中收载的防腐剂共有25种，按其来源可将其分为天然防腐剂与人工合成防腐剂两大类。

天然防腐剂是由微生物体内或代谢产物中发现的一种具有防腐作用的物质，如ε－聚赖氨酸、纳他霉素、溶菌酶及乳酸链球菌素，具有对人体健康危害小、易降解、生产成本高的特点；而人工合成防腐剂与其相比，具有防腐能力强、性质稳定、成本低、纯度高、使用方便等优点，因此化学合成防腐剂的应用更广泛。

目前我国食品加工中多使用苯甲酸及其钠盐、山梨酸及其钾盐作为食品防腐剂，故本节主要介绍这两种防腐剂的测定方法。

一、苯甲酸（钠）的测定

苯甲酸又名安息香酸，为白色有丝光的鳞片或针状结晶或结晶性粉末，质轻，无臭或微臭，具有升华性；易溶于乙醇、三氯甲烷或乙醚，在沸水中溶解，在水中微溶。其钠盐为白色颗粒，无臭或微臭，味微甜，易溶于水。苯甲酸钠为酸性防腐剂，在碱性介质中无抑菌作用，但在pH 2.5～4.0时对多数微生物具有抑制作用，故常用于饮料、果汁、蜜饯、果酒、酱油等酸性食品的防腐。

我国《食品安全国家标准　食品添加剂使用标准》（GB 2760—2024）中对苯甲酸及其钠盐的最大使用量有明确规定，其用量以苯甲酸计（表3－3）。

表3－3　苯甲酸钠在不同食品中的最大使用量（以苯甲酸计）

食品名称	最大使用量（g/kg）	食品名称	最大使用量（g/kg）
风味冰、冰棍类	1.0	半固体复合调味料	1.0
果酱（罐头除外）	1.0	液体复合调味料	1.0
蜜饯凉果	0.5	浓缩果蔬汁（浆）	2.0
腌渍蔬菜	1.0	果蔬汁类饮料	1.0
胶基糖果	1.5	蛋白饮料	1.0
其他糖果	0.8	碳酸饮料	0.2
调味糖浆	1.0	茶、咖啡、植物饮料	1.0
醋	1.0	特殊用途饮料	0.2
酱油	1.0	风味饮料	1.0
酱及酱制品	1.0	配制酒	0.4
复合调味料	0.6	果酒	0.8

我国《食品安全国家标准 食品中山梨酸、苯甲酸、糖精钠的测定》（GB 5009.28—2016）可选用的方法有高效液相色谱法和气相色谱法。液相色谱法见本项目实训一高效液相色谱法测定食品中苯甲酸、山梨酸、糖精钠含量，此处只介绍气相色谱法测定苯甲酸、山梨酸含量。

实训四 气相色谱法测定食品中苯甲酸、山梨酸含量

【测定原理】

试样经盐酸酸化后，用乙醚提取苯甲酸、山梨酸，采用气相色谱-氢火焰离子化检测器进行分离测定，外标法定量。

【适用范围】

本方法适用于酱油、水果汁、果酱中苯甲酸、山梨酸的测定。取样量2.5g，按试样前处理方法操作，最后定容至2ml时，苯甲酸、山梨酸的检出限均为0.005g/kg，定量限均为0.01g/kg。

【试剂与仪器准备】

除非另有说明，本方法所用试剂均为分析纯，水为GB/T 6682规定的一级水。

（一）试剂

乙醚；乙醇；正己烷；乙酸乙酯，色谱纯。

（二）试剂配制

1. 无水硫酸钠 500℃烘8小时，于干燥器中冷却至室温后备用。

2. 盐酸溶液（1+1） 取盐酸50ml，边搅拌边缓缓加入50ml水中，混匀。

3. 氯化钠溶液（40g/L） 称取氯化钠40g，加水适量溶解，加盐酸溶液2ml，再加水定容至1000ml。

4. 正己烷-乙酸乙酯混合溶液（1+1） 取正己烷与乙酸乙酯各100ml，混匀。

5. 苯甲酸、山梨酸标准储备液（1000mg/L） 分别精密称取苯甲酸、山梨酸标准品各0.1g（精确至0.1mg），用甲醇溶解并定容至100ml，转移至密闭容器中，于-18℃贮存，保存期为6个月。

6. 苯甲酸、山梨酸混合标准中间溶液（200mg/L） 分别精密量取苯甲酸、山梨酸标准储备液各10.00ml于同一个50ml容量瓶中，用乙酸乙酯定容。转移至密闭容器中，于-18℃贮存，保存期为3个月。

7. 苯甲酸、山梨酸混合标准系列工作溶液 分别精密量取苯甲酸、山梨酸混合标准中间溶液0、0.05、0.25、0.50、1.00、2.50、5.00和10.0ml，用正己烷-乙酸乙酯混合溶剂（1+1）定容至10ml，配制成质量浓度分别为0、1.00、5.00、10.0、20.0、50.0、100和200mg/L的混合标准系列工作溶液。临用前现配。

（三）仪器

气相色谱仪，配氢火焰离子化检测器（FID）；分析天平（感量1mg、0.1mg）；涡旋混合器；高速离心机（转速≥8000r/min）；匀浆机；氮吹仪。

【样品制备】

（一）试样准备

取多个预包装的样品，其中均匀样品直接混合，非均匀样品用组织匀浆机充分搅拌均匀，取其中的

200g 装入洁净的玻璃容器内，密封，水溶液于4℃贮存，其他试样于-18℃贮存。

（二）试样提取

精密称取试样2.5g（精确至1mg）于50ml离心管中，加氯化钠0.5g、盐酸溶液（1+1）0.5ml与乙醇0.5ml，用乙醚15ml和10ml提取两次，每次振摇1分钟，于8000r/min离心3分钟，每次均将上层乙醚提取液通过无水硫酸钠滤入25ml容量瓶中。加乙醚清洗无水硫酸钠层并收集至约25ml刻度，最后用乙醚定容，混匀。精密量取乙醚提取液5.00ml于5ml具塞刻度试管中，于35℃用氮气吹干，精密加入正己烷-乙酸乙酯（1+1）混合液2.00ml溶解残渣，待气相色谱测定。

【样品测定】

（一）色谱条件

1. 色谱柱 聚乙二醇毛细管柱，长30m，内径320μm，膜厚度0.25μm，或等效色谱柱。

2. 载气 高纯氮气，流速3ml/min。

3. 氢气 40L/min。

4. 空气 400L/min。

5. 进样口 250℃。

6. 检测器 250℃。

7. 柱温程序 初始温度80℃，保持2分钟，以15℃/min的速率升温至250℃，保持5分钟。

8. 进样量 2μl。

9. 分流比 10∶1。

（二）标准曲线绘制

分别吸取混合标准系列工作溶液，注入气相色谱仪，测得苯甲酸、山梨酸在各浓度下对应的峰面积，以质量浓度为横坐标、峰面积为纵坐标，分别绘制苯甲酸、山梨酸的标准曲线，并计算回归方程。

（三）试样溶液测定

将试样溶液注入气相色谱仪，测得峰面积后，将苯甲酸或山梨酸的峰面积代入对应回归方程中，即得待测液中苯甲酸、山梨酸的浓度。

【结果计算与数据处理】

试样中苯甲酸、山梨酸的含量按式3-4计算：

$$X=\frac{\rho \times V \times 25}{m \times 5 \times 1000} \tag{3-4}$$

式中，X为试样中苯甲酸或山梨酸的含量，g/kg；ρ为标准曲线得出的待测液中苯甲酸或山梨酸的质量浓度，mg/L；V为加入正己烷-乙酸乙酯的体积，ml；m为试样质量，g；25为乙醚定容体积，ml；5为测定时量取乙醚提取液的体积，ml；1000为mg/kg置换为g/kg的换算系数。

测定结果保留三位有效数字。在重复性条件下获得的两次独立测定结果的绝对差值不得超过算术平均值的10%。

【技术提示】

（1）本方法为《食品中苯甲酸、山梨酸、糖精钠测定》（GB 5009.28—2016）的第二法，可同时测得食品中苯甲酸及山梨酸的含量，若只有苯甲酸一个待测成分，只需配制苯甲酸单一储备液、中间液和标准系列工作溶液即可。

（2）山梨酸结构中具有共轭双键，有还原性，为避免山梨酸在操作过程中被空气氧化而使测定结果偏低，故乙醚挥发时，需采用氮气吹干的方式。

二、山梨酸（钾）的测定

山梨酸又名花楸酸，化学名为2,4-己二烯酸，为白色或微黄色结晶性粉末，其钾盐山梨酸钾是无色至白色鳞片状结果或结晶性粉末，无臭或有微臭，有吸湿性。与苯甲酸钠相比，山梨酸钾的抑菌作用更强、使用更安全，对人体毒性更小，是FAO/WHO推荐使用的高效安全的防腐剂，在食品工业中广泛应用。

我国《食品安全国家标准　食品添加剂使用标准》（GB 2760—2024）中对山梨酸及其钾盐的使用量有明确规定，它可在酱油、醋、配制酒、果冻等食品中使用，其最大使用量因产品而异，为0.075～2.0g/kg。

《食品安全国家标准　食品加苯甲酸、山梨酸、糖精钠的测定》（GB 5009.28—2016）中对山梨酸的含量测定分别采用高效液相色谱法与气相色谱法，此内容已在本项目的实训一和实训四中介绍过，故此处不再重复。

任务三　护色剂的测定

PPT

护色剂也称发色剂或呈色剂，是本身不具有颜色，但能与食品中某些成分发生作用，使食品的色泽保持稳定或得到改善的一类食品添加剂。

我国允许使用的护色剂有硝酸钠（钾）、亚硝酸钠（钾）、葡萄糖酸亚铁和D-异抗坏血酸及其钠盐等。硝酸盐和亚硝酸盐主要用于动物性食品中，葡萄糖酸亚铁仅在腌渍的蔬菜（仅限橄榄）中应用，D-异抗坏血酸及其钠盐多用于果蔬制品和葡萄酒中。

亚硝酸钠在酸性条件下可生成游离的亚硝酸，并进一步分解产生亚硝基。亚硝基可与肉类中的肌红蛋白反应，生成亮红色的亚硝基肌红蛋白，亚硝基肌红蛋白遇热释放出巯基后，最终生成较稳定且具有鲜红色的亚硝基血色原，从而赋予肉制品鲜艳的红色。但过量食用亚硝酸钠，会造成人体急性中毒；亚硝酸钠在人体内还能与胺类或酰胺化合物反应，生成具有致癌作用的亚硝胺。硝酸盐在胃肠道中也可被还原生成亚硝酸盐而产生上述作用。

《食品安全国家标准　食品添加剂使用标准》（GB 2760—2024）规定硝酸钠的最大使用量为0.5g/kg，亚硝酸钠的最大使用量为0.15g/kg；肉制品中的残留量，以亚硝酸钠计不得超过0.03g/kg。

《食品安全国家标准　食品中亚硝酸盐与硝酸盐的测定》（GB 5009.33—2016）提供了离子色谱法、分光光度法和紫外分光光度法（蔬菜、水果）三种方法。

实训五　离子色谱法测定食品中亚硝酸盐与硝酸盐含量

【测定原理】

试样经沉淀蛋白质、除去脂肪后，采用相应的方法提取和净化，以氢氧化钾溶液为淋洗液，阴离子交换柱分离，电导检测器或紫外检测器检测。以保留时间定性，外标法定量。

【适用范围】

本方法适用于食品中亚硝酸盐和硝酸盐的测定。

本方法中亚硝酸盐和硝酸盐检出限分别为0.2mg/kg和0.4mg/kg。

【试剂与仪器准备】

除非另有说明，本方法所用试剂均为分析纯，水为 GB/T 6682 规定的一级水。

（一）试剂配制

1. 乙酸溶液（3%） 量取乙酸 3ml 于 100ml 容量瓶中，加水稀释至刻度，摇匀。

2. 氢氧化钾溶液（1mol/L） 称取氢氧化钾 6g，加入新煮沸的冷水溶解，并稀释至 100ml，混匀。

3. 亚硝酸盐标准储备液（100mg/L，以 NO_2^- 计，下同） 精密称取 0.1500g 于 110 ~ 120℃ 干燥至恒重的基准亚硝酸钠，加水溶解并定容至 1000ml，混匀。

4. 硝酸钠标准储备液（1000mg/L，以 NO_3^- 计，下同） 精密称取 1.3710g 于 110 ~ 120℃ 干燥至恒重的基准硝酸钠，加水溶解并定容至 1000ml，混匀。

5. 亚硝酸盐与硝酸盐混合标准中间液 精密量取亚硝酸盐与硝酸盐标准储备液各 1.00ml 于 100ml 容量瓶中，加水稀释至刻度，摇匀，此溶液每升含亚硝酸根离子 1.0mg 和硝酸根离子 10.0mg。

6. 亚硝酸盐和硝酸盐混合标准使用液 精密量取亚硝酸盐和硝酸盐混合标准中间液，加水逐级稀释，制成混合标准使用液，亚硝酸根离子浓度分别为 0.02、0.04、0.06、0.08、0.10、0.15、0.20mg/L；硝酸根离子浓度分别为 0.2、0.4、0.6、0.8、1.0、1.5、2.0mg/L。

（二）仪器

离子色谱仪（配电导检测器及抑制器或紫外检测器）；高容量阴离子交换柱（50μl 定量环）；样品粉碎机；超声波发生器；分析天平（感量 0.1mg、1mg）；高速离心机，转速≥10000r/min，配 50ml 离心管；0.22μm 水性滤膜针头过滤器；固相萃取柱，包括 C_{18} 柱、Ag 柱和 Na 柱或等效柱；注射器（1.0ml 和 2.5ml）。

所有玻璃器皿使用前均需依次用 2mol/L 氢氧化钾和水分别浸泡 4 小时，然后用水冲洗 3 ~ 5 次，晾干备用。

【样品制备】

（一）试样准备

1. 蔬菜、水果 将新鲜蔬菜、水果试样用自来水洗净后，用水冲洗，晾干后，取可食部分切碎混匀。将切碎的样品用四分法取适量，用食物粉碎机制成匀浆，备用。如需加水应记录加水量。

2. 粮食和其他植物样品 除去可见杂质后，取有代表性试样 50 ~ 100g，粉碎后，过 0.30mm 孔筛，混匀，备用。

3. 肉类、蛋、水产及其制品 用四分法取适量或取全部，用食物粉碎机制成匀浆，备用。

4. 乳粉、豆奶粉、婴儿配方粉等固态乳制品（不包括干酪） 将试样装入能够容纳 2 倍试样体积的带盖容器中，通过反复摇晃和颠倒容器使样品充分混匀直到使试样均一化。

5. 发酵乳、乳、炼乳及其他液体乳制品 通过搅拌或反复摇晃和颠倒容器使试样充分混匀。

6. 干酪 取适量的样品研磨成均匀的泥浆状。为避免水分损失，研磨过程中应避免产生过多的热量。

（二）试样提取

1. 蔬菜、水果等植物性试样 称取试样 5g（精确至 1mg，可适当调整试样的取样量，以下相同）于 150ml 具塞锥形瓶中，加入水 80ml，1mol/L 氢氧化钾溶液 1ml，超声提取 30 分钟，每隔 5 分钟振摇 1 次，保持固相完全分散。于 75℃ 水浴中放置 5 分钟，取出冷却至室温，定量转移至 100ml 容量瓶中，加水稀释至刻度，摇匀，用干燥滤纸过滤，取部分续滤液于 10000r/min 离心 15 分钟，上清液备用。

2. 肉类、蛋类、鱼类及其制品等 称取试样匀浆5g（精确至1mg）于150ml具塞锥形瓶中，加水80ml，超声提取30分钟，每隔5分钟振摇1次，保持固相完全分散。于75℃水浴中放置5分钟，取出冷却至室温，定量转移至100ml容量瓶中，加水稀释至刻度，摇匀。用干燥滤纸过滤，取部分续滤液于10000r/min离心15分钟，上清液备用。

3. 腌鱼类、腌肉类及其他腌制品 称取试样匀浆2g（精确至1mg）于150ml具塞锥形瓶中，加水80ml，超声提取30分钟，每隔5分钟振摇1次，保持固相完全分散。于75℃水浴中放置5分钟，取出冷却至室温，定量转移至100ml容量瓶中，加水稀释至刻度，摇匀。用干燥滤纸过滤，取部分续滤液于10000r/min离心15分钟，上清液备用。

4. 乳 称取试样10g（精确至0.01g）于100ml具塞锥形瓶中，加水80ml，摇匀，超声30分钟，加入3%乙酸溶液2ml，于4℃放置20分钟，取出放置至室温，定量转移至100ml容量瓶中，加水稀释至刻度，摇匀。用干燥滤纸过滤，取续滤液备用。

5. 乳粉及干酪 称取试样2.5g（精确至0.01g）于100ml具塞锥形瓶中，加水80ml，摇匀，超声30分钟，取出放冷至室温，定量转移至100ml容量瓶中，加入3%乙酸溶液2ml，加水稀释至刻度，摇匀。于4℃放置20分钟，取出放置至室温后，用干燥滤纸过滤，取续滤液备用。

（三）试样净化

取上述备用溶液约15ml，通过0.22μm水性滤膜针头滤器、C_{18}柱，弃去前面3ml，收集后面洗脱液待测。

固相萃取柱使用前需进行活化，C_{18}柱（1.0ml）、Ag柱（1.0ml）、Na柱（1.0ml），其活化方式为：C_{18}柱（1.0ml）使用前依次用甲醇10ml、水15ml通过，静置活化30分钟。Ag柱（1.0ml）和Na柱（1.0ml）用10ml水通过，静置活化30分钟。

【样品测定】

（一）色谱参考条件

1. 色谱柱 氢氧化物选择性，可兼容梯度洗脱的二乙烯基苯-乙基苯乙烯共聚物基质，烷醇基季铵盐功能团的高容量阴离子交换柱，4mm×250mm（带保护柱4mm×50mm），或性能相当的离子色谱柱。

2. 淋洗液

（1）氢氧化钾溶液 浓度为6～70mmol/L；洗脱梯度为6mmol/L 30分钟，70mmol/L 5分钟，6mmol/L 5分钟；流速1.0ml/min。

（2）粉状婴幼儿配方食品 氢氧化钾溶液，浓度为5～50mmol/L；洗脱梯度为5mmol/L 33分钟，50mmol/L 5分钟，5mmol/L 5分钟；流速1.3ml/min。

3. 检测器 电导检测器，检测池温度为35℃；或紫外检测器，检测波长为226nm。

4. 进样体积 50μl（可根据试样中被测离子含量调整）。

（二）标准曲线绘制

将标准系列工作溶液分别注入色谱仪中，得到各浓度标准工作液色谱图，以保留时间定性，测定亚硝酸根离子与硝酸根离子相应的峰高（μS）或峰面积；以浓度为横坐标、峰高（μS）或峰面积为纵坐标，绘制标准曲线，计算回归方程。

（三）测定

将空白和试样溶液依次注入离子色谱仪中，以保留时间定性，分别测得空白与试样溶液中亚硝酸根离子与硝酸根离子的峰高（μS）或峰面积，根据标准曲线计算待测溶液中亚硝酸根离子与硝酸根离子的浓度。

【结果计算与数据处理】

试样中亚硝酸根离子或硝酸根离子的含量按式（3-5）计算：

$$X=\frac{(\rho-\rho_0)\times V\times f\times 1000}{m\times 1000} \quad (3-5)$$

式中，X 为亚硝酸根离子或硝酸根离子的含量，mg/kg；ρ 为待测液中亚硝酸根离子或硝酸根离子的浓度，mg/L；ρ_0 为空白中亚硝酸根离子或硝酸根离子的浓度，mg/L；V 为试样定容体积，ml；f 为稀释倍数（若试样无稀释操作则 $f=1$）；m 为试样质量，g；1000 为换算为 mg/kg 的系数。

试样中测得的亚硝酸根离子的含量乘以换算系数 1.5，即得亚硝酸盐（以亚硝酸钠计）含量；试样中测得的硝酸根离子的含量乘以换算系数 1.37，即得硝酸盐（以硝酸钠计）含量。

结果保留两位有效数字。在重复性条件下获得的两次独立测定结果的绝对差值不得超过算术平均值的 10%。

实训六 分光光度法测定食品中亚硝酸盐与硝酸盐含量

【测定原理】

亚硝酸盐采用盐酸萘乙二胺法测定，硝酸盐采用镉柱还原法测定。

试样经沉淀蛋白质、除去脂肪后，在弱酸条件下，亚硝酸盐与对氨基苯磺酸发生重氮化反应，再与盐酸萘乙二胺偶合形成紫红色染料，其最大吸收波长为 538nm，以外标法测得亚硝酸盐含量。

采用镉柱将硝酸盐还原成亚硝酸盐，测得亚硝酸盐总量，由测得的亚硝酸盐总量减去试样中原有亚硝酸盐含量，即得硝酸盐含量。

【适用范围】

本方法适用于食品中亚硝酸盐和硝酸盐的测定。

本方法中亚硝酸盐检出限：液体乳 0.06mg/kg，乳粉 0.5mg/kg，干酪及其他 1mg/kg；硝酸盐检出限：液体乳 0.6mg/kg，乳粉 5mg/kg，干酪及其他 10mg/kg。

【试剂与仪器准备】

（一）试剂配制

除非另有说明，本方法所用试剂均为分析纯，水为 GB/T 6682 规定的一级水。

1. 亚铁氰化钾溶液（106g/L） 称取 106.0g 亚铁氰化钾，加水溶解并稀释至 1000ml。

2. 乙酸锌溶液（220g/L） 称取 220.0g 乙酸锌，加冰乙酸 30ml 溶解，用水稀释至 1000ml。

3. 饱和硼砂溶液（50g/L） 称取 5.0g 硼酸钠，溶于 100ml 热水中，冷却后备用。

4. 氨缓冲溶液（pH 9.6～9.7） 量取盐酸 30ml，加水 100ml，混匀后加氨水 60ml，再加水稀释至 1000ml，混匀。调至 pH 9.6～9.7。

5. 氨缓冲液的稀释液 量取 pH 9.6～9.7 氨缓冲溶液 50ml，加水稀释至 500ml，混匀。

6. 盐酸（0.1mol/L） 量取盐酸 8.3ml，加水稀释至 1000ml。

7. 盐酸（2mol/L） 量取盐酸 167ml，加水稀释至 1000ml。

8. 盐酸（20%） 量取盐酸 20ml，加水稀释至 100ml。

9. 对氨基苯磺酸溶液（4g/L） 称取对氨基苯磺酸 0.4g，溶于 20% 盐酸 100ml 中，混匀，置棕色瓶中，避光保存。

10. 盐酸萘乙二胺溶液（2g/L） 称取盐酸萘乙二胺 0.2g，溶于 100ml 水中，混匀，置棕色瓶中，避光保存。

11. 硫酸铜溶液（20g/L） 称取硫酸铜 20g，加水溶解并稀释至 1000ml。

12. 硫酸镉溶液（40g/L） 称取硫酸镉 40g，加水溶解并稀释至 1000ml。

13. 乙酸溶液（3%） 量取冰乙酸 3ml，加水稀释至 100ml，混匀。

14. 亚硝酸钠标准溶液（200μg/ml，以亚硝酸钠计） 精密称取于 110～120℃干燥至恒重的基准亚硝酸钠 0.1000g，加水溶解并定容至 500ml，混匀。

15. 硝酸钠标准溶液（200μg/ml，以亚硝酸钠计） 精密称取于 110～120℃干燥至恒重的基准硝酸钠 0.1232g，加水溶解并定容至 500ml，混匀。

16. 亚硝酸钠标准使用液（5.0μg/ml） 临用前，精密量取亚硝酸钠标准溶液 2.50ml，加水稀释并定容至 100ml，摇匀。

17. 硝酸钠标准使用液（5.0μg/ml，以亚硝酸钠计） 临用前，精密量取硝酸钠标准溶液 2.50ml，加水稀释并定容至 100ml，摇匀。

18. 锌皮或锌棒

（二）仪器

分析天平（感量 1mg、0.1mg）；组织捣碎机；超声波发生器；电热恒温干燥箱；分光光度计；镉柱或镀铜镉柱。

1. 海绵状镉的制备 镉粒直径 0.3～0.8mm。

将适量的锌棒放入烧杯中，用 40g/L 硫酸镉溶液浸没锌棒。在 24 小时之内，不断将锌棒上的海绵状镉轻轻刮下。取出残余锌棒，使镉沉底，倾去上层溶液。用水冲洗海绵状镉 2～3 次后，将镉转移至搅拌器中，加盐酸（0.1mol/L）400ml，搅拌数秒，以得到所需粒径的镉颗粒。将制得的海绵状镉倒回烧杯中，静置 3～4 小时，期间搅拌数次，以除去气泡。倾去海绵状镉中的溶液，并可按下述方法进行镉粒镀铜。

2. 镉粒镀铜 将制得的镉粒置锥形瓶中（所用镉粒的量以达到要求的镉柱高度为准），加足量的盐酸（2mol/L）浸没镉粒，振荡 5 分钟，静置分层，倾去上层溶液，用水多次冲洗镉粒。在镉粒中加入硫酸铜溶液（20g/L），每克镉粒约需 2.5ml，振荡 1 分钟，静置分层，倾去上层溶液后，立即用水冲洗镀铜镉粒（注意镉粒要始终用水浸没），直至冲洗的水中不再有铜沉淀。

3. 镉柱的装填 如图 3－1 所示，用水装满镉柱玻璃柱，并装入约 2cm 高的玻璃棉做垫，将玻璃棉压向柱底时，应将其中所包含的空气全部排出，在轻轻敲击下，加入海绵状镉至 8～10cm（图 3－1 装置 a）或 15～20cm（图 3－1 装置 b），上面用 1cm 高的玻璃棉覆盖。

若使用装置 b，则上置一贮液漏斗，末端要穿过橡皮塞与镉柱玻璃管紧密连接。如无上述镉柱玻璃管时，可以 25ml 酸式滴定管代用，但过柱时要注意始终保持液面在镉层之上。当镉柱填装好后，先用盐酸（0.1mol/L）25ml 洗涤，再以水洗 2 次，每次 25ml，镉柱不用时用水封盖，随时都要保持水平面在镉层之上，不得使镉层夹有气泡。

4. 镉柱每次使用完毕 应先以盐酸（0.1mol/L）25ml 洗涤，再用水洗 2 次，每次 25ml，最后用水覆盖镉柱。

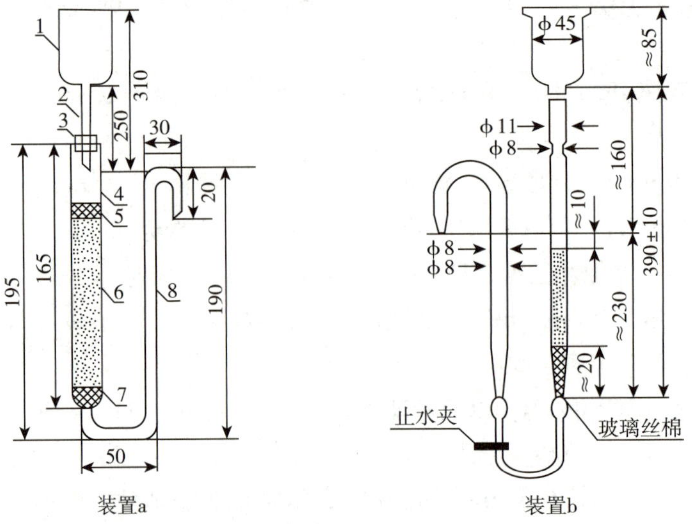

图3-1 镉柱示意图

1. 贮液漏斗，内径35mm，外径37mm；2. 进液毛细管，内径0.4mm，外径6mm；
3. 橡皮塞；4. 镉柱玻璃管，内径12mm，外径16mm；5、7. 玻璃棉；6. 海绵状镉；
8. 出液毛细管，内径2mm，外径8mm

5. 镉柱还原效率的测定 精密量取硝酸钠标准使用液20ml，加入氨缓冲液的稀释液5ml，混匀后注入贮液漏斗，使其流经镉柱还原，用一个100ml的容量瓶收集洗提液。洗提液的流量不应超过6ml/min，在贮液杯将要排空时，用约15ml水冲洗杯壁。冲洗水流尽后，再用15ml水重复冲洗，第2次冲洗水也流尽后，将贮液杯灌满水，并使其以最大流量流过柱子。当容量瓶中的洗提液接近

100ml时，从柱子下取出容量瓶，用水定容至刻度，混匀。精密量取10.0ml还原后的溶液（相当10μg亚硝酸钠）于50ml比色管中，以下按“样品测定”中（一）亚硝酸盐测定自“精密量取0.00、0.20、0.40、0.60、0.80、1.00……”起操作，根据标准曲线计算测得结果，与加入量一致，还原效率应大于95%为符合要求。

6. 还原效率计算 按式3-6计算。

$$X = \frac{m_1}{10} \times 100\% \tag{3-6}$$

式中，X为还原效率,%；m_1为测得亚硝酸钠的含量，μg；10为测定用溶液相当于亚硝酸钠的含量，μg。

如果还原效率小于95%时，将镉柱中的镉粒倒入锥形瓶中，加入足量的盐酸（2mol/L）中，振荡数分钟，再用水反复冲洗。

【样品制备】

（一）试样准备

同实训五。

（二）试样提取

1. 干酪 称取试样2.5g（精确至1mg）于150ml具塞锥形瓶中，加水80ml，摇匀，超声30分钟，取出放置至室温，定量转移至100ml容量瓶中，加入3%乙酸溶液2ml，加水稀释至刻度，混匀。于4℃放置20分钟，取出放置至室温后，用干燥滤纸过滤，续滤液备用。

2. 液体乳样品 称取试样90g（精确至1mg）于250ml具塞锥形瓶中，加饱和硼砂溶液12.5ml、

70℃左右的水约60ml，混匀，于沸水浴中加热15分钟，取出置于冷水浴中冷却，并放置至室温。将上述溶液转移至200ml容量瓶中，加入106g/L亚铁氰化钾溶液5ml，再加入220g/L乙酸锌溶液5ml，加水稀释至刻度，摇匀。放置30分钟，除去上层脂后，上清液用干燥滤纸过滤，弃去初滤液，续滤液备用。

3. 乳粉 称取试样10g（精确至1mg）于150ml具塞锥形瓶中，加饱和硼砂溶液12.5ml、70℃左右的水约150ml，混匀，于沸水浴中加热15分钟，取出置于冷水浴中冷却，并放置至室温。将上述溶液转移至200ml容量瓶中，加入106g/L亚铁氰化钾溶液5ml，再加入220g/L乙酸锌溶液5ml，加水稀释至刻度，摇匀。放置30分钟，除去上层脂后，上清液用干燥滤纸过滤，弃去初滤液，续滤液备用。

4. 其他样品 称取5g（精确至1mg）匀浆试样（如制备过程中加水，应按加水量折算），置于250ml具塞锥形瓶中，加饱和硼砂溶液12.5ml、70℃左右的水约150ml，混匀，取出置于冷水浴中冷却，并放置至室温。将上述溶液转移至200ml容量瓶中，加入106g/L亚铁氰化钾溶液5ml，再加入220g/L乙酸锌溶液5ml，加水稀释至刻度，摇匀。放置30分钟，除去上层脂后，上清液用干燥滤纸过滤，弃去初滤液，续滤液备用。

【样品测定】

（一）亚硝酸盐测定

精密量取上述续滤液40ml于50ml具塞比色管中，另精密量取0.00、0.20、0.40、0.60、0.80、1.00、1.50、2.00、2.50ml亚硝酸钠标准使用液（相当于0.0、1.0、2.0、3.0、4.0、5.0、7.5、10.0、12.5μg亚硝酸钠），分别置于50ml具塞比色管中。于标准管与试样管中分别加入4g/L对氨基苯磺酸溶液2ml，混匀，静置3~5分钟后，各加入2g/L盐酸萘乙二胺溶液1ml，加水稀释至50ml标线处，密塞，摇匀，静置15分钟，用1cm吸收池，以零管调节零点，于波长538nm处测定吸光度，以亚硝酸钠标准使用液中所含亚硝酸钠的质量为横坐标、测得吸光度为纵坐标，绘制标准曲线，计算回归方程，同时做试剂空白。

（二）硝酸盐测定

1. 镉柱还原

（1）先以氨缓冲液的稀释液25ml冲洗镉柱，流速控制在3~5ml/min（以滴定管代替的可控制在2~3ml/min）。

（2）精密量取20ml续滤液于50ml烧杯中，加pH 9.6~9.7氨缓冲溶液5ml，混合后注入贮液漏斗，使其流经镉柱还原，当贮液杯中的样液流尽后，加水15ml冲洗烧杯，再倒入贮液杯中。冲洗水流完后，再用15ml水重复1次。当第2次冲洗水快流尽时，将贮液杯装满水，以最大流速过柱。当容量瓶中的洗提液接近100ml时，取出容量瓶，加水定容至刻度，摇匀。

2. 亚硝酸钠总量的测定 精密量取10~20ml还原后的样在液于50ml比色管中，以下按（一）亚硝酸盐测定，自“另精密量取0.00、0.20、0.40……”起相同方法操作。

【结果计算及数据处理】

1. 亚硝酸盐（以亚硝酸钠计）的含量按式3-7计算：

$$X_1 = \frac{m_2}{m_3 \times \frac{V_0}{V_1}} \qquad (3-7)$$

式中，X_1为试样中亚硝酸钠的含量，mg/kg；m_2为标准曲线中计算所得样液中亚硝酸钠的质量，μg；m_3为试样质量，g；V_1为试样定容体积，ml；V_0为测定用样液的体积，ml。

2. 硝酸盐（以硝酸钠计）的含量按式3－8计算：

$$X_2 = \left[\frac{m_4}{m_5 \times \frac{V_3}{V_2} \times \frac{V_5}{V_4}} - X_1\right] \times 1.232 \qquad (3-8)$$

式中，X_2为试样中硝酸钠的含量，mg/kg；m_4为试样溶液经镉柱还原后，通过标准曲线计算所得亚硝酸钠的总质量，μg；m_5为试样质量，g；V_2为试样处理液定容体积，ml；V_3为测定亚硝酸盐总量时测定用样液的体积，ml；V_4为镉柱还原时，洗提液定容体积，ml；V_5为镉柱还原时样液的体积，ml；X_1为式3－7计算所得试样中亚硝酸钠的含量，mg/kg；1.232为亚硝酸钠换算为硝酸钠的系数。

结果保留两位有效数字。在重复性条件下获得的两次独立测定结果的绝对差值不得超过算术平均值的10%。

拓展阅读

硝酸盐的测定

GB 5009.33—2016中增加了蔬菜、水果中硝酸盐测定的紫外分光光度法，其原理是用pH 9.6～9.7的氨缓冲液提取样品中硝酸根离子，同时加活性炭去除色素类、加沉淀剂去除蛋白质及其他干扰物质，利用硝酸根离子和亚硝酸根离子在紫外区219nm处具有等吸收波长的特性，测定提取液的吸光度，其测定结果为硝酸盐和亚硝酸盐吸光度的总和，鉴于新鲜蔬菜、水果中亚硝酸盐含量甚微，可忽略不计。故测定结果为硝酸盐的吸光度，可从标准曲线查得相应的质量浓度，计算出样品中硝酸盐的含量。

任务四　漂白剂的测定

PPT

漂白剂是指可使食品中有色物质经化学反应生成无色物质，使其褪色或使食品免于褐变的食品添加剂。常用的漂白剂多数为还原性化合物，如二氧化硫及亚硫酸盐（亚硫酸钠、亚硫酸氢钠、低亚硫酸钠、焦亚硫酸钠和焦亚硫酸钾等）。它们可在食品组织中产生二氧化硫，其还原作用可使食品漂白，同时还有抑菌防腐和抗氧化等作用。因此，这些漂白剂可能让食品中残留二氧化硫。若经常食用二氧化硫残留量超标的食品，可能对人体健康产生损害，因此要对亚硫酸及其盐类漂白剂的使用量加以严格控制。

我国食品添加剂使用标准规定，亚硫酸钠、低亚硫酸钠、焦亚硫酸钠（钾）或亚硫酸氢钠可以用于蜜饯类、饼干、罐头、葡萄糖、食糖、冰糖、饴糖、糖果等食品的漂白；最大使用量分别为0.6、0.4、0.45g/kg；硫黄仅限于熏蒸蜜饯类、干果、干菜及粉条；二氧化硫通入葡萄酒的最大使用量不超过0.25g/L，在发酵酒中二氧化硫残留量不得超过0.05g/kg（以二氧化硫计）。

《食品安全国家标准　食品中二氧化硫的测定》（GB 5009.34—2022）收载了酸碱滴定法、分光光度法和离子色谱法测定食品中二氧化硫残留量。

实训七　酸碱滴定法测定食品中二氧化硫的含量

【测定原理】

采用充氮蒸馏法处理试样，试样酸化后在加热条件下，亚硫酸盐等物质分解产生二氧化硫，用过氧化氢溶液吸收二氧化硫，后者被氧化生成硫酸，采用氢氧化钠标准溶液滴定，根据氢氧化钠标准溶液消耗量计算试样中二氧化硫的含量。

【适用范围】

本方法适用于食品中二氧化硫的测定。

当用0.01mol/L氢氧化钠滴定液时，固体或半流体称样量为35g时，检出限为1mg/kg，定量限为10mg/kg；液体取样量为50ml（g）时，检出限为1mg/L（mg/kg），定量限为6mg/L（mg/kg）。

【试剂与仪器准备】

（一）试剂配制

除非另有说明，本方法所用试剂均为分析纯，水为GB/T 6682规定的三级水。

1. 过氧化氢溶液（3%） 量取质量分数为30%的过氧化氢100ml，加水稀释至1000ml。临用前现配。

2. 盐酸溶液（6mol/L） 量取盐酸（$\rho_{20}=1.19$g/ml）50ml，缓缓加入50ml水中，边加边搅拌。

3. 甲基红乙醇溶液指示剂（2.5g/L） 称取甲基红指示剂0.25g，溶于100ml无水乙醇中。

4. 氢氧化钠滴定液（0.1mol/L）的配制与标定

（1）氢氧化钠饱和溶液的配制　称取氢氧化钠110g，溶于新煮沸的冷水100ml，搅拌均匀后，注入聚乙烯塑料容器中，密闭放置至溶液清亮。

（2）氢氧化钠滴定液（0.1mol/L）的配制　用塑料吸管吸取澄清的氢氧化钠饱和溶液5.4ml，加水稀释至1000ml，搅拌均匀后，置于聚乙烯塑料瓶中贮存。

（3）氢氧化钠滴定液的标定　取在105～110℃干燥至恒重的基准邻苯二甲酸氢钾0.75g，精密称定，置于锥形瓶中，加新煮沸过的冷水50ml，振摇，使其尽量溶解；加酚酞指示液2滴，用本液滴定；在接近终点时，应使邻苯二甲酸氢钾完全溶解，滴定至溶液呈粉红色。每1ml氢氧化钠滴定液（0.1mol/L）相当于20.42mg邻苯二甲酸氢钾，同时做空白对照试验。根据本液的消耗量与邻苯二甲酸氢钾的取用量，按式3－9计算氢氧化钠滴定液的实际浓度：

$$C=\frac{m\times 0.1\times 1000}{20.42\times (V-V_0)} \quad (3-9)$$

式中，C为氢氧化钠滴定液的实际浓度，mol/L；m为邻苯二甲酸氢钾的称取质量，g；0.1为氢氧化钠滴定液的实际浓度，mol/L；1000为g换算为mg的换算系数；20.42为氢氧化钠滴定液的滴定度，mg/ml；V为邻苯二甲酸氢钾消耗氢氧化钠滴定液的体积，ml；V_0为空白试验消耗氢氧化钠滴定液的体积，ml。

（4）氢氧化钠滴定液的定量稀释（0.01mol/L）　精密量取氢氧化钠滴定液10.00ml于100ml容量瓶中，加新煮沸的冷水稀释至刻度，摇匀。

（二）仪器

玻璃充氮蒸馏器（500ml或1000ml），另配电热套、氮气源及气体流量计，或等效的蒸馏设备；分析天平（感量0.01g）；10ml半微量滴定管和20ml滴定管；粉碎机；组织捣碎机。

【样品制备】

1. 液体试样 取啤酒、葡萄酒、果酒、其他发酵酒、配制酒、饮料类试样，采样量应大于1L，对于袋装、瓶装等包装试样需至少采集3个包装（同一批次或批号），将所有液体在一个容器中混合均匀后，密闭并标识，供检测用。

2. 固体试样 取粮食加工品、固体调味品、饼干、薯类食品、糖果制品（含巧克力及制品）、代用茶、酱腌菜、蔬菜干制品、食用菌制品、其他蔬菜制品、蜜饯、水果干制品、炒货制品及坚果制品（烘炒类、油炸类、其他类）、食糖、干制水产品、熟制动物性水产制品、食用淀粉、淀粉制品、淀粉糖、非发酵性豆制品、蔬菜、水果、海水制品、生干坚果与籽类食品等试样，采样量应大于600g，根据具体产品的不同性质和特点，直接取样，充分混合均匀，或者将可食用部分，采用粉碎机等合适的手段进行粉碎，充分混合均匀后，贮存于洁净盛样袋内，密闭并标识，供检测用。

3. 半流体试样 对于袋装、瓶装等包装试样需至少采集3个包装（同一批次或批号）；对于酱、果蔬罐头及其他半流体试样，采样量均应大于600g，采用组织捣碎机捣碎混匀后，贮存于洁净盛样袋内，密闭并标识，供检测用。

【样品测定】

取固体或半流体试样20~100g（精确至0.01g，取样量可视含量高低而定）；取液体试样20~200ml（g），将称量好的试样置于图3-2的圆底烧瓶A中，加水200~500ml。安装好装置后，打开回流冷凝管开关给水（冷凝水温度<15℃），将冷凝管的上端E口处连接的玻璃导管置于100ml锥形瓶底部。锥形瓶内加入3%过氧化氢溶液50ml作为吸收液（玻璃导管的末端应在吸收液面以下）。在吸收液中加入3滴2.5g/L甲基红乙醇溶液指示剂，并用氢氧化钠滴定液（0.01mol/L）滴定至黄色即为终点（如果超过终点，则应舍弃该吸收溶液）。开通氮气，调节气体流量计至1.0~2.0L/min；打开分液漏斗C的活塞，使6mol/L盐酸溶液10ml快速流入蒸馏瓶，立刻加热烧瓶内的溶液至沸腾，并保持微沸1.5小时，停止加热。将吸收液放冷后摇匀，用氢氧化钠滴定液（0.01mol/L）滴定至黄色且20秒不褪色，同时做空白试验。

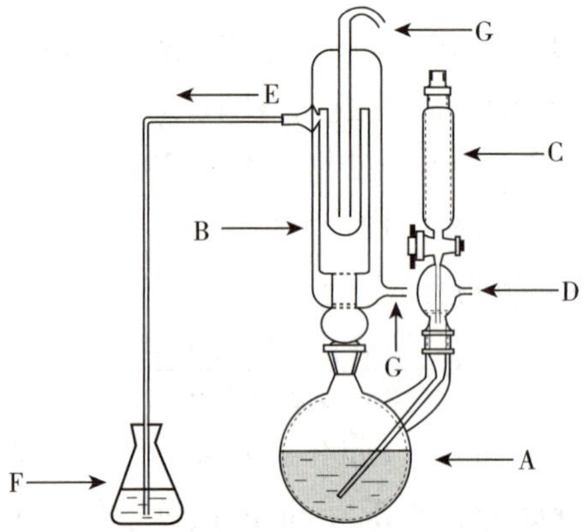

图3-2 酸碱滴定法蒸馏仪器装置原理图

A. 圆底烧瓶；B. 竖式回流冷凝管；C.（带刻度）液漏斗；
D. 连接氮气流入口；E. 二氧化硫导气口；F. 接收瓶；G. 冷凝水进出口

【结果计算与数据处理】

试样中二氧化硫的含量按式3-10计算：

$$X=\frac{(V-V_0)\times 0.032\times C\times 1000\times 1000}{m} \tag{3-10}$$

式中，X为试样中二氧化硫含量（以SO_2计），mg/kg或mg/L；V为试样消耗氢氧化钠标准溶液的体积，ml；V_0为空白消耗氢氧化钠标准溶液的体积，ml；0.032为每1ml氢氧化钠标准溶液（1mol/L）相当于二氧化硫的质量（g），g/mmol；C为氢氧化钠滴定液经标定后的实际浓度，mol/L；m为试样的质量或体积，g或L。1000为X单位为mg/kg或mg/L的换算因子。

计算结果保留三位有效数字。在重复性条件下获得的两次独立测定结果的绝对差值不得超过算术平均值的10%。

实训八　分光光度法测定食品中二氧化硫含量

【测定原理】

样品直接用甲醛缓冲吸收液浸泡或加酸充氮蒸馏-释放的二氧化硫用甲醛溶液吸收，生成稳定的羟甲基磺酸加成化合物，在酸性条件下与盐酸副玫瑰苯胺反应生成蓝紫色配合物，该配合物的吸光度与二氧化硫浓度成正比。

【适用范围】

本方法适用于白糖及白糖制品、淀粉及淀粉制品和生湿面制品中二氧化硫的测定。

当固体或半流体称样量为10g，定容体积为100ml，取样体积为10ml时，本方法检出限为1mg/kg，定量限为6mg/kg；液体取样量为10ml时，定容体积为100ml，取样体积为10ml时，本方法检出限为1mg/L，定量限为6mg/L。

【试剂与仪器准备】

（一）试剂配制

除非另有说明，本方法所用试剂均为分析纯，水为GB/T 6682规定的三级水。

1. 氢氧化钠溶液（1.5mol/L） 称取氢氧化钠6.0g，加水溶解并稀释至100ml。

2. 乙二胺四乙酸二钠溶液（0.05mol/L） 称取1.86g乙二胺四乙酸二钠（EDTA-2Na），溶于水稀释至100ml。

3. 甲醛缓冲吸收储备液 称取邻苯二甲酸氢钾2.04g，溶于少量水中，加入36%~38%的甲醛溶液5.5ml，0.05mol/L EDTA-2Na溶液20.0ml，混匀，加水稀释并定容至100ml，置于冰箱中冷藏保存。

4. 甲醛缓冲吸收液 量取甲醛缓冲吸收储备液适量，用水稀释100倍。临用前现配。

5. 盐酸副玫瑰苯胺溶液（0.5g/L） 量取2%盐酸副玫瑰苯胺溶液25.0ml，加入磷酸30ml与盐酸12ml，用水稀释至100ml，摇匀，放置24小时，备用（避光密封保存）。

6. 氨基磺酸铵溶液（3g/L） 称取0.30g氨基磺酸铵，溶于水并稀释至100ml。

7. 盐酸溶液（6mol/L） 量取盐酸50ml，缓缓加入50ml水中，边加边搅拌。

8. 二氧化硫标准溶液（100μg/ml） 具有国家认证并授予标准物质证书。

9. 二氧化硫标准使用液（10μg/ml） 精密量取二氧化硫标准溶液（100μg/ml）5.0ml，用甲醛缓冲吸收液定容至50ml。临用前现配。

（二）仪器

玻璃充氮蒸馏器（500ml或1000ml），或等效的蒸馏设备；紫外分光光度计。

【样品制备】

（一）试样准备

同本项目实训七。

（二）试样处理

1. 直接提取法 称取固体试样约10g（精确至0.01g），置于100ml容量瓶中，加甲醛缓冲吸收液溶解并稀释至刻度，摇匀。振荡浸泡2小时，用干燥滤纸过滤，取续滤液待测，同时做空白试验。

2. 充氮蒸馏法 称取固体或半流体试样10~50g（精确至0.01g，取样量可视含量高低而定）；量取液体试样50~100ml，置于图3-3的圆底烧瓶A中，加水250~300ml，打开回流冷凝管给水开关（冷凝水<15℃)，将冷凝管的上端E口处连接的玻璃导管置于100ml锥形瓶底部。锥形瓶内加入甲醛缓冲吸收液30ml（玻璃导管的末端应在吸收液面以下）。开通氮气，使其流量计调节气体流量至1.0~2.0ml/min，打开分液漏斗C的活塞，使6mol/L盐酸溶液10ml快速流入蒸馏瓶，立刻加热烧瓶内的溶液至沸腾，并保持微沸1.5小时，停止加热，取下吸收瓶，以少量水冲洗导管尖嘴，并入吸收瓶中。将瓶内吸收液转移至100ml容量瓶中，用甲醛缓冲吸收液定容，待测。

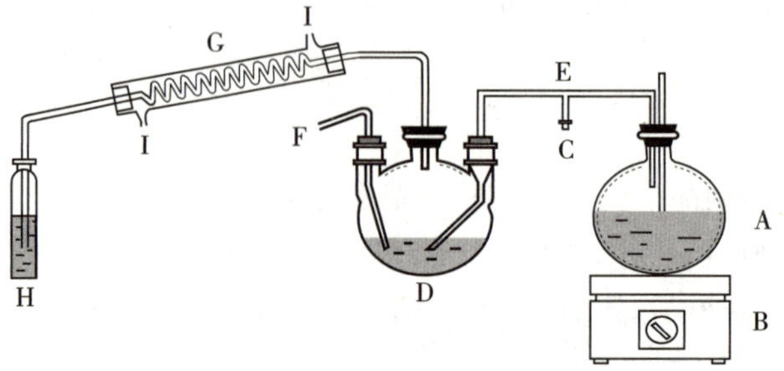

图3-3 水蒸气蒸馏装置原理图

A. 圆底烧瓶；B. 加热装置；C. 泄压阀；D. 三颈圆底烧瓶；E. 连接管；F. 通氮气口；G. 冷凝管；H. 接收瓶；I. 冷凝水进出口

【样品测定】

（一）标准曲线绘制

分别精密量取0.00、0.20、0.50、1.00、2.00、3.00ml二氧化硫标准使用液（相当于0.0、2.0、5.0、10.0、20.0、30.0μg二氧化硫)，置于25ml具塞试管中，加入甲醛缓冲吸收液至10.0ml，再依次加入3g/L氨基磺酸铵溶液0.5ml、1.5mol/L氢氧化钠溶液0.5ml、0.5g/L盐酸副玫瑰苯胺溶液1.0ml，摇匀，放置20分钟后，用紫外分光光度计在波长579nm处测定标准溶液吸光度，并以二氧化硫的质量为横坐标，吸光度为纵坐标绘制标准曲线，计算回归方程。

（二）试样溶液测定

根据试样中二氧化硫的含量，精密量取试样溶液0.50~10.00ml，置于25ml具塞试管中，按“样品测定”（一）标准曲线绘制中，自“加入甲醛缓冲吸收液至10.0ml……”进行操作。同时做空白对照试验。

【结果计算及数据处理】

试样中二氧化硫的含量按式3-11计算：

$$X=\frac{(m_1-m_0)\times V_1\times 1000}{m_2\times V_2\times 1000} \quad (3-11)$$

式中，X为试样中二氧化硫的含量（以SO_2计)，mg/kg或mg/L；m_1为标准曲线计算所得试液中二氧化硫的质量，μg；m_0为标准曲线计算所得空白溶液中二氧化硫的质量，μg；m_2为试样的质量或体积，g或ml；V_1为试样提取液或蒸馏液定容体积，ml；V_2为测定用试样提取液或蒸馏液的体积，ml。1000为X单位mg/kg或mg/L的换算因子。

计算结果保留三位有效数字。在重复性条件下获得的两次独立测定结果的绝对差值不得超过算术平均值的10%。

拓展阅读

离子色谱法测定食品中二氧化硫的原理

GB 5009.34—2022中收载的第三法为“离子色谱法测定食品中二氧化硫”，其原理为：试样中亚硫酸盐系列物质经酸处理后生成二氧化硫，通过充氮－水蒸气蒸馏，二氧化硫随水蒸气馏出，用过氧化氢溶液吸收并氧化生成硫酸，溶液中的硫酸根离子经离子色谱仪分离、电导检测器检测，用外标法定量。

任务五　抗氧化剂的测定

PPT

食品变质除了由微生物引起之外，另一个重要原因就是氧化变质。氧化作用可导致食品油脂酸败、食品褪色、褐变等。抗氧化剂是能防止或延缓油脂或食品成分氧化分解、变质，提高食品稳定性的食品添加剂。

抗氧化剂按其溶解性可分为油溶性抗氧化剂和水溶性抗氧化剂。油溶性抗氧化剂主要有叔丁基羟基茴香醚（BHA）、二叔丁基羟基甲苯（BHT）、没食子酸丙酯（PG）、维生素 E 等；水溶性抗氧化剂主要有抗坏血酸及其盐类、异抗坏血酸及其盐类、EDTA 二钠盐、植酸、茶多酚等。

我国《食品安全国家标准　食品中 9 种抗氧化剂测定》（GB 5009.32—2016）收载了高效液相色谱法、液相色谱串联质谱法、气相色谱质谱法、气相色谱法和比色法共 5 种分析方法，用于测定食品中没食子酸丙酯（PG）、2,4,5－三羟基苯丁酮（THBP）、叔丁基对苯二酚（TBHQ）、去甲二氢愈创木酸（NDGA）、叔丁基羟基茴香醚（BHA）、2,6－二叔丁基－4－羟甲基苯酚（Ionox－100）、没食子酸辛酯（OG）、2,6－二叔丁基羟基甲苯（BHT）、没食子酸十二酯（DG）9 种抗氧化剂的含量。

实训九　高效液相色谱法测定食品中 9 种抗氧化剂含量

【测定原理】

油脂样品经有机溶剂溶解后，使用凝胶渗透色谱（GPC）净化；固体类食品样品用正己烷溶解，用乙腈提取，固相萃取柱净化后，高效液相色谱法测定，外标法定量。

【适用范围】

本方法适用于食品中 PG、THBP、TBHQ、NDGA、BHA、BHT、Ionox－100、OG、DG 的测定。

本方法的检出限为没食子酸丙酯（PG）2mg/kg，2,4,5－三羟基苯丁酮（THBP）4mg/kg，叔丁基对苯二酚（TBHQ）10mg/kg，去甲二氢愈创木酸（NDGA）4mg/kg，叔丁基羟基茴香醚（BHA）10mg/kg，2,6－二叔丁基－4－羟甲基苯酚（Ionox－100）20mg/kg，没食子酸辛酯（OG）2mg/kg，2,6－二叔丁基对甲基苯酚（BHT）4mg/kg，没食子酸十二酯（DG）10mg/kg；定量限均为 20mg/kg。

【试剂与仪器准备】

（一）试剂

除非另有说明，本方法所用试剂均为色谱纯，水为 GB/T 6682 规定的一级水。

1. 正己烷　分析纯，重蒸。

2. 无水硫酸钠　分析纯，于 650℃灼烧 4 小时，贮存于干燥器内，冷却后备用。

3. 乙腈饱和的正己烷溶液　正己烷中加入乙腈至饱和。

4. 正己烷饱和的乙腈溶液　乙腈中加入正己烷至饱和。

5. 乙酸乙酯－环己烷混合溶液（1＋1）　取乙酸乙酯 50ml 与甲醇 50ml 混合。

6. 饱和氯化钠溶液　水中加氯化钠至饱和。

7. 0.1%甲酸溶液 取甲酸0.1ml于100ml容量瓶中，加水稀释至刻度，摇匀。

（二）标准品

叔丁基对羟基茴香醚，纯度≥98%；2,6-二叔丁基对甲基苯酚，纯度≥98%；没食子酸辛酯，纯度≥98%；没食子酸十二酯，纯度≥98%；没食子酸丙酯，纯度≥98%；去甲二氢愈创木酸，纯度≥98%；2,4,5-三羟基苯丁酮，纯度≥98%；叔丁基对苯二酚，纯度≥98%；2,6-二叔丁基-4-羟甲基苯酚，纯度≥98%。

（三）标准溶液配制

1. 抗氧化剂标准物质混合储备液 精密称取固体抗氧化剂标准物质各0.1g（精确至0.1mg）于100ml容量瓶中，加乙腈溶解并稀释至刻度，摇匀；配制成浓度为1000mg/L的标准混合储备液，本液于0~4℃避光保存。

2. 抗氧化剂混合标准使用液 精密量取适量体积的抗氧化剂标准物质混合储备液，分别定量稀释至浓度为20、50、100、200、400mg/L的混合标准使用液。

（四）仪器

高速离心机（转速≥3000r/min）；旋转蒸发仪；高效液相色谱仪；凝胶渗透色谱仪；分析天平（感量0.01g和感量0.1mg）；涡旋混合器；C_{18}固相萃取柱（2000mg/12ml）；有机系微孔滤膜（0.22μm）。

【样品制备】

（一）试样准备

固体或半固体样品粉碎混匀，然后用对角线法取2/4或2/6，或根据试样情况取有代表性试样，密封保存；液体样品混合均匀，取有代表性试样，密封保存。

（二）试样提取

1. 固体类样品 称取1g（精确至0.01g）试样于50ml离心管中，加入乙腈饱和的正己烷溶液5ml，涡旋混合1分钟，充分混匀，浸泡10分钟。加入饱和氯化钠溶液5ml，再加入正己烷饱和的乙腈溶液5ml，涡旋混合2分钟，以3000r/min离心5分钟，收集乙腈层于试管中，再重复使用正己烷饱和的乙腈溶液5ml提取2次，合并3次乙腈提取液，加0.1%甲酸溶液调节至pH 4，待净化。同时做空白对照试验。

2. 油类 称取1g（精确至0.01g）试样于50ml离心管中，加入乙腈饱和的正己烷溶液5ml溶解样品，涡旋混合1分钟，静置10分钟，用正己烷饱和的乙腈溶液5ml涡旋提取2分钟，以3000r/min离心5分钟，收集乙腈层于试管中，再重复用正己烷饱和的乙腈溶液5ml提取2次，合并3次乙腈提取液，待净化。同时做空白对照试验。

（三）固相萃取净化

在C_{18}固相萃取柱中装入约2g无水硫酸钠，用甲醇5ml活化萃取柱，再以乙腈5ml平衡萃取柱，弃去流出液，将所有提取液倾入柱中，弃去流出液，再以乙腈和甲醇的混合溶液5ml进行洗脱，收集所有洗脱液于试管中，于40℃下旋转蒸发至干，加乙腈2ml定容，经0.22μm有机系滤膜滤过，供液相色谱测定。

（四）凝胶渗透色谱净化（纯油类样品可选）

称取制备好的样品10g（精确至0.01g）于100ml容量瓶中，用乙酸乙酯-环己烷混合溶液定容至刻度，作为母液；取5ml母液于10ml容量瓶中，用乙酸乙酯-正己烷混合溶液定容至刻度，待净化。

取10ml待测液加入凝胶渗透色谱（GPC）进样管中，使用GPC净化，收集流出液，于40℃下旋转蒸发至干，加乙腈 2ml 定容，经 0.22μm 有机系滤膜滤过，供液相色谱测定。

凝胶渗透色谱净化参考条件如下。

1. 凝胶渗透色谱柱 300mm×20mm 玻璃柱，Bio Beads（S－X3），40μm～75μm。

2. 柱分离度 玉米油与抗氧化剂（PG、THBP、TBHQ、NDGA、BHA、BHT、Ionox－100、OG、DG）的分离度＞85%。

3. 流动相 乙酸乙酯－正己烷（1∶1）。

4. 流速 5ml/min。

5. 进样量 2ml。

6. 流出液收集时间 7～17.5 分钟。

7. 紫外检测器波长 280nm。

【样品测定】

（一）色谱参考条件

1. 高效液相色谱条件 色谱柱：C_{18}柱，250mm×4.6mm×5μm，或等效柱。流动相 A：0.5% 甲酸水溶液；流动相 B：甲醇。柱温：35℃。进样量：5μl。检测波长：280nm。洗脱梯度如下（表 3－4）。

表 3－4 流动相梯度洗脱条件

时间（min）	流动相 A（%）	流动相 B（%）
0～5	50	50
5～15	20	80
15～20	20	80
20～25	10	90
25～27	50	50
27～30	50	50

（二）标准曲线绘制

将抗氧化剂混合标准使用液分别注入高效液相色谱仪中，以保留时间定性，分别测得对应的抗氧化剂标准品的峰面积；以标准使用液浓度为横坐标，以峰面积为纵坐标，绘制标准曲线，计算回归方程。

（三）测定

将净化处理后的试样溶液注入高效液相色谱仪中，测得相应色谱峰的响应值，根据标准曲线计算得待测液中抗氧化剂的浓度。

【结果计算与数据处理】

试样中抗氧化剂的含量按式 3－12 计算：

$$X_i = \frac{\rho_i \times V}{m} \tag{3-12}$$

式中，X_i 为试样中某种抗氧化剂含量，mg/kg；ρ_i 为待测溶液中该种抗氧化剂浓度，μg/ml；V 为试样最终定容体积（最终加入乙腈的体积），ml；m 为试样质量，g。

结果保留三位有效数字（或保留到小数点后两位）。在重复性条件下获得的两次独立测定结果的绝对差值不得超过算术平均值的 10%。

实训十 液相色谱串联质谱法测定食品中抗氧化剂含量

【测定原理】

油脂样品经有机溶剂溶解后，使用凝胶渗透色谱（GPC）净化；固体样品用正己烷溶解，用乙腈提取，固相萃取柱净化后，液相色谱串联质谱联用仪测定，外标法定量。

【适用范围】

本方法适用于食品中2,4,5－三羟基苯丁酮（THBP）、没食子酸丙酯（PG）、没食子酸辛酯（OG）、去甲二氢愈创木酸（NDGA）、没食子酸十二酯（DG）的测定。

本方法的检出限为没食子酸丙酯（PG）0.05mg/kg，2,4,5－三羟基苯丁酮（THBP）0.05mg/kg，去甲二氢愈创木酸（NDGA）0.05mg/kg，没食子酸辛酯（OG）0.005mg/kg，没食子酸十二酯（DG）0.005mg/kg；定量限为没食子酸丙酯（PG）0.1mg/kg，2,4,5－三羟基苯丁酮（THBP）0.1mg/kg，去甲二氢愈创木酸（NDGA）0.1mg/kg，没食子酸辛酯（OG）0.01mg/kg，没食子酸十二酯（DG）0.01mg/kg。

【试剂与仪器准备】

（一）试剂

同本项目实训九。

（二）标准品

没食子酸辛酯（纯度≥98%）；没食子酸十二酯（纯度≥98%）；没食子酸丙酯（纯度≥98%）；去甲二氢愈创木酸（纯度≥98%）；2,4,5－三羟基苯丁酮（纯度≥98%）。

（三）标准溶液配制

1. 标准物质储备液 精密称取固体抗氧化剂标准物质0.1g（精确至0.1mg），加乙腈溶解并定容至100ml棕色容量瓶中，制成浓度为1000mg/L的标准储备液，置于0～4℃避光保存。

2. 混合标准物质中间液 精密量取标准物质储备液各1.0ml于100ml容量瓶中，加乙腈稀释并定容，制成浓度为10mg/L的混合标准物质中间液。

3. 混合标准物质使用液 精密量取适量体积的混合标准物质中间液，用乙腈分别稀释制成浓度为0.01、0.02、0.05、0.1、0.2、0.5、1、2mg/L的混合标准物质使用液。

（四）仪器

高速离心机（转速≥3000r/min）；旋转蒸发仪；液相色谱串联质谱仪；凝胶渗透色谱仪；分析天平（感量0.01g和感量0.1mg）；涡旋混合器。

【样品制备】

（一）试样准备

同本项目实训九。

（二）试样提取

同本项目实训九。

【样品测定】

（一）液相色谱－串联质谱仪条件

1. 色谱柱 C_{18}，50mm×2.0mm×1.8μm，或等效色谱柱。

2. 流动相 A：水，B：乙腈。

3. 流速 0.2ml/min。

4. 洗脱梯度 0～3分钟：流动相（B）从10%至30%；3～5分钟：流动相（B）30%；5～10分钟：流动相（B）从30%至80%；10～12分钟：流动相（B）80%；12～12.01分钟：流动相（B）从80%至10%；12.01～14分钟：流动相（B）10%。

5. 柱温 35℃。

6. 进样量 2μl。

7. 电离源模式 电喷雾离子化。

8. 喷雾流速 3L/min。

9. 干燥气流速 15L/min。

10. 离子喷雾电压 3500V。

11. 监测离子对、碰撞能量、驻留时间和保留时间 见表3－5。

表3－5 监测离子对及时间

名称	母离子（m/z）	子离子（m/z）	碰撞能量（eV）	驻留时间（ms）	保留时间（min）
THBP	195	125	20	25	6.175
		166	22		
PG	211	125	23	25	4.932
		168.9	18		
OG	281.1	124	31	25	9.327
		169	21		
NDGA	301.1	122.1	29	25	8.136
		108	30		
DG	337.2	124	33	25	11.456
		169	26		

（二）定性测定

在相同试验条件下进行样品测定时，如果检出的色谱峰的保留时间与标准样品一致，并且在扣除背景后的样品质谱图中，所选择的离子均出现，而且所选择的离子丰度与标准样品相一致（相对丰度>50%，允许±20%偏差；20%<相对丰度≤50%，允许±25%偏差；10%<相对丰度≤20%，允许±30%偏差；相对丰度≤10%，允许±50%偏差），则可判断样品中存在该抗氧化剂。

（三）标准曲线绘制

将混合标准物质使用液注入液相色谱串联质谱仪测定，以定量离子对峰面积对应标准溶液浓度绘制标准曲线。

（四）试样溶液测定

将试样溶液注入液相色谱串联质谱仪测定，根据标准曲线计算得待测液中抗氧化剂的浓度。

【结果计算与数据处理】

试样中抗氧化剂含量按式3－13计算

$$X_i = \frac{p_i \times V}{m} \quad (3-13)$$

式中，X_i 为试样中某种抗氧化剂含量，mg/kg；p_i 为待测溶液中该种抗氧化剂浓度，μg/ml；V 为试样最终定容体积（最终加入乙腈的体积），ml；m 为试样质量，g。

结果保留三位有效数字（或保留至小数点后两位）。在重复性条件下获得的两次独立测定结果的绝对差值不得超过算术平均值的10%。

拓展阅读

食品抗氧化剂测定方法

GB 5009.32—2016 中还收载了气相色谱－质谱法、气相色谱法和比色法测定食品中抗氧化剂的含量。

气相色谱－质谱法适用于食品中BHA、BHT、TBHQ、Ionox－100的测定，其原理为油脂样品经有机溶剂溶解后，使用凝胶渗透色谱（GPC）净化；固体食品用正己烷溶解，乙腈提取，固相萃取净化。气相色谱－质谱联用仪测定，外标法定量。

气相色谱法适用于食品中BHA、BHT、TBHQ的测定，其原理为样品中抗氧化剂用有机溶剂提取、凝胶渗透色谱（GPC）净化，用气相色谱氢火焰离子化检测器检测，以保留时间定性，外标法峰面积定量。

比色法适用于油脂中PG的测定，其原理为试样经石油醚溶解，用乙酸铵水溶液提取后，没食子酸丙酯（PG）与亚铁酒石酸盐发生颜色反应，其产物在波长540nm处测定吸光度，与标准溶液比较定量。

任务六　着色剂的测定

PPT

着色剂又称食用色素，是赋予和改善食品色泽的一类食品添加剂。按其来源和性质可分为天然着色剂与合成着色剂两大类。天然着色剂主要来自三类天然色素：植物色素、动物色素和微生物色素；合成着色剂主要是依据某些特殊的化学基团或生色基团而合成的，按其化学结构可分为偶氮色素类和非偶氮色素类。

目前，国内外使用的食用色素绝大多数都是合成色素。中国允许使用的合成色素有苋菜红、胭脂红、诱惑红、新红、柠檬黄、日落黄、靛蓝、亮蓝、赤藓红等。国内外对食品着色剂的使用和标识均有明确、严格的规定。按照《食品安全国家标准　预包装食品标识通则》（GB 7718—2011）的规定，只要在食品中使用了着色剂，就必须在食品标签上进行标识。

《食品安全国家标准　食品中合成着色剂的测定》（GB 5009.35—2023）规定食品中合成着色剂的测定方法为高效液相色谱法。

实训十一　高效液相色谱法测定食品中合成着色剂含量

【测定原理】

试样中的合成着色剂用乙醇氨水溶液提取，经固相萃取净化后，用配有二极管阵列检测器的高效液相色谱仪测定，外标法定量。

【适用范围】

本方法适用于食品中11种合成着色剂（柠檬黄、新红、苋菜红、靛蓝、胭脂红、日落黄、诱惑红、亮蓝、酸性红、喹啉黄和赤藓红）的测定。

本方法中，当样品取样量为2g，定容体积为2ml时，柠檬黄、新红、胭脂红、日落黄、喹啉黄、赤藓红的检出限均为0.5mg/kg，定量限均为1.5mg/kg；苋菜红、诱惑红、亮蓝、酸性红、靛蓝的检出限均为0.3mg/kg，定量限均为1.0mg/kg。

【试剂与仪器准备】

（一）试剂

除非另有说明，本方法所用试剂均为分析纯，水为GB/T 6682规定的一级水。

甲醇，色谱纯；甲醇；石油醚，沸程30～60℃；无水乙醇；氨水，含量20%～25%；乙酸铵，色谱纯；甲酸，含量98%。

（二）试剂配制

1. 乙醇氨水溶液 量取无水乙醇700ml，加入4ml氨水，用水稀释至1L，混匀。

2. 5%甲醇水溶液 称取分析纯甲醇5ml，加水稀释并定容至100ml，混匀。

3. 2%氨水甲醇溶液 移取2ml氨水，用分析纯甲醇稀释至100ml，混匀。

4. 乙酸铵溶液（20mmol/L） 称取乙酸铵1.54g，加水溶解并稀释至1L。

5. pH 9.0乙酸铵缓冲溶液 乙酸铵溶液（20mmol/L）加氨水调至pH 9.0。

6. 2%甲酸水溶液 移取甲酸2ml，用水稀释至100ml。

（三）标准品

柠檬黄（CAS：1934－21－0），纯度≥95.0%；新红（CAS：220658－76－4），纯度≥95.0%；苋菜红（CAS：915－67－3），纯度≥95.0%；靛蓝（CAS：860－22－0），纯度≥90.0%；胭脂红（CAS：2611－82－7），纯度≥95.0%；日落黄（CAS：2783－94－0）纯度≥90.0%；诱惑红（CAS：25956－17－6），纯度≥95.0%；亮蓝（CAS：3844－45－9）纯度≥95.0%；酸性红（CAS：3567－69－9），纯度≥90.0%；喹啉黄（CAS：8004－92－0）纯度≥95.0%；赤藓红（CAS：16423－68－0），纯度≥90.0%。

（四）标准溶液配制

1. 标准储备液（1.0mg/ml） 精密称取按其纯度折算为100%质量的柠檬黄、新红、苋菜红、胭脂红、日落黄、诱惑红、亮蓝、酸性红、喹啉黄和赤藓红各100mg（精确至0.1mg），加水溶解并分别置于100ml容量瓶中，定容至刻度，摇匀，得到浓度为1.0mg/ml的标准储备液。标准储备液可于4℃下避光贮存6个月，靛蓝标准溶液临用前现配。

2. 混合标准中间液（50.0μg/ml） 精密量取上述标准储备液和靛蓝标准溶液（1.0mg/ml）各5.00ml于100ml容量瓶中，加水稀释至刻度，摇匀，得到混合标准中间液（各合成着色剂浓度均为50.0μg/ml）。临用现配。

3. 标准系列工作溶液 精密量取混合标准中间液0.2、0.5、1.0、2.0、5.0和10.0ml于50ml容量瓶中，加水稀释至刻度，摇匀，得至标准系列工作液。浓度分别为0.2、0.5、1.0、2.0、5.0和10.0μg/ml。

（五）仪器

高效液相色谱仪（配二极管阵列检测器）；分析天平（感量1mg与0.1mg）；酸度计（精度为

0.01)；电动搅拌器（转速范围30~2000r/min）；涡旋混合器；超声波发生器或恒温摇床，超声效率不小于700W，控温范围为20~80℃；摇床转速范围为10~500r/min；高速离心机（转速不小于15000r/min）；固相萃取仪；氮吹仪；WAX混合型弱阴离子交换反相吸附或等效固相萃取柱，150mg/6ml；针筒过滤器，PVDF（聚偏氟乙烯）或PTFE（聚四氟乙烯）滤膜，孔径为0.45μm。

【样品制备】

（一）试样准备

液体试样和粉状固体试样应分别混合均匀，半固体试样取固液共存物进行匀浆混合，固体试样（带核蜜饯凉果应先去核，取可食部分）经电动搅拌器粉碎等方式混合均匀，密封，制备好的试样在-18℃以下避光保存，备用。

（二）试样提取

1. 液体类试样及冷冻饮品 饮料、配制酒、调制乳、调味糖浆、风味发酵乳及风味冰、冰棍等。精密称取试样2g（精确至0.001g），冷冻饮品可先温水浴加热融化再称样，置于50ml具塞离心管中，加入适量乙醇氨水溶液，涡旋1分钟，5000r/min离心5分钟，并用乙醇氨水溶液定容至50ml，即得提取液；精密量取上清液10ml，50℃以下氮气浓缩至3ml左右，分2~3次共加入5%甲醇水溶液10ml溶解，作为待净化液。

2. 固体类试样 加工水果、腌渍的蔬菜、糖果、酱及酱制品、香辛料、果冻、杂粮粉及其制品、面糊、淀粉及淀粉类制品、胶原蛋白肠衣、即食谷物、谷类和淀粉类甜品、糕点上彩装、蛋卷、焙烤食品馅料及表面用挂浆等。精密称取试样2g（精确至0.001g），置于50ml具塞离心管中，先加入适量水（2~5ml），50℃水浴加热混匀样品，加入乙醇氨水溶液25ml，涡旋1分钟，50℃超声或振摇（速率≥250r/min）提取20分钟，8000r/min离心5分钟，取上清液置于50ml容量瓶中，每次加入5~10ml乙醇氨水溶液，重复提取操作至上清液无明显颜色，离心后合并上清液，用乙醇氨水溶液定容至50ml，即得提取液。精密量取提取液10ml，用50℃氮气浓缩至3ml左右，分2~3次共加入5%甲醇水溶液10ml溶解，作为待净化液。

3. 含油量大的试样 可可制品、巧克力和巧克力制品、调制乳粉、调制奶油粉、调制炼乳、膨化食品、加工坚果与籽类、熟制豆类、糕点、熟肉制品、复合调味料和冰淇淋、雪糕等。精密称取试样2g（精确至0.001g），置于50ml具塞离心管中，加入石油醚20ml涡旋1分钟，超声或振摇（速率≥250r/min）提取10分钟，8000r/min离心5分钟，弃去上清液，油脂含量较高的可重复提取一次，弃去上清液，加入乙醇氨水溶液25ml，涡旋1分钟，50℃超声或振摇（速率≥250r/min）提取20分钟，8000r/min离心5分钟（若离心后提取液仍然浑浊，可转入高速离心机专用管，15000r/min离心5分钟），取上清液置于50ml容量瓶中，按照上述固体类试样中“每次加入5~10ml乙醇氨水溶液……”同法操作，制得待净化液。

（三）试样净化

1. 活化 依次用分析纯甲醇6ml和水6ml，活化固相萃取柱，保持柱体湿润。

2. 上样 活化后立即将“待净化液”以2~3秒1滴的流速加载到固相萃取柱上。

3. 淋洗 依次用2%甲酸水溶液6ml与分析纯甲醇6ml淋洗固相萃取柱，弃去淋洗液，真空抽2分钟至柱体近干。

4. 洗脱 用2%氨化甲醇溶液6ml洗脱，分两次加入，每次3ml，流速低于2~3秒1滴，收集洗脱液，于50℃氮气浓缩至近干，精密加入pH 9.0的乙酸铵缓冲溶液2ml溶解，溶液用针筒过滤器，孔径0.45μm的滤膜过滤，弃去2~5滴初滤液，取续滤液作为待测液。

【样品测定】

（一）色谱参考条件

1. 色谱柱 C_{18}柱，250mm×4.6mm×5μm；或同等性能色谱柱。

2. 进样量 10μl。

3. 柱温 30℃。

4. 二极管阵列检测器波长范围 400nm～800nm，检测波长415nm（柠檬黄、喹啉黄），520nm（新红、苋菜红、胭脂红、日落黄、诱惑红、酸性红和赤藓红），610nm（靛蓝、亮蓝）。

5. 流速 1ml/min。

6. 参考洗脱程序 其中流动相A为20mmol/L乙酸铵溶液，流动相B为甲醇，梯度洗脱见表3－6。

表3－6 流动相梯度洗脱条件

时间（min）	流动相A（%）	流动相B（%）
0.00	90	10
12.0	60	40
19.0	50	50
22.5	45	55
24.0	5	95
33.0	5	95
34.0	90	10
42.0	90	10

（二）标准曲线的制作

将标准系列工作液分别注入高效液相色谱仪中，测定相应物质的峰面积，以标准溶液中该物质的浓度为横坐标，以该物质的峰面积为纵坐标，绘制标准曲线，计算回归方程。

亮蓝通常呈现两个峰，喹啉黄通常呈现四个峰，应根据标准溶液出峰情况，以各色谱峰的峰面积之和计算含量。

（三）试样溶液测定

将试样溶液注入高效液相色谱仪中，测得对应峰面积，根据标准曲线计算得到待测液中各物质浓度。

【结果计算与数据处理】

试样中着色剂的含量按式3－14计算：

$$X=\frac{C\times V_1}{m\times\frac{V_3}{V_2}\times1000} \tag{3-14}$$

式中，X为试样中着色剂的含量，g/kg；C为合成着色剂浓度，μg/ml，V_1为经净化洗脱后的最终定容体积，ml；m为试样质量，V_2为样品提取液体积，ml；V_3为用于净化分取的样品提取液体积，ml；1000为单位换算为g/kg的换算系数。

计算结果以重复性条件下获得的两次独立测定结果的算术平均值表示，结果保留两位有效数字。在重复性条件下获得的两次独立测定结果的绝对差值不得超过算术平均值的10%。

【岗位对接】

本项目是食品质量与安全、食品检验检测技术等专业学生必须掌握的内容，为成为合格的食品检测人员打下坚实的基础。

本项目对接食品检验工的资格考试和职业技能标准，按照《中华人民共和国食品安全法》《食品安全国家标准》《食品添加剂使用标准》要求，食品生产经营企业应当加强食品添加剂检验工作；食品生产企业可以自行对所生产的食品进行检验，也可委托符合本法规定的食品检验机构进行检验。从事食品检验岗位的工作人员应掌握以下相关的知识和技能要求。

1. 能按照国家标准，正确规范地检测食品中的甜味剂、防腐剂、护色剂、漂白剂、抗氧化剂、着色剂等食品添加剂。

2. 能根据检验结果进行正确的计算及食品质量的评价与判定。

3. 能熟练使用紫外/可见分光光度仪、高效液相色谱仪、气相色谱仪、离子色谱仪等分析仪器测定食品中的添加剂。

4. 具备相关实验室安全知识和实验室管理能力。

【重点小结】

本项目主要依据国家标准介绍了食品中的甜味剂、防腐剂、护色剂、漂白剂、抗氧化剂、着色剂等食品添加剂的检测方法，具体总结如下。

添加剂	分类	国家标准	方法
甜味剂	糖精钠	GB 5009. 28—2016	高效液相色谱法
	甜蜜素	GB 5009. 97—2016	气相色谱法 高效液相色谱法 液相色谱－质谱/质谱法
防腐剂	苯甲酸钠 山梨酸钾	GB 5009. 28—2016	高效液相色谱法 气相色谱法
护色剂	亚硝酸盐 硝酸盐	GB 5009. 33—2016	离子色谱法 可见分光光度法 紫外分光光度法
漂白剂	二氧化硫	GB 5009. 34—2022	酸碱滴定法 分光光度法 离子色谱法
抗氧化剂	PG、THBP、TBHQ、NDGA、BHA、Ionox－100、OG、BHT、DG	GB 5009. 32—2016	高效液相色谱法 液相色谱－质谱/质谱法 气相色谱－质谱法 气相色谱法 比色法
着色剂	柠檬黄、新红、苋菜红、胭脂红、日落黄、亮蓝、赤藓红	GB 5009. 35—2023	高效液相色谱法

目标检测

答案解析

一、单项选择题

1. 下列哪个不是食品中常用的漂白剂（　）

A. 亚硫酸氢钠　　B. 硫酸钠

C. 焦亚硫酸钠　　D. 二氧化硫

2. 反相高效液相法测定巧克力中防腐剂时，为防止油脂干扰色谱分离测定，需加入（　）进行脱脂

A. 正辛醇　　B. 正己烷

C. 乙醚　　D. 石油醚

3. 气相色谱法测定甜蜜素时，为将甜蜜素衍生为环己醇亚硝酸酯，需加入的试剂是（　）

A. 硫酸　　B. 碳酸钠

C. 硫酸 - 亚硝酸钠　　D. 乙酸锌 - 亚铁氰化钾

4. 食品中亚硝酸盐可转化生成（　）而产生致癌作用

A. 硝酸盐　　B. 亚硝基红蛋白

C. 亚硝酸　　D. 亚硝胺

5. 食品中糖精钠的测定方法为（　）

A. 高效液相色谱法　　B. 气相色谱法

C. 离子色谱法　　D. 原子吸收光谱法

二、判断题

1. 食品中漂白剂的含量一般以二氧化硫残留量表示。（　）
2. 为使馒头变白，可在加工过程中使用硫黄熏蒸。（　）
3. 我国食品添加剂标准规定，在达到使用效果的前提下，应尽可能降低食品添加剂的使用量。（　）
4. 食品前处理时，为除去蛋白质等干扰成分，可加入乙酸锌与亚铁氰化钾试液。（　）
5. 山梨酸钾既可作为防腐剂使用，同时还有抗氧化的作用。（　）

三、名词解释

1. 食品添加剂
2. 防腐剂
3. 着色剂
4. 抗氧化剂
5. 护色剂

四、计算题

1. 芬达中苯甲酸钠的测定：准确称取本品 11.60g，置于小烧杯中，微温除去 CO_2 后，用氨水调至中性，置于 25ml 量瓶中，加水定容并过滤。精密量取续滤液 10μl，注入高效液相色谱仪，记录色谱图，测得苯甲酸的峰面积为 9870。另取苯甲酸对照品，加水溶解并稀释为 1mg/ml 溶液，作为对照品溶液，同法测定得峰面积为 111993。食品添加剂使用标准规定，碳酸饮料中苯甲酸钠（以苯甲酸计）的最大使用量为 0.2g/kg。试计算本品含苯甲酸是否符合规定？

2. 配制酒中糖精钠的测定：准确称取本品6.240g，置于小烧杯中，微温搅拌除去二氧化碳，用氨水（1∶1）调至pH 7.0，加水定容至20ml，经0.45μm滤膜过滤。精密量取续滤液10μl，注入高效液相色谱仪，记录得峰面积为18280；另取浓度0.1041mg/ml的糖精钠标准使用溶液10μl，相同方法测定得峰面积为96723。食品添加剂使用标准规定，配制酒中糖精钠以糖精计，最大使用量为0.15g/kg。试计算本品含糖精钠是否符合规定？

五、简答题

1. 简述气相色谱法测定环己基氨基磺酸钠的原理。
2. 简述亚硝酸盐产生护色作用的原理。
3. 简述食品中二氧化硫的测定原理和方法。
4. 食品中常用的抗氧化剂有哪些？

（江文杰）

书网融合……

题库

项目四

食品中有毒有害物质的测定

学习目标

知识目标

1. **掌握** 食品中常见的有毒有害物质检测的原理和方法。
2. **熟悉** 食品中常见的有毒有害物质的性质及其检测意义。
3. **了解** 食品中常见的有毒有害物质的种类和来源。

能力目标

1. 能根据食品样品类型及检测项目合理选择检验方法。
2. 具备规范测定食品中常见的有毒有害物质的能力。

素质目标

通过学习，培养诚实守信、爱岗敬业的职业素养，能及爱护环境、维护食品安全的责任感。

案例导入

案例 2023年6月，国家市场监管总局所发布的8批次食品抽检不合格情况通告，内蒙古包头市某超市销售的、标称某商贸有限公司生产的小榨胡麻油，其中苯并［a］芘检测值不符合食品安全国家标准规定；山东省烟台市某调味店销售的、标称山东省威海市某水产有限公司生产的干裙带菜，其中铅（以Pb计）检测值不符合食品安全国家标准规定。

讨论 1. 食品中常见的有毒有害物质有哪些？

2. 如何正确检测食品中有毒有害物质的含量？

食品在生产（烹调）、包装、储藏、运输、食用过程中可能产生有害物质或被有害物质污染，某些食品本身也可能含有一些有毒有害物质。食品中常见的有毒有害物质包括农药残留（有机氯、有机磷等）、动植物毒素、氰化物、亚硝胺类物质、黄曲霉毒素及有害金属元素等。分析检测食品中存在的有毒有害物质，有助于加强食品的卫生监督管理，促进食品安全，保障人民的健康。

任务一　农药及兽药残留量的测定

PPT

一、农药残留量的测定

农药施用后，残存在生物体、农副产品和环境中的微量农药原体、有毒代谢产物、降解物和杂质总称为农药残留。食品中农药残留的来源有：农作物因农田施用农药而污染；水产品因水体受农药污染而污染；畜禽肉类因饲料中、环境中残留的农药而污染；粮库等食品储存场所可因熏蒸剂等而使食品污染；农药污染还可通过食物链富集和传递。

农药主要用于防治、破坏、引诱、控制昆虫、病菌及有毒的动植物，或控制动物的外寄生虫，其种类繁多。根据用途、来源、化学结构等不同有多种分类方式，残留的农药按用途可分为4类。

1. 杀虫剂 主要包括有机氯类、有机磷类、拟除虫菊酯类、氨基甲酸酯类等。

2. 杀菌剂 主要包括有机汞类、苯并咪唑类、有机氯类等。

3. 除草剂 主要包括氮酰类、三嗪类、酰脲类、拟除草隆类等。

4. 熏蒸剂 主要包括磷化氢、溴甲烷、二硫化碳等。

摄入残留农药或长时间反复暴露于残留农药，会让人、畜产生急性或慢性中毒，农药残留还影响到进出口贸易。世界各国特别是发达国家以农残限量作为技术壁垒，限制农副产品进口，保护本国的农业生产。

依据GB/T 5009.19—2008《食品中有机氯农药多组分残留量的测定》，采用毛细管柱气相色谱-电子捕获检测器法和填充柱气相色谱-电子捕获检测器法测定食品中的有机氯农药残留。依据GB/T 5009.20—2003《食品中有机磷农药残留量的测定》，采用气相色谱法测定食品中的有机磷农药残留量。

实训一 毛细管柱气相色谱-电子捕获检测器法测定食品中的有机氯农药残留

有机氯农药包括滴滴涕（DDT）、六六六（HCH）、六氯苯等，是一类应用最早的高效广谱杀虫剂。

有机氯农药化学性质稳定，在自然界不易分解，半衰期长，影响食品安全，危害人类健康。因此，我国的食品安全国家标准GB 2763—2021《食品中农药最大残留限量》中明确规定有机氯农药在食品中的最大限量。食品中有机氯农药残留的最大限量如表4-1所示。

表4-1 常见有机氯农药在食品中的最大残留限量标准

品种	指标		品种	指标	
	六六六	滴滴涕		六六六	滴滴涕
稻谷、麦类	≤0.05	≤0.1	生乳	≤0.02	≤0.02
大豆	≤0.05	≤0.05	茶	≤0.2	≤0.2
蔬菜、水果	≤0.05	≤0.05	哺乳动物肉类及其制品		
胡萝卜	≤0.05	≤0.2	脂肪含量10%以下	≤0.1	≤0.2
水产品	≤0.1	≤0.5	脂肪含量10%及以上	≤1.0	≤2.0
蛋	≤0.1	≤0.1			

注：肉中脂肪含量小于10%，以鲜重计；大于、等于10%，以脂肪质量计。

【测定原理】

试样中有机氯农药组分经有机溶剂提取、凝胶色谱层析净化，用毛细管柱气相色谱分离，电子捕获检测器检测，以保留时间定性，外标法定量。

【适用范围】

本法规定了食品中六六六（HCH）、滴滴涕（DDT）、六氯苯、灭蚁灵、七氯、氯丹、艾氏剂、狄氏剂、异狄氏剂、硫丹、五氯硝基苯的测定方法。

本法适用于肉类、蛋类、乳类动物性食品和植物（含油脂）中α-HCH、六氯苯、β-HCH、γ-HCH、五氯硝基苯、δ-HCH、五氯苯胺、七氯、五氯苯基硫醚、艾氏剂、氧氯丹、环氧七氯、反式氯丹、α-硫丹、顺式氯丹、p,p'-滴滴伊（DDE）、狄氏剂、异狄氏剂、β-硫丹、p,p'-DDD、o,p'-DDT、异狄氏剂醛、硫丹硫酸盐、p,p'-DDT、异狄氏剂酮、灭蚁灵的分析。

【试剂与仪器准备】

（一）试剂

丙酮，分析纯，重蒸；石油醚，沸程 30～60℃，分析纯，重蒸；乙酸乙酯，分析纯，重蒸；环己烷，分析纯，重蒸；正己烷，分析纯，重蒸；氯化钠，分析纯；无水硫酸钠，分析纯，将无水硫酸钠置干燥箱中，于 120℃干燥 4 小时，冷却后，密闭保存；聚苯乙烯凝胶，200～400 目，或同类产品。

（二）农药标准品

α-六六六（α-HCH）、六氯苯（HCB）、β-六六六（β-HCH）、γ-六六六（γ-HCH）、五氯硝基苯（PCNB）、δ-六六六（δ-HCH）、五氯苯胺（PCA）、七氯（Heptachlor）、五氯苯基硫醚（PCPs）、艾氏剂（Aldrin）、氧氯丹（Oxychlordane）、环氧七氯（Heptachlor epoxide）、反氯丹（trans-chlordane）、α-硫丹（α-endosulfan）、顺氯丹（cis-chlordane）、p,p'-滴滴伊（p,p'-DDE）、狄氏剂（Dieldrin）、异狄氏剂（Endrin）、β-硫丹（β-endosulfan）、p,p'-滴滴滴（p,p'-DDD）、o,p'-滴滴涕（o,p'-DDT）、异狄氏剂醛（Endrin aldehyde）、硫丹硫酸盐（Endosulfan sulfate）、p,p'-滴滴涕（p,p'-DDT）、异狄氏剂酮（Endrinketone）、灭蚁灵（Mirex）、纯度均应不低于 98%。

（三）标准溶液的配制

分别准确称取或量取上述农药标准品适量，用少量苯溶解，再用正己烷稀释成一定浓度的标准储备液。量取适量标准储备液，用正己烷稀释为系列混合标准溶液。

（四）仪器

气相色谱仪（GC），配有电子捕获检测器（ECD）；凝胶净化柱，长 30cm，内径 2.3～2.5cm，具活塞玻璃层析柱，柱底垫少许玻璃棉。用洗脱剂乙酸乙酯-环己烷（1∶1）浸泡的凝胶，以湿法装入柱中，柱床高约 26cm，凝胶始终保持在洗脱剂中；全自动凝胶色谱系统，带有固定波长（254nm）紫外检测器，供选择使用；旋转蒸发仪；组织匀浆器；振荡器；氮气浓缩器。

【样品制备】

（一）试样准备

蛋品去壳，制成匀浆；肉品去筋后，切成小块，制成肉糜；乳品混匀待用。

（二）提取与分离

1. 蛋类 称取试样 20g（精确到 0.01g）于 200ml 具塞三角瓶中，加水 5ml（视试样水分含量加水，使总水量约为 20g。通常鲜蛋水分含量约 75%，加水 5ml 即可），再加入 40ml 丙酮，振摇 30 分钟后，加入氯化钠 6g，充分摇匀，再加入 30ml 石油醚，振摇 30 分钟。静置分层后，将有机相全部转移至 100ml 具塞三角瓶中经无水硫酸钠干燥，并量取 35ml 于旋转蒸发瓶中，浓缩至约 1ml，加入 2ml 乙酸乙酯-环己烷（1∶1）溶液再浓缩，如此重复 3 次，浓缩至约 1ml，供凝胶色谱层析净化使用，或将浓缩液转移至全自动凝胶渗透色谱系统配套的进样试管中，用乙酸乙酯-环己烷（1∶1）溶液洗涤旋转蒸发瓶数次，将洗涤液合并至试管中，定容至 10ml。

2. 肉类 称取试样 20g（精确到 0.01g），加水 15ml（视试样水分含量加水，使总水量约 20g）。加 40ml 丙酮，振摇 30 分钟，以下按照蛋类试样的提取与分离步骤处理。

3. 乳类 称取试样 20g（精确到 0.01g），鲜乳不需加水，直接加丙酮提取。以下按照蛋类试样的提取与分离步骤处理。

4. 大豆油 称取试样 1g（精确到 0.01g），直接加入 30ml 石油醚，振摇 30 分钟后，将有机相全部转移至旋转蒸发瓶中，浓缩至约1ml，加2ml乙酸乙酯-环己烷（1∶1）溶液再浓缩，如此重复3次，浓缩至约1ml，供凝胶色谱层析净化使用，或将浓缩液转移至全自动凝胶渗透色谱系统配套的进样试管中，用乙酸乙酯-环己烷（1∶1）溶液洗涤旋转蒸发瓶数次，将洗涤液合并至试管中，定容至10ml。

5. 植物类 称取试样匀浆20g，加水5ml（视其水分含量加水，使总水量约20ml），加丙酮40ml，振荡30分钟，加氯化钠6g，摇匀。加石油醚30ml，再振荡30分钟，以下按照蛋类试样的提取与分离步骤处理。

（三）净化

选择手动或全自动净化方法的任何一种进行。

1. 手动凝胶色谱柱净化 将试样浓缩液经凝胶柱以乙酸乙酯-环己烷（1∶1）溶液洗脱，弃去0~35ml流分，收集35~70ml流分。将其旋转蒸发浓缩至约1ml，再经凝胶柱净化收集35~70ml流分，蒸发浓缩，用氮气吹除溶剂，用正己烷定容至1ml，留待GC分析。

2. 全自动凝胶渗透色谱系统净化 试样由5ml试样环注入凝胶渗透色谱（GPC）柱，泵流速5.0ml/min，以乙酸乙酯-环己烷（1∶1）溶液洗脱，弃去0~7.5分钟流分，收集7.5~15分钟流分，15~20分钟冲洗GPC柱。将收集的流分旋转蒸发浓缩至约1ml，用氮气吹至近干，用正己烷定容至1ml，留待分析。

【样品测定】

（一）色谱参考条件

1. 色谱柱DM-5 石英弹性毛细管柱，长30m、内径0.32mm、膜厚0.25μm；或等效柱。

2. 柱温 程序升温。

3. 进样口温度 280℃，不分流进样，进样量1μl。

4. 检测器 电子捕获检测器（ECD），温度300℃。

5. 载气流速 氮气（N_2）流速1ml/min；尾吹，25ml/min。

6. 柱前压 0.5MPa。

（二）色谱分析

分别吸取1μl混合标准液及试样净化液注入气相色谱仪中，记录色谱图，以保留时间定性，以试样和标准的峰高或峰面积比较定量。

（三）色谱图

出峰顺序为：α-六六六、六氯苯、β-六六六、γ-六六六、五氯硝基苯、δ-六六六、五氯苯胺、七氯、五氯苯基硫醚、艾氏剂、氧氯丹、环氧七氯、反氯丹、α-硫丹、顺氯丹、p,p'-滴滴伊、狄氏剂、异狄氏剂、β-硫丹、p,p'-滴滴滴、o,p'-滴滴涕、异狄氏剂醛、硫丹硫酸盐、p,p'-滴滴涕、异狄氏剂酮、灭蚁灵。

【结果计算与数据处理】

试样中各农药含量按式4-1计算。

$$X=\frac{m_1\times V_1\times f\times 1000}{m\times V_2\times 1000} \tag{4-1}$$

式中，X为试样中各农药的含量，mg/kg；m_1为被测样液中各农药的含量，ng；V_2为样液进样体积，μl；f为稀释因子；m为试样质量，g；V_1为样液最后定容体积，ml。1000为X单位为mg/kg的换算因子。

计算结果保留两位有效数字。精密度要求：在重复性条件下获得的两次独立测定结果的绝对差值不得超过算术平均值的20%。

实训二　气相色谱法测定食品中的有机磷农药残留

有机磷农药是指有机磷酸酯类化合物，这类农药品种多、药效高，用途广，易分解，被广泛用于农业、畜牧业等。有机磷农药大多呈油状或结晶状，除敌敌畏和敌百虫外，大多具有蒜臭味。一般不溶于水，易溶于有机溶剂如苯、丙酮、乙醚、三氯甲烷及油类，对光、热、氧均较稳定，遇碱易分解破坏。

依据 GB/T 5009.20—2003《食品中有机磷农药残留量的测定》，采用气相色谱法测定食品中的有机磷农药残留量。

【测定原理】

试样中有机磷农药经提取、分离净化后在富氢焰上燃烧，以 HPO 碎片的形式，发出 526nm 波长的特征光，通过滤光片选择后由光电倍增管接收，转换成电信号，经微电流放大器放大后被记录下来。试样的峰高与标准的峰高相比，计算出试样相当的含量。

【适用范围】

适用于粮食、蔬菜、食用油等食品中敌敌畏、乐果、马拉硫磷、对硫磷、甲拌磷、稻瘟净、杀螟硫磷、倍硫磷及虫螨磷的测定。

【试剂与仪器准备】

（一）试剂

二氯甲烷；丙酮；无水硫酸钠；中性氧化铝，在 300℃活化 4 小时后备用；硫酸钠溶液（50g/L）。

（二）试剂配制

1. 有机磷农药标准储备液　分别准确称取有机磷农药标准品敌敌畏、乐果、马拉硫磷、对硫磷、甲拌磷、稻瘟净、倍硫磷、杀螟硫磷及虫螨磷各 10.0mg，用苯（或三氯甲烷）溶解并稀释至 100ml，放在冰箱中保存。

2. 有机磷农药标准使用液　临用时用二氯甲烷将标准储备液稀释为使用液，使其浓度为敌敌畏、乐果、马拉硫磷、对硫磷、甲拌磷每毫升各相当于 1.0μg，稻瘟净、倍硫磷、杀螟硫磷及虫螨磷每毫升各相当于 2.0μg。

（三）仪器

气相色谱仪，附有火焰光度检测器（FPD）；组织捣碎机；旋转蒸发仪；电动振荡器。

【样品制备】

（一）样品处理

1. 蔬菜　将蔬菜切碎混匀。称取 10.00g 混匀的试样，置于 250ml 具塞锥形瓶中，加 30～100g 无水硫酸钠（根据蔬菜含水量）脱水，剧烈振摇后如有固体硫酸钠存在，说明所加无水硫酸钠已够。加 0.2～0.8g 活性炭（根据蔬菜色素含量）脱色。加 70ml 二氯甲烷，在振荡器上振摇 0.5 小时，经滤纸过滤。量取 35ml 滤液，在通风柜中室温下自然挥发至近干，用二氯甲烷少量多次研洗残渣，移入 10ml（或 5ml）具塞刻度试管中，并定容至 2.0ml，备用。

2. 稻谷　脱壳、磨粉、过 20 目筛、混匀。称取 10.00g，置于具塞锥形瓶中，加入 0.5g 中性氧化铝及 20ml 二氯甲烷，振摇 0.5 小时，过滤，滤液直接进样。如农药残留量过低，则加 30ml 二氯甲烷，振摇过滤，量取 15ml 滤液浓缩，并定容至 2.0ml 进样。

3. 小麦、玉米　将试样磨碎过 20 目筛、混匀。称取 10.00g 置于具塞锥形瓶中，加入 0.5g 中性氧化铝、0.2g 活性炭及 20ml 二氯甲烷，振摇 0.5 小时，过滤，滤液直接进样。如农药残留量过低，则加 30ml 二氯甲烷，振摇过滤，量取 15ml 滤液浓缩，并定容至 2ml 进样。

4. 植物油 称取 5.0g 混匀的试样，用 50ml 丙酮分次溶解并洗入分液漏斗中，摇匀后，加 10ml 水，轻轻旋转振摇 1 分钟，静置 1 小时以上，弃去下层析出的油层，上层溶液自分液漏斗上口倾入另一分液漏斗中，当心尽量不使剩余的油滴倒入（如乳化严重，分层不清，则放入 50ml 离心管中，以 2500r/min 离心 0.5 小时，用滴管吸出上层清液）。加 30ml 二氯甲烷，100ml 50g/L 硫酸钠溶液，振摇 1 分钟。静置分层后，将二氯甲烷提取液移至蒸发皿中。丙酮水溶液再用 10ml 二氯甲烷提取一次，分层后，合并至蒸发皿中。自然挥发后，如无水，可用二氯甲烷少量多次研洗蒸发皿中残液移入具塞量筒中，并定容至 5ml。加 2g 无水硫酸钠振摇脱水，再加 1g 中性氧化铝、0.2g 活性炭（毛油可加 0.5g）振荡脱油和脱色，过滤，滤液直接进样。二氯甲烷提取液自然挥发后如有少量水，可用 5ml 二氯甲烷分次将挥发后的残液洗入小分液漏斗内，提取 1 分钟，静置分层后将二氯甲烷层移入具塞量筒内，再以 5ml 二氯甲烷提取一次，合并入具塞量筒内，定容至 10ml，加 5g 无水硫酸钠，振摇脱水，再加 1g 中性氧化铝、0.2g 活性炭，振摇脱油和脱色，过滤，滤液直接进样。或将二氯甲烷和水一起倒入具塞量筒中，用二氯甲烷少量多次研洗蒸发皿，洗液并入具塞量筒中，以二氯甲烷层为准定容至 5ml，加 3g 无水硫酸钠，然后如上加中性氧化铝和活性炭，依法操作。

【样品测定】

（一）色谱参考条件

1. 色谱柱 玻璃柱，内径 3mm，长 1.5～2.0 m。

（1）分离测定敌敌畏、乐果、马拉硫磷和对硫磷的色谱柱 ①内装涂以 2.5% SE－30 和 3% QF－1 混合固定液的 60～80 目 Chromosorb WAWDMCS；②内装涂以 1.5% OV－17 和 2% QF－1 混合固定液的 60～80 目 Chromosorb WAW DMCS；③内装涂以 2% OV－101 和 2% QF－1 混合固定液的 60～80 目 Chromosorb WAW DMCS。

（2）分离、测定甲拌磷、稻瘟净、倍硫磷、杀螟硫磷及虫螨磷的色谱柱 ①内装涂以 3% PEGA 和 5% QF－1 混合固定液的 60～80 目 Chromosorb WAW DMCS；②内装涂以 2% NPGA 和 3% QF－1 混合固定液的 60～80 目 Chromosorb WAW DMCS。

2. 气流速度 载气为氮气 80ml/min；空气 50ml/min；氢气 180ml/min（氮气、空气和氢气之比按各仪器型号不同选择各自的最佳比例条件）。

3. 温度 进样口：220℃；检测器：240℃；柱温：180℃，但测定敌敌畏时为 130℃。

（二）测定

将有机磷农药标准使用液 2～5μl 分别注入气相色谱仪中，可测得不同浓度有机磷标准溶液的峰高，分别绘制有机磷农药质量－峰高标准曲线。同时取试样溶液 2～5μl 注入气相色谱仪中，测得峰高，从标准曲线图中查出相应的含量。

【结果计算与数据处理】

试样中有机磷农药残留量含量按式 4－2 计算。

$$X=\frac{A}{m\times 1000} \tag{4-2}$$

式中，X 为试样中有机磷农药的含量，mg/kg；A 为进样体积中有机磷农药的质量，由标准曲线中查得，ng；m 为与进样体积（μl）相当的试样质量，g；1000 为 X 单位为 mg/kg 的换算系数。

计算结果保留两位有效数字。

精密度要求：敌敌畏、甲拌磷、倍硫磷、杀螟硫磷在重复性条件下获得的两次独立测定结果的绝对差值不得超过算术平均值的10%。乐果、马拉硫磷、对硫磷、稻瘟净在重复性条件下获得的两次独立测定结果的绝对差值不得超过算术平均值的15%。

【技术提示】

1. 本法采用价格较为便宜的二氯甲烷作为提取试剂，国际上多用乙腈作为有机磷农药的提取试剂及分配净化试剂。

2. 有机磷农药如敌敌畏因稳定性差且易被色谱柱中的担体吸附，故本法采用降低操作温度来予以克服。另外，也可采用缩短色谱柱至1～1.3m或减少固定液涂渍的厚度等措施来克服。

拓展阅读

常用农药残留的快速检测方法

酶抑制法：目前应用较为广泛的是乙酰胆碱酯酶抑制法，用于测定有机磷和氨基甲酸酯类农药。我国已将其列入国家标准《GB/T 5009.199—2003 蔬菜中有机磷和氨基甲酸酯类农药残留量的快速检测》中作为农产品中农药残留的快速检测方法。免疫分析法：最为常用的是酶联免疫法（ELISA法），它具有专一性强、灵敏度高、快速、操作简单等优点，试剂盒可广泛用于现场样品和大量样品的快速检测，可准确定性和定量。化学法－速测灵法：主要针对的是有机磷农药如甲胺磷、对硫磷等较高毒性的有机磷农药残留的定性检测。该方法避免了通常所使用生化方法（酶法）的缺点，灵敏度也能达到一定的要求。

二、兽药残留量的测定

兽药在防治动物疾病、提高生产效率、改善畜产品质量等方面起着十分重要的作用。在动物养殖过程中，使用预防和治疗禽畜疾病的药物、作为饲料添加剂的药物、作为动物食品保鲜用的药物，以及人为无意或有意加入的药物均可能使兽药残留在动物性食品中。兽药残留是动物性产品的任何可食部分含有的兽药及配体化合物或其代谢物的总称。食用兽药残留超标的食品可能会对人体健康产生危害，如急慢性中毒、药物抵抗、致癌、致畸、致突变作用、人体内菌群失调。此外，兽药还会随粪便、尿液等排出，对土壤微生物等造成影响，长期滥用兽药会制约畜牧业的健康可持续发展。

目前，兽药按照用途可分为7类：抗生素类、驱肠虫药类、生长促进剂类、抗原虫药类、灭锥虫药类、镇静剂类以及β－肾上腺素能受体阻断剂。食品中常见的残留兽药有抗生素类、磺胺类、呋喃类、抗寄生虫类和激素类药物，也是食品检验中常见的项目。

依据GB 29694—2013《食品安全国家标准　动物性食品中13种磺胺类药物多残留的测定 高效液相色谱法》，采用高效液相色谱法检测动物性食物中的磺胺类药物残留量。

实训三　高效液相色谱法测定食品中的磺胺类药物残留

【测定原理】

试料中残留的磺胺类药物，用乙酸乙酯提取，0.1mol/L盐酸溶液转换溶剂，正己烷除脂，MCX柱净化，高效液相色谱－紫外检测法测定，外标法定量。

【适用范围】

本法规定了动物性食品中磺胺类药物残留量检测的制样和高效液相色谱测定方法。

本法适用于猪和鸡的肌肉和肝脏组织中的磺胺醋酰、磺胺吡啶、磺胺噁唑、磺胺甲基嘧啶、磺胺二甲基嘧啶、磺胺甲氧哒嗪、苯酰磺胺、磺胺间甲氧嘧啶、磺胺氯哒嗪、磺胺甲噁唑、磺胺异噁唑、磺胺二甲氧哒嗪和磺胺吡唑单个或多个药物残留量的检测。

本方法猪和鸡的肌肉组织的检测限为5μg/kg，定量限为10μg/kg；猪和鸡肝脏组织的检测限为12μg/kg，定量限为25μg/kg。

本方法肌肉组织在10~200μg/kg、肝脏组织在25~200μg/kg浓度添加水平上的回收率为60~120%。

本方法的批内相对标准偏差≤15%，批间相对标准偏差≤20%。

【试剂与仪器准备】

（一）试剂

磺胺醋酰、磺胺吡啶、磺胺甲氧哒嗪、苯酰磺胺、磺胺间甲氧嘧啶、磺胺氯哒嗪、磺胺甲噁唑、磺胺异噁唑、磺胺二甲氧哒嗪、磺胺吡唑对照品：纯度≥99%；磺胺噁唑、磺胺甲基嘧啶、磺胺二甲基嘧啶，纯度≥98%；乙酸乙酯，色谱纯；乙腈，色谱纯；甲醇，色谱纯；盐酸；正己烷；甲酸，色谱纯；氨水；MCX柱，60mg/3ml，或相当者。

（二）试剂配制

1. 甲酸溶液（0.1%） 取甲酸1ml，用水溶解并稀释至1000ml。

2. 甲酸乙腈溶液（0.1%） 取0.1%甲酸830ml，用乙腈溶解并稀释至1000ml。

3. 洗脱液 取氨水5ml，用甲醇溶解并稀释至100ml。

4. 盐酸溶液（0.1mol/L） 取盐酸0.83ml，用水溶解并稀释至100ml。

5. 甲醇乙腈溶液（50%） 取甲醇50ml，用乙腈溶解并稀释至100ml。

6. 磺胺类药物混合标准储备液（100μg/ml） 精密称取磺胺类药物标准品各10mg于100ml量瓶中，用乙腈溶解并稀释至刻度，配制成浓度为100μg/ml的磺胺类药物混合标准储备液。-20℃以下保存，有效期6个月。

7. 磺胺类药物混合标准工作液（10μg/ml） 精密量取100μg/ml磺胺类药物混合标准储备液5.0ml于50ml量瓶中，用乙腈稀释至刻度，配制成浓度为10μg/ml的磺胺类药物混合标准工作液。-20℃以下保存，有效期6个月。

以上所用试剂，除特殊注明外均为分析纯试剂，水为符合GB/T 6682规定的一级水。

（三）仪器

高效液相色谱仪（配紫外检测器或二极管阵列检测器）；分析天平（感量0.00001g）；天平（感量0.01g）；涡动仪；离心机；均质机；旋转蒸发仪；氮吹仪；固相萃取装置；鸡心瓶（100ml）；聚四氟乙烯离心管（50ml）；滤膜（有机相，0.22μm）。

【样品制备】

1. 试样的准备 取适量新鲜或解冻的空白或试样组织，绞碎，并使均质。

取均质后的试样组织，作为试样；取均质后的空白样品，作为空白试样；取均质后的空白样品，添加适宜浓度的标准工作液，作为空白添加试样。

试样可于-20℃以下保存。

2. 提取 称取试样5g±0.05g，于50ml聚四氟乙烯离心管中，加乙酸乙酯20ml，涡动2分钟，

4000r/min 离心 5 分钟，取上清液于 100ml 鸡心瓶中，残渣中加乙酸乙酯 20ml，重复提取一次，合并两次提取液。

3. 净化 鸡心瓶中加 0.1mol/L 盐酸溶液 4ml，于 40℃ 条件下旋转蒸发浓缩至低于 3ml，转至 10ml 离心管中。用 0.1mol/L 盐酸溶液 2ml 洗鸡心瓶，转至同一离心管中。再用正己烷 3ml 洗鸡心瓶，将正己烷转至同一离心管中，涡旋混合 30 秒，3000r/min 离心 5 分钟，弃正己烷。再次用正己烷 3ml 洗鸡心瓶，转至同一离心管中，涡旋混合 30 秒，3000r/min 离心 5 分钟，弃正己烷，取下层液备用。

MCX 柱依次用甲醇 2ml 和 0.1mol/L 盐酸溶液 2ml 活化，取备用液过柱，控制流速 1ml/min。依次用 0.1mol/L 盐酸溶液 1ml 和 50% 甲醇乙腈溶液 2ml 淋洗，用洗脱液 4ml 洗脱，收集洗脱液，于 40℃ 氮气吹干，加 0.1% 甲酸乙腈溶液 1.0ml 溶解残余物，滤膜过滤，供高效液相色谱测定。

【样品测定】

1. 色谱参考条件 色谱柱 ODS－3C_{18}（250mm×4.5mm，粒径 5μm），或相当者。流动相：0.1% 甲酸＋乙腈，梯度洗脱见表 4－2。流速：1ml/min。柱温：30℃。检测波长：270nm。进样体积：100μl。

表 4－2 流动相梯度洗脱条件

时间（min）	0.1%甲酸（%）	乙腈（%）
0.0	83	17
5.0	83	17
10.0	80	20
22.3	60	40
22.4	10	90
30.0	10	90
31.0	83	17
48.0	83	17

2. 标准曲线制备 精密量取 10μg/ml 磺胺类药物混合标准工作液适量，用 0.1% 甲酸乙腈溶液稀释，配制成浓度为 10、50、100、250、500、2500 和 5000μg/L 的系列混合标准溶液，供高效液相色谱测定。以测得峰面积为纵坐标，对应的标准溶液浓度为横坐标，绘制标准曲线。求回归方程和相关系数。

3. 测定 取试样溶液和相应的对照溶液，作单点或多点校准，按外标法，以峰面积计算。对照溶液及试样溶液中磺胺类药物响应值应在仪器检测的线性范围之内。

4. 空白试验 除不加试样外，采用完全相同的步骤进行平行操作。

【结果计算与数据处理】

试样中磺胺类药物的残留量按式 4－3 计算。

$$X=\frac{c\times V}{m} \tag{4-3}$$

式中，X 为试样中相应的磺胺类药物的残留量，μg/kg；c 为试样溶液中相应的磺胺类药物浓度，μg/L；V 为溶解残余物所用 0.1% 甲酸乙腈溶液体积，ml；m 为试样质量，g。

计算结果需扣除空白值，测定结果用平行测定后的算术平均值表示，保留三位有效数字。

拓展阅读

食品中兽药残留的其他检测方法

液相色谱－质谱联用技术应用于兽药残留检验，具有准确、灵敏、检出限低等优点；蛋白芯片兽药残留检测试剂盒可实现多种食物中残留的多种兽药并行半定量检测；生物传感器分析仪可应用于牛奶中抗微生物药物残留分析的研究上；还有各种标记免疫分析技术包括放射免疫分析、酶免疫分析、荧光免疫分析、化学发光免疫分析、胶体金标记免疫分析等应用于兽药残留的分析。

任务二 有害元素的测定

PPT

案例导入

案例 2023年4月14日，江苏省市场监督管理局对外通告16批次抽检不合格食品情况。其中大润发盐城一门店销售的龙井茶被检出铅含量超标8倍多。

2023年4月19日，某县市场监督管理局对某家的油条例行抽样检查，检测出油条铝残留量实测值达914mg/kg，是标准值（100mg/kg）9倍多。

讨论 1. 食品中重金属从何而来，对人体会造成哪些危害？

2. 如何正确检测食品中的重金属？

食品中的有害元素指镉、铅、汞和砷等对机体产生危害的元素。

一、镉的测定

镉是一种灰白色的金属，自然界中主要以二价形式存在，进入人体的镉主要蓄积于肾脏和肝脏（分别约占全身蓄积量的1/2和1/6），损害肾、肝、骨骼和消化系统，特别是使肾小管的再吸收发生障碍，可出现蛋白尿、氨基酸尿和糖尿；镉对体内巯基酶有较强的抑制作用；镉还可使骨钙析出，使钙从尿排出，引起负钙平衡，导致骨质疏松；有研究表明，镉及其化合物对动物和人有一定的致癌、致畸和致突变的作用。

依据GB 5009.15—2023《食品安全国家标准 食品中镉的测定》，可采用石墨炉原子吸收光谱法、电感耦合等离子体质谱法检测食品中的镉含量。本任务介绍第一法。

实训四 石墨炉原子吸收光谱法测定食品中的镉

【测定原理】

试样消解处理后，经石墨炉原子化，在228.8nm处测定吸光度。在一定范围内，镉的吸光度值与镉含量成正比，与标准系列溶液比较定量。

【适用范围】

适用于食品中镉的测定。当取样量为0.5g或2ml，定容体积为10ml时，本方法的检出限为0.002mg/kg或0.0005mg/L，定量限为0.004mg/kg或0.001mg/L。

【试剂与仪器准备】

（一）试剂

硝酸，优级纯；高氯酸，优级纯；磷酸二氢铵；硝酸钯。

（二）试剂配制

1. 硝酸溶液（5+95） 取50.0ml硝酸，缓慢加入950ml水中，混匀。

2. 硝酸溶液（1+9） 取50ml硝酸，缓慢加入450ml水中，混匀。

3. 磷酸二氢铵－硝酸钯混合溶液 称取0.02g硝酸钯，加少量硝酸溶液（1+9）溶解后，再加入2g磷酸二氢铵，溶解后用硝酸溶液（5+95）定容至100ml，混匀。

4. 氯化镉 纯度>99.99%，或经国家认证并授予标准物质证书的标准品。

5. 镉标准储备液（100mg/L） 准确称取氯化镉0.2032g，用少量硝酸溶液（1+9）溶解，移入1000ml容量瓶中，加水至刻度，混匀。此溶液镉的质量浓度为100mg/L。

6. 镉标准中间液（100μg/L） 准确吸取镉标准储备液（100mg/L）1.00ml于10ml容量瓶中，加硝酸溶液（5+95）至刻度，混匀。再准确吸取上述溶液1.00ml于100ml容量瓶中，加硝酸溶液（5+95）至刻度，混匀。此溶液镉的质量浓度为100μg/L。

7. 镉标准系列工作溶液 分别准确吸取镉标准中间液（100μg/L）0、0.200、0.500、1.00、2.00和4.00ml于100ml容量瓶中，加硝酸溶液（5+95）至刻度，混匀。此系列溶液镉的质量浓度分别为0、0.200、0.500、1.00、2.00和4.00μg/L。临用现配。

可根据仪器的灵敏度及样品中镉的实际含量确定标准系列溶液中镉的质量浓度。

（三）仪器

原子吸收分光光度计（配石墨炉原子化器，附镉空心阴极灯）；电子天平（感量为0.1mg和1mg）；可调温式电热板，可调温式电炉；微波消解系统（附聚四氟乙烯消解内罐）；压力消解罐（附聚四氟乙烯消解内罐）；恒温干燥箱；样品粉碎设备（匀浆机、高速粉碎机）。

所有玻璃器皿及聚四氟乙烯消解内罐均需硝酸溶液（1+5）浸泡过夜，用自来水反复冲洗，最后用水冲洗干净。

【样品制备】

（一）试样制备

1. 固态样品

（1）干样 豆类、谷物、菌类、茶叶、干制水果、焙烤食品等低含水量样品，取可食部分，必要时经高速粉碎机粉碎均匀；固体乳制品、蛋白粉、面粉等呈均匀状的粉状样品，摇匀。

（2）鲜样 蔬菜、水果、水产品等高含水量样品，必要时洗净，晾干，取可食部分匀浆均匀；肉类、蛋类等样品，取可食部分匀浆均匀。

（3）速冻及罐头食品 经解冻的速冻食品及罐头样品，取可食部分匀浆均匀。

2. 液态样品 软饮料、调味品等样品摇匀。

3. 半固态样品 搅拌均匀。

（二）试样前处理

1. 湿式消解法 固体试样称取0.2~3g（精确至0.001g），液体试样准确移取或称取0.500~5.00ml（g）（精确至0.001g）于带刻度消化管中，含乙醇或二氧化碳的样品先低温加热除去乙醇或二氧化碳，加入10ml硝酸和0.5ml高氯酸，在可调式电炉上消解（参考条件：120℃保持0.5~1小时，升至180℃保持2~4小时，升至200~220℃）。若消化液呈棕褐色，冷却后，再加少量硝酸，消解至冒白烟，消化液呈无色透明或略带黄色，赶酸1ml左右后取出消化管，冷却后用水定容至10ml或25ml，混匀备用。同时做空白试验。亦可采用锥形瓶，于可调式电热板上，按上述操作方法进行湿法消解。

2. 微波消解法 固体试样称取0.2~0.5g（精确至0.001g，含水分较多的样品可适当增加取样量至

1g)，液体试样准确移取或称取0.500～3.00ml（g）（精确至0.001g）于微波消解罐中，含乙醇或二氧化碳的样品先低温加热除去乙醇或二氧化碳，加入5～10ml硝酸，按照微波消解的操作步骤消解试样，消解条件参考表4－3。必要时，在加酸后加盖放置1小时或过夜后再按照微波消解的操作步骤消解试样。冷却后取出消解罐，于140～160℃赶酸至1ml左右。消解罐放冷后，将消化液转移至10ml或25ml容量瓶中，用少量水洗涤消解罐2～3次，合并洗涤液于容量瓶中并用水定容至刻度，混匀备用。同时做空白对照试验。

表4－3 微波消解升温程序

步骤	设定温度℃	升温时间（min）	恒温时间（min）
1	120	5	5
2	160	5	10
3	180	5	10

3. 压力罐消解法 固体试样称取0.2～1g（精确至0.001g，含水分较多的样品可适当增加取样量至2g)，液体试样准确移取或称取0.500～5.00ml（g）（精确至0.001g）于消解内罐中，含乙醇或二氧化碳的样品先低温加热除去乙醇或二氧化碳，加入5～10ml硝酸。盖好内盖，旋紧不锈钢外套，放入恒温干燥箱，于140～160℃下保持4～5小时。必要时，在加酸后加盖放置1小时或过夜后再旋紧不锈钢外套，放入恒温干燥箱消解试样。冷却后缓慢旋松不锈钢外套，取出消解内罐，于140～160℃赶酸至1ml左右。冷却后将消化液转移至10ml或25ml容量瓶中，用少量水洗涤内罐和内盖2～3次，合并洗涤液于容量瓶中并用水定容至刻度，混匀备用。同时做空白对照试验。

【样品测定】

（一）仪器参考条件

根据所用仪器型号将仪器调至最佳状态。原子吸收分光光度计（附石墨炉及镉空心阴极灯）测定参考条件：波长228.8mm，狭缝0.8nm，灯电流5～7mA，干燥温度85～120℃，干燥时间30～50秒；灰化温度450～650℃，灰化时间15～30秒；原子化温度1500～2000℃，原子化时间4～5秒；背景校正为氘灯或塞曼效应。

（二）标准曲线的制作

按质量浓度由低到高的顺序分别取10μl标准系列溶液、5μl磷酸二氢铵－硝酸钯混合溶液（可根据使用仪器选择最佳进样量)，同时注入石墨管，原子化后测其吸光度值，以质量浓度为横坐标，吸光度值为纵坐标，绘制标准曲线。

（三）试样溶液的测定

在测定标准曲线相同的试验条件下，吸取10μl空白溶液或试样消化液、5μl磷酸二氢铵－硝酸钯混合溶液（可根据使用仪器选择最佳进样量)，同时注入石墨管，原子化后测其吸光度值。根据标准曲线得到待测液中镉的质量浓度。若测定结果超出标准曲线范围，用硝酸溶液（5＋95）稀释后测定。

【结果计算与数据处理】

试样中镉含量按式4－4计算。

$$X=\frac{(\rho-\rho_0)\times f\times V}{m\times 1000} \tag{4-4}$$

式中，X为试样中镉含量，mg/kg或mg/L；ρ为试样消化液中镉的质量浓度，μg/L；ρ_0为空白液中镉的质量浓度，μg/L；f为稀释倍数；V为试样消化液定容体积，ml；m为试样质量或体积，g或ml；

1000 为换算系数。

当镉含量 >0.1mg/kg（mg/L）时，计算结果保留 3 位有效数字，当镉含量 <0.1mg/kg（mg/L）时，计算结果保留 2 位有效数字。

试样中镉含量 >1mg/kg（mg/L）时，在重复性条件下获得的 2 次独立测定结果的绝对差值不得超过算术平均值的 10%；0.1mg/kg（mg/L）<试样中镉含量≤1mg/kg（mg/L）时，在重复性条件下获得的 2 次独立测定结果的绝对差值不得超过算术平均值的 15%；试样中镉含量≤0.1mg/kg（mg/L）时，在重复性条件下获得的 2 次独立测定结果的绝对差值不得超过算术平均值的 20%。

【技术提示】

（1）所用玻璃仪器均需以硝酸溶液（1+4）浸泡 24 小时以上，用水反复冲洗，最后用去离子水冲洗干净。

（2）实验要在通风良好的通风橱内进行。对含油脂的样品，尽量避免用湿式消解法消化，最好采用干法消化，如果必须采用湿式消解法消化，样品的取样量最大不能超过 1g。

二、总汞及有机汞的测定

汞以单质和化合物两种形态存在。单质汞（Hg）即元素汞亦称金属汞。汞的化合物又可分为无机汞化合物和有机汞化合物两大类。

金属汞中毒常以汞蒸气的形式引起，因为其具有高度的扩散性和较大的脂溶性，通过呼吸道进入肺泡，经血液循环运至全身。血液中的金属汞进入脑组织后，被氧化成汞离子，逐渐在脑组织中积累，达到一定量时即对脑组织造成损害。另外一部分汞离子转移到肾脏。所以，慢性汞中毒主要是以神经系统症状为临床表现，如头痛、头晕、肢体麻木和疼痛、肌肉震颤、运动失调等。

甲基汞（CH_3Hg）在人体肠道内极易被吸收并分布到全身，大部分蓄积在肝和肾中，分布于脑组织中的甲基汞约占 15%，但脑组织受损害先于其他各组织，主要损害部位为大脑皮层、小脑和末梢神经。

依据 GB 5009.17—2021《食品安全国家标准　食品中总汞及有机汞的测定》，采用原子荧光光谱法、直接进样测汞法、电感耦合等离子体质谱法、冷原子吸收光谱法测定食品中的总汞，采用液相色谱-原子荧光光谱联用法、液相色谱-电感耦合等离子体质谱联用法测定食品中的甲基汞。

实训五　原子荧光光谱法测定食品中的总汞

【测定原理】

试样经酸加热消解后，在酸性介质中，试样中汞被硼氢化钾或硼氢化钠还原成原子态汞，由载气（氩气）带入原子化器中，在汞空心阴极灯照射下，基态汞原子被激发至高能态，在由高能态回到基态时，发射出特征波长的荧光，其荧光强度与汞含量成正比，外标法定量。

【适用范围】

本方法适用于食品中总汞的测定。当样品称样量为 0.5g，定容体积为 25ml 时，方法检出限为 0.003mg/kg，方法定量限为 0.01mg/kg。

【试剂与仪器准备】

除另有说明，本方法所用试剂均为优级纯，水为 GB/T 6682—2008 规定的一级水。

（一）试剂

硝酸；过氧化氢；硫酸；氢氧化钾；硼氢化钾（分析纯）；重铬酸钾。

（二）试剂配制

1. 硝酸溶液（1+9） 量取50ml硝酸，缓缓加入450ml水中，混匀。

2. 硝酸溶液（5+95） 量取50ml硝酸，缓缓加入950ml水中，混匀。

3. 氢氧化钾溶液（5g/L） 称取5.0g氢氧化钾，用水溶解并稀释至1000ml，混匀。

4. 硼氢化钾溶液（5g/L） 称取5.0g硼氢化钾，用氢氧化钾溶液（5g/L）溶解并稀释至1000ml，混匀。临用现配。

5. 重铬酸钾的硝酸溶液（0.5g/L） 称取0.5g重铬酸钾，用硝酸溶液（5+95）溶解并稀释至1000ml，混匀。

本方法也可用硼氢化钠作为还原剂：称取3.5g硼氢化钠，用氢氧化钠溶液（3.5g/L）溶解并定容至1000ml，混匀。临用现配。

（三）标准品

氯化汞（纯度≥99%）。

（四）标准溶液配制

1. 汞标准储备液（1000mg/L） 准确称取0.1354g氯化汞，用重铬酸钾的硝酸溶液（0.5g/L）溶解并转移至100ml容量瓶中，稀释并定容至刻度，混匀。于2~8℃冰箱中避光保存，有效期2年。或经国家认证并授予标准物质证书的汞标准溶液。

2. 汞标准中间液（10.0mg/L） 准确吸取汞标准储备液（1000mg/L）1.00ml于100ml容量瓶中，用重铬酸钾的硝酸溶液（0.5g/L）稀释并定容至刻度，混匀。于2~8℃冰箱中避光保存，有效期1年。

3. 汞标准使用液（50.0μg/L） 准确吸取汞标准中间液（10.0mg/L）1.00ml于200ml容量瓶中，用重铬酸钾的硝酸溶液（0.5g/L）稀释并定容至刻度，混匀。临用现配。

4. 汞标准系列溶液 分别吸取汞标准使用液（50.0μg/L）0.00、0.20、0.50、1.00、1.50、2.00、2.50ml于50ml容量瓶中，用硝酸溶液（1+9）稀释并定容至刻度，混匀，相当于汞浓度为0.00、0.20、0.50、1.00、1.50、2.00、2.50μg/L。临用现配。

（五）仪器

原子荧光光谱仪（配汞空心阴极灯）；电子天平（感量为0.01mg、0.1mg和1mg）；微波消解系统；压力消解器；恒温干燥箱（50~300℃）；控温电热板（50~200℃）；超声水浴箱；浆机；高速粉碎机。

注：玻璃器皿及聚四氟乙烯消解内罐均需以硝酸溶液（1+4）浸泡24小时，用自来水反复冲洗，最后用水冲洗干净。

【样品制备】

（一）试样预处理

1. 粮食、豆类等样品 取可食部分粉碎均匀，装入洁净聚乙烯瓶中，密封保存备用。

2. 蔬菜、水果、鱼类、肉类及蛋类等新鲜样品 洗净晾干，取可食部分匀浆，装入洁净聚乙烯瓶中，密封，于2~8℃冰箱冷藏备用。

3. 乳及乳制品 匀浆或均质后装入洁净聚乙烯瓶中，密封于2~8℃冰箱冷藏备用。

（二）试样消解

1. 微波消解法 称取固体试样0.2~0.5g（精确到0.001g，含水分较多的样品可适当增加取样量至

0.8g）或准确称取液体试样 1.0～3.0g（精确到 0.001g），对于植物油等难消解的样品称取 0.2～0.5g（精确到 0.001g），置于消解罐中，加入 5～8ml 硝酸，加盖放置 1 小时，对于难消解的样品再加入 0.5～1ml 过氧化氢，旋紧罐盖，按照微波消解仪的标准操作步骤进行消解（表 4-4）。冷却后取出，缓慢打开罐盖排气，用少量水冲洗内盖，将消解罐放在控温电热板上或超声水浴箱中，80℃下加热或超声脱气 3～6 分钟赶去棕色气体，取出消解内罐，将消化液转移至 25ml 容量瓶中，用少量水分 3 次洗涤内罐，洗涤液合并于容量瓶中并定容至刻度，混匀备用；同时做空白对照试验。

表 4-4 试样微波消解参考条件

步骤	温度（℃）	升温时间（min）	保温时间（min）
1	120	5	5
2	160	5	10
3	190	5	25

2. 压力罐消解法 称取固体试样 0.2～1.0g（精确到 0.001g，含水分较多的样品可适当增加取样量至 2g）或准确称取液体试样 1.0～5.0g（精确到 0.001g），对于植物油等难消解的样品称取 0.2～0.5g（精确到 0.001g），置于消解内罐中，加入 5ml 硝酸，放置 1 小时或过夜，盖好内盖，旋紧不锈钢外套，放入恒温干燥箱，140～160℃下保持 4～5 小时，在箱内自然冷却至室温，缓慢旋松不锈钢外套，将消解内罐取出，用少量水冲洗内盖，将消解罐放在控温电热板上或超声水浴箱中，80℃下加热或超声脱气 3～6 分钟赶去棕色气体。取出消解内罐，将消化液转移至 25ml 容量瓶中，用少量水分 3 次洗涤内罐，洗涤液合并于容量瓶中并定容至刻度，混匀备用；同时做空白对照试验。

3. 回流消化法

（1）粮食 称取 1.0～4.0g（精确到 0.001g）试样，置于消化装置锥形瓶中，加玻璃珠数粒，加 45ml 硝酸、10ml 硫酸，转动锥形瓶防止局部炭化。装上冷凝管后，低温加热，待开始发泡即停止加热，发泡停止后，加热回流 2 小时。如加热过程中溶液变棕色，再加 5ml 硝酸，继续回流 2 小时，消解到样品完全溶解，一般呈淡黄色或无色，待冷却后从冷凝管上端小心加入 20ml 水，继续加热回流 10 分钟，放置冷却后，用适量水冲洗冷凝管，冲洗液并入消化液中，将消化液经玻璃棉过滤于 100ml 容量瓶内，用少量水洗涤锥形瓶、滤器，洗涤液并入容量瓶内，加水至刻度，混匀备用；同时做空白对照试验。

（2）植物油及动物油脂 称取 1.0～3.0g（精确到 0.001g）试样，置于消化装置锥形瓶中，加玻璃珠数粒，加入 7ml 硫酸，小心混匀至溶液颜色变为棕色，然后加 40ml 硝酸。后续步骤同“（1）”中从“装上冷凝管后，低温加热……同时做空白对照试验”。

（3）薯类、豆制品 称取 1.0～4.0g（精确到 0.001g）试样，置于消化装置锥形瓶中，加玻璃珠数粒及 30ml 硝酸、5ml 硫酸，转动锥形瓶防止局部炭化。后续步骤同“（1）”中从“装上冷凝管后，低温加热……同时做空白对照试验”。

（4）肉、蛋类 称取 0.5～2.0g（精确到 0.001g）试样，置于消化装置锥形瓶中，加玻璃珠数粒及 30ml 硝酸、5ml 硫酸，转动锥形瓶防止局部炭化。后续步骤同“（1）”中从“装上冷凝管后，低温加热……同时做空白对照试验”。

（5）乳及乳制品 称取 1.0～4.0g（精确到 0.001g）试样，置于消化装置锥形瓶中，加玻璃珠数粒及 30ml 硝酸，乳加 10ml 硫酸，乳制品加 5ml 硫酸，转动锥形瓶防止局部炭化。后续步骤同“（1）”中从“装上冷凝管后，低温加热……同时做空白对照试验”。

【样品测定】

（一）仪器参考条件

根据各自仪器性能调至最佳状态。光电倍增管负高压：240V；汞空心阴极灯电流：30mA；原子化器温度：200℃；载气流速：500ml/min；屏蔽气流速：1 000ml/min。

（二）标准曲线的制作

设定好仪器最佳条件，连续用硝酸溶液（1+9）进样，待读数稳定之后，转入标准系列溶液测量，由低到高浓度顺序测定标准溶液的荧光强度，以汞的质量浓度为横坐标，荧光强度为纵坐标，绘制标准曲线。可根据仪器的灵敏度及样品中汞的实际含量微调标准系列溶液中汞的质量浓度范围。

（三）试样溶液的测定

转入试样测量，先用硝酸溶液（1+9）进样，使读数基本回零，再分别测定处理好的试样空白和试样溶液。

【结果计算与数据处理】

试样中汞含量按式4-5计算。

$$X=\frac{(\rho-\rho_0)\times V\times 1000}{m\times 1000\times 1000} \tag{4-5}$$

式中，X为试样中汞的含量，mg/kg；ρ为试样溶液中汞含量，μg/L；ρ_0为空白液中汞含量，μg/L；V为试样消化液定容总体积，ml；m为试样称样量，g；1000为换算系数。

当汞含量≥1.00mg/kg时，计算结果保留三位有效数字；当汞含量<1.00mg/kg时，计算结果保留两位有效数字。

样品中汞含量大于1mg/kg时，在重复性条件下获得的两次独立测定结果的绝对差值不得超过算术平均值的10%；小于或等于1mg/kg且大于0.1mg/kg时，在重复性条件下获得的两次独立测定结果的绝对差值不得超过算术平均值的15%；小于或等于0.1mg/kg时，在重复性条件下获得的两次独立测定结果的绝对差值不得超过算术平均值的20%。

【技术提示】

（1）参照仪器操作说明书选择最佳测试条件。

（2）所用玻璃仪器均需以硝酸溶液（1+4）浸泡24小时以上，用水反复冲洗，最后用去离子水冲洗干净。

实训六　冷原子吸收光谱法测定食品中的总汞

【测定原理】

汞蒸气对波长253.7nm的共振线具有强烈的吸收作用。试样经过酸消解或催化酸消解使汞转为离子状态，在强酸性介质中以氯化亚锡还原成元素汞，载气将元素汞吹入汞测定仪，进行冷原子吸收测定，在一定浓度范围其吸收值与汞含量成正比，外标法定量。

【适用范围】

本法适用于食品中总汞的测定。当样品称样量为0.5g，定容体积为25ml时，方法检出限为0.002mg/kg，方法定量限为0.007mg/kg。

【试剂与仪器准备】

除非另有说明，本方法所用试剂均为优级纯，水为 GB/T 6682—2008 规定的一级水。

（一）试剂

硝酸；盐酸；过氧化氢（30%）；无水氯化钙（分析纯）；高锰酸钾（分析纯）；重铬酸钾（分析纯）；氯化亚锡（分析纯）。

（二）试剂配制

1. 高锰酸钾溶液（50g/L） 称取 5.0g 高锰酸钾，置于 100ml 棕色瓶中，用水溶解并稀释至 100ml，混匀。

2. 硝酸溶液（5+95） 量取 50ml 硝酸，缓缓倒入 950ml 水中，混匀。

3. 重铬酸钾的硝酸溶液（0.5g/L） 称取 0.5g 重铬酸钾，用硝酸溶液（5+95）溶解并稀释至 1000ml，混匀。

4. 氯化亚锡溶液（100g/L） 称取 10g 氯化亚锡，溶于 20ml 盐酸中，90℃水浴中加热，轻微振荡，待氯化亚锡溶解成透明状后，冷却，用水稀释至 100ml，加入几粒金属锡，置阴凉、避光处保存。一经发现浑浊应重新配制。

5. 硝酸溶液（1+9） 量取 50ml 硝酸，缓缓加入 450ml 水中，混匀。

（三）标准品

氯化汞（纯度≥99%）。

（四）标准溶液配制

汞标准储备液（1000.0mg/L）、汞标准中间液（10.0mg/L）、汞标准使用液（50.0μg/L）和汞标准系列溶液的配制方法同“原子荧光光谱法测定食品中的总汞”中汞标准储备液（1000.0mg/L）、汞标准中间液（10.0mg/L）、汞标准使用液（50.0μg/L）和汞标准系列溶液的配制方法。

（五）仪器

测汞仪，配气体循环泵、气体干燥装置、汞蒸气发生装置及汞蒸气吸收瓶，或全自动测汞仪；天平（感量为 0.01mg、0.1mg 和 1mg）；微波消解系统；压力消解器；恒温干燥箱（200～300℃）；控温电热板（50～200℃）；超声水浴箱；匀浆机；高速粉碎机。

玻璃器皿及聚四氟乙烯消解内罐均需以硝酸溶液（1+4）浸泡 24 小时，用自来水反复冲洗，最后用水冲洗干净。

【样品制备】

1. 试样预处理 同本项目实训五“原子荧光光谱法测定食品中的总汞”中的预处理方法。

2. 试样消解 同本项目实训五“原子荧光光谱法测定食品中的总汞”中的消解方法。

【样品测定】

1. 仪器参考条件 打开测汞仪，预热 1 小时，并将仪器性能调至最佳状态。

2. 标准曲线的制作 分别将 5.0ml 标准系列溶液置于测汞仪的汞蒸气发生器中，连接抽气装置，沿壁迅速加入 3.0ml 还原剂氯化亚锡（100g/L），迅速盖紧瓶塞，随后有气泡产生，立即通过流速为 1.0L/min 的氮气或经活性炭处理的空气，使汞蒸气经过氯化钙干燥管进入测汞仪中，从仪器读数显示的最高点测得其吸收值。然后，打开吸收瓶上的三通阀，将产生的剩余汞蒸气吸收于高锰酸钾溶液（50g/L）中，待测汞仪上的读数达到零点时进行下一次测定。同时做空白对照试验。求得吸光度值与汞质量关系的一元线性回归方程。

3. 试样溶液的测定 分别吸取样液和试剂空白液各5.0ml置于测汞仪的汞蒸气发生器的还原瓶中，以下按照“标准曲线的制作”中从“连接抽气装置……同时做空白试验”进行操作。将所测得吸光度值，代入标准系列溶液的一元线性回归方程中求得试样溶液中汞含量。

【结果计算与数据处理】

试样中汞含量按式4-6计算。

$$X=\frac{(m_1-m_2)\times V_1\times 1000}{m\times V_2\times 1000\times 1000} \tag{4-6}$$

式中，X为试样中汞含量，mg/kg；m_1为试样溶液中汞质量，ng；m_2为空白液中汞质量，ng；V_1为试样消化液定容总体积，ml；m为试样称样量，g；V_2为测定样液体积，ml；1000为换算系数。

当汞含量≥1.00mg/kg时，计算结果保留三位有效数字；当汞含量<1.00mg/kg时，计算结果保留两位有效数字。

精密度要求同本项目实训五“原子荧光光谱法测定食品中的总汞”。

实训七 液相色谱-原子荧光光谱联用法测定食品中甲基汞含量

PPT

【测定原理】

试样中甲基汞经超声波辅助5mol/L盐酸溶液提取后，使用C_{18}反相色谱柱分离，色谱流出液进入在线紫外消解系统，在紫外光照射下与强氧化剂过硫酸钾反应，甲基汞转变为无机汞。酸性环境下，无机汞与硼氢化钾在线反应生成汞蒸气，由原子荧光光谱仪测定。用保留时间定性，外标法定量。

【适用范围】

本法适用于水产动物及其制品、大米、食用菌中甲基汞的测定。

当样品称样量为1.0g，加入10ml提取试剂，稀释因子为2.5时，方法检出限为0.008mg/kg，方法定量限为0.03mg/kg。

【试剂与仪器准备】

除非另有说明，本方法所用试剂均为分析纯，水为GB/T 6682—2008规定的一级水。

（一）试剂

甲醇（色谱纯）；氢氧化钠；氢氧化钾；硼氢化钾；过硫酸钾；乙酸铵；盐酸（优级纯）；硝酸（优级纯）；重铬酸钾；L-半胱氨酸（生化试剂，≥98.5%）。

（二）试剂配制

1. 盐酸溶液 量取208ml盐酸，加水稀释至500ml。

2. 盐酸溶液（1+9） 量取100ml盐酸，加水稀释至1000ml。

3. 氢氧化钾溶液（2g/L） 称取2.0g氢氧化钾，加水溶解并稀释至1000ml。

4. 氢氧化钠溶液（6mol/L） 称取24g氢氧化钠，加水溶解，冷却后稀释至100ml。

5. 硼氢化钾溶液（2g/L） 称取2.0g硼氢化钾，用氢氧化钾溶液（2g/L）溶解并稀释至1000ml。临用现配。

6. 过硫酸钾溶液（2g/L） 称取1.0g过硫酸钾，用氢氧化钾溶液（2g/L）溶解并稀释至500ml。临用现配。

7. 硝酸溶液（5+95） 量取5ml硝酸，缓缓倒入95ml水中，混匀。

8. 重铬酸钾的硝酸溶液（0.5g/L） 称取 0.5g 重铬酸钾，用硝酸溶液（5+95）溶解并稀释至 1000ml，混匀。

9. L-半胱氨酸溶液（10g/L） 称取 0.1g L-半胱氨酸，加 10ml 水溶解，混匀。临用现配。

10. 甲醇水溶液（1+1） 量取甲醇 100ml，加 100ml 水，混匀。

11. 流动相（3%甲醇+0.04mol/L 乙酸铵+1g/L L-半胱氨酸） 称取 0.5g L-半胱氨酸、1.6g 乙酸铵，用 100ml 水溶解，加入 15ml 甲醇，用水稀释至 500ml。经 0.45μm 有机系滤膜过滤后，于超声水浴中超声脱气 30 分钟。临用现配。

（三）标准品

氯化汞（纯度≥99%）；氯化甲基汞（纯度≥99%）；氯化乙基汞（纯度≥99%）。

（四）标准溶液配制

1. 汞标准储备液（200mg/L，以 Hg 计） 准确称取 0.0270g 氯化汞，用重铬酸钾的硝酸溶液（0.5g/L）溶解，稀释并定容至 100ml。于 2～8℃冰箱中避光保存，有效期 1 年。或经国家认证并授予标准物质证书的汞标准溶液。

2. 甲基汞标准储备液（200mg/L，以 Hg 计） 准确称取 0.0250g 氯化甲基汞，加入少量甲醇溶解，用甲醇水溶液（1+1）稀释并定容至 100ml。于 2～8℃冰箱中避光保存，有效期 1 年。或经国家认证并授予标准物质证书的甲基汞标准溶液。

3. 乙基汞标准储备液（200mg/L，以 Hg 计） 准确称取 0.0265g 氯化乙基汞，加入少量甲醇溶解，用甲醇水溶液（1+1）稀释并定容至 100ml。于 2～8℃冰箱中避光保存，有效期 1 年。或经国家认证并授予标准物质证书的乙基汞标准溶液。

4. 混合标准使用液（1.0mg/L，以 Hg 计） 分别准确吸取氯化汞标准储备液、甲基汞标准储备液和乙基汞标准储备液各 0.50ml，置于 100ml 容量瓶中，以流动相稀释并定容至刻度，摇匀。临用现配。

5. 混合标准溶液（10.0μg/L，以 Hg 计） 准确吸取 0.25ml 混合标准使用液（1.0mg/L）于 25ml 容量瓶中，用流动相稀释并定容至刻度。临用现配。

6. 甲基汞标准使用液（1.0mg/L，以 Hg 计） 准确吸取 0.50ml 甲基汞标准储备液（200mg/L）于 100ml 容量瓶中，以流动相稀释并定容至刻度，摇匀。临用现配。

7. 甲基汞标准系列溶液 分别准确吸取甲基汞标准使用液（1.0mg/L）0.00、0.01、0.05、0.10、0.30、0.50ml 于 10ml 容量瓶中，用流动相稀释并定容至刻度。此标准系列溶液的浓度分别为 0.0、1.0、5.0、10.0、30.0、50.0μg/L。临用现配。

可根据样品中甲基汞的实际含量适当调整标准系列溶液中甲基汞的质量浓度范围。

（五）仪器

液相色谱-原子荧光光谱联用仪（LC-AFS），由液相色谱仪、在线紫外消解系统及原子荧光光谱仪组成；电子天平（感量为 0.01mg、0.1mg 和 1mg）；匀浆机；高速粉碎机；冷冻离心机（转速≥8000r/min）；超声波清洗器；有机系滤膜（0.45μm）；筛网，粒径≤425μm（或筛孔≥40 目）。

玻璃器皿均需以硝酸溶液（1+4）浸泡 24 小时，用自来水反复冲洗，最后用水冲洗干净。

【样品制备】

（一）试样准备

1. 大米、食用菌、水产动物及其制品的干剂样品 取可食部分粉碎均匀，粒径达 425μm 以下（相当于 40 目以上），装入洁净聚乙烯瓶中，密封保存备用。

2. 食用菌、水产动物等湿剂样品 洗净晾干，取可食部分匀浆至均质，装入洁净聚乙烯瓶中，密封，于2~8℃冰箱冷藏备用。

（二）试样提取

称取固体样品0.20~1.00g或新鲜样品0.50~2.00g（精确到0.001g），置于15ml塑料离心管中，加入10ml盐酸溶液（5mol/L）。室温下超声水浴提取60分钟，期间振摇数次。4℃下以8000r/min离心15分钟。准确吸取2.0ml上清液至5ml容量瓶或刻度试管中，逐滴加入氢氧化钠溶液（6mol/L），至样液pH 3~7。加入0.1ml的L-半胱氨酸溶液（10g/L），用水稀释定容至刻度。经0.45μm有机系滤膜过滤，待测。同时做空白试验。

滴加6mol/L氢氧化钠溶液时应缓慢逐滴加入，避免酸碱中和产生的热量来不及扩散，使温度很快升高，导致汞化合物挥发，造成测定值偏低。可选择加入1~2滴0.1%的甲基橙溶液作为指示剂，当滴定至溶液由红色变为橙色时即可。

【样品测定】

（一）色谱参考条件

色谱柱C_{18}分析柱（150mm×4.6mm，5μm）或等效色谱柱，C_{18}预柱（10mm×4.6mm，5μm）或等效色谱预柱；流动相：3%甲醇+0.04mol/L乙酸铵+1g/L L-半胱氨酸；流速：1ml/min；进样体积：100μl。

（二）原子荧光检测参考条件

负高压：300V；汞灯电流：30mA；原子化方式：冷原子；载液：盐酸溶液（1+9）；载液流速：4.0ml/min；还原剂：2g/L硼氢化钾溶液；还原剂流速：4.0ml/min；氧化剂：2g/L过硫酸钾溶液；氧化剂流速：1.6ml/min；载气（氩气）流速：500ml/min；辅助气（氩气）流速：600ml/min。

（三）标准曲线的制作

设定仪器最佳条件，待基线稳定后，测定汞形态混合标准溶液（10μg/L），确定各汞形态的分离度，待分离度（R>1.5）达到要求后，将甲基汞标准系列溶液按质量浓度由低到高分别注入液相色谱-原子荧光光谱联用仪中进行测定，以标准系列溶液中目标化合物的浓度为横坐标，以色谱峰面积为纵坐标，制作标准曲线。

（四）试样溶液的测定

依次将空白溶液和试样溶液注入液相色谱-原子荧光光谱联用仪中，得到色谱图，以保留时间定性。根据标准曲线得到试样溶液中甲基汞的浓度。

【结果计算与数据处理】

试样中甲基汞含量按式4-7计算。

$$X=\frac{f\times(\rho-\rho_0)\times V\times 1000}{m\times 1000\times 1000} \tag{4-7}$$

式中，X为试样中甲基汞含量（以Hg计），mg/kg；f为稀释因子，2.5；ρ为经标准曲线得到的测定液中甲基汞的浓度，μg/L；ρ_0为经标准曲线得到的空白液中甲基汞的浓度，μg/L；V为加入提取试剂的体积，mL；m为试样称样量，g；1000为换算系数。

当甲基汞含量≥1.00mg/kg时，计算结果保留三位有效数字；当甲基汞含量<1.00mg/kg时，计算结果保留两位有效数字。

精密度要求同本项目实训五“原子荧光光谱法测定食品中的总汞”中的精密度。

【技术提示】

试样提取时，滴加氢氧化钠溶液（6mol/L）时应缓慢逐滴加入，避免酸碱中和产生的热量导致汞化合物挥发，造成测定值偏低。

三、铅的测定

在日常生活中，长期食用含铅食品，经常接触含铅的材料、药物等，都会对人体健康造成危害。铅能直接伤害人的神经细胞，特别是胎儿的神经系统，可造成先天智力低下；对老年人会造成痴呆等。另外还有致癌、致突变作用。慢性铅中毒表现为贫血、神经衰弱、神经炎、头晕、头痛、乏力和消化系统症状，如腹痛、腹泻或便秘等。儿童较成人敏感，过量铅可影响生长发育，导致智力低下。铅还可干扰免疫系统功能。

依据 GB 5009.12—2023《食品安全国家标准　食品中铅的测定》，采用石墨炉原子吸收光谱法、电感耦合等离子体质谱法和火焰原子吸收光谱法测定食品中的铅。电感耦合等离子体质谱法的具体操作可参考 GB 5009.268—2016《食品安全国家标准　食品中多元素的测定》。

实训八　石墨炉原子吸收光谱法测定食品中的铅

【测定原理】

试样消解处理后，经石墨炉原子化，在 283.3nm 处测定吸光度。在一定浓度范围内，铅的吸光度值与铅含量成正比，与标准系列比较定量。

【适用范围】

本方法适用于食品中铅的测定。当称样量为 0.5g（或 0.5ml），定容体积 10ml 时，方法的检出限为 0.02mg/kg（或 0.02mg/L），定量限为 0.04mg/kg（或 0.04mg/L）。

【试剂与仪器准备】

除另有说明，本方法所用试剂均为优级纯，水为 GB/T 6682—2008 规定的二级水。

（一）试剂

硝酸；高氯酸；磷酸二氢铵；硝酸钯；乙酸铵；乙酸钠。

（二）试剂配制

1. 硝酸溶液（1+90）　量取 10ml 硝酸，缓慢加入 900ml 水中，混匀。

2. 硝酸溶液（1+9）　量取 50ml 硝酸，缓慢加入 450ml 水中，混匀。

3. 磷酸二氢铵－硝酸钯溶液　称取 0.02g 硝酸钯，加少量硝酸溶液（1+9）溶解后，再加入 2g 磷酸二氢铵，溶解后用硝酸溶液（5+95）定容至 100ml，混匀。

4. 硝酸溶液（1+99）量取　10ml 硝酸，缓慢加入 990ml 水中，混匀。

5. 乙酸钠溶液（2mol/L）　称取乙酸钠 164.0g，加水溶解，定容至 1000ml。

6. 乙酸铵溶液（1mol/L）　称取乙酸铵 77.1g，加水溶解，定容至 1000ml。

7. 硝酸溶液（5＋95）　量取 50ml 硝酸，缓慢加入 950ml 水中，混匀。

（三）标准品

硝酸铅（纯度 >99.99%），或经国家认证并授予标准物质证书一定浓度的铅标准溶液。

（四）标准溶液配制

1. 铅标准储备液（1000mg/L）　准确称取 1.5985g（精确至 0.0001g）硝酸铅，用少量硝酸溶液

（1+9）溶解，移入1000ml容量瓶，加水至刻度，混匀。

2. 铅标准中间液（10.0mg/L） 准确吸取铅标准储备液（1000mg/L）1.00ml于100ml容量瓶中，用硝酸溶液（5+95）定容至刻度，混匀。

3. 铅标准使用液（1.00mg/L） 准确吸取铅标准中间液（10.0mg/L）10.00ml于100ml容量瓶中，用硝酸溶液（5+95）定容至刻度，混匀。

4. 铅标准系列溶液 分别吸取铅标准使用液（1.00mg/L）0.0、0.2、0.5、1.0、2.0和4.0ml于100ml容量瓶中，加硝酸溶液（5+95）至刻度，混匀。此铅标准系列溶液的质量浓度分别为0.0、2.0、5.0、10.0、20.0和40.0μg/L。

可根据仪器的灵敏度、样品中铅的实际含量及仪器型号确定标准系列溶液中铅的质量浓度及硝酸溶液浓度。

（五）仪器

原子吸收光谱仪，配石墨炉原子化器，附铅空心阴极灯；分析天平（感量分别为0.1mg和1mg）；可调式电热炉、可调式电热板；微波消解系统（配聚四氟乙烯消解内罐）；恒温干燥箱；压力消解罐（配聚四氟乙烯消解内罐）；固相萃取柱，填料为亚氨基二乙酸型树脂或相当者（0.075~0.150mm，0.5g，1ml）。

所有玻璃器皿及聚四氟乙烯消解内罐均需硝酸溶液（1+5）或硝酸溶液（1+4）浸泡过夜，用自来水反复冲洗，最后用水冲洗干净，并晾干。

【样品制备】

（一）试样准备

1. 固体样品

（1）干样 豆类、谷物、菌类、茶叶、干制水果、坚果、焙烤食品等低含水量样品，取可食部分，必要时经高速粉碎机粉碎均匀；对于固体乳制品、蛋白粉、面粉等呈均匀状的粉状样品，混匀。

（2）鲜样 蔬菜、水果、水产品等高含水量样品必要时洗净，晾干，取可食部分匀浆均匀；对于肉类、蛋类等样品，取可食部分匀浆均匀。

（3）速冻及罐头食品 经解冻的速冻食品及罐头样品，取可食部分匀浆均匀。

2. 液体样品 软饮料、酒类、调味品等样品摇匀。

3. 半固体样品 搅拌均匀。

（二）试样前处理

1. 湿法消解 称取固体试样0.2~3g（精确至0.001g）或准确移取液体试样0.500~5.00ml于带刻度消化管中，含乙醇或二氧化碳的样品先在电热板上低温加热除去乙醇或二氧化碳，加入10ml硝酸和0.5ml高氯酸，放数粒玻璃珠，在可调式电热炉上消解（参考条件：120℃保持0.5~1小时，升至180℃保持2~4小时，升至200~220℃）。若消化液呈棕褐色，再加少量硝酸，消解至冒白烟，消化液呈无色透明或略带黄色，赶酸至近干，停止消解，冷却后用水定容至10ml或25ml，混匀备用。同时做试剂空白试验。亦可采用锥形瓶，于可调式电热板上，按上述操作方法进行湿法消解。可根据实际情况调节加入的硝酸、高氯酸体积。

高盐食品按上述“称取固体试样……消化液呈无色透明或略带黄色，赶酸至近干”步骤操作，冷却后用乙酸钠溶液（2mol/L）洗涤消解罐2~3次，合并洗涤液于25ml容量瓶中并用乙酸钠溶液（2mol/L）定容至刻度，混匀备用（定容后溶液pH 4.5~6.5）。同时做试剂空白试验。

2. 微波消解 称取固体试样0.2~2g（精确至0.001g）或准确移取液体试样0.50~3.00ml于微波消解罐中，含乙醇或二氧化碳的样品先在电热板上低温加热除去乙醇或二氧化碳，加入5~10ml硝酸

（可根据试样的称样量、性质调整硝酸使用量）按照微波消解的操作步骤消解试样，消解条件参考表4－5。冷却后取出消解罐，在电热板上于140～160℃赶酸至近干。消解罐放冷后，将消化液转移至10ml或25ml的容量瓶中，用少量水洗涤消解罐2～3次，合并洗涤液于容量瓶中并用水定容至刻度，混匀备用。同时做试剂空白试验。

表4－5 微波消解升温程序

步骤	设定温度（℃）	升温时间（min）	恒温时间（min）
1	120	5	5
2	160	5	10
3	180	5	10

高盐食品按上述“称取固体试样……在电热板上于140～160℃赶酸至近干”步骤操作，冷却后用乙酸钠溶液（2mol/L）洗涤消解罐2～3次，合并洗涤液于25ml容量瓶中并用乙酸钠溶液（2mol/L）定容至刻度，混匀备用（定容后溶液pH 4.5～6.5）。同时做试剂空白试验。

3. 压力罐消解 称取固体试样0.2～2g（精确至0.001g）或准确移取液体试样0.50～5.00ml于消解内罐中，含乙醇或二氧化碳的样品先在电热板上低温加热除去乙醇或二氧化碳，加入5～10ml硝酸（可根据试样的称样量、性质调整硝酸使用量）。盖好内盖，旋紧不锈钢外套，放入恒温干燥箱，于140～160℃下保持4～5小时。冷却后缓慢旋松外罐，取出消解内罐，放在可调式电热板上于140～160℃赶酸至近干。冷却后将消化液转移至10ml或25ml容量瓶中，用少量水洗涤内罐和内盖2～3次，合并洗涤液于容量瓶中并用水定容至刻度，混匀备用。同时做试剂空白试验。

高盐食品按上述“称取固体试样……放在可调式电热板上于140～160℃下赶酸至近干”步骤操作，冷却后用乙酸钠溶液（2mol/L）洗涤内罐和内盖2～3次，合并洗涤液于25ml容量瓶中并用乙酸钠溶液定容至刻度，混匀备用（定容后溶液pH 4.5～6.5）。同时做试剂空白试验。

食盐、酱油、腌渍食品、火锅底料和方便面盐包等高盐食品可采用如下除盐操作。①固相萃取柱的活化：吸取10ml硝酸溶液（1＋99）以5ml/min的流速过柱，然后分别用5ml水和5ml乙酸铵溶液（1mol/L）以5ml/min的流速过柱。②铅的吸附与解吸：分别吸取试剂空白液和上述样液25ml，以5ml/min的流速过柱，然后用5ml乙酸铵溶液（1mol/L）过柱洗涤，再用10ml水分两次洗去乙酸铵溶液（1mol/L），最后用10ml硝酸（1＋99）洗脱，收集洗脱液，备测。

【样品测定】

1. 仪器参考条件 根据各自仪器性能调至最佳状态。参考条件见表4－6。

表4－6 石墨炉原子吸收光谱法仪器参考条件

元素	波长（nm）	狭缝（nm）	灯电流（mA）	干燥	灰化	原子化
铅	283.3	0.5	8～12	(85～120)℃/(40～50)s	750℃/(20～30)s	2300℃/(4～5)s

2. 标准曲线的制作 按质量浓度由低到高的顺序分别将10μl铅标准系列溶液和5μl磷酸二氢铵－硝酸钯溶液（可根据所用仪器确定最佳进样量、最佳基体改进剂，过固相萃取柱的样品可不加基体改进剂）同时注入石墨炉，原子化后测其吸光度值，以质量浓度为横坐标、吸光度值为纵坐标，制作标准曲线。

3. 试样溶液的测定 在与测定标准溶液相同的实验条件下，将10μl空白溶液或试样溶液与5μl磷酸二氢铵－硝酸钯溶液（可根据所用仪器确定最佳进样量，过固相萃取柱的样品可不加）同时注入石墨炉，原子化后测其吸光度值，与标准系列比较定量。

【结果计算与数据处理】

试样中铅的含量按式4－8计算：

$$X=\frac{(\rho-\rho_0)\times V}{m\times 1000} \tag{4-8}$$

式中，X为试样中铅的含量，mg/kg或mg/L；ρ为试样溶液中铅的质量浓度，μg/L；ρ_0为空白溶液中铅的质量浓度，μg/L；V为试样消化液的定容体积，ml；m为试样称样量或移取体积，g或ml；1000为换算系数。

当铅含量≥1.00mg/kg（或mg/L）时，计算结果保留三位有效数字；当铅含量<1.00mg/kg（或mg/L）时，计算结果保留两位有效数字。

在重复性条件下获得的两次独立测定结果的绝对差值不得超过算术平均值的20%。

【技术提示】

1. 当称样量为0.5g（或0.5ml），定容体积为10ml时，方法的检出限为0.02mg/kg（或0.02mg/L），定量限为0.04mg/kg（或0.04mg/L）。

2. 对于生乳、巴氏杀菌乳、灭菌乳、果蔬汁类及其饮料［含浆果及小粒水果的果蔬汁类及其饮料、浓缩果蔬汁（浆）除外］、液态婴幼儿配方食品等样品，当称样量为2g（或2ml），定容体积为10ml时，方法的检出限为0.005mg/kg（或0.005mg/L），定量限为0.01mg/kg（或0.01mg/L）。

实训九　电感耦合等离子体质谱法测定食品中铅

【测定原理】

试样经消解后，由电感耦合等离子体质谱仪测定，以元素特定质量数（质荷比，m/z）定性，采用外标法，以待测元素质谱信号与内标元素质谱信号的强度比与待测元素的浓度成正比进行定量分析。

【适用范围】

本法适用于食品中硼、钠、镁、铝、钾、钙、钛、钒、铬、锰、铁、钴、镍、铜、锌、砷、硒、锶、钼、镉、锡、锑、钡、汞、铊、铅的测定。

【试剂与仪器准备】

（一）试剂

硝酸，优级纯或更高纯度；氩气（≥99.995%）或液氩；氦气（≥99.995%）；金元素溶液（1000mg/L）。

（二）试剂配制

硝酸溶液（5+95） 取50ml硝酸，缓慢加入950ml水中，混匀。

（三）标准品

1. 铅贮备液（1000mg/L或100mg/L） 采用经国家认证并授予标准物质证书的标准贮备液。

2. 内标元素贮备液（1000mg/L） 铼/铋等采用经国家认证并授予标准物质证书的单元素或多元素内标标准贮备液。

（四）标准溶液配制

1. 铅标准工作溶液 吸取适量标准贮备液，用硝酸溶液（5+95）逐级稀释配成0.00，1.00、

5.00、10.0、30.0 和 50.0μg/L 的标准工作溶液系列。依据样品消解溶液中元素质量浓度水平，可适当调整标准系列中各元素质量浓度范围。

2. 内标使用液 取适量内标贮备液，用硝酸溶液（5+95）配制合适浓度的内标使用液，内标使用液浓度。内标溶液既可在配制混合标准工作溶液和样品消化液中手动定量加入，亦可由仪器在线加入。

（五）仪器

电感耦合等离子体质谱仪；天平（感量为 0.1mg 和 1mg）；微波消解仪（配有聚四氟乙烯消解内罐）；压力消解罐（配有聚四氟乙烯消解内罐）；恒温干燥箱；控温电热板；超声水浴箱；样品粉碎设备，匀浆机、高速粉碎机。

【样品制备】

（一）样品准备

同本项目实训八“石墨炉原子吸收光谱法测定食品中的铅”中“样品准备”。

（二）试样消解

1. 微波消解法 同本项目实训八“石墨炉原子吸收光谱法测定食品中的铅”中“微波消解”的方法称样，按照微波消解仪标准操作步骤进行消解，消解参考条件见表 4-7。冷却后取出，缓慢打开罐盖排气，用少量水冲洗内盖，将消解罐放在控温电热板上或超声水浴箱中，于100℃加热30 分钟或超声脱气 2~5 分钟，用水定容至 25ml 或 50ml，混匀备用，同时做空白对照试验。

表 4-7 样品消解仪参考条件

消解方式	步骤	控制温度（℃）	升温时间（min）	恒温时间
微波消解	1	120	5	5min
	2	150	5	10min
	3	190	5	20min
压力罐消解	1	80	—	2h
	2	120	—	2h
	3	160~170	—	4h

2. 压力罐消解法 称取固体干样 0.2~1g（精确至 0.001g，含水分较多的样品可适当增加取样量至 2g）或准确移取液体试样 1.00~5.00ml 于消解内罐中，含乙醇或二氧化碳的样品先在电热板上低温加热除去乙醇或二氧化碳，加入 5ml 硝酸，放置 1 小时或过夜，旋紧不锈钢外套，放入恒温干燥箱消解（消解参考条件见表 4-7），于 150~170℃消解 4 小时，冷却后，缓慢旋松不锈钢外套，将消解内罐取出，在控温电热板上或超声水浴箱中于 100℃加热 30 分钟或超声脱气 2~5 分钟，用水定容至 25ml 或 50ml，混匀备用，同时做空白试验。

【样品测定】

（一）仪器参考条件

1. 仪器操作条件 见表 4-8，分析模式可采用普通/碰撞反应池。对没有合适消除干扰模式的仪器，需采用干扰校正方程对测定结果进行校正，铅的干扰校正方程为[^{208}Pb]=[206]+[207]+[208]。

表4-8 电感耦合等离子体质谱仪操作参考条件

参数名称	参数	参数名称	参数
射频功率	1500W	雾化器	高盐/同心雾化器
等离子体气流量	15L/min	采样锥/截取锥	镍/铂锥
载气流量	0.80L/min	采样深度	8~10mm
辅助气流量	0.40L/min	采集模式	跳峰（Spectrum）
氦气流量	4~5ml/min	检测方式	自动
雾化室温度	2℃	每峰测定点数	1~3
样品提升速率	0.3r/s	重复次数	2~3

2. 测定参考条件 在调节仪器达到测定要求后，编辑测定方法，根据待测元素的性质选择内标元素，待测元素和内标元素的 m/z 分别为：Pb（m/z 206/207/208）；内标 $^{185}Re/^{209}Bi$。

（二）标准曲线的制作

将混合标准溶液注入电感耦合等离子体质谱仪中，测定待测元素和内标元素的信号响应值，以待测元素的浓度为横坐标，待测元素与所选内标元素响应信号值的比值为纵坐标，绘制标准曲线。

（三）试样溶液的测定

将空白溶液和试样溶液分别注入电感耦合等离子体质谱仪中，测定待测元素和内标元素的信号响应值，根据标准曲线得到消解液中待测元素的浓度。

【结果计算与数据处理】

1. 低含量待测元素的计算 试样中低含量待测元素的含量按式4-9计算：

$$X=\frac{(\rho-\rho_0)\times V\times f}{m\times 1000} \quad (4-9)$$

式中，X 为试样中待测元素含量，mg/kg 或 mg/L；ρ 为试样溶液中被测元素质量浓度，μg/L；ρ_0 为试样空白液中被测元素质量浓度，μg/L；V 为试样消化液定容体积，ml；f 为试样稀释倍数；m 为试样称取质量或移取体积，g 或 ml；1000 为换算系数。

计算结果保留三位有效数字。

2. 高含量待测元素的计算 试样中高含量待测元素的含量按式4-10计算：

$$X=\frac{(\rho-\rho_0)\times V\times f}{m} \quad (4-10)$$

式中，X 为试样中待测元素含量，mg/kg 或 mg/L；ρ 为试样溶液中被测元素质量浓度，mg/L；ρ_0 为试样空白液中被测元素质量浓度，mg/L；V 为试样消化液定容体积，ml；f 为试样稀释倍数；m 为试样称取质量或移取体积，g 或 ml。

计算结果保留三位有效数字。

【技术提示】

样品中各元素含量大于1mg/kg时，在重复性条件下获得的两次独立测定结果的绝对差值不得超过算术平均值的10%；小于或等于1mg/kg且大于0.1mg/kg时，在重复性条件下获得的两次独立测定结果的绝对差值不得超过算术平均值的15%；小于或等于0.1mg/kg时，在重复性条件下获得的两次独立测定结果的绝对差值不得超过算术平均值的20%。

固体样品以0.5g定容体积至50ml，液体样品以2ml定容体积至50ml计算，本方法的检出限为0.02mg/kg或0.005mg/L；定量限为0.05mg/kg或0.02mg/L。

实训十 火焰原子吸收光谱法测定食品中的铅

PPT

【测定原理】

试样经处理后，铅离子在一定 pH 条件下与二乙基二硫代氨基甲酸钠（DDTC）形成络合物，经 4-甲基-2-戊酮（MIBK）萃取分离，导入原子吸收光谱仪中，经火焰原子化，在 283.3nm 处测定吸光度。在一定浓度范围内铅的吸光度值与铅含量成正比，与标准系列比较定量。

【适用范围】

本法适用于食品中铅的测定。以称样量 0.5g（或 0.5ml）时，方法的检出限为 0.4mg/kg（或 0.4mg/L），定量限为 1.2mg/kg（或 1.2mg/L）。

【试剂与仪器准备】

除另有说明，本方法所用试剂均为分析纯，水为 GB/T 6682 规定的二级水。

（一）试剂

硝酸（优级纯）；高氯酸（优级纯）；硫酸铵；柠檬酸铵；溴百里酚蓝；二乙基二硫代氨基甲酸钠；氨水（优级纯）；4-甲基-2-戊酮；盐酸（优级纯）。

（二）试剂配制

1. **硝酸溶液（5+95）** 量取 50ml 硝酸，加入 950ml 水中，混匀。
2. **硝酸溶液（1+9）** 量取 50ml 硝酸，加入 450ml 水中，混匀。
3. **硫酸铵溶液（300g/L）** 称取 30g 硫酸铵，用水溶解并稀释至 100ml，混匀。
4. **柠檬酸铵溶液（250g/L）** 称取 25g 柠檬酸铵，用水溶解并稀释至 100ml，混匀。
5. **溴百里酚蓝水溶液（1g/L）** 称取 0.1g 溴百里酚蓝，用水溶解并稀释至 100ml，混匀。
6. **DDTC 溶液（50g/L）** 称取 5g DDTC，用水溶解并稀释至 100ml，混匀。
7. **氨水溶液（1+1）** 吸取 100ml 氨水，加入 100ml 水，混匀。
8. **盐酸溶液（1+11）** 吸取 10ml 盐酸，加入 110ml 水，混匀。

（三）标准品

硝酸铅（纯度 >99.99%）。或经国家认证并授予标准物质证书的一定浓度的铅标准溶液。

（四）标准溶液配制

1. **铅标准储备液（1000mg/L）** 准确称取 1.5985g（精确至 0.0001g）硝酸铅，用少量硝酸溶液（1+9）溶解，移入 1000ml 容量瓶，加水至刻度，混匀。
2. **铅标准使用液（10.0mg/L）** 准确吸取铅标准储备液（1000mg/L）1.00ml 于 100ml 容量瓶中，加硝酸溶液（5+95）至刻度，混匀。

（五）仪器

原子吸收光谱仪（配火焰原子化器，附铅空心阴极灯）；分析天平（感量 0.1mg 和 1mg）；可调式电热炉；可调式电热板。

所有玻璃器皿均需硝酸（1+5）浸泡过夜，用自来水反复冲洗，最后用水冲洗干净。

【样品测定】

1. **试样制备** 同本项目实训八“石墨炉原子吸收光谱法测定食品中的铅”中的“试样制备”的

方法。

2. 试样前处理　同本项目实训八“石墨炉原子吸收光谱法测定食品中的铅”中的“试样前处理”方法。

【样品测定】

1. 仪器参考条件　根据各自仪器性能调至最佳状态。参考条件参见表4－9。

表4－9　火焰原子吸收光谱法仪器参考条件

元素	波长（nm）	狭缝（nm）	灯电流（mA）	燃烧头高度（mm）	空气流量（L/min）
铅	283.3	0.5	8～12	6	8

2. 标准曲线的制作　分别吸取铅标准使用液0.00、0.25、0.50、1.00、1.50和2.00ml（相当0.00、2.50、5.00、10.0、15.0和20.0μg铅）于125ml分液漏斗中，补加水至60ml。加2ml柠檬酸铵溶液（250g/L），溴百里酚蓝水溶液（1g/L）3～5滴，用氨水溶液（1＋1）调pH至溶液由黄变蓝，加硫酸铵溶液（300g/L）10ml，DDTC溶液（50g/L）10ml，摇匀。放置5分钟左右，加入10ml MIBK，剧烈振摇提取1分钟，静置分层后，弃去水层，将MIBK层放入10ml带塞刻度管中，得到标准系列溶液。

将标准系列溶液按质量由低到高的顺序分别导入火焰原子化器，原子化后测其吸光度值，以铅的质量为横坐标、吸光度值为纵坐标，制作标准曲线。

3. 试样溶液的测定　将试样消化液及试剂空白溶液分别置于125ml分液漏斗中，补加水至60ml。加2ml柠檬酸铵溶液（250g/L），溴百里酚蓝水溶液（1g/L）3～5滴，用氨水溶液（1＋1）调pH至溶液由黄变蓝，加硫酸铵溶液（300g/L）10ml，DDTC溶液（50g/L）10ml，摇匀。放置5分钟左右，加入10ml MIBK，剧烈振摇提取1分钟，静置分层后，弃去水层，将MIBK层放入10ml带塞刻度管中，得到试样溶液和空白溶液。

将试样溶液和空白溶液分别导入火焰原子化器，原子化后测其吸光度值，与标准系列比较定量。

【结果计算与数据处理】

试样中铅的含量按式（4－11）计算：

$$X=\frac{m_1-m_0}{m_2} \qquad (4-11)$$

式中，X为试样中铅的含量，mg/kg或mg/L；m_1为试样溶液中铅的质量，μg；m_0为空白溶液中铅的质量，μg；m_2为试样称样量或移取体积，g或ml。

当铅含量≥10.0mg/kg（或10.0mg/L）时，计算结果保留三位有效数字；当铅含量＜10.0mg/kg（或10.0mg/L）时，计算结果保留两位有效数字。

在重复性条件下获得的两次独立测定结果的绝对差值不得超过算术平均值的20％。

四、总砷及无机砷的测定

砷（As）是广泛分布于自然界的非金属元素，一般可通过水、大气和食物等途径进入人体，造成危害。砷可与细胞中含巯基的酶结合，抑制细胞氧化过程，还能麻痹血管运动中枢，使毛细血管麻痹、扩张及通透性增高。砷矿冶炼以及三氧化二砷生产工人以及因大气、饮水长期受砷污染、长期服用砷剂等可发生慢性砷中毒。突出表现为皮肤色素沉着、角化过度或疣状增生，也可表现为白细胞减少或者贫血。急性砷化物中毒多见于砷化物污染食品或饮水。临床表现以急性肠胃炎较多。重症可出现休克，肝脏损害，甚至死于中毒性心肌损害。

依据 GB 5009.11—2024《食品安全国家标准　食品中总砷及无机砷的测定》，采用电感耦合等离子体质谱法、氢化物发生原子荧光光谱法和石墨炉原子吸收光谱法测定食品中的总砷。

实训十一　电感耦合等离子体质谱法测定食品中总砷

【测定原理】

试样经消解后，由电感耦合等离子体质谱仪测定，以元素特定质量数（质荷比，m/z）定性，采用外标法，以待测元素质谱信号与内标元素质谱信号的强度比与待测元素的浓度成正比进行定量分析。

【适用范围】

适用于食品中硼、钠、镁、铝、钾、钙、钛、钒、铬、锰、铁、钴、镍、铜、锌、砷、硒、锶、钼、镉、锡、锑、钡、汞、铊、铅的测定。

【试剂与仪器准备】

（一）试剂

硝酸（HNO_3）（优级纯或更高纯度）；氩气（≥99.995%）或液氩；氦气（≥99.995%）；金元素（Au）溶液（1000mg/L）。

（二）试剂配制

1. 硝酸溶液（5+95） 取50ml硝酸，缓慢加入950ml水中，混匀。

2. 汞标准稳定剂 取2ml金元素（Au）溶液，用硝酸溶液（5+95）稀释至1000ml，用于汞标准溶液的配制。

注：汞标准稳定剂亦可采用2g/L半胱氨酸盐酸盐+硝酸（5+95）混合溶液，或其他等效稳定剂。

（三）标准品

1. 元素贮备液（1000mg/L或100mg/L） 铅、镉、砷、汞、硒、铬、锡、铜、铁、锰、锌、镍、铝、锑、钾、钠、钙、镁、硼、钡、锶、钼、铊、钛、钒和钴，采用经国家认证并授予标准物质证书的单元素或多元素标准贮备液。

2. 内标元素贮备液（1000mg/L） 钪、锗、铟、铑、铼、铋等采用经国家认证并授予标准物质证书的单元素或多元素内标标准贮备液。

（四）标准溶液配制

1. 混合标准工作溶液 吸取适量单元素标准贮备液或多元素混合标准贮备液，用硝酸溶液（5+95）逐级稀释配成混合标准工作溶液系列，各元素质量浓度见表4-10。

表4-10　ICP-MS方法中元素的标准溶液系列质量浓度

序号	元素	单位	标准系列质量浓度					
			系列1	系列2	系列3	系列4	系列5	系列6
1	B	μg/L	0	10.0	50.0	100	300	500
2	Na	mg/L	0	0.400	2.00	4.00	12.0	20.0
3	Mg	mg/L	0	0.400	2.00	4.00	12.0	20.0
4	Al	mg/L	0	0.100	0.500	1.00	3.00	5.00
5	K	mg/L	0	0.400	2.00	4.00	12.0	20.0

续表

序号	元素	单位	标准系列质量浓度					
			系列1	系列2	系列3	系列4	系列5	系列6
6	Ca	mg/L	0	0.400	2.00	4.00	12.0	20.0
7	Ti	μg/L	0	10.0	50.0	100	300	500
8	V	μg/L	0	1.00	5.00	10.0	30.0	50.0
9	Cr	μg/L	0	1.00	5.00	10.0	30.0	50.0
10	Mn	μg/L	0	10.0	50.0	100	300	500
11	Fe	mg/L	0	0.100	0.500	1.00	3.00	5.00
12	Co	μg/L	0	1.00	5.00	10.0	30.0	50.0
13	Ni	μg/L	0	1.00	5.00	10.0	30.0	50.0
14	Cu	μg/L	0	10.0	50.0	100	300	500
15	Zn	μg/L	0	10.0	50.0	100	300	500
16	As	μg/L	0	1.00	5.00	10.0	30.0	50.0
17	Se	μg/L	0	1.00	5.00	10.0	30.0	50.0
18	Sr	μg/L	0	20.0	100	200	600	1000
19	Mo	μg/L	0	0.100	0.500	1.00	3.00	5.00
20	Cd	μg/L	0	1.00	5.00	10.0	30.0	50.0
21	Sn	μg/L	0	0.100	0.500	1.00	3.00	5.00
22	Sb	μg/L	0	0.100	0.500	1.00	3.00	5.00
23	Ba	μg/L	0	10.0	50.0	100	300	500
24	Hg	μg/L	0	0.100	0.500	1.00	1.50	2.00
25	Tl	μg/L	0	1.00	5.00	10.0	30.0	50.0
26	Pb	μg/L	0	1.00	5.00	10.0	30.0	50.0

依据样品消解溶液中元素质量浓度水平，适当调整标准系列中各元素质量浓度范围。

2. 汞标准工作溶液 取适量汞贮备液，用汞标准稳定剂逐级稀释配成标准工作溶液系列，浓度范围见表4-10。

3. 内标使用液 取适量内标单元素贮备液或内标多元素标准贮备液，用硝酸溶液（5+95）配制合适浓度的内标使用液，由于不同仪器采用的蠕动泵管内径有所不同，当在线加入内标时，需考虑使内标元素在样液中的浓度，样液混合后的内标元素参考浓度范围为25～100μg/L，低质量数元素可以适当提高使用液浓度。

内标溶液既可在配制混合标准工作溶液和样品消化液中手动定量加入，亦可由仪器在线加入。

（五）仪器

电感耦合等离子体质谱仪（ICP-MS）；天平（感量为0.1mg和1mg）；微波消解仪（配有聚四氟乙烯消解内罐）；压力消解罐（配有聚四氟乙烯消解内罐）；恒温干燥箱；控温电热板；超声水浴箱；样品粉碎设备，匀浆机、高速粉碎机。

【样品制备】

（一）试样准备

在采样和制备过程中，应注意不使试样污染。其余同本项目实训八“石墨炉原子吸收光谱法测定食品中的铅”中“样品准备”。

（二）试样消解

可根据试样中待测元素的含量水平和检测水平要求选择相应的消解方法及消解容器。

1. 微波消解法 称取固体样品 0.2～0.5g（精确至 0.001g，含水分较多的样品可适当增加取样量至 1g）或准确移取液体试样 1.00～3.00ml 于微波消解内罐中，含乙醇或二氧化碳的样品先在电热板上低温加热除去乙醇或二氧化碳，加入 5～10ml 硝酸，加盖放置 1 小时或过夜，旋紧罐盖，按照微波消解仪标准操作步骤进行消解，消解参考条件见表 4－11。冷却后取出，缓慢打开罐盖排气，用少量水冲洗内盖，将消解罐放在控温电热板上或超声水浴箱中，于 100℃加热 30 分钟或超声脱气 2～5 分钟，用水定容至 25ml 或 50ml，混匀备用，同时做空白试验。

表 4－11 样品消解仪参考条件

消解方式	步骤	控制温度（℃）	升温时间（min）	恒温时间
微波消解	1	120	5	5min
	2	150	5	10min
	3	190	5	20min
压力罐消解	1	80	—	2h
	2	120	—	2h
	3	160～170	—	4h

2. 压力罐消解法 称取固体干样 0.2～1g（精确至 0.001g，含水分较多的样品可适当增加取样量至 2g）或准确移取液体试样 1.00～5.00ml 于消解内罐中，含乙醇或二氧化碳的样品先在电热板上低温加热除去乙醇或二氧化碳，加入 5ml 硝酸，放置 1 小时或过夜，旋紧不锈钢外套，放入恒温干燥箱消解（消解参考条件见表 4－11），于 150～170℃消解 4 小时，冷却后，缓慢旋松不锈钢外套，将消解内罐取出，在控温电热板上或超声水浴箱中，于 100℃加热 30 分钟或超声脱气 2～5 分钟，用水定容至 25ml 或 50ml，混匀备用，同时做空白试验。

【样品测定】

（一）仪器参考条件

1. 仪器操作条件 仪器操作条件见表 4－12，元素分析模式见表 4－13。

表 4－12 电感耦合等离子体质谱仪操作参考条件

参数名称	参数	参数名称	参数
射频功率	1500W	雾化器	高盐/同心雾化器
等离子体气流量	15L/min	采样锥/截取锥	镍/铂锥
载气流量	0.80L/min	采样深度	8～10mm
辅助气流量	0.40L/min	采集模式	跳峰（Spectrum）
氦气流量	4～5ml/min	检测方式	自动
雾化室温度	2℃	每峰测定点数	1～3
样品提升速率	0.3r/s	重复次数	2～3

表4-13 电感耦合等离子体质谱仪元素分析模式

序号	元素名称	元素符号	分析模式	序号	元素名称	元素符号	分析模式
1	硼	B	普通/碰撞反应池	14	铜	Cu	碰撞反应池
2	钠	Na	普通/碰撞反应池	15	锌	Zn	碰撞反应池
3	镁	Mg	碰撞反应池	16	砷	As	碰撞反应池
4	铝	Al	普通/碰撞反应池	17	硒	Se	碰撞反应池
5	钾	K	普通/碰撞反应池	18	锶	Sr	普通/碰撞反应池
6	钙	Ca	碰撞反应池	19	钼	Mo	碰撞反应池
7	钛	Ti	碰撞反应池	20	镉	Cd	碰撞反应池
8	钒	V	碰撞反应池	21	锡	Sn	碰撞反应池
9	铬	Cr	碰撞反应池	22	锑	Sb	碰撞反应池
10	锰	Mn	碰撞反应池	23	钡	Ba	普通/碰撞反应池
11	铁	Fe	碰撞反应池	24	汞	Hg	普通/碰撞反应池
12	钴	Co	碰撞反应池	25	铊	Tl	普通/碰撞反应池
13	镍	Ni	碰撞反应池	26	铅	Pb	普通/碰撞反应池

注：[X] 为质量数 X 处的质谱信号强度 - 离子每秒计数值（CPS）。对于同量异位素干扰能够通过仪器的碰撞/反应模式得以消除的情况下，除铅元素外，可不采用干扰校正方程。低含量铬元素的测定需采用碰撞/反应模式。

对没有合适消除干扰模式的仪器，需采用干扰校正方程对测定结果进行校正，铅、镉、砷、钼、硒、钒等元素干扰校正方程见表4-14。

表4-14 元素干扰校正方程

同位素	推荐的校正方程
^{51}V	$[^{51}V] = [51] + 0.3524 \times [52] - 3.108 \times [53]$
^{75}As	$[^{75}As] = [75] - 3.1278 \times [77] + 1.0177 \times [78]$
^{78}Se	$[^{78}Se] = [78] - 0.1869 \times [76]$
^{98}Mo	$[^{98}Mo] = [98] - 0.146 \times [99]$
^{114}Cd	$[^{114}Cd] = [114] - 1.6285 \times [108] - 0.0149 \times [118]$
^{208}Pb	$[^{208}Pb] = [206] + [207] + [208]$

2. 测定参考条件 在调谐仪器达到测定要求后，编辑测定方法，根据待测元素的性质选择相应的内标元素，待测元素和内标元素的 m/z 见表4-15。

表4-15 待测元素推荐选择的同位素和内标元素

序号	元素	m/z	内标	序号	元素	m/z	内标
1	B	11	$^{45}Sc/^{72}Ge$	9	Cr	52/53	$^{45}Sc/^{72}Ge$
2	Na	23	$^{45}Sc/^{72}Ge$	10	Mn	55	$^{45}Sc/^{72}Ge$
3	Mg	24	$^{45}Sc/^{72}Ge$	11	Fe	56/57	$^{45}Sc/^{72}Ge$
4	Al	27	$^{45}Sc/^{72}Ge$	12	Co	59	$^{72}Ge/^{103}Rh/^{115}In$
5	K	39	$^{45}Sc/^{72}Ge$	13	Ni	60	$^{72}Ge/^{103}Rh/^{115}In$
6	Ca	43	$^{45}Sc/^{72}Ge$	14	Cu	63/65	$^{72}Ge/^{103}Rh/^{115}In$
7	Ti	48	$^{45}Sc/^{72}Ge$	15	Zn	66	$^{72}Ge/^{103}Rh/^{115}In$
8	V	51	$^{45}Sc/^{72}Ge$	16	As	75	$^{72}Ge/^{103}Rh/^{115}In$

续表

序号	元素	m/z	内标	序号	元素	m/z	内标
17	Se	78	$^{72}Ge/^{103}Rh/^{115}In$	22	Sb	123	$^{103}Rh/^{115}In$
18	Sr	88	$^{103}Rh/^{115}In$	23	Ba	137	$^{103}Rh/^{115}In$
14	Cu	63/65	$^{72}Ge/^{103}Rh/^{115}In$	24	Hg	200/202	$^{185}Re/^{209}Bi$
15	Zn	66	$^{72}Ge/^{103}Rh/^{115}In$	25	Tl	205	$^{185}Re/^{209}Bi$
16	As	75	$^{72}Ge/^{103}Rh/^{115}In$	26	Pb	206/207/208	$^{185}Re/^{209}Bi$
17	Se	78	$^{72}Ge/^{103}Rh/^{115}In$	22	Sb	123	$^{103}Rh/^{115}In$
18	Sr	88	$^{103}Rh/^{115}In$	23	Ba	137	$^{103}Rh/^{115}In$
19	Mo	95	$^{103}Rh/^{115}In$	24	Hg	200/202	$^{185}Re/^{209}Bi$
20	Cd	111	$^{103}Rh/^{115}In$	25	Tl	205	$^{185}Re/^{209}Bi$
21	Sn	118	$^{103}Rh/^{115}In$	26	Pb	206/207/208	$^{185}Re/^{209}Bi$

（二）标准曲线的制作

将混合标准溶液注入电感耦合等离子体质谱仪中，测定待测元素和内标元素的信号响应值，以待测元素的浓度为横坐标，待测元素与所选内标元素响应信号值的比值为纵坐标，绘制标准曲线。

（三）试样溶液的测定

将空白溶液和试样溶液分别注入电感耦合等离子体质谱仪中，测定待测元素和内标元素的信号响应值，根据标准曲线得到消解液中待测元素的浓度。

【结果计算与数据处理】

1. 低含量待测元素的计算 试样中低含量待测元素的含量按式（4－12）计算：

$$X=\frac{(\rho-\rho_0)\times V\times f}{m\times 1000} \tag{4-12}$$

式中，X 为试样中待测元素含量，mg/kg 或 mg/L；ρ 为试样溶液中被测元素质量浓度，μg/L；ρ_0 为试样空白液中被测元素质量浓度，μg/L；V 为试样消化液定容体积，ml；f 为试样稀释倍数；m 为试样称取质量或移取体积，g 或 ml；1000 为换算系数。计算结果保留三位有效数字。

2. 高含量待测元素的计算 试样中高含量待测元素的含量按式（4－13）计算：

$$X=\frac{(\rho-\rho_0)\times V\times f}{m} \tag{4-13}$$

式中，X 为试样中待测元素含量，mg/kg 或 mg/L；ρ 为试样溶液中被测元素质量浓度，mg/L；ρ_0 为试样空白液中被测元素质量浓度，mg/L；V 为试样消化液定容体积，ml；f 为试样稀释倍数；m 为试样称取质量或移取体积 g 或 ml。

计算结果保留三位有效数字。样品中各元素含量大于 1mg/kg 时，在重复性条件下获得的两次独立测定结果的绝对差值不得超过算术平均值的 10%；小于或等于 1mg/kg 且大于 0.1mg/kg 时，在重复性条件下获得的两次独立测定结果的绝对差值不得超过算术平均值的 15%；小于或等于 0.1mg/kg 时，在重复性条件下获得的两次独立测定结果的绝对差值不得超过算术平均值的 20%。

固体样品以 0.5g 定容体积至 50ml，液体样品以 2ml 定容体积至 50ml 计算，本方法各元素的检出限和定量限见表 4－16。

表 4-16 电感耦合等离子体质谱法（ICP-MS）检出限及定量限

序号	元素名称	元素符号	检出限 1 (mg/kg)	检出限 2 (mg/L)	定量限 1 (mg/kg)	定量限 2 (mg/L)
1	硼	B	0.1	0.03	0.3	0.1
2	钠	Na	1	0.3	3	1
3	镁	Mg	1	0.3	3	1
4	铝	Al	0.5	0.2	2	0.5
5	钾	K	1	0.3	3	1
6	钙	Ca	1	0.3	3	1
7	钛	Ti	0.02	0.005	0.05	0.02
8	钒	V	0.002	0.0005	0.005	0.002
9	铬	Cr	0.05	0.02	0.2	0.05
10	锰	Mn	0.1	0.03	0.3	0.1
11	铁	Fe	1	0.3	3	1
12	钴	Co	0.001	0.0003	0.003	0.001
13	镍	Ni	0.2	0.05	0.5	0.2
14	铜	Cu	0.05	0.02	0.2	0.05
15	锌	Zn	0.5	0.2	2	0.5
16	砷	As	0.002	0.0005	0.005	0.002
17	硒	Se	0.01	0.003	0.03	0.01
18	锶	Sr	0.2	0.05	0.5	0.2
19	钼	Mo	0.01	0.003	0.03	0.01
20	镉	Cd	0.002	0.0005	0.005	0.002
21	锡	Sn	0.01	0.003	0.03	0.01
22	锑	Sb	0.01	0.003	0.03	0.01
23	钡	Ba	0.02	0.005	0.05	0.02
24	汞	Hg	0.001	0.0003	0.003	0.001
25	铊	Tl	0.0001	0.00003	0.0003	0.0001
26	铅	Pb	0.02	0.005	0.05	0.02

实训十二 氢化物发生原子荧光光谱法测定食品中总砷

【测定原理】

试样经消解处理后，加入硫脲使五价砷预还原为三价砷，再加入硼氢化钠或硼氢化钾使三价砷还原生成砷化氢，由氩气载入石英原子化器中分解为原子态砷，在砷空心阴极灯的发射光激发下产生原子荧光，其荧光强度在固定条件下与被测液中的砷浓度成正比，外标法定量。

【适用范围】

适用于食品中总砷的测定。当固体样品称样量为 1.0g，定容体积为 25ml 时，方法检出限为 0.01mg/kg，方法定量限为0.04mg/kg。当液体样品取样量为2g，定容体积为25ml时，方法检出限为0.005mg/kg，方法定量限为0.02mg/kg。

【试剂与仪器准备】

（一）试剂

氢氧化钠；氢氧化钾；硼氢化钾（分析纯）；硫脲（分析纯）；盐酸；硝酸；硫酸；高氯酸；硝酸镁（分析纯）；氧化镁（分析纯）；抗坏血酸；过氧化氢（30%）。

（二）试剂配制

1. 氢氧化钾溶液（5g/L） 称取5.0g氢氧化钾，溶于水并稀释至1000ml，混匀。

2. 硼氢化钾溶液（20g/L） 称取硼氢化钾20.0g，溶于1000ml 5g/L氢氧化钾溶液中，混匀，临用现配。

3. 硫脲+抗坏血酸溶液 称取10.0g硫脲，加约80ml水，加热溶解，待冷却后加入10.0g抗坏血酸，稀释至100ml。现配现用。

4. 氢氧化钠溶液（100g/L） 称取10.0g氢氧化钠，溶于水并稀释至100ml。

5. 硝酸镁溶液（150g/L） 称取15.0g硝酸镁，溶于水并稀释至100ml。

6. 盐酸溶液（1+1） 量取盐酸100ml，缓缓倒入100ml水中，混匀。

7. 硫酸溶液（1+9） 量取硫酸100ml，缓缓倒入900ml水中，混匀。

8. 硝酸溶液（2+98） 量取硝酸20ml，缓缓倒入980ml水中，混匀。

本方法也可用硼氢化钠（20g/L）作为还原剂：称取20g硼氢化钠，溶于1000ml 5g/L氢氧化钠溶液中，混匀。可根据仪器的灵敏度调整硼氢化钾或硼氢化钠溶液的浓度。临用现配。

（三）标准品

三氧化二砷（As_2O_3）标准品，纯度≥99.5%。

（四）标准溶液配制

1. 砷标准储备液（100mg/L，按As计） 同本项目实训十一“电感耦合等离子体质谱法测定食品中的总砷”中“砷标准储备液”。

2. 砷标准使用液（1.00mg/L，按As计） 同本项目实训十一“电感耦合等离子体质谱法测定食品中的总砷”中“砷标准使用液”。

3. 砷标准系列溶液 取25ml容量瓶或比色管7支，依次准确加入砷标准使用液（1.00mg/L）0.00、0.05、0.10、0.25、0.50、1.50和3.00ml（分别相当于砷浓度0.0、2.0、4.0、10.0、20.0、60.0和120.0μg/L），各加硫酸溶液（1+9）12.5ml，硫脲+抗坏血酸溶液2ml，补加水至刻度，混匀，放置30分钟后测定。临用现配。

可根据仪器的灵敏度及样品中砷的实际含量微调标准系列溶液中砷的质量浓度范围。

（五）仪器

原子荧光光谱仪；天平（感量为0.1mg和1mg）；组织匀浆器；高速粉碎机；电热消解装置，控温电热板或石墨消解仪，最高温度不低于350℃，控温精度±5℃；马弗炉；恒温干燥箱（控温精度±2℃）；微波消解系统（配有聚四氟乙烯消解内罐）；压力消解罐。

玻璃器皿及聚四氟乙烯消解内罐均需以（1+4）的硝酸溶液浸泡24小时，用自来水反复冲洗，最后用水冲洗干净。

【样品制备】

（一）样品准备

同本项目实训十一“电感耦合等离子体质谱法测定食品中的总砷”中“样品准备”。

（二）试样消解

1. 湿法消解 固体试样称取0.5～2.5g（精确至0.001g），液体试样称取5.0～10.0g（精确至0.001g）于消解瓶或消解管中，加20ml硝酸，4ml高氯酸，1.25ml硫酸，放置过夜。次日，于120～200℃逐级升温加热消解，若消解液处理至5ml左右时仍有未分解物质或色泽变深，补加硝酸5～10ml再消解至2ml左右，如此反复2～3次，注意避免炭化，继续加热消解至消解液1ml左右，呈无色澄清，且消解瓶或消解管中充满白烟（对于有机砷较高的水产动物及其制品、食用菌及其制品、鱼油及其制品、磷虾油及其制品、藻类及其制品等样品，将消解温度升至280～300℃继续加热消解至消解液为0.5ml左右，呈无色澄清，且消解瓶或消解管中充满白烟）。冷却后，沿消解容器壁缓慢加水约10ml，再蒸发至消解瓶或消解管充满白烟。冷却，用水将消解液转入25ml容量瓶或比色管中，加入2ml硫脲+抗坏血酸溶液，用水定容至刻度，混匀，放置30分钟，待测。同时做空白对照试验。

2. 干灰化法 固体试样称取1.0～2.5g（精确至0.001g），液体试样（油脂样品除外）称取4.0g（精确至0.001g），置于50～100ml坩埚中。加10ml硝酸镁溶液（150g/L）混匀，低热蒸干，将1g氧化镁覆盖在干渣上（对于油脂样品，称取1.00g于50～100ml坩埚中，直接加入0.2g氧化镁覆盖在油脂上），于电炉上炭化至无黑烟，移入550℃马弗炉灰化4小时。取出放冷，小心加入5～10ml盐酸溶液（1+1）以中和氧化镁并溶解灰分，转入25ml容量瓶或比色管，向容量瓶或比色管中加入2ml硫脲+抗坏血酸溶液，另用硫酸溶液（1+9）分次洗涤坩埚后，合并洗涤液并定容至刻度，混匀，放置30分钟，待测。同时做空白对照试验。

3. 微波消解法 固体试样和油脂及其制品试样称取0.2～0.8g（精确至0.001g），含水分较多的试样或液体试样称取1.0～3.0g（精确至0.001g）于消解罐中，加入5～8ml硝酸，放置30分钟以上。对于肉类、油脂等难消解的样品，再加入0.5～1ml过氧化氢，盖好安全阀，将消解罐放入微波消解系统中。根据不同类型的样品，设置适宜的微波消解程序（表4－17），按相关步骤进行消解，消解结束后，于135～145℃赶酸至1～2ml。将消化液转移至25ml容量瓶或比色管，用少量硫酸溶液（1+9）洗涤消解罐3次，合并洗涤液于容量瓶或比色管中并加入2ml硫脲+抗坏血酸溶液，用硫酸溶液（1+9）定容至刻度，混匀，放置30分钟，待测。同时做空白对照试验。

微波消解法不适用有机砷含量较高的水产动物及其制品、食用菌及其制品、鱼油、磷虾油及其制品、水产调味品、藻类及其制品等基质复杂的样品。

表4－17 试样微波消解参考条件

步骤	温度（℃）	升温时间（min）	保温时间（min）
1	120	5	5
2	160	5	10
3	190	5	25

4. 压力罐消解法 固体试样和油脂及其制品试样称取0.2～1.0g（精确至0.001g），鲜样或液体试样称取1.0～5.0g（精确至0.001g）于消解内罐中，加入5ml硝酸浸泡过夜。盖好内盖，旋紧不锈钢外套，放入恒温干燥箱，140～160℃保持3～4小时，自然冷却至室温，然后缓慢旋松不锈钢外套，将消解内罐取出，放在控温电热板上135～145℃赶酸至1～2ml。将消化液转移至25ml容量瓶或比色管，用

少量硫酸溶液（1+9）洗涤消解罐3次，合并洗涤液于容量瓶或比色管中并加入2ml硫脲+抗坏血酸溶液，用硫酸溶液（1+9）定容至刻度，混匀，放置30分钟，待测。同时做空白对照试验。

压力罐消解法不适用有机砷含量较高的水产动物及其制品、食用菌及其制品、鱼油、磷虾油及其制品、水产调味品、藻类及其制品等基质复杂的样品。

【样品测定】

（一）仪器参考条件

负高压：260V；砷空心阴极灯电流：50～80mA；载气：氩气；载气流速：500ml/min；屏蔽气流速：800ml/min；测量方式：荧光强度；读数方式：峰面积。

（二）标准曲线制作

仪器预热稳定后，将试剂空白、标准系列溶液依次引入仪器进行原子荧光强度的测定。以原子荧光强度为纵坐标，砷质量浓度为横坐标，制作标准曲线，得到回归方程。

（三）试样溶液的测定

相同条件下，将样品溶液分别引入仪器进行测定。根据回归方程计算出样品中砷元素的浓度。

【结果计算与数据处理】

试样中总砷含量按式4－14计算。

$$X=\frac{(\rho-\rho_0)\times V\times 1000}{m\times 1000\times 1000} \tag{4-14}$$

式中，X为试样中砷的含量，mg/kg；ρ为试样溶液中砷的含量，μg/L；ρ_0为空白液中砷的含量，μg/L；V为试样消化液的定容体积，ml；m为试样的称样量，g；1000为换算系数。

当砷含量≥1.00mg/kg时，计算结果保留3位有效数字；当砷含量＜1.00mg/kg时，计算结果保留2位有效数字。

样品中砷含量大于1.00mg/kg时，在重复性条件下获得的两次独立测定结果的绝对差值不得超过算术平均值的10%；小于或等于1.00mg/kg且大于0.10mg/kg时，在重复性条件下获得的两次独立测定结果的绝对差值不得超过算术平均值的15%；小于或等于0.10mg/kg时，在重复性条件下获得的两次独立测定结果的绝对差值不得超过算术平均值的20%。

实训十三　石墨炉原子吸收光谱法测定食品中的总砷

【测定原理】

试样消解处理后，经石墨炉原子化，在193.7nm处测定吸光度。在一定浓度范围内砷的吸光度值与砷含量成正比，外标法定量。

【适用范围】

适用于食品（乳粉和调制乳粉、油脂及其制品、调味品、特殊膳食用食品除外）中总砷的测定。当固体样品称样量为0.5g、定容体积为25ml时，方法检出限为0.03mg/kg，方法定量限为0.09mg/kg。当液体样品取样量为2g、定容体积为25ml时，方法检出限为0.008mg/kg，方法定量限为0.03mg/kg。

【试剂与仪器准备】

（一）试剂

硝酸；过氧化氢（30%）；硝酸钯；氢氧化钠。

（二）试剂配制

1. 硝酸溶液（2+98） 量取20ml硝酸，缓缓倒入980ml水中，混匀。

2. 硝酸溶液（3+97） 量取30ml硝酸，缓慢加入970ml水中，混匀。

3. 氢氧化钠溶液（100g/L） 称取10.0g氢氧化钠，用水溶解并定容至100ml，混匀。

4. 硝酸钯溶液（1g/L） 称取0.1g硝酸钯，用硝酸溶液（3+97）稀释至100ml，混匀。

（三）标准品

三氧化二砷标准品，纯度≥99.5%。

（四）标准溶液配制

1. 砷标准储备液（100mg/L，按As计） 同本项目实训十一“电感耦合等离子体质谱法测定食品中的总砷”中“砷标准储备液”。

2. 砷标准使用液（1.00mg/L，按As计） 同本项目实训十一“电感耦合等离子体质谱法测定食品中的总砷”中“砷标准使用液”。

3. 砷标准系列溶液 分别吸取适量砷标准使用液（1.00mg/L），用硝酸溶液（3+97）配制砷的质量浓度分别为0.0、2.0、5.0、10.0、20.0和30.0μg/L的标准系列溶液。

可根据仪器的灵敏度及样品中砷的实际含量微调标准系列溶液中砷的质量浓度范围。

（五）仪器

原子吸收光谱仪（配石墨炉原子化器）；电子天平（感量为0.01mg、0.1mg和1mg）；控温电热板（控温精度±5℃）；微波消解系统；恒温干燥箱（控温精度±2℃）；压力消解罐；匀浆机；高速粉碎机。

玻璃器皿及聚四氟乙烯消解内罐均需以（1+4）的硝酸溶液浸泡24小时，用自来水反复冲洗，最后用水冲洗干净。

【样品制备】

（一）试样准备

同本项目实训十一“电感耦合等离子体质谱法测定食品中的总砷”中“样品准备”。

（二）试样消解

1. 微波消解法 固体试样和油脂及其制品试样称取0.2~0.8g（精确至0.001g），含水分较多的试样或液体试样称取1.0~3.0g（精确至0.001g）于消解罐中；加入5~8ml硝酸，放置30分钟以上，对于肉类、水产动物及其制品等难消解的样品再加入0.5~1ml过氧化氢，盖好安全阀，将消解罐放入微波消解系统中。根据不同类型的样品，设置适宜的微波消解程序（表4-18），按相关步骤进行消解，消解完全后于140~145℃赶酸至0.5~1ml，用水定容至25ml，混匀备用。同时做空白对照试验。

表4-18 试样微波消解参考条件

步骤	温度（℃）	升温时间（min）	保温时间（min）
1	120	5	5
2	160	5	10
3	200	5	25

2. 压力罐消解法 固体试样和油脂及其制品试样称取0.2~1.0g（精确至0.001g），鲜样或液体试样称取1.0~5.0g（精确至0.001g）于消解内罐中，加入5ml硝酸浸泡过夜。盖好内盖，旋紧不锈钢外

套，放入恒温干燥箱，140℃～160℃保持3～4小时，自然冷却至室温，然后缓慢旋松不锈钢外套，将消解内罐取出，放在控温电热板上140～145℃赶酸至0.5～1ml，用水定容至25ml，混匀备用。同时做空白试验。

【样品测定】

（一）仪器参考条件

仪器参考条件见表4－19。采用氘灯、自吸收或塞曼效应扣除背景。

表4－19　石墨炉原子吸收光谱法仪器参考条件

波长（nm）	灯电流（mA）	干燥温度及时间	灰化温度及时间	原子化温度及时间
193.7	8～12	80～120℃，30～50s	1100～1600℃，20s	2200～2900℃，5s

根据样品基质特点，如高蛋白、高脂肪类样品，需增加预灰化步骤，预灰化温度为400～600℃ 15秒，当选用无极放电灯时，灯电流选380～440mA。

（二）标准曲线的绘制

吸取20μl砷标准系列溶液和5μl硝酸钯溶液（1g/L）（可根据所使用的仪器确定最佳进样量），按质量浓度由低到高的顺序分别注入石墨炉，原子化后测其吸光度值，以质量浓度为横坐标，吸光度为纵坐标，制作标准曲线。

（三）试样溶液的测定

在与测定标准溶液相同的实验条件下，吸取20μl空白溶液或试样溶液和5μl硝酸钯溶液（可根据所使用的仪器确定最佳进样量）注入石墨炉，原子化后测其吸光度值，与标准系列比较定量。

【结果计算与数据处理】

试样中砷的含量按式4－15计算。

$$X = \frac{(\rho - \rho_0) \times V \times 1000}{m \times 1000 \times 1000} \tag{4-15}$$

式中，X为试样中砷的含量，mg/kg；ρ为试样溶液中砷的含量，μg/L；ρ_0为空白液中砷的含量，μg/L；V为试样消化液的定容体积，ml；m为试样的称样量，g；1000为换算系数。

当砷含量≥1.00mg/kg时，计算结果保留3位有效数字；当砷含量＜1.00mg/kg时，计算结果保留2位有效数字。

样品中砷含量大于1.00mg/kg时，在重复性条件下获得的两次独立测定结果的绝对差值不得超过算术平均值的10%；小于或等于1.00mg/kg且大于0.10mg/kg时，在重复性条件下获得的两次独立测定结果的绝对差值不得超过算术平均值的15%；小于或等于0.10mg/kg时，在重复性条件下获得的两次独立测定结果的绝对差值不得超过算术平均值的20%。

拓展阅读

食品中砷测定的其他方法

依据GB 5009.11—2024《食品安全国家标准　食品中总砷及无机砷的测定》，食品中无机砷的测定采用液相色谱－原子荧光光谱联用法和液相色谱－电感耦合等离子体质谱联用法，适用于谷物及其制品、水产动物及其制品、食用菌及其制品、油脂及其制品、调味品、婴幼儿辅助食品、藻类及其制品中无机砷的测定。

任务三　其他有害物质的测定

PPT

案例导入

案例　山东省临清市市场监管局2022年第7期食品安全监督抽检信息通告，市内某焖饼肉饼店、某驴肉火烧店使用的生花生仁，黄曲霉毒素B_1不符合食品安全国家标准规定。《食品安全国家标准　食品中真菌毒素限量》（GB 2761—2017）中规定，黄曲霉毒素B_1在花生及其制品中的最大限量值为20μg/kg。

讨论　1. 食品中黄曲霉毒素从何而来，怎样对人体造成损伤？

2. 如何正确检测食品中的黄曲霉毒素？

一、黄曲霉毒素的测定

黄曲霉毒素（AFT）是一类二氢呋喃香豆素的衍生物，被世界卫生组织（WHO）的癌症研究机构划定为I类致癌物，是一种毒性极强的剧毒物质，其危害性在于对人及动物肝脏等多种组织有破坏作用，严重时可导致肝癌甚至死亡。

黄曲霉毒素存在于土壤、动植物和各种坚果中，特别容易污染花生、玉米、稻米、大豆、小麦等粮油产品，在霉菌毒素中毒性最大。已发现的黄曲霉毒素有20多种，如在紫外光照射下显蓝色荧光的B_1和B_2，显绿色荧光的G_1和G_2，以及牛奶中的M_1和M_2等。其中以黄曲霉毒素B_1（AFT B_1）毒性和致癌性最强。

AFT类物质难溶于水易溶于甲醇、丙酮和三氯甲烷等有机溶剂。依据GB 5009.22—2016《食品安全国家标准　食品中黄曲霉毒素B族和G族的测定》，同位素稀释液相色谱-串联质谱法、高效液相色谱-柱前衍生法、高效液相色谱-柱后衍生法用于谷物及其制品、豆类及其制品、坚果及籽类、油脂及其制品、调味品、婴幼儿配方食品和婴幼儿辅助食品中AFT B_1、AFT B_2、AFT G_1和AFT G_2的测定；酶联免疫吸附筛查法和薄层色谱法测定谷物及其制品、豆类及其制品、坚果及籽类、油脂及其制品、调味品中AFT B_1的测定。

实训十四　薄层色谱法测定食品中的黄曲霉毒素B_1

【测定原理】

样品经提取、浓缩、薄层分离后，黄曲霉毒素B_1在紫外光（波长365nm）下产生蓝紫色荧光，根据其在薄层上显示荧光的最低检出量来测定含量。

【适用范围】

本方法适用于谷物及其制品、豆类及其制品、坚果及籽类、油脂及其制品、调味品中AFT B_1的测定。

【试剂与仪器准备】

除另有说明，本方法所用试剂均为分析纯，水为GB/T 6682—2008规定的一级水。

（一）试剂

甲醇；正己烷；石油醚，沸程 30～60℃或 60～90℃；三氯甲烷；苯；乙腈；无水乙醚；丙酮（以上试剂在试验时先进行一次试剂空白试验，如不干扰测定即可使用，否则需逐一进行重蒸）。硅胶 G 薄层层析用；三氟乙酸；无水硫酸钠；氯化钠。

（二）试剂配制

1. 苯－乙腈溶液（98＋2） 取 2ml 乙腈，加入 98ml 苯中，混匀。

2. 甲醇－水溶液（55＋45） 取 550ml 甲醇，加入 450ml 水中，混匀。

3. 甲醇－三氯甲烷（4＋96） 取 4ml 甲醇，加入 96ml 三氯甲烷中，混匀。

4. 丙酮－三氯甲烷（8＋92） 取 8ml 丙酮，加入 92ml 三氯甲烷中，混匀。

5. 次氯酸钠溶液（消毒用） 取 100g 漂白粉，加入 500ml 水，搅拌均匀。另将 80g 工业用碳酸钠（$Na_2CO_3 \cdot 10H_2O$）溶于 500ml 温水中，再将两液混合、搅拌，澄清后过滤。此滤液含次氯酸浓度约为 25g/L。若用漂粉精制备，则碳酸钠的量可以加倍。所得溶液的浓度约为 50g/L。污染的玻璃仪器用 10g/L 氯酸钠溶液浸泡半天或用 50g/L 次氯酸钠溶液浸泡片刻后，即可达到去毒效果。

（三）标准品

AFT B_1标准品，纯度≥98%，或经国家认证并授予标准物质证书的标准物质。

（四）标准溶液配制

1. AFT B_1标准储备溶液（10μg/ml） 准确称取 1～1.2mg AFT B_1标准品，先加入 2ml 乙腈溶解后，再用苯稀释至 100ml，避光，置于 4℃冰箱保存，此溶液浓度约 10μg/ml。

纯度的测定：取 5μl 10μg/ml 的 AFT B_1标准溶液，滴加于涂层厚度 0.25mm 的硅胶 G 薄层板上，用甲醇－三氯甲烷与丙酮－三氯甲烷展开剂展开，在紫外光灯下观察荧光的产生，应符合以下条件：在展开后，只有单一的荧光点，无其他杂质荧光点；原点上没有任何残留的荧光物质。

2. AFT B_1标准工作液 准确吸取 1ml 标准溶液储备液于 10ml 容量瓶中，加苯－乙腈混合液至刻度，混匀。此溶液每毫升相当于 1.0μg AFT B_1。吸取 1.0ml 此稀释液，置于 5ml 容量瓶中，加苯－乙腈混合液稀释至刻度，此溶液每毫升相当于 0.2μg AFT B_1。再吸取 AFT B_1标准榕液（0.2μg/ml）1.0ml 置于 5ml 容量瓶中，加苯－乙腈混合液稀释至刻度。此溶液每毫升相当于 0.04μg AFT B_1。

（五）仪器

圆孔筛，2.0mm 筛孔孔径；小型粉碎机；电动振荡器；全玻璃浓缩器；玻璃板（5cm×20cm）；薄层板涂布器，也可选购适用黄曲霉毒素检测的商品化薄层板；展开槽（长 25cm，宽 6cm，高 4cm）；紫外光灯（100～125W，带 365nm 滤光片）；微量注射器或血色素吸管。

【样品制备】

注：整个操作需在暗室条件下进行。

1. 玉米、大米、小麦、面粉、薯干、豆类、花生、花生酱等

（1）甲法 称取 20.00g 粉碎过筛试样（面粉、花生酱不需粉碎），置于 250ml 具塞锥形瓶中，加 30ml 正己烷或石油醚和 100ml 甲醇水溶液，在瓶塞上涂上一层水，盖严防漏。振荡 30 分钟，静置片刻，以叠成折叠式的快速定性滤纸过滤于分液漏斗中，待下层甲醇水带被分清后，放出甲醇水溶液于另一具塞锥形瓶内。取 20.00ml 甲醇水溶液（相当于 4g 试样）置于另一 125ml 分液漏斗中，加 20ml 三氯甲烷，振摇 2 分钟，静置分层，如出现乳化现象可滴加甲醇促使分层。放出三氯甲烷层，经盛有约 10g 预先用三氯甲烷湿润的无水硫酸钠的定量慢速滤纸过滤于 50ml 蒸发皿中，再加 5ml 三氯甲烷于分液漏斗中，重复振摇提取，三氯甲烷层一并滤于蒸发皿中，最后用少量三氯甲烷洗过滤器，洗液并于蒸发皿中。将蒸发皿放在通风柜于65℃水浴上通风挥干，然后放在冰盒上冷却2～3分钟后，准确加入1ml苯－乙腈混合液（或将三氯甲烷用浓缩蒸馏器减压吹气蒸干后，准确加入1ml苯－乙腈混合液）。用带橡皮头的滴管的管尖将残渣充分混合，若有苯的结晶析出，将蒸发皿从冰盒上取出，继续溶解、混合，晶体即消失，再用此滴管吸取上清液转移于2ml具塞试管中。

（2）乙法（限于玉米、大米、小麦及其制品） 称取20.00g粉碎过筛试样于250ml具塞锥形瓶中，用滴管滴加约6ml水，使试样湿润，准确加入60ml三氯甲烷，振荡30分钟，加12g无水硫酸钠，振摇后，静置30分钟，用叠成折叠式的快速定性滤纸过滤于100ml具塞锥形瓶中。取12ml滤液（相当4g试样）于蒸发皿中，在65℃水浴锅上通风挥干，准确加入1ml苯－乙腈混合液，以下按甲法中自“用带橡皮头的滴管的管尖将残渣充分混合……”起依法操作。

2. 花生油、香油、菜油等 称取4.00g试样置于小烧杯中，用20ml正己烷或石油醚将试样移于125ml分液漏斗中。用20ml甲醇水溶液分次洗烧杯，洗液一并移入分液漏斗中，振摇2分钟，静置分层后，将下层甲醇水溶液移入第二个分液漏斗中，再用5ml甲醇水溶液重复振摇提取一次，提取液一并移入第二个分液漏斗中，在第二个分液漏斗中加入20ml三氯甲烷，以下按本实训中“玉米、大米、小麦、面粉、薯干、豆类、花生、花生酱等”甲法中自“振摇2分钟，静置分层……”起依法操作。

3. 酱油、醋 称取10.00g试样于小烧杯中，为防止提取时乳化，加0.4g氯化钠，移入分液漏斗中，用15ml三氯甲烷分次洗涤烧杯，洗液一并移入分液漏斗中。以下按本实训中“玉米、大米、小麦、面粉、薯干、豆类、花生、花生酱等”甲法中自“振摇2分钟，静置分层……”起依法操作，最后加入2.5ml苯－乙腈混合液，此溶液每毫升相当于4g试样。

或称取10.00g试样，置于分液漏斗中，再加12ml甲醇（以酱油体积代替水，故甲醇与水的体积比仍约为55∶45），用20ml三氯甲烷提取，以下按本实训中“玉米、大米、小麦、面粉、薯干、豆类、花生、花生酱等”甲法中自“振摇2分钟，静置分层……”起依法操作。最后加入2.5ml苯－乙腈混合液。此溶液每毫升相当于4g试样。

4. 干酱类（包括豆豉、腐乳制品） 称取20.00g研磨均匀的试样，置于250ml具塞锥形瓶中，加入20ml正己烷或石油醚与50ml甲醇水溶液。振荡30分钟，静置片刻，以叠成折叠式快速定性滤纸过滤，滤液静置分层后，取24ml甲醇水层（相当8g试样，其中包括8g干酱类本身约含有4ml水的体积在内）置于分液漏斗中，加入20ml三氯甲烷，以下按本实训中“玉米、大米、小麦、面粉、薯干、豆类、花生、花生酱等”甲法中自“振摇2分钟，静置分层……”起依法操作。最后加入2ml苯－乙腈混合液。此溶液每毫升相当于4g试样。

【样品测定】

（一）单向展开法

1. 薄层板的制备 称取约3g硅胶G，加相当于硅胶量2～3倍的水，用力研磨1～2分钟至成糊状后立即倒于涂布器内，推成5cm×20cm，厚度约0.25mm的薄层板三块。在空气中干燥约15分钟后，在100℃活化2小时，取出，放干燥器中保存。一般可保存2～3天，若放置时间较长，可再活化后使用。

2. 点样 将薄层板边缘附着的吸附剂刮净，在距薄层板下端3cm的基线上用微量注射器或血色素吸管滴加样液。一块板可滴加4个点，点距边缘和点间距约为1cm，点直径约3mm。在同一块板上滴加点的大小应一致，滴加时可用吹风机用冷风边吹边加。滴加样式如下。

第一点：0μl AFT B_1标准工作液（0.04μg/ml）。

第二点：20μl样液。

第三点：20μl 样液 +10μl 0.04μg/ml AFT B_1标准工作液。

第四点：20μl 样液 +10μl 0.2μg/ml AFT B_1标准工作液。

3. 展开与观察 在展开槽内加 10ml 无水乙醚，预展 12cm，取出挥干。再于另一展开槽内加 10ml 丙酮 - 三氯甲烷（8 +92），展开 10 ~12cm，取出。在紫外光下观察结果，方法如下。

由于样液点上加滴 AFT B_1标准工作液，可使 AFT B_1标准点与样液中的 AFT B_1荧光点重叠。如样液为阴性，薄层板上的第三点中 AFT B_1为 0.0004μg，可用作检查在样液内 AFT B_1最低检出量是否正常出现，如为阳性，则起定性作用。薄层板上的第四点中 AFT B_1为 0.002μg，主要起定位作用。

若第二点在与 AFT B_1标准点的相应位置上无蓝紫色荧光点，表示试样中 AFT B_1含量在 5μg/kg 以下，如在相应位置上有蓝紫色荧光点，则需进行确证试验。

4. 确证试验 为了证实薄层板上样液荧光系由 AFT B_1产生的，加滴三氟乙酸，产生 AFT B_1的衍生物，展开后此衍生物的比移值在 0.1 左右。于薄层板左边依次滴加两个点。

第一点：0.04μg/ml AFT B_1标准工作液 10μl。

第二点：20μl 样液。

于以上两点各加一小滴三氟乙酸盖于其上，反应 5 分钟后，用吹风机吹热风 2 分钟后，使热风吹到薄层板上的温度不高于 40℃，再于薄层板上滴加以下两个点。

第三点：0.04μg/ml AFT B_1标准工作液 10μl。

第四点：20μl 样液。

再展开，在紫外光灯下观察样液是否产生与 AFT B_1标准点相同的衍生物。未加三氟乙酸的三、四两点，可依次作为样液与标准的衍生物空白对照。

5. 稀释定量 样液中的 AFT B_1荧光点的荧光强度如与 AFT B_1标准点的最低检出量（0.0004μg）的荧光强度一致，则试样中 AFT B_1含量即为 5μg/kg。如样液中荧光强度比最低检出量强，则根据其强度估计减少滴加微升数或将样液稀释后再滴加不同微升数，直至样液点的荧光强度与最低检出量的荧光强度一致为止。滴加式样如下。

第一点：10μl AFT B_1标准工作液（0.04μg/ml）。

第二点：根据情况滴加 10μl 样液。

第三点：根据情况滴加 15μl 样液。

第四点：根据情况滴加 20μl 样液。

6. 结果计算 试样中 AFT B_1的含量按式 4 -16 计算：

$$X = 0.0004 \times \frac{V_1 \times f}{V_2 \times m} \times 1000 \tag{4-16}$$

式中，X 为试样中 AFT B_1的含量，μg/kg；0.0004 为 AFT B_1的最低检出量，μg；V_1为加入苯 - 乙腈混合液的体积，ml；f 为样液的总稀释倍数；V_2为出现最低荧光时滴加样液的体积，ml；m 为加入苯 - 乙腈混合液溶解时相当试样的质量，g；1000 为换算系数。结果表示到测定值的整数位。

（二）双向展开法

如用单向展开法展开后，薄层色谱由于杂质干扰掩盖了 AFT B_1的荧光强度，需采用双向展开法。薄层板先用无水乙醚作横向展开，将干扰的杂质展至样液点的一边而 AFT B_1不动，然后再用丙酮 - 三氯甲烷（8 +92）作纵向展开，试样在 AFT B_1相应处的杂质底色大量减少，因而提高方法灵敏度。如用双向展开中滴加两点法展开仍有杂质干扰时，则可改用滴加一点法。

（三）滴加两点法

1. 点样 取薄层板三块，在距下端 3cm 基线上滴加 AFT B_1标准使用液与样液。即在三块板的距左边缘0.8～1cm处各滴加10μl AFT B_1标准使用液（0.04μg/ml），在距左边缘2.8～3cm处各滴加20μl样液，然后在第二块板的样液点上加滴10μl AFT B_1标准使用液（0.04μg/ml），在第三块板的样液点上加滴10μl 0.2μg/ml AFT B_1标准使用液。

2. 展开

（1）横向展开　在展开槽内的长边置一玻璃支架，加10ml无水乙醇，将上述点好的薄层板靠标准点的长边置于展开槽内展开，展至板端后，取出挥干，或根据情况需要时可再重复展开1～2次。

（2）纵向展开　挥干的薄层板以丙酮-三氯甲烷（8+92）展开至10～12cm为止。丙酮与三氯甲烷的比例根据不同条件自行调节。

3. 观察及评定结果　在紫外光灯下观察第一、二板，若第二板的第二点在AFT B_1标准点的相应处出现最低检出量，而第一板在与第二板的相同位置上未出现荧光点，则试样中AFT B_1含量在5μg/kg以下。

若第一板在与第二板的相同位置上出现荧光点，则将第一板与第三板比较，看第三板上第二点与第一板上第二点的相同位置上的荧光点是否与AFT B_1标准点重叠，如果重叠，再进行确证试验。在具体测定中，第一、二、三板可以同时做，也可按照顺序做。如按顺序做，当在第一板出现阴性时，第三板可以省略，如第一板为阳性，则第二板可以省略，直接作第三板。

4. 确证试验　另取薄层板两块，于第四、第五两板距左边缘0.8～1cm处各滴加10μl AFT B_1标准使用液（0.04μg/ml）及1小滴三氟乙酸；在距左边缘2.8～3cm处，于第四板滴加20μl样液及1小滴三氟乙酸，于第五板滴加20μl样液、10μl AFT B_1标准使用液（0.04μg/ml）及1小滴三氟乙酸。反应5分钟后，用吹风机吹热风2分钟，使热风吹到薄层板上的温度不高于40℃。再用双向展开法展开后，观察样液是否产生与AFT B_1标准点重叠的衍生物。观察时，可将第一板作为样液的衍生物空白板。如样液AFT B_1含量高时，则将样液稀释后，按本实训项目中“单向展开法”中的“确证试验”的方法做确证试验。

5. 稀释定量　如样液AFT B_1含量高时，按本实训项目中“单向展开法”中的“稀释定量”操作。如AFT B_1含量低，稀释倍数小，在定量的纵向展开板上仍有杂质干扰，影响结果的判断，可将样液再做双向展开法测定，以确定含量。

6. 结果计算　同本实训中“单项展开法”中的“结果计算”。

（四）滴加一点法

1. 点样　取薄层板三块，在距下端3cm基线上滴加AFT B_1标准使用液与样液。即在三块板距左边缘0.8～1cm处各滴加20μl样液，在第二板的点上加10μl AFT B_1标准使用液（0.04μg/ml）。在第三板的点上加滴10μl AFT B_1标准榕液（0.2μg/ml）。

2. 展开　同本实训中“滴加两点法”中的展开方法。

3. 观察及评定结果　在紫外光灯下观察第一、二板，如第二板出现最低检出量的黄曲霉毒素B_1标准点，而第一板与其相同位置上出现荧光点，试样中AFT B_1含量在5μg/kg以下。如第一板在与第二板AFT B_1相同位置上出现荧光点，则将第一板与第三板比较，看第三板上与第一板相同位置的荧光点是否与AFT B_1标准点重叠，如果重叠再进行确证试验。

4. 确证试验　另取两板，于距左边缘0.8～1cm处，第四板滴加20μl样液、1滴三氟乙酸；第五板滴加20μl样液、10μl 0.04μg/ml AFT B_1标准使用液及1滴三氟乙酸。产生衍生物及展开方法同本实训中“滴加两点法”。再将以上二板在紫外光灯下观察，以确定样液点是否产生与AFT B_1标准点重叠的衍生物，观察时可将第一板作为样液的衍生物空白板。经过以上确证试验定为阳性后，再进行稀释定量，如含AFT B_1低，不需稀释或稀释倍数小，杂质荧光仍有严重干扰，可根据样液中黄曲霉毒素B_1荧光的强弱，直接用双向展开法定量。

5. 结果计算 同本实训中“单向展开法”。

每个试样称取两份进行平行测定，以其算术平均值为分析结果。其分析结果的相对相差应不大于60%。

二、苯并（a）芘的测定

苯并（a）芘，别名3,4-苯并芘，属多环芳烃（PAH）。苯并（a）芘是已发现的200多种多环芳烃中最主要的食品污染物，大多数食品（如熏制食品、烘烤食品和煎炸食品等）中的苯并（a）芘主要来源于食品加工过程。

依据GB 5009.27—2016《食品安全国家标准　食品中苯并（a）芘的测定》，采用反相液相色谱-荧光检测法测定食品中的苯并（a）芘。

实训十五　反相液相色谱-荧光检测法测定食品中的苯并（a）芘

【测定原理】

试样经过有机溶剂提取，中性氧化铝或分子印迹小柱净化，浓缩至干，乙腈溶解，反相液相色谱分离，荧光检测器检测，根据色谱峰的保留时间定性，外标法定量。

【适用范围】

本方法适用于谷物及其制品（稻谷、糙米、大米、小麦、小麦粉、玉米、玉米面、玉米渣、玉米片）、肉及肉制品（熏、烧、烤肉类）、水产动物及其制品（熏、烤水产品）、油脂及其制品中苯并（a）芘的测定。

【试剂与仪器准备】

除另有说明，本方法所用试剂均为分析纯，水为GB/T 6682规定的一级水。

（一）试剂

甲苯（色谱纯）；乙腈（色谱纯）；正己烷（色谱纯）；二氯甲烷（色谱纯）。

（二）标准品

苯并（a）芘标准品（纯度≥99.0%），或经国家认证并授予标准物质证书的标准物质。

注：苯并（a）芘是一种已知的致癌物质，测定时应特别注意安全防护！测定应在通风柜中进行并戴手套，尽量减少暴露。如已污染了皮肤，应采用10%次氯酸钠水溶液浸泡和洗刷，在紫外光下观察皮肤上有无蓝紫色斑点，一直洗到蓝色斑点消失为止。

（三）标准溶液配制

1. 苯并（a）芘标准储备液（100μg/ml） 准确称取苯并（a）芘1mg（精确到0.01mg）于10ml容量瓶中，用甲苯溶解，定容。避光保存在0～5℃的冰箱中，保存期1年。

2. 苯并（a）芘标准中间液（1.0μg/ml） 吸取0.10ml苯并（a）芘标准储备液（100μg/ml），用乙腈定容到10ml。避光保存在0～5℃的冰箱中，保存期1个月。

3. 苯并（a）芘标准工作液 把苯并（a）芘标准中间液（1.0μg/ml）用乙腈稀释得到0.5、1.0、5.0、10.0、20.0ng/ml的校准曲线溶液。临用现配。

（四）材料

1. 中性氧化铝柱 填料粒径75～150μm，22g，60ml。

空气中水分对其性能影响很大，打开柱子包装后应立即使用或密闭避光保存。由于不同品牌氧化铝活性存在差异，建议对质控样品进行测试，或做加标回收试验，以验证氧化铝活性是否满足回收率要求。

2. 苯并（a）芘分子印迹柱 500mg，6ml。

由于不同品牌分子印迹柱质量存在差异，建议对质控样品进行测试，或做加标回收试验，以验证是否满足要求。

3. 微孔滤膜 0.45μm。

（五）仪器

液相色谱仪（配有荧光检测器）；分析天平（感量为0.01mg和1mg）；粉碎机；组织匀浆机；离心（转速≥4000r/min）；涡旋振荡器；超声波振荡器；旋转蒸发器或氮气吹干装置；固相萃取装置。

【样品制备】

（一）谷物及其制品

1. 预处理 去除杂质，磨碎成均匀的样品，储于洁净的样品瓶中，并标明标记，于室温下或按产品包装要求的保存条件保存备用。

2. 提取 称取1g（精确到0.001g）试样，加入5ml正己烷，旋涡混合0.5分钟，40℃下超声提取10分钟，4000r/min离心5分钟，转移出上清液。再加入5ml正己烷重复提取一次。

3. 净化 合并上清液，用下列2种净化方法之一进行净化。

（1）净化方法1 采用中性氧化铝柱，用30ml正己烷活化柱子，待液面降至柱床时，关闭底部旋塞。将待净化液转移进柱子，打开旋塞，以1ml/min的速度收集净化液到茄形瓶，再转入50ml正己烷洗脱，继续收集净化液。将净化液在40℃下旋转蒸至约1ml，转移至色谱仪进样小瓶，在40℃氮气流下浓缩至近干。用1ml正己烷清洗茄形瓶，将洗涤液再次转移至色谱仪进样小瓶并浓缩至干。准确吸取1ml乙腈到色谱仪进样小瓶，涡旋复溶0.5分钟，过微孔滤膜后供液相色谱测定。

（2）净化方法2 采用苯并（a）芘分子印迹柱，依次用5ml二氯甲烷及5ml正己烷活化柱子。将待净化液转移进柱子，待液面降至柱床时，用6ml正己烷淋洗柱子，弃去流出液。用6ml二氯甲烷洗脱并收集净化液到试管中。将净化液在40℃下氮气吹干，准确吸取1ml乙腈涡旋复溶0.5分钟，过微孔滤膜后供液相色谱测定。

（二）熏、烧、烤肉类及熏、烤水产品

1. 预处理 肉去骨、鱼去刺、贝去壳，把可食部分绞碎均匀，储于洁净的样品瓶中，并标明标记，于-16～-18℃冰箱中保存备用。

2. 提取 同“谷物及其制品”的提取操作。

3. 净化

（1）净化方法1 除了正己烷洗脱液体积为70ml外，其余操作同“谷物及其制品”的净化方法1。

（2）净化方法2 操作同“谷物及其制品”的净化方法2。

（三）油脂及其制品

1. 提取 称取0.4g（精确到0.001g）试样，加入5ml正己烷，旋涡混合0.5分钟，待净化。若样品为人造黄油等含水油脂制品，则会出现乳化现象，需要4000r/min离心5分钟，转移出正己烷层待

净化。

2. 净化

（1）净化方法1　除了最后用0.4ml乙腈涡旋复溶试样外，其余操作同“谷物及其制品”净化方法1。

（2）净化方法2　除了最后用0.4ml乙腈涡旋复溶试样外，其余操作同“谷物及其制品”的净化方法2。

试样制备时，不同试样的前处理需要同时做试样空白试验。

【样品测定】

（一）仪器参考条件

色谱柱：C_{18}，柱长250mm，内径4.6mm，粒径5μm，或性能相当者；流动相：乙腈+水=88+12；流速：1.0ml/min；荧光检测器：激发波长384nm，发射波长406nm；柱温：35℃；进样量：20μl。

（二）标准曲线的制作

将标准系列工作液分别注入液相色谱中，测定相应的色谱峰，以标准系列工作液的浓度为横坐标，以峰面积为纵坐标，得到标准曲线回归方程。

（三）测定

将待测液进样测定，得到苯并（a）芘色谱峰面积。根据标准曲线回归方程，计算试样溶液中苯并（a）芘的浓度。

【结果计算与数据处理】

试样中苯并（a）芘的含量按式4-17计算：

$$X=\frac{\rho\times V}{m}\times\frac{1000}{1000} \tag{4-17}$$

式中，X为试样中苯并（a）芘含量，μg/kg；ρ为由标准曲线得到的样品净化溶液浓度，ng/ml；V为试样最终定容体积，ml；m为试样质量，g；1000为由ng/g换算成μg/kg的换算因子。

结果保留到小数点后一位。在重复性条件下获得的两次独立测试结果的绝对差值不得超过算术平均值的20%。

三、*N*-亚硝胺的测定

亚硝胺是一种很强的致癌物质。目前，在已经检测的100种亚硝胺类化合物中，已证实有80多种至少可诱导一种动物致癌，亚硝胺化合物可诱发各种部位的癌症。许多食品如腌制的肉类、熏肉和咸鱼中（表4-20）含有亚硝胺。

表4-20　各种食物中的亚硝胺含量

食物品种	加工方法	含量（μg/kg）
猪肉	新鲜	0.5
熏肉	烟熏	0.8～2.4
腌肉（火腿）	烟熏，亚硝酸盐处理	1.2～24
腌腊肉	烟熏，亚硝酸盐处理，放置	0 8～40
鲤鱼	新鲜	4
烟熏	熏鱼	4～9

续表

食物品种	加工方法	含量（μg/kg）
咸鱼	亚硝酸盐处理	12～24
腊鱼	烟熏，亚硝酸盐处理	20～26
腊肠	亚硝酸盐处理	5.0
熏腊肠	烟熏，亚硝酸盐处理	11～84

依据 GB 5009.26—2023《食品安全国家标准　食品中 *N*－亚硝胺类化合物的测定》，采用水蒸气蒸馏－气相色谱－质谱/质谱法、QuEChERS－气相色谱－质谱/质谱法、水蒸气蒸馏－液相色谱－质谱/质谱法和气相色谱－热能分析仪法测定食品中 *N*－二甲基亚硝胺的测定。

实训十六　水蒸气蒸馏－气相色谱－质谱/质谱法测定食品中 *N*－二甲基亚硝胺

PPT

【测定原理】

本法以 *N*－二甲基亚硝胺－D_6为内标，试样中加入内标，经水蒸气蒸馏，样品中的 *N*－二甲基亚硝胺通过二氯甲烷吸收，液液萃取分离，采用气相色谱－质谱/质谱仪（GC－MS/MS）测定，内标法定量。

【适用范围】

适用于肉及肉制品、水产动物及其制品中 *N*－二甲基亚硝胺的测定。

称样量为 20g、定容体积为 1.0ml 时，本方法检出限为 0.30μg/kg，定量限为 1.00μg/kg。

【试剂与仪器准备】

除非另有说明，本方法所用试剂均为分析纯，水为 GB/T 6682 规定的一级水。

（一）试剂

二氯甲烷（色谱纯）；浓硫酸（18.4mol/L）；异辛烷（色谱纯）；无水硫酸钠；氯化钠（优级纯）。

（二）试剂配制

硫酸溶液（1+3）　量取 30ml 浓硫酸，缓缓倒入 90ml 冷水中，一边搅拌使得充分散热，冷却后小心混匀。

（三）标准品

1. *N*－二甲基亚硝胺标准溶液　质量浓度为 1000μg/ml 的 *N*－二甲基亚硝胺甲醇溶液，或经国家认证并授予标准物质证书的标准品。

2. *N*－二甲基亚硝胺－D_6 内标标准溶液　质量浓度为 1000μg/ml，溶剂为甲醇。

（四）标准溶液配制

1. *N*－二甲基亚硝胺标准储备液（100μg/ml）　准确吸取 1.0ml *N*－二甲基亚硝胺标准溶液（1000μg/ml），置于 10ml 容量瓶中，用二氯甲烷定容至刻度，混匀。将溶液转移至棕色玻璃容器内，－18℃避光保存，保存期 6 个月。

2. *N*－二甲基亚硝胺标准中间液（1μg/ml）　准确吸取 1.0ml *N*－二甲基亚硝胺标准储备溶液（100μg/ml），置于 100ml 容量瓶中，用二氯甲烷定容至刻度，混匀。将溶液转移至棕色玻璃容器内，－18℃避光保存，保存期 3 个月。

3. N-二甲基亚硝胺-D_6内标储备液（100μg/ml） 准确吸取 N-二甲基亚硝胺-D_6标准溶液 1.0ml，置于10ml容量瓶中，用二氯甲烷定容至刻度，混匀。将溶液转移至棕色玻璃容器内，-18℃避光保存，保存期6个月。

4. N-二甲基亚硝胺-D_6内标中间液（1μg/ml） 准确吸取 N-二甲基亚硝胺-D_6内标储备液 1.0ml，置于100ml容量瓶中，用二氯甲烷定容至刻度，混匀。将溶液转移至棕色玻璃容器内，-18℃避光保存，保存期3个月。

5. N-二甲基亚硝胺标准及内标混合系列工作液 分别准确吸取 N-二甲基亚硝胺标准中间液（1μg/ml）0.1、0.2、0.5、1.0和2.0ml，置于10ml容量瓶中，各加内标中间液（1μg/ml）0.4ml，用二氯甲烷定容至刻度，混匀。N-二甲基亚硝胺标准系列工作溶液质量浓度为10、20、50、100和200μg/L，其中内标的质量浓度均为40μg/L。临用现配。

（五）仪器

气相色谱-质谱/质谱联用仪（GC-MS/MS）；旋转蒸发仪；全玻璃水蒸气蒸馏装置或全自动水蒸气蒸馏装置；氮吹仪；电子天平（感量为0.001g）；制冰机；冷却水制备机；水浴锅；10ml带刻度试管；100~1000μl移液器或分度吸量管。

【样品制备】

1. 试样准备 代表性样品取可食部分捣碎后，制备成均匀试样，装入洁净的容器，密封并做好标识。试样于-18℃冷冻保存，备用。

2. 提取 准确称取20g（精确到0.01g）试样，加入 N-二甲基亚硝胺内标标准中间液（1μg/ml）40μl，加入100ml水和50g氯化钠于蒸馏瓶（管）中，充分混匀。载样前后均需进行气密性检查。在250ml三角烧瓶中加入50ml二氯甲烷、0.5ml异辛烷，冷凝管（冷却水温度控制在10~15℃）出口伸入二氯甲烷液面下，并将三角烧瓶置于冰浴中，开启蒸馏装置加热蒸馏（参考条件：自动蒸馏装置蒸汽功率设置为50%），收集200~250ml冷凝液（包含50ml二氯甲烷提取液）后关闭加热装置，停止蒸馏。

蒸汽功率设置目的为控制蒸汽量，蒸汽加热样品时不致使样品沸至蒸馏管腔体外。

3. 净化 在盛有冷凝液的三角瓶中加入15g氯化钠和2ml硫酸溶液，搅拌使氯化钠完全溶解。然后将溶液转移至500ml分液漏斗中，振荡5分钟，必要时放气，静置分层后，将二氯甲烷层转移至另一圆底烧瓶中，再用120ml二氯甲烷分3次萃取，每次40ml萃取，合并4次二氯甲烷萃取液，总体积约为170ml。

4. 浓缩 将二氯甲烷萃取液用10g无水硫酸钠脱水后，于5~18℃水浴温度条件下旋转蒸发浓缩至5~10ml，转入试管中，控制氮吹温度在18~25℃，氮吹（参考条件：氮吹流速1L/min）至近干（0.3~0.8ml），用二氯甲烷溶解残渣，准确定容至1.0ml，上机检测。操作中应控制氮吹流速，不致使液体飞溅管壁。

【样品测定】

（一）仪器参考条件

1. 气相色谱条件 色谱柱：强极性石英毛细管WAX柱，固定相为聚乙二醇［30m×0.25mm（内径）×0.25μm（膜厚）］，或相当者。进样口温度：220℃。载气：氦气，纯度>99.999%；流速1ml/min。进样方式：不分流进样。进样量：1μl。升温程序：初始温度40℃，以10℃/min升至80℃，以1℃/min升至90℃，再以30℃/min升至240℃，保持2分钟。

2. 质谱/质谱条件 离子源温度：250℃。色谱与质谱接口温度：250℃。电离方式：电子轰击源

（EI 源）。电离能量：70ev。溶剂延迟：6 分钟。四级杆温度：150℃。监测模式：多反应监测（MRM）模式，离子对参数见表 4－21。

表 4－21　N－二甲基亚硝胺及其内标的监测离子对

目标物	定量离子对	定量离子对碰撞能（ev）	定性离子对	定性离子对碰撞能（ev）
NDMA	74.0/44.0	3	74.0/42.1	19
NDMA－D_6（内标物）	80.0/50.1	5	—	—

（二）标准曲线的制作

将 N－二甲基亚硝胺标准及内标混合系列工作溶液按浓度由低到高的顺序注入气相色谱－质谱/质谱仪进样分析，以 N－二甲基亚硝胺的质量浓度为横坐标，以 N－二甲基亚硝胺及其对应氘代同位素内标的峰面积比值为纵坐标，绘制标准曲线。

（三）测定

1. 定性测定　按照“（二）”所述的仪器参考条件测定试样和标准系列工作溶液，试样的质量色谱峰保留时间应与标准物质一致，允许偏差小于±0.5%，并且在扣除背景后的样品质谱图中，所选择的离子均出现且信噪比>3，而且定性离子对的相对丰度（用相对于最强离子丰度的强度百分比表示）与浓度相当的标准使用溶液的相对丰度允许偏差不超过表 4－22 规定的范围，则可判断样品中存在对应的被测物。

表 4－22　定性时相对离子丰度的最大允许偏差

相对离子丰度	>50%	20%～50%（含）	10%～20%（含）	≤10%
允许的最大偏差	±20%	±25%	±30%	±50%

2. 定量测定　将试样溶液注入气相色谱－质谱/质谱仪中，得到 N－二甲基亚硝胺的峰面积与对应同位素内标的峰面积的比值，根据标准曲线得到试样溶液中被测化合物的浓度。样液中 N－二甲基亚硝胺的峰面积比值应在标准曲线的线性范围内；如果含量超过标准曲线范围，需调整称样量或定容体积重新检测，若调整定容体积，应调整内标的添加量，使最终定容后内标与标准曲线内标的质量浓度一致。

（四）空白试验

用水代替试样，按“（一）（二）”所述的操作步骤进行，必要时进行环境空白的测定，空白测定值需低于该方法的定量限的 50%。

【结果计算与数据处理】

试样中 N－二甲基亚硝胺含量按式 4－18 计算。

$$X=\frac{(\rho-\rho_0)\times V\times 1000}{m\times 1000} \quad (4-18)$$

式中，X 为试样中 N－二甲基亚硝胺的含量，μg/kg；ρ 为试样中 N－二甲基亚硝胺色谱峰与对应内标物色谱峰的峰面积比值，经标准曲线求得的对应 N－二甲基亚硝胺质量浓度，μg/L；ρ_0 为空白试验溶液中 N－二甲基亚硝胺色谱峰与对应内标物色谱峰的峰面积比值，经标准曲线求得的对应 N－二甲基亚硝胺质量浓度，μg/L；V 为试液最终定容体积，ml；1000 为换算系数；m 为试样的质量，g。

计算结果保留小数点后 2 位数字。在重复性条件下获得的 2 次独立测定结果的绝对差值不得超过算术平均值的 20%。

实训十七　QUEchERS－气相色谱－质谱/质谱法

【测定原理】

本法以 N－二甲基亚硝胺－D_6为内标，试样中加入内标，试样中的 N－二甲基亚硝胺经乙腈提取，基质分散萃取填料净化，采用气相色谱－质谱/质谱仪测定，内标法定量。

【适用范围】

适用于肉及肉制品、水产动物及其制品中 N－二甲基亚硝胺的测定。称样量为 5g，定容体积为 10ml 时，检出限为 0.30μg/kg，定量限为 1.00μg/kg。称样量为 10g，定容体积为 10ml 时，检出限为 0.15μg/kg，定量限为 0.50μg/kg。

【试剂与仪器准备】

（一）试剂

乙腈（色谱纯）；硫酸镁；氯化钠（优级纯）；PLS－A 粉末，吡咯烷酮修饰聚苯乙烯二乙烯苯聚合物粉末或 EMR－Lipid 萃取粉剂，增强型去脂分散粉末；微孔滤膜（0.22μm），有机相型。

（二）标准品

同本项目实训十六“水蒸气蒸馏－气相色谱－质谱/质谱法测定食品中 N－二甲基亚硝胺”中的标准品。

（三）标准溶液配制

N－二甲基亚硝胺标准储备液（100μg/ml）、N－二甲基亚硝胺标准中间液（1μg/ml）、N－二甲基亚硝胺－D_6 内标储备液（100μg/ml）、N－二甲基亚硝胺－D_6 内标中间液（1μg/ml）的配制方法同本项目实训十六“水蒸气蒸馏－气相色谱－质谱/质谱法测定食品中 N－二甲基亚硝胺”中的“标准储备液配制”方法。

N－二甲基亚硝胺标准及内标混合系列工作液：分别准确吸取 N－二甲基亚硝胺标准中间液（1μg/ml）0.005、0.01、0.02、0.05、0.100 和 0.200ml，置于 10ml 容量瓶中，各加入内标中间液（1μg/ml）0.05ml 用乙腈定容至刻度，混匀。N－二甲基亚硝胺标准系列工作溶液质量浓度为 0.5、1.0、2.0、5.0、10.0 和 20.0μg/L，其中内标的质量浓度均为 5μg/L。临用现配。

（四）仪器

气相色谱－质谱/质谱仪，配备大体积程序升温进样口；电子天平（感量为 0.001g）；振荡器；冷冻离心机；离心管（50ml、15ml）；陶瓷均质子。

【样品制备】

1. 试样制备　同本项目实训十六“水蒸气蒸馏－气相色谱－质谱/质谱法测定食品中 N－二甲基亚硝胺中的“样品制备”。

2. 提取　干制品称取 5g（精确到 0.01g）于 50ml 离心管，加入 5ml 水，振荡混匀［鲜样品称取 10g（精确到 0.01g）置于 50ml 离心管中，加入 N－二甲基亚硝胺内标中间液（1μg/ml）50μl，向其准确加入 10ml 乙腈，涡旋振荡 2 分钟，置于 －20℃冰箱冷冻 20 分钟，加入陶瓷均质子 1 粒以及 4g 硫酸镁和 1g 氯化钠，涡旋振荡 2 分钟，置于冷冻离心机中，转速 9000r/min，10℃ 离心 5 分钟，上清液待净化。

3. 净化　称取 150mg PLS－A 粉末（或 1g 增强型脂质去除 EMR－Lipid 萃取粉剂或同级品）于

15ml 离心管中，加入 5ml 水涡旋振荡，立即加入 5ml 提取的上清液涡旋振荡 1 分钟，置于冷冻离心机，9000r/min，10℃离心 5 分钟。

4. 除水 称取 1.6g 硫酸镁和 0.4g 氯化钠于另一 15ml 离心管，加入上述净化后的净化液涡旋振荡 2 分钟，置于冷冻离心机中，转速 9000r/min，10℃离心 5 分钟。取上层有机相经 0.22μm 微孔滤膜过滤后，上机测定。

试验需在通风橱中进行，并佩戴专业的防护工具（如口罩、手套等）。

【样品测定】

（一）仪器参考条件

1. 气相色谱条件 色谱柱：强极性石英毛细管柱［30m × 0.25mm（内径）× 0.25μm（膜厚）］，或相当者）。进样口温度：初始温度 50℃保留 0.16 分钟，900℃/min 升至 220℃保持 5 分钟。进样口溶剂放空模式：放空时间 0.16 分钟，放空流量 50ml/min。载气：氦气，纯度 >99.999%，流速 1ml/min。进样方式：不分流进样。进样量：5μl。升温程序：初始温度 40℃，以 10℃/min 升至 80℃，以 1℃/min 升至 100℃，再以 20℃/min 升至 240℃，保持 2 分钟。

2. 质谱/质谱条件 同本项目实训十六“水蒸气蒸馏－气相色谱－质谱/质谱法测定食品中 *N*－二甲基亚硝胺”中的“质谱/质谱条件”。

（二）标准曲线的制作

同本项目实训十六“水蒸气蒸馏－气相色谱－质谱/质谱法测定食品中 *N*－二甲基亚硝胺”中“标准曲线的制作”。

（三）试样溶液的测定

同本项目实训十六“水蒸气蒸馏－气相色谱－质谱/质谱法测定食品中 *N*－二甲基亚硝胺”中“试样溶液的测定”。

（四）空白试验

用乙腈代替试样，按上所述操作步骤进行，空白测定值需低于该方法的定量限的 50%。

【结果计算与数据处理】

试样中 *N*－二甲基亚硝胺含量按式 4－19 计算：

$$X=\frac{(\rho-\rho_0)\times V\times 1000}{m\times 1000} \tag{4-19}$$

式中，X 为试样中 *N*－二甲基亚硝胺的含量，μg/kg；ρ 为试样中 *N*－二甲基亚硝胺色谱峰与对应内标物色谱峰的峰面积比值，经标准曲线求得的对应 *N*－二甲基亚硝胺质量浓度，μg/L；ρ_0 为空白试验溶液中 *N*－二甲基亚硝胺色谱峰与对应内标物色谱峰的峰面积比值，经标准曲线求得的对应 *N*－二甲基亚硝胺质量浓度，μg/L；V 为试液最终定容体积，ml；1000 为换算系数；m 为试样的质量，g。

计算结果保留小数点后 2 位数字。在重复性条件下获得的 2 次独立测定结果的绝对差值不得超过算术平均值的 20%。

实训十八 水蒸气蒸馏－液相色谱－质谱/质谱法测定食品中 *N*－二甲基亚硝胺

【测定原理】

本法以 *N*－二甲基亚硝胺－D_6为内标，试样中加入内标，经水蒸气蒸馏，样品中的 *N*－二甲基亚硝胺随着蒸气通过二氯甲烷吸收，液液萃取分离，采用液相色谱－质谱/质谱仪（LC－MS/MS）测定，内标法定量。

【适用范围】

适用于肉及肉制品、水产动物及其制品中 *N*－二甲基亚硝胺的测定。称样量 20g，定容体积 1.0ml 时，检出限为 0.30μg/kg，定量限为 1.00μg/kg。

【试剂与仪器准备】

除非另有说明，本方法所用试剂均为分析纯，水为 GB/T 6682 规定的一级水。

（一）试剂

二氯甲烷（色谱纯）；浓硫酸（18.4mol/L）；异辛烷（色谱纯）；甲醇（色谱纯）；无水硫酸钠；氯化钠（优级纯）；甲酸（色谱纯）。

（二）试剂配制

1. 硫酸溶液（1+3） 量取 30ml 浓硫酸，缓缓倒入 90ml 冷水中，一边搅拌使得充分散热，冷却后小心混匀。

2. 0.1% 甲酸水溶液 吸取 1ml 甲酸至 1L 容量瓶中，用水稀释并定容至刻度，临用现配。

3. 标准溶液配制 同本项目实训十六"水蒸气蒸馏－气相色谱－质谱/质谱法测定食品中 *N*－二甲基亚硝胺"中的"标准溶液配制"。

（三）仪器

液相色谱－质谱/质谱仪（LC－MS/MS），配 APCI 源；其他同本项目实训十六"水蒸气蒸馏－气相色谱－质谱/质谱法测定食品中 *N*－二甲基亚硝胺"。

【样品制备】

同本项目实训十六"水蒸气蒸馏－气相色谱－质谱/质谱法测定食品中 *N*－二甲基亚硝胺"中的"样品处理"。

【样品测定】

（一）仪器参考条件

1. 液相色谱条件 色谱柱：C_{18}柱［150mm×4.6mm（内径）×3.0μm（填料粒径）］或相当者。柱温：40℃。流速：0.6ml/min。进样量：20μl。流动相：A 相为 0.1% 甲酸水，B 相为甲醇，梯度洗脱程序见表 4－24。

表 4－24 梯度洗脱程序

时间（min）	A（%）	B（%）
0.00	92	8
3.10	92	8
7.00	5	95
7.10	5	95
9.00	95	5
10.00	92	8

2. 质谱/质谱条件 电离模式：大气压化学离子化源（APCI）。检测方式：多反应监测。电离电压：2.8kV。接口温度：300 节。DL 温度：200 节。雾化气流量：3L/min。离子源温度：280 节。加热气流

量：10L/min。干燥气流量：10L/min。监测离子对参数：见表4-25。

表4-25 N-二甲基亚硝胺及其内标的检测离子

目标物	定量离子对	定量离子对碰撞能（ev）	定性离子对	定性离子对碰撞能（ev）
NDMA	75.1/43.1	18	75.1/58.1	18
NDMA-D6（内标物）	81.0/46.0	16	—	—

（二）标准曲线的制作

将N-二甲基亚硝胺标准系列工作溶液按浓度由低到高的顺序注入液相色谱-质谱/质谱仪中进样分析，以N-二甲基亚硝胺的质量浓度为横坐标，以N-二甲基亚硝胺及其对应氘代同位素内标的峰面积比值为纵坐标，绘制标准曲线。

（三）试样溶液的测定

1. 定性测定 按照（一）所述条件测定试样和标准使用溶液，试样的质量色谱峰保留时间应与标准物质一致，允许偏差不超过±2.5%，并且在扣除背景后的样品质谱图中，所选择的离子均出现且信噪比≥3，而且定性离子对的相对丰度（用相对于最强离子丰度的强度百分比表示）与浓度相当的标准使用溶液的相对丰度允许偏差不超过表4-26规定的范围，则可判断样品中存在对应的被测物。

表4-26 定性时相对离子丰度的最大允许偏差

相对离子丰度	>50%	20%~50%（含）	10% 20%（含）	≤10%
允许的最大偏差	±20%	±25%	±30%	±50%

2. 定量测定 将试样溶液注入液相色谱-质谱/质谱仪中，得到N-二甲基亚硝胺的峰面积与对应同位素内标的峰面积的比值，根据标准曲线得到试样溶液中被测化合物的浓度。样液中N-二甲基亚硝胺的峰面积比值应在标准曲线的线性范围内；如果含量超过标准曲线范围，需调整称样量或定容体积重新检测，若调整定容体积，应调整内标的添加量，使最终定容后内标与标准曲线内标的质量浓度一致。

（四）空白试验

用水代替试样，按上述操作步骤进行，必要时，进行环境空白的测定。空白测定值需低于该方法的定量限的50%。

【结果计算与数据处理】

试样中N-二甲基亚硝胺含量按式4-20计算。

$$X=\frac{(\rho-\rho_0)\times V\times 1000}{m\times 1000} \tag{4-20}$$

式中，X为试样中N-二甲基亚硝胺的含量，μg/kg；ρ为试样中N-二甲基亚硝胺色谱峰与对应内标物色谱峰的峰面积比值，经标准曲线求得的对应N-二甲基亚硝胺质量浓度，μg/L；ρ_0为空白试验溶液中N-二甲基亚硝胺色谱峰与对应内标物色谱峰的峰面积比值，经标准曲线求得的对应N-二甲基亚硝胺质量浓度，μg/L；V为试液最终定容体积，ml；1000为换算系数；m为试样的质量，g。

计算结果保留小数点后2位数字。在重复性条件下获得的2次独立测定结果的绝对差值不得超过算术平均值的20%。

实训十九 气相色谱-热能分析仪法测定食品中N-二甲基亚硝胺

【测定原理】

试样经水蒸气蒸馏，样品中的N-二甲基亚硝胺随着蒸气通过二氯甲烷吸收，液液萃取分离，采用气相色谱-热能分析仪（GC-TEA）测定，外标法定量。

GC-TEA测定原理：自气相色谱柱分离后的N-二甲基亚硝胺在热解室中经特异性催化裂解产生一氧化氮（NO）基团，后者与臭氧反应生成激发态NO^*。当激发态NO^*返回基态时发射出近红外光（600~2800nm），并被光电倍增管检测（600~800nm）。由于特异性催化裂解，加上CTR过滤器除去杂质，使热能分析仪只能检测NO基团，而成为N-亚硝胺类化合物的特异性检测器。

【适用范围】

称样量为20g，定容体积1.0ml时，检出限为0.30μg/kg，定量限为1.00μg/kg。

【试剂与仪器准备】

除另有说明，本方法所用试剂均为分析纯，水为GB/T 6682—2008规定的二级水。

（一）试剂

同本项目实训十六“水蒸气蒸馏-气相色谱-质谱/质谱法测定食品中N-二甲基亚硝胺”中的“试剂”。

（二）试剂配制

同本项目实训十六“水蒸气蒸馏-气相色谱-质谱/质谱法测定食品中N-二甲基亚硝胺”中的“试剂配制”。

（三）标准品

同本项目实训十六“水蒸气蒸馏-气相色谱-质谱/质谱法测定食品中N-二甲基亚硝胺”中的“标准品”。

（四）标准溶液配制

N-二甲基亚硝胺标准储备液（100μg/ml）、N-二甲基亚硝胺标准中间液（1μg/ml）的配置方法同本项目实训十六“水蒸气蒸馏-气相色谱-质谱/质谱法测定食品中N-二甲基亚硝胺”中的“标准储备液配制”方法。

N-二甲基亚硝胺标准系列工作液：分别准确吸取N-二甲基亚硝胺标准中间液（1μg/ml）0.2、0.5、1.0、2.0和4.0ml，置10ml容量瓶中，用二氯甲烷定容至刻度，混匀。N-二甲基亚硝胺标准系列工作溶液质量浓度为20、50、100、200和400μg/L。临用现配。

（五）仪器

气相色谱仪-热能分析仪（GC-TEA）；其他同本项目实训十六“水蒸气蒸馏-气相色谱-质谱/质谱法测定食品中N-二甲基亚硝胺”。

【样品制备】

除不加内标外，其余同本项目实训十六“水蒸气蒸馏-气相色谱-质谱/质谱法测定食品中N-二甲基亚硝胺”。

【样品测定】

（一）仪器参考条件

1. 气相色谱条件 色谱柱：强极性毛细管色谱柱［30m×0.25mm（内径）×0.25μm（膜厚）］或相当者。进样口温度：220℃。程序升温条件：初始温度60℃，保留1分钟，以10℃/min升至110℃，以15℃/min升至150℃，再以10℃/min升至200℃，保留5分钟。载气：氮气（纯度>99.999%）。流速：1ml/min。进样方式：不分流进样。进样体积：2μl。

2. 热能分析仪条件 接口温度：250℃。热解室温度：500℃。真空度：59.8～66.5Pa。氧气压力：2psi（13790Pa）。臭氧水平：244。

（二）标准曲线的制作

将*N*－二甲基亚硝胺标准系列工作溶液按浓度由低到高的顺序注入气相色谱－热能分析仪中进样分析，以*N*－二甲基亚硝胺的质量浓度为横坐标，以*N*－二甲基亚硝胺的峰面积为纵坐标，绘制标准曲线。

（三）试样溶液的测定

将标准系列溶液和试样溶液注入GC－TEA中，用保留时间定性，测定试样溶液中*N*－二甲基亚硝胺的峰面积，根据标准曲线得到试样溶液中*N*－二甲基亚硝胺的浓度。标准工作液和样液中*N*－二甲基亚硝化合物的响应值均应在仪器线性响应范围内。

（四）空白试验

用水代替试样，按上述操作步骤进行，必要时，进行环境空白的测定。空白测定值需低于该方法定量限的50%。

【结果计算与数据处理】

试样中*N*－二甲基亚硝胺含量按式4－21计算：

$$X=\frac{(\rho-\rho_0)\times V\times 1000}{m\times 1000} \tag{4—21}$$

式中，X为试样中*N*－二甲基亚硝胺的含量，μg/kg；ρ为由标准曲线得到的试样中*N*－二甲基亚硝胺的质量浓度，μg/L；ρ_0为由标准曲线得到的空白试验溶液中*N*－二甲基亚硝胺质量浓度，μg/L；V为试液最终定容体积，ml；1000为换算系数；m为试样的质量，g。

计算结果保留小数点后2位数字。在重复性条件下获得的2次独立测定结果的绝对差值不得超过算术平均值的20%。

【技术提示】

本试验所涉及的对人体可能造成危害的试剂包括有机溶剂（如乙腈、正己烷）等。实验人员有可能因接触这些物质而带来风险。因而，涉及这些物质的试验操作中应在通风橱内进行，并佩戴专业的防护工具（如手套、口罩等）。

亚硝胺类化合物是强致癌物，试验结束后，随意丢弃这些物质可能会对人员及环境造成损害。同时，在处理不当时，试验用的*N*－二甲基亚硝胺标准品及过期标准物质也可能带来风险。因而，在试验过程中不得随意丢弃这些物质，应分别回收在密闭容器并保存在远离火源、通风良好的环境中。

【岗位对接】

本项目是食品质量与安全、食品检验检测技术等专业学生必须掌握的内容，为成为合格的食品检测人员打下坚实的基础。本项目对接食品检验工的资格考试和职业技能标准，按照《中华人民共和国食品安全法》《食品安全国家标准》要求，食品生产经营企业应当加强食品检验工作，对原料检验、半成品检验、成品出厂检验等进行检验控制；食品生产企业可以自行对所生产的食品进行检验，也可以委托符合本法规定的食品检验机构进行检验。从事食品检验岗位的工作人员均应掌握以下相关的知识和技能要求。

1. 能按照国家标准，正确规范测定食品中农药及兽药残留量、食品中有害元素及其他有害物质的含量。

2. 会根据检验结果进行食品安全性评价。

3. 熟练使用可见分光光度计、原子吸收分光光度计、气相色谱仪、高效液相 色谱仪、原子荧光仪、质谱仪等分析仪器。

4. 具有相关实验室安全知识和实验室管理能力。

【重点小结】

本项目主要依据国家标准介绍了食品中农药及兽药残留量、有害元素和其他 有害物质的检测方法。

<table>
<tr><th>食品中有害物质类型</th><th colspan="2">分类</th><th>方法</th><th>依据国家标准</th></tr>
<tr><td rowspan="3">农药及兽药残留量的测定</td><td rowspan="2">农药残留的测定</td><td>食品中有机氯农药多组分残留量的测定</td><td>毛细管柱气相色谱－电子捕获检测器法</td><td>GB/T 5009.19—2008</td></tr>
<tr><td>食品中的有机磷农药残留</td><td>气相色谱法</td><td>GB/T 5009.20—2003</td></tr>
<tr><td>兽药残留量的测定</td><td>动物性食品中 13 种磺胺类药物多残留的测定</td><td>高效液相色谱法</td><td>GB 29694—2013</td></tr>
<tr><td rowspan="10">有害元素的测定</td><td colspan="2">镉的测定</td><td>石墨炉原子吸收光谱法</td><td>GB 5009.15—2023</td></tr>
<tr><td rowspan="3">总汞及有机汞的测定</td><td rowspan="2">食品中总汞含量的测定</td><td>原子荧光光谱法测定</td><td rowspan="3">GB 5009.17—2021</td></tr>
<tr><td>冷原子吸收光谱法</td></tr>
<tr><td>食品中甲基汞含量测定</td><td>液相色谱－原子荧光光谱联用法</td></tr>
<tr><td colspan="2" rowspan="3">铅的测定</td><td>石墨炉原子吸收光谱法</td><td rowspan="3">GB 5009.12—2023</td></tr>
<tr><td>电感耦合等离子体质谱法</td></tr>
<tr><td>火焰原子吸收光谱法</td></tr>
<tr><td colspan="2" rowspan="3">总砷及无机砷的测定</td><td>电感耦合等离子体质谱法</td><td rowspan="3">GB 5009.11—2024</td></tr>
<tr><td>氢化物发生原子荧光光谱法</td></tr>
<tr><td>石墨炉原子吸收光谱法</td></tr>
<tr><td rowspan="6">其他有害物质的测定</td><td>黄曲霉毒素的测定</td><td>食品中黄曲霉毒素 B 族和 G 族的测定</td><td>薄层色谱法</td><td>GB 5009.22—2016</td></tr>
<tr><td colspan="2">苯并（a）芘的测定</td><td>反相液相色谱－荧光检测法</td><td>GB5009.27—2016</td></tr>
<tr><td rowspan="4">N－亚硝胺的测定</td><td rowspan="4">N－二甲基亚硝胺</td><td>水蒸气蒸馏－气相色谱－质谱/质谱法</td><td rowspan="4">GB 5009.26—2023</td></tr>
<tr><td>QUEChERS－气相色谱－质谱/质谱法</td></tr>
<tr><td>水蒸气蒸馏－液相色谱－质谱/质谱法</td></tr>
<tr><td>气相色谱－热能分析仪法</td></tr>
</table>

目标检测

答案解析

一、单项选择题

1. 气相色谱法测定食品中有机氯农药残留量常用的检测器是（　）

A. ECD　　B. FID

C. TCD　　D. FPD

2. 气相色谱法测定食品中有机磷农药残留量常用的检测器是（　）

A. ECD　　B. FID

C. TCD　　D. FPD

3. 下列属于有机磷农药的是（　）

A. 六氯苯　　B. 六六六

C. DDT　　D. 敌敌畏

4. 黄曲霉毒素根据其在波长为365nm紫外光下呈现不同颜色的荧光而分为B、G两大类：B大类在氧化铝薄层板上于紫外光照射下呈现（　）色荧光

A. 红　　B. 黄

C. 蓝　　D. 绿

5. 原子吸收分光光度法测定食品中的镉，测定波长为（　）

A. 228. 8mm　　B. 422. 7nm

C. 248. 3nm　　D. 283. 3nm

二、判断题

1. 对于剩余AFT标液或阳性样液，可直接倒掉。（　）

2. AFT为剧毒物质，其毒性比氰化钾还高，也是目前最强的化学致癌物质。（　）

3. 测定镉含量所用玻璃仪器均需以硝酸溶液（1+4）浸泡24小时以上，用水反复冲洗，最后用去离子水冲洗干净。（　）

4. 各类产品中农药残留限量标准为GB 2763。（　）

三、简答题

1. 总汞测定时样品消解常用的方法是什么？

2. 黄曲霉毒素常在哪些食品中出现？

（田艳花）

书网融合……

题库

项目五

食品中功能性成分的检测

微课

学习目标

知识目标

1. **掌握** 食品中功能性成分的检测方法。
2. **熟悉** 食品中功能性成分的检测原理。
3. **了解** 食品中功能性成分的分类及功能。

能力目标

1. 能根据样品特点合理、合规选择检测方法。

2. 能熟练规范测定活性多糖、功能性甜味剂、功能性油脂、氨基酸及蛋白质类、生物抗氧化剂、自由基清除剂等成分。

素质目标

培养标准意识、规范意识、创新意识和合作精神，利用所学知识服务社会。

案例导入

案例 罗汉果味甜汁多，具有较高的经济价值，其中所含的罗汉果甜苷是一种天然的甜味剂，甜度约是蔗糖的240倍。自2023年7月国际癌症研究机构将阿斯巴甜列为可能对人类致癌物质以来，大众对人造甜味剂的安全性担忧与日俱增，更安全的天然甜味剂越来越受到人们的青睐。据统计，目前我国罗汉果种植面积已经超过10万亩，居世界前列，天然甜味剂的开发应用不仅可以创造经济价值，更是带动乡村振兴的有力手段。

讨论 1. 食品的功能性成分有哪些，如何开发利用？

2. 如何正确检测罗汉果甜苷等食品中的功能性成分？

食品中的功能性成分是指具有生理作用的成分，也称功效成分、生理活性成分等，可通过激活酶的活性或其他途径调节人体功能。富含这些成分的物质则称为功能性食品基料或生理活性物质。这些生理活性物质是生产功能性食品或保健食品的关键。功能性食品的出现，标志着对于食品关键组分的关注重点从追求大量的传统营养素开始转向微量的活性成分。

目前，食品功能性成分主要包括以下几类。

1. 功能性多糖类 通常将功能性多糖分为膳食纤维和活性多糖两类。膳食纤维可促进人体肠道蠕动，预防便秘和肠癌；可延缓和抑制糖类的消化吸收，增加饱腹感等。活性多糖包括壳聚糖等动物性多糖、人参多糖等植物性多糖以及微生物多糖，有提高免疫力、改善糖代谢、调节血脂水平、抗肿瘤等作用。

2. 功能性甜味剂类 主要包括功能性单糖、功能性低聚糖、多元糖醇、糖苷等。部分功能性甜味剂在体内代谢与胰岛素无关，可供糖尿病患者使用，且不易导致龋齿。

3. 功能性油脂类 又称为活性脂，包括多不饱和脂肪酸及磷脂等。多不饱和脂肪酸主要有亚油酸、γ-亚麻酸、二十碳五烯酸（EPA）和二十二碳六烯酸（DHA）；磷脂有卵磷脂、脑磷脂、肌醇磷脂等。

4. 氨基酸、肽与蛋白质类 功能性氨基酸有牛磺酸等；生物活性肽有降血压肽等；活性蛋白质有免疫球蛋白、乳铁蛋白、溶菌酶、过氧化物酶等。氨基酸是人体生长发育和维持正常代谢的必需物质，牛磺酸对婴儿的生长和智力发育特别重要，还可改善视觉功能，提高免疫力；γ-氨基丁酸有抗焦虑、降血压等作用。生物活性肽具有多种人体生理调节功能，有促进免疫、调节激素、降血压等作用。活性蛋白质具有某些特殊的生理功能，如免疫球蛋白可增强机体的防御能力，乳铁蛋白具有结合并转运铁的能力。

5. 维生素类 包括脂溶性维生素（A、D、E 和 K）、水溶性维生素（B 族和 C）。维生素类似物是指具有维生素的某些特性，但不具备必需性，包括肌醇、L-肉碱、维生素 B_{15}、生物类黄酮等。各类维生素生理并不完全相同，总体来说具有维持身体各种正常功能、促进身体发育、调节免疫力的作用。

6. 矿物元素类 主要指人体所需的常量元素（钙、磷、镁、钾、钠、氯、硫等）和微量元素（锌、铁、铜、锰、铬、镍、钴、钼、钒、碘、硅、硒、氟、锶、锡等）。矿物质是构成人体组织（如骨骼、牙齿等）的重要成分，参与物质代谢、调节机体功能。

7. 微生态调节剂类 微生态调节剂是指可调整人体微生态平衡、改善宿主健康状态的益生菌及促进益生菌生长的物质，包括益生菌、益生元等。益生菌是指通过定殖在人体内，改变宿主某一部位菌群组成的、对宿主有益的活性微生物。益生元是指能改善和促进人体内益生菌生长的物质。益生菌具有促进营养物质的消化吸收、调整肠道功能、提高机体免疫力、降血压、降胆固醇、缓解过敏、抑制肿瘤等作用。

8. 自由基清除剂类 在正常情况下，人体内的自由基处于不断产生和清除的动态平衡中。自由基清除剂能清除机体代谢过程中产生的过多自由基，因此是一种可增进人体健康的重要活性物质。自由基清除剂包括抗氧化剂（维生素 E、维生素 C、β-胡萝卜素、还原型谷胱甘肽等）和抗氧化酶（超氧化物歧化酶、过氧化氢酶、谷胱甘肽过氧化物酶等）。自由基清除剂可减少自由基对生命大分子和组织细胞的损伤，具有防御疾病、延缓衰老的作用。

9. 其他类 主要来自一些药食两用的中药材，如茶多酚、儿茶素、黄酮类、皂苷类等。

拓展阅读

食药物质

按照传统，既是食品又是中药材的物质（简称食药物质），俗称药食同源，是指具有传统食用习惯，且列入国家药品标准中的动物和植物可使用部分（包括食品原料、香辛料和调味品）。

2002 年，卫生部印发了《关于进一步规范保健食品原料管理的通知》（卫法监发〔2002〕51 号），明确了丁香等 87 种物质既是食品又是药品。2019 年，国家卫生健康委发布了《关于当归等 6 种新增按照传统既是食品又是中药材的物质公告》（2019 年第 8 号），将当归等 6 种物质新增补进食药物质目录。同年，国家卫生健康委印发了《关于对党参等 9 种物质开展按照传统既是食品又是中药材的物质管理试点工作的通知》（国卫食品函〔2019〕311 号），对党参等 9 种物质开展按照传统既是食品又是中药材的物质生产经营试点工作。

任务一　活性寡糖及活性多糖类物质的测定

PPT

低聚糖或称寡糖，是由 2 ~ 10 个单糖通过糖苷键连接形成直链或支链的低度聚合糖，现已广泛应用在饮料、奶类、果冻、谷类制品以及婴幼儿食品中。由于其具有独特的生理功效，被称为功能性低聚糖，通常包括低聚异麦芽糖、低聚果糖、低聚半乳糖、低聚乳果糖、低聚木糖、低聚龙胆糖、水苏糖等。功能性低聚糖多能促进人体肠道内固有的有益细菌——双歧杆菌的增殖，从而抑制肠道内腐败菌的生长，并减少有毒发酵产物的形成。

由超过 10 个单糖缩合而成的高分子碳水化合物，称为多糖，主要有淀粉、果胶和纤维素等。

一、低聚果糖的测定

低聚果糖中的成分包括果 - 果型低聚果糖和蔗 - 果型低聚果糖，果 - 果型低聚果糖有果果二糖（F_2）、果果三糖（F_3）、果果四糖（F_4）、果果五糖（F_5）、果果六糖（F_6）、果果七糖（F_7）、果果八糖（F_8）、果果九糖（F_9），蔗 - 果型低聚果糖有蔗果三糖（GF_2）、蔗果四糖（GF_3）、蔗果五糖（GF_4）、蔗果六糖（GF_5）、蔗果七糖（GF_6）、蔗果八糖（GF_7）、蔗果九糖（GF_8）等。

低聚果糖主要以蔗糖或菊芋、菊苣为原料生产。以蔗糖为原料生产时，低聚果糖的成分主要为蔗果三糖（含新蔗果三糖）、蔗果四糖（含新蔗果四糖）、蔗果五糖和蔗果六糖；以菊芋、菊苣为原料生产时，低聚果糖的成分包括果果三糖、果果四糖、果果五糖、果果六糖、蔗果三糖、蔗果四糖、蔗果五糖、蔗果六糖等。

依据国家标准《低聚糖质量要求　第 2 部分：低聚果糖》（GB/T 23528. 2—2021），可采用高效液相色谱法测定食品中的低聚果糖含量。

实训一　高效液相色谱法测定低聚果糖

【测定原理】

同一时刻进入色谱柱的各组分，因在流动相和固定相之间溶解、吸附、渗透或离子交换等作用的不同，随流动相在色谱柱两相之间进行反复多次的分配，由于各组分在色谱柱中的移动速度不同，经过一定长度的色谱柱后，彼此分离开来，按顺序流出色谱柱，进入信号检测器，在记录仪或数据处理装置上显示出各组分的谱峰数值，根据保留时间用外标法或峰面积归一化法定量，以外标法为仲裁法。

【试剂与仪器准备】

（一）试剂

水，GB/T 6682—2008 中的一级水；乙腈，色谱纯。

（二）标准品

标准储备液以蔗糖来源低聚果糖的测定为例，分别精密称取葡萄糖、果糖、蔗糖标准品适量，加水溶解，配制成浓度约为 50mg/ml 的混合标准储备液；分别精密称取蔗果三糖、蔗果四糖、蔗果五糖标准品适量，加水溶解配制成浓度约为 10mg/ml 的混合标准储备液；分别精密称取蔗果六糖、新蔗果三糖、新蔗果四糖的标准品适量，加水溶解配制成浓度约为 5mg/ml 的混合标准储备液。

（三）仪器

高效液相色谱仪，配有示差折光检测器或蒸发光散射检测器和柱恒温系统；流动相真空抽滤脱气装置，配0.2μm或0.45μm微孔膜；分析天平（感量0.0001g）。

【样品制备】

称取适量液体或固体样品（使各种组分含量应在标准溶液线性范围内），用超纯水定容至100ml，摇匀后，用0.45μm膜过滤（或12000r/min离心5分钟），收集滤液，作为待测试样溶液。

【样品测定】

（一）色谱参考条件

色谱柱：氨基柱。柱温：35℃。流动相：以乙腈和水为流动相进行等度洗脱（体积比75∶25，可根据实际情况调节，仅适用于蔗糖来源的低聚果糖测定）。若选用蒸发光散射检测器，则需进行梯度洗脱。流速：1.0ml/min。检测器：示差折光检测器（40℃）。进样量：10μl。

（二）测定

在测定的前一天安上色谱柱，接通示差折光检测器（或蒸发光散射检测器）电源，预热稳定，以0.1ml/min的流速通入流动相，平衡过夜。正式进样分析前，若使用示差折光检测器，将所用流动相以0.1ml/min的流速输入参比池20分钟以上，再恢复正常流速使流动相经过样品池（蒸发光散射检测器无需此操作），调节流速至1.0ml/min走基线，待基线走稳后即可进样。

将各糖标准储备液配制成0.5~6mg/ml范围内不同浓度的混合标准溶液系列，分别进样后，以标样浓度为横坐标和峰面积为纵坐标绘制标准曲线。线性相关系数应为0.9990以上，否则需调整浓度范围。

将标准溶液和制备好的试样分别进样。根据标样的保留时间定性样品中各种糖组分的色谱峰，根据样品的峰面积，以外标法或峰面积归一化法计算各种糖分的百分含量。

【结果计算与数据处理】

无论采用哪种方法计算，样品中的聚果糖含量均为各组分含量的总和。各组分含量的计算方法如下所示。

（一）外标法

样品中各组分的百分含量按式5-1计算：

$$X_i = \frac{\rho_i \times V_i \times D}{1000 \times m} \times 100 \tag{5-1}$$

式中，X_i为样品中各种糖组分含量（以干基或干物质计），g/100g；ρ_i为查标准曲线得待测溶液中各糖组分的质量浓度，mg/ml；V_i为样品的稀释体积，ml；D样品的稀释倍数；m样品的质量，液体为称取样品中干物质的质量；固体为称取样品去除水分的质量，g。1000和100为单位换算系数。计算结果表示到小数点后一位。

（二）峰面积归一化法

用峰面积归一化法计算各种糖组分占干物质的百分含量，因为所有组分均能出峰，各组分是同系物，其校正因子相同，按式5-2计算每个组分占干物质的百分含量：

$$P_i = \frac{A_i}{\sum A_i} \times 100 \tag{5-2}$$

式中，P_i为样品中各种糖组分含量（以干基或干物质计），g/100g；A_i为样品中组分i的峰面积；$\sum A_i$为样品中所有成分峰面积的总和。100为单位换算系数。

精密度要求为在重复性测定条件下获得的两次独立测定结果的绝对差值不超过其算术平均值的5%。

如果无法获得蔗果三糖、蔗果四糖、蔗果五糖等标准品，低聚果糖的定量采用间接法，即由测得的总糖中减去果糖、葡萄糖和蔗糖的含量，所得的差值就是样品中低聚果糖的含量。

二、大豆低聚糖的测定

大豆低聚糖是指以大豆、大豆粕或大豆胚芽为原料生产的，含有一定量的水苏糖、棉子糖、蔗糖等低聚糖的产品。根据大豆低聚糖产品的外观特性，产品分为糖浆型和粉末型。

依据国家标准《大豆低聚糖》（GB/T 22491—2008），可采用高效液相色谱法中测定大豆低聚糖含量。

实训二 高效液相色谱法测定大豆低聚糖

【测定原理】

试样用80%乙醇溶解后，经0.45μm滤膜过滤，采用反相键合相色谱测定，根据色谱峰保留时间定性，根据峰面积定量，各单体的含量之和为大豆低聚糖含量。

本方法低聚糖各单体的检出限为1.0g/kg。

【试剂与仪器准备】

（一）试剂

水，B/T 6682—2008中的一级水；乙腈，色谱纯。

（二）试剂配制

1. 80%乙醇溶液 量取800ml无水乙醇加水稀释至1000ml。

2. 低聚糖标准溶液 分别称取蔗糖、棉子糖、水苏糖标准品（含量均应≥98%）各1.000g置于100ml容量瓶中，用80%乙醇溶液溶解并稀释至刻度，摇匀。每毫升溶液分别含蔗糖、棉子糖、水苏糖10mg。经0.45μm滤膜过滤，滤液供HPLC分析用。

（三）仪器

高效液相色谱仪（配有示差折光检测器）；流动相真空抽滤脱气装置（配0.2μm或0.45μm微孔膜）；分析天平（感量0.0001g）。

【样品制备】

称取试样约1g，精确到0.001g，加80%乙醇溶液溶解并稀释定容至100ml，混匀，经0.45μm滤膜过滤，滤液备作HPLC分析用。

【样品测定】

（一）参考色谱条件

色谱柱：Kromasil 100氨基柱，25cm×4.6mm，或相同性质的填充柱。柱温：30℃。流动相：乙腈和水（体积比为80∶20）。流速：1.0ml/min。检测器：示差折光检测器（30℃）。进样量：10μl。

（二）标准曲线的绘制

分别取低聚糖标准糖液1、2、3、4、5μl（相当于各低聚糖质量10、20、30、40、50μg）注入液相色谱仪，进行高效液相色谱分析，测定各组分色谱峰面积，以标准糖质量对相应的峰面积作标准曲线。

（三）测定

在相同的色谱分析条件下，取10μl试样溶液注入高效液相色谱仪分析，测定各组分色谱峰面积，与标准曲线比较确定进样液中低聚糖i组分的质量（m_i）。

【结果计算与数据处理】

大豆低聚糖的含量按式5-3计算：

$$X = \frac{\sum m_i \times V \times 100}{V_1 \times m \times 1000 \times (100 - \omega)} \times 100 \tag{5-3}$$

式中，X为产品中大豆低聚糖的含量（以干物质质量分数计），%；m_i为低聚糖组分i的质量，mg；V为样品溶液体积，μl；V_1为进样体积，μl；m为样品质量，g；ω为样品水分（以质量分数计），%。1000和100为单位换算系数。

计算结果保留三位有效数字。在重复性条件下获得的两次独立测定结果的绝对差值不得超过算术平均值的5%。

三、枸杞多糖的测定

枸杞多糖是仅以枸杞为原料，通过提取、过滤、乙醇沉淀、干燥等工艺制得的多糖产品。枸杞多糖由阿拉伯糖、葡萄糖、半乳糖、甘露糖、木糖、鼠李糖等单糖成分组成，是枸杞子调节免疫、延缓衰老的主要活性成分，可改善疲劳、食欲不振和视物模糊等症状，并具有降血脂、抗脂肪肝、抗衰老等作用。

依据轻工行业标准《枸杞多糖》（QB/T 5176—2017），可采用分光光度法测定枸杞多糖含量。

实训三　分光光度法测定枸杞多糖

【测定原理】

多糖类成分在硫酸作用下，先水解成单糖，并迅速脱水生成糠醛衍生物，然后和苯酚缩合成有色化合物，用分光光度法于适当波长处测定其多糖含量。

【试剂与仪器准备】

（一）试剂

水，符合GB/T 6682—2008要求；浓硫酸，分析纯；标准物质，D-无水葡萄糖。

（二）试剂配制

苯酚溶液　称取重蒸苯酚10g，加水150ml，置于棕色瓶中即得。

（三）仪器

紫外-可见分光光度计（含配套吸收池）；分析天平（感量0.0001g）。

【样品测定】

（一）标准曲线的绘制

准确称取105℃干燥恒重的D-无水葡萄糖0.1g（精确到0.0001g），加水溶解并定容至1000ml，准确吸取此标准溶液0.1、0.2、0.4、0.6、0.8、1.0ml分置于25ml具塞试管中，各加水至2.0ml，再各加苯酚溶液1.0ml，迅速滴加浓硫酸5.0ml，摇匀后放置5分钟，置沸水浴中加热15分钟，取出冷却至室温；另以水2ml加苯酚和浓硫酸，同上操作为空白对照，于490nm处测定吸光度，绘制标准曲线。

（二）样品溶液的制备及测定

称取一定量试样（精确至0.0001g），加适量水溶解，必要时可过滤，得到样品溶液。准确吸取适量样品溶液，按标准曲线绘制的方法测定吸光度，根据标准曲线查出吸取的待测液中葡萄糖的质量。

【结果计算与数据处理】

枸杞多糖的含量按式5－4计算：

$$w = \frac{m_1 \times V_1}{m_2 \times V_2} \times 0.9 \times 10^{-4} \tag{5-4}$$

式中，w为样品中的多糖含量，%，m_1为从标准曲线上查得样品测定液中的多糖含量，μg；V_1为样品定容体积，ml；m_2为样品质量，g；V_2为比色测定时所移取样品测定液的体积，ml，0.9为葡萄糖换算成葡聚糖的校正系数。10^{-4}为单位换算系数。计算结果保留至小数点后两位。

每个试样取两个平行样进行测定，以其算术平均值为测定结果。在重复条件下两次独立测定结果的绝对差值不应超过算术平均值的10%。

四、魔芋葡甘露聚糖的测定

魔芋的主要成分魔芋葡甘露聚糖是一种天然高分子化合物，其确切结构至今尚无定论，但推测性结构主要是甘露糖（M）和葡萄糖（G）以β－1,4－吡喃糖苷键结合构成的线性复合多糖。

依据国家标准《魔芋精粉》（GB/T 18104—2000），可采用分光光度法测定魔芋中的葡甘露聚糖含量。

实训四　分光光度法测定魔芋葡甘露聚糖

【测定原理】

魔芋葡甘露聚糖经酸水解后生成D－甘露糖和D－葡萄糖两种还原糖。3,5－二硝基水杨酸与还原糖在碱性介质中共沸后被还原成棕红色的氨基化合物，在一定范围内，还原糖的量同反应液的颜色强度呈比例关系，利用比色法可测知样品中魔芋葡甘露聚糖的含量。

【试剂与仪器准备】

（一）试剂

水（蒸馏水）；硫酸（分析纯）；氢氧化钠（分析纯）；乙醇（分析纯）；葡萄糖（分析纯）；亚硫酸钠（分析纯）；苯酚（重蒸）；酒石酸钾钠（分析纯）。

（二）试剂配制

3,5－二硝基水杨酸试剂

（1）甲液　溶解6.9g结晶的重蒸馏苯酚于15.2ml 10%氢氧化钠溶液中，并稀释至69ml，在此溶液中加入6.9g亚硫酸氢钠。

（2）乙液　称取225g酒石酸钾钠，加入300ml 10%氢氧化钠中，再加入880ml 1%的3,5－二硝基水杨酸溶液。

（3）将甲液与乙液相混合，贮于棕色试剂瓶中。在室温下，放置7~10天以后使用。

（三）仪器

紫外-可见分光光度计（含配套吸收池）；分析天平（感量0.0001g）；高速匀浆机；离心机。

【样品测定】

（一）标准曲线的绘制

在分析天平上准确称取0.1000g分析纯葡萄糖（预先在105℃干燥至恒重），溶于蒸馏水中，定容至100ml。依次移取0.40、0.80、1.20、1.60、2.0ml上述标准葡萄糖工作液于5个50ml容量瓶中，加蒸馏水补足至2ml，再在每个容量瓶中加入1.5ml 3,5-二硝基水杨酸试剂，以2.0ml蒸馏水作为空白对照，同样加入1.5ml 3,5-二硝基水杨酸试，摇匀后将6支容量瓶放在沸水浴中加热5分钟后，立即冷却，用蒸馏水稀释至刻度，摇匀。用1cm吸收池在550nm处测其吸光度。以空白对照瓶溶液调零点，记录吸光度。以葡萄糖毫克数为横坐标，吸光度为纵坐标，绘制出工作曲线。

（二）魔芋葡甘露聚糖测定

1. 魔芋精粉中游离还原糖的分离 根据魔芋精粉等级准确称取样品，在0.1200~0.1500g范围内，将称好的样品放入150ml烧杯中。然后加入85%乙醇50ml，在50℃恒温水浴中保温30分钟并不断搅拌，过滤，再用85%乙醇提取两次，分离出溶于乙醇中的游离还原糖，小心收集全部去除了游离还原糖的精粉，蒸去乙醇，备用。

2. 魔芋葡甘露聚糖提取液的制备 将经以上处理的魔芋精粉，加蒸馏水60ml，在35℃水浴中溶胀4小时，并不断搅拌，或室温下搅拌1~2小时溶胀过夜。然后用高速匀浆机匀浆40秒，注入100ml容量瓶中，用蒸馏水洗涤匀浆机转头和烧杯，洗液注入容量瓶中，定容至100ml。然后以4000r/min的转速离心20分钟，准确移取10.0ml上清液，此溶液即为魔芋葡甘露聚糖提取液。

3. 魔芋葡甘露聚糖水解液的制备 分别准确移取1.0ml魔芋葡甘露聚糖提取液于3个50ml的容量瓶中，准确加入3mol/L硫酸0.5ml，摇匀，在沸水浴中具塞密封水解1.5小时，取出，冷却。准确加入6mol/L氢氧化钠0.5ml，摇匀，即为魔芋葡甘露聚糖水解液。

4. 魔芋葡甘露聚糖的测定 在以上制得的3个魔芋葡甘露聚糖水解液容量瓶中，分别加1.5ml 3,5-二硝基水杨酸试剂，用蒸馏水作空白（同标准曲线绘制）。在沸水浴中，加热5分钟，冷却后用蒸馏水定容至50ml，在550nm处比色测定，求出3管的吸光度平均值，代入标准曲线方程计算。

【结果计算与数据处理】

葡甘露聚糖的含量按式5-5计算：

$$w=\frac{T\times 100}{m}\times 0.9\times 100 \tag{5-5}$$

式中，w为葡甘露聚糖的含量，%；T为由标准曲线方程式计算得到的测定液中葡甘露聚糖的含量，mg；m为样品质量，mg；0.9为葡萄糖换算成葡聚糖的校正系数。100为单位换算系数和稀释倍数。

五、食品中糖醇及糖的测定

糖醇是醛糖或酮糖的羰基被还原成羟基的衍生物。糖醇广泛存在于植物以及微生物体内，存在的形式有游离态、化合态，但含量甚微。目前甘露糖醇主要从棕褐色海藻中提取，其他糖醇的工业生产由糖加氢还原而得，或利用生物工程技术转化而得。据统计，目前已工业化生产或已研制成功的糖醇有山梨糖醇、甘露糖醇、木糖醇、赤藓糖醇、麦芽糖醇、异麦芽糖醇、乳糖醇等。

糖醇摄入后不会引起血液葡萄糖与胰岛素水平的大幅度波动，可用于生产糖尿病患者专用食品。糖醇不是口腔微生物（特别是突变链球菌）的适宜作用底物，有些糖醇如木糖醇甚至可抑制突变链球菌的生长繁殖，长期摄入糖醇不会引起牙齿龋变。

依据国家标准《食品添加剂 木糖醇》（GB 1886.234—2016），可采用气相色谱法和高效液相色谱法测定食品中的木糖醇含量。

实训五 气相色谱法测定木糖醇

【测定原理】

试样经乙酰化后，用气相色谱法（配氢火焰离子化检测器）测定，与标样对照，根据保留时间定性，内标法定量。

【试剂与仪器准备】

（一）试剂

无水乙醇（分析纯）；吡啶（分析纯）；乙酸酐（分析纯）。

（二）标准品

木糖醇、甘露糖醇、半乳糖醇、L－阿拉伯糖醇、山梨糖醇；赤藓糖醇（内标物）。

（三）仪器

气相色谱仪（配有氢火焰离子化检测器）；分析天平（感量0.0001g）。

【样品制备】

（一）内标溶液的制备

称取赤藓糖醇标准品（内标物）500mg，精确至0.0001g，用水溶解，转入25ml容量瓶中，稀释至刻度，混匀。

（二）标准溶液的制备

各称取25mg甘露糖醇、半乳糖醇、L－阿拉伯糖醇和山梨糖醇和4.9g木糖醇标准品，精确至0.0001g，用水溶解，分别转移到100ml容量瓶中，稀释至刻度，混匀。吸取1ml所得溶液到100ml圆底烧瓶中，加入1.0ml内标溶液，在60℃水浴中旋转蒸干，再加入无水乙醇1ml，振摇使溶解，在60℃水浴中旋转蒸干。再加入吡啶1ml。使残渣溶解，加入乙酸酐1ml，盖紧盖子，涡旋混合30秒，70℃干燥箱中放置30分钟取出，放冷。

（三）试样溶液的配制

取约5g的试样，准确称量，精确至0.0001g，用水溶解，转入100ml容量瓶中，稀释至刻度，混匀。吸取1ml所得溶液到100ml圆底烧瓶中，加入1.0ml内标溶液，在60℃水浴中旋转蒸干，再加入无水乙醇1ml，振摇使溶解，在60℃水浴中旋转蒸干。再加入吡啶1ml使残渣溶解，加入乙酸酐1ml，盖紧盖子，涡旋混合30秒，70℃干燥箱中放置30分钟取出，放冷。

【样品测定】

（一）参考色谱条件

色谱柱：(14%－氰丙基苯基)－二甲基聚硅氧烷毛细管柱，30m×0.25mm×0.25μm。或等效色谱柱。柱温：升温程序，初始温度170℃，维持10分钟；以1℃/min的速率升至180℃，维持10分钟；再以 30℃/min 的速率升至 240℃，维持 5 分钟。进样口温度：240℃，检测器温度：250℃。载气：氮气，载气流速：2.0ml/min。燃烧气体及助燃气：氢气，流速 50ml/min；空气，流速 50ml/min。分流比：1∶100。进样量：1.0μl。

（二）测定

在参考色谱条件下，注入标准溶液和试样溶液进行测定。

【结果计算与数据处理】

木糖醇或其他多元醇量的质量分数按式 5－6 计算，其他多元醇为 L－阿拉伯糖醇、半乳糖醇、甘露糖醇和山梨糖醇含量的总和。

$$\omega_i = \frac{m_s \cdot R_u}{m_u \cdot R_s} \times 100\% \qquad (5-6)$$

式中，ω_i 为样品中木糖醇或其他多元醇的质量分数，%；m_s为标准溶液中木糖醇或其他多元醇的质量，mg；m_u为干燥减量后的试样质量，mg；R_u为试样中木糖醇或其他多元醇与赤藓糖醇衍生物响应值比值；R_s为标准溶液中木糖醇或其他多元醇与赤藓糖醇衍生物响应值比值。

试验结果以平行测定结果的算术平均值为准。在重复性条件下获得木糖醇的两次独立测定结果的绝对差值不大于算术平均值的 2%，其他多元醇的两次独立测定结果的绝对差值不大于 0.1%。

实训六 高效液相色谱法测定木糖醇、甘露糖醇、半乳糖醇、L-阿拉伯糖醇和山梨糖醇

【测定原理】

试样用水溶解，液相色谱法检测，外标法定量。

【试剂与仪器准备】

（一）试剂

水（一级水）；乙腈（色谱纯）。

（二）标准品

木糖醇、L－阿拉伯糖醇、山梨糖醇、半乳糖醇、甘露糖醇。

（三）仪器

高效液相色谱仪，配有示差折光检测器。

【样品测定】

（一）标准曲线的制备

准确称取甘露糖醇标准品、L－阿拉伯糖醇标准品、山梨糖醇标准品、半乳糖醇标准品各 0.1g 和木糖标准品 2.5g，精确至 0.0001g，用水定容至 100ml 容量瓶中。再分别吸取 2.0、4.0、6.0、8.0ml 该标准品溶液至 10ml 容量瓶中，用水定容，配制成含木糖醇 5.0、10.0、15.0、20.0、25.0mg/ml 和含甘露醇、L－阿拉伯醇、山梨醇、半乳糖醇 0.2、0.4、0.6、0.8、1.0mg/ml 的系列混合标准溶液。

（二）试样溶液的制备

取约 2g 的干燥减量后的试样，准确称量，精确至 0.0001g，用水定容至 100ml 容量瓶中。

【样品测定】

（一）参考色谱条件

色谱柱：以聚苯乙烯二乙烯苯树脂为填料的分析柱，300mm × 7.8mm，或等效色谱柱。柱温：75℃。流动相：乙腈－水（35∶65）。流速：0.6ml/min。检测室温度：45℃。进样量：20μl。

（二）测定

在参考色谱条件下，分别注入系列标准溶液、试样溶液进行测定，按外标法用系列标准溶液作校正表。

【结果计算与数据处理】

木糖醇或其他多元醇含量的质量分数按式 5－7 计算，其他多元醇为 L－阿拉伯糖醇、半乳糖醇、甘露糖醇和山梨糖醇含量的总和。

$$\omega_i = \frac{m_i \times A_{si}}{m \times A_i} \times 100\% \qquad (5-7)$$

式中，m_i为标准溶液中某组分 i 的质量，g；A_{si}为试样中某组分 i 的测量响应值；m 为干燥减量后的试样质量，g；A_i为标准溶液中某组分的测量响应值。

试验结果以平行测定结果的算术平均值为准。在重复性条件下获得木糖醇的两次独立测定结果的绝对差值不大于算术平均值的 2%，其他多元醇的两次独立测定结果的绝对差值不大于 0.1%。

六、罗汉果甜苷的测定

罗汉果甜苷是从罗汉果提取出来的一种甜味物质，是一种三萜甜苷化合物，具有良好的甜味和低热值。在功能食品中可作为蔗糖的替代品，尤其是适合糖尿病的防治。

依据国家标准《食品添加剂 罗汉果甜苷》（GB 1886.77—2016），可采用高效液相色谱法测定食品中的罗汉果甜苷含量。

实训七　高效液相色谱法测定罗汉果甜苷

【测定原理】

试样中罗汉果甜苷 V 用甲醇溶液提取，提取液经过滤后，用配有二极管阵列检测器或紫外检测器的液相色谱仪进行测定，外标法定量。

【试剂与仪器准备】

（一）试剂

水（一级水）；乙腈（色谱纯）；罗汉果甜苷 V 对照品（纯度≥98%）；磷酸溶液（0.05%）。

（二）试剂配制

1. 甲醇溶液　量取色谱纯甲醇 70ml 于 100ml 容量瓶中，用水稀释至刻度。

2. 罗汉果甜苷 V 对照品溶液　称取于 105℃下干燥至恒重的罗汉果甜苷 V 对照品 10mg（精确 0.0001g）于 10ml 容量瓶中，用甲醇溶液溶解并稀释至刻度，混匀。

（三）仪器

高效液相色谱仪，配有二极管阵列检测器或紫外检测器。

【样品制备】

称取于105℃下干燥至恒重的试样0.05～0.1g（精确至0.0001g），置于25ml容量瓶中，加入15ml甲醇溶液，超声使之完全溶解，继续加入甲醇溶液定容至刻度，用0.45μm微孔滤膜过滤。

【样品测定】

（一）参考色谱条件

色谱柱：以C_{18}为填料的分析柱，150mm×4.6mm。柱温：30℃。流动相：磷酸溶液（A）－乙腈（B），梯度洗脱程序见表5－1。流速：0.6ml/min。检测波长：203nm。进样量：10μl。

表5－1 梯度洗脱程序参数

时间（min）	流动相A（%）	流动相B（%）
0	97	3
8	86.5	13.5
35	65	35
40	65	35
45	97	3

（二）测定

在规定色谱条件下，取对照品溶液和试样溶液各10μl分别注入液相色谱仪，进行色谱分析，以保留时间定性，峰面积定量。

【结果计算与数据处理】

罗汉果甜苷V含量的质量分数w按式5－8计算：

$$w = \frac{A \times c \times V}{A_s \times m \times 1000} \times 100\% \tag{5-8}$$

式中，w为样品中罗汉果甜苷V的质量分数，%；A为试样溶液中罗汉果甜苷V的峰面积；c为罗汉果甜苷V对照品溶液的浓度，mg/ml；V为试样溶液的定容体积，ml；A_s为对照品溶液中罗汉果甜苷V的峰面积；m为试样的质量，g；1000为换算系数。计算结果保留小数点后两位。

试验结果以两次平行测定结果的算术平均值为准。在重复性条件下获得的两次独立测定结果的绝对差值与算术平均值的比值不大于5.0%。

任务二 活性脂的测定

PPT

活性脂又称为功能性脂类，如磷脂、不饱和脂肪酸和胆固醇等。活性脂与普通脂类类似，是机体的组成部分，能供给机体能量，还具有多种生物活性，对机体健康具非常重要。

磷脂是类脂的一种，分为卵磷脂、肌醇磷脂和脑磷脂等。磷脂易溶于乙醚、苯、三氯甲烷、正己烷，不溶于丙酮、水等极性溶剂。用作功能性食品原料的不饱和脂肪酸有α－亚麻酸、二十碳五烯酸、二十二碳五烯酸和二十二碳六烯酸等，具有保持细胞膜的相对流动性、降低血中的胆固醇、改善血管微循环等作用。

依据国家标准《粮油检验 磷脂含量的测定》（GB/T 5537—2008），可采用分光光度法测定粮油中的磷脂。依据国家标准《保健食品中α－亚麻酸、二十碳五烯酸、二十二碳五烯酸和二十二碳六烯酸的测定》（GB 28404—2012），可采用气相色谱法测定保健食品中的上述成分。

实训八 分光光度法测定粮油中的磷脂

【测定原理】

植物油中的磷脂经灼烧成为五氧化二磷，被热盐酸变成磷酸，遇钼酸钠生成磷钼酸钠，用硫酸联氨还原成钼蓝，用分光光度计在波长650nm处测定钼蓝的吸光度，与标准曲线比较，计算其含量。

【试剂与仪器准备】

（一）试剂

水（蒸馏水）；盐酸（分析纯），1.19g/ml；氧化锌（分析纯）；氢氧化钾（分析纯）；浓硫酸（分析纯），1.84g/ml；钼酸钠（分析纯）；硫酸联氨（分析纯）；磷酸二氢钾（分析纯），使用前在101℃下干燥2小时。

（二）试剂配制

1. 2.5%钼酸钠稀硫酸溶液 量取140ml浓硫酸，注入到300ml水中。冷却至室温，加入12.5g钼酸钠，溶解后用水定容至500ml，充分摇匀，静置24小时备用。

2. 0.015%硫酸联氨溶液 将0.15g硫酸联氨溶解在1L水中。

3. 50%氢氧化钾溶液 将50g氢氧化钾溶解在50ml水中。

4. 1∶1盐酸溶液 将盐酸溶解在等体积的水中。

5. 磷酸盐标准储备液 称取干燥的磷酸二氢钾0.4387g，用水溶解并稀释定容至1000L，此溶液含磷0.1mg/ml。

6. 标准曲线用磷酸盐标准溶液 用移液管吸取磷酸盐标准储备液10ml至100ml容量瓶中，加水稀释并定容，此溶液含磷0.01mg/ml。

（三）仪器

紫外－可见分光光度计（含配套吸收池）；分析天平（感量0.0001g）。

【样品制备】

根据试样的磷脂含量，用坩埚称取制备好的试样，成品油试样称量10g，原油及脱胶油称量3.0～3.2g（精确至0.001g）。加氧化锌0.5g，先在电炉上缓慢加热至样品变稠，逐渐加热至全部炭化，将坩埚送至550～600℃的马弗炉中灼烧至完全灰化（白色），时间约2小时。取出坩埚冷却至室温，用10ml盐酸溶液溶解灰分并加热至微沸，5分钟后停止加热，待溶解液温度降至室温，将溶解液过滤注入100ml容量瓶中，每次用大约5ml热水冲洗坩埚和滤纸3～4次，待滤液冷却到室温后。用氢氧化钾溶液中和至出现混浊，缓慢滴加盐酸溶液使氧化锌沉淀全部溶解，再加2滴。最后用水稀释定容至刻度，摇匀。制备被测液时同时制备一份样品空白。

【样品测定】

（一）标准曲线的绘制

取六支比色管，编成0、1、2、4、6、8六个号码。按号码顺序分别注入标准溶液0、1、2、4、6、8ml，再按顺序分别加水10、9、8、6、4、2ml。接着向六支比色管中分别加入硫酸联氨溶液8ml，钼酸钠溶液2ml。加塞，振摇3～4次，去塞，将比色管放入沸水浴中加热10分钟，取出，冷却至室温。用水稀释至刻度，充分摇匀，静置10分钟。移取该溶液至干燥、洁净的吸收池中，用分光光度计在

650nm 处，用试剂空白调整零点，分别测定吸光度。以吸光度为纵坐标，含磷量（0.01、0.02、0.04、0.06、0.08mg）为横坐标，绘制标准曲线。

（二）测定

用移液管吸取被测液 10ml，注入 50ml 比色管中。加入硫酸联氨溶液 8ml、钼酸钠溶液 2ml，加塞，振摇 3～4 次。去塞，将比色管放入沸水浴中加热 10 分钟，取出，冷却至室温。用水稀释至刻度，充分摇匀，静置 10 分钟。移取该溶液至干燥、洁净的吸收池中，在 650nm 下，用试样空白调整零点，测定其吸光度。

【结果计算与数据处理】

试样中磷脂含量按公式 5－9 计算：

$$w = \frac{P}{m} \times \frac{V_1}{V_2} \times 26.31 \tag{5-9}$$

式中，w 为磷脂含量，mg/g；P 为标准曲线查得的被测液的含磷量，mg；m 为试样质量，g；V_1 为样品灰化后稀释的体积，ml；V_2 为比色时所取的被测液的体积，ml；26.31 为每毫克磷相当于磷脂的毫克数。

任务三　氨基酸及蛋白质的测定

PPT

一、牛磺酸的测定

牛磺酸是一种具有广泛生理功能的含硫 β－氨基酸，以游离形式存在于动物的各种组织中，植物很少含有牛磺酸。牛磺酸具有保肝利胆、降血压、抗惊厥、抗心律失常、调节渗透压、预防心脑血管疾病、调节内分泌、抑制血糖升高、提高免疫力等生理作用，尤其是对婴幼儿神经系统的发育以及促进对钙、脂肪的吸收具有十分重要的作用。

牛磺酸为游离氨基酸，易溶于水、乙醇，难溶于乙醚。食品中的牛磺酸含量根据国家标准《食品中牛磺酸的测定》（GB 5009.169—2016），可采取高效液相色谱法予以检测。

二、乳铁蛋白的测定

乳铁蛋白是一种与铁结合的糖蛋白，在乳汁中含量较高，故称为乳铁蛋白。乳铁蛋白不仅参与铁的运转，而且具有广谱抗菌、抗氧化、抗癌、调节免疫等功能。

依据国家标准《食品营养强化剂 乳铁蛋白》（GB 1903.17—2016），可采用高效液相色谱法测定乳铁蛋白。

拓展阅读

允许保健食品声称的保健功能目录

国家市场监管总局会同国家卫生健康委、国家中医药局制定了《允许保健食品声称的保健功能目录 非营养素补充剂（2023 年版）》，根据该目录，如相关食品中功能性成分开发为保健食品，可以声称的保健功能包括：有助于增强免疫力、有助于抗氧化、辅助改善记忆、缓解视觉疲劳、清咽润喉、有助于改善睡眠、缓解体力疲劳、耐缺氧、有助于控制体内脂肪、有助于改善骨密度、改善缺铁性贫血、有助于改善痤疮、有助于改善黄褐斑、有助于改善皮肤水分状况、有助于调节肠道菌群、有助于消化、有助于润肠通便、辅助保护胃黏膜、有助于维持血脂（胆固醇/甘油三酯）健康水平、有助于维持血糖健康水平、有助于维持血压健康水平、对化学性肝损伤有辅助保护作用、对电离辐射危害有辅助保护作用、有助于排铅等。

实训九 邻苯二甲醛（OPA）柱后衍生高效液相色谱法测定食品中的牛磺酸

【测定原理】

试样用水溶解，用偏磷酸沉淀蛋白，经超声波震荡提取、离心、微孔膜过滤后，通过钠离子色谱柱分离，与邻苯二甲醛（OPA）衍生反应，用荧光检测器进行检测，外标法定量。

【适用范围】

适用于婴幼儿配方食品、乳粉、豆粉、豆浆、含乳饮料、特殊用途饮料、风味饮料、固体饮料、果冻中牛磺酸的测定。

【试剂与仪器准备】

（一）试剂

偏磷酸（分析纯）；柠檬酸三钠（分析纯）；苯酚（分析纯）；硝酸（分析纯）；甲醇（色谱纯）；硼酸（分析纯）；氢氧化钾（分析纯）；邻苯二甲醛（OPA）（分析纯）；2-巯基乙醇（分析纯）；聚氧乙烯月桂酸醚（分析纯）；亚铁氰化钾（分析纯）；乙酸锌（分析纯）；淀粉酶（活力≥1.5U/mg）。

（二）试剂配制

1. 偏磷酸溶液（30g/L） 称取30.0g偏磷酸，用水溶解并定容至1000ml。

2. 柠檬酸三钠溶液 称取19.6g柠檬酸三钠，加950ml水溶解，加入1ml苯酚，用硝酸调pH至3.10~3.25，经0.45μm微孔滤膜过滤。

3. 柱后荧光衍生溶液（邻苯二甲醛溶液）

（1）硼酸钾溶液（0.5mol/L） 称取30.9g硼酸、26.3g氢氧化钾，用水溶解并定容至1000ml。

（2）邻苯二甲醛衍生溶液 称取0.60g邻苯二甲醛，用10ml甲醇溶解后，加入0.5ml 2-巯基乙醇和0.35g聚氧乙烯月桂酸醚，用0.5mol/L硼酸钾溶液定容至1000ml，经0.45μm微孔滤膜过滤。临用前现配。

4. 沉淀剂

（1）沉淀剂Ⅰ 称取15.0g亚铁氰化钾，用水溶解并定容至100ml。该沉淀剂在室温下3个月内稳定。

（2）沉淀剂Ⅱ 称取30.0g乙酸锌，用水溶解并定容至100ml。该沉淀剂在室温下3个月内保持稳定。

（三）标准溶液配制

1. 牛磺酸标准贮备溶液（1mg/ml） 准确称取0.1000g牛磺酸标准品，用水溶解并定容至100ml。

2. 牛磺酸标准工作液 将牛磺酸标准贮备溶液用水稀释制备一系列标准溶液，标准系列浓度为0、5.0、10.0、15.0、20.0、25.0μg/ml，临用前现配。

（四）仪器

液相色谱仪，配有荧光检测器、柱后反应器、荧光衍生溶剂输液泵；超声波震荡器；pH计（精度

0.01)；离心机（转速≥5000r/min)；微孔滤膜（0.45μm)；分析天平（感量0.0001g)。

【样品制备】

准确称取固体试样1～5g（精确至0.01g）于锥形瓶中，加入40℃左右温水20ml，摇匀使试样溶解，放入超声波振荡器中超声提取10分钟。再加50ml偏磷酸溶液，充分摇匀。放入超声波振荡器中超声提取10～15分钟，取出，冷却至室温后，移入100ml容量瓶中，用水定容至刻度并摇匀；样液在5000r/min条件下离心10分钟，取上清液经0.45μm微孔膜过滤，接取中间滤液以备进样。

1. 谷类制品 称取试样5g（精确至0.01g）于锥形瓶中，加入40℃左右温水40ml。加入淀粉酶（酶活力≥1.5U/mg）0.5g，混匀后向锥形瓶中充入氮气，盖上瓶塞，置50～60℃培养箱中30分钟，取出冷却至室温，再加50ml偏磷酸溶液，充分摇匀，放入超声波振荡器中超声提取10～15分钟，取出冷却至室温后，移入100ml容量瓶中，用水定容至刻度并摇匀；样液在5000r/min条件下离心10分钟，取上清液经0.45μm微孔膜过滤，接取中间滤液以备进样。

2. 液体试样 准确称取液体试样（乳饮料除外）5～30g（精确至0.01g）于锥形瓶中，加入50ml偏磷酸溶液，充分摇匀。放入超声波振荡器中超声提取10～15分钟，取出冷却至室温后，移入100ml容量瓶中，用水定容至刻度并摇匀；样液在5000r/min条件下离心10分钟，取上清液经0.45μm微孔膜过滤，接取中间滤液以备进样。

牛磺酸含量高的饮料类先用水稀释到适当浓度，最后一步稀释时，加入50ml偏磷酸溶液充分摇匀。放入超声波振荡器中超声提取10～15分钟，取出冷却至室温后，移入100ml容量瓶中，用水定容至刻度并摇匀；样液在5000r/min条件下离心10分钟，取上清液经0.45μm微孔膜过滤，接取中间滤液以备进样。

3. 果冻类试样 称取试样5g（精确至0.01g）于锥形瓶中，加入20ml水，50～60℃水浴20分钟使之溶解，冷却后，加入50ml偏磷酸溶液充分摇匀。放入超声波振荡器中超声提取10～15分钟，取出冷却至室温后，移入100ml容量瓶中，用水定容至刻度并摇匀；样液在5000r/min条件下离心10分钟，取上清液经0.45μm微孔膜过滤，接取中间滤液以备进样。

4. 乳饮料试样 称取5～30g试样（精确至0.01g）于锥形瓶中，加入40℃左右温水30ml，充分混匀，置超声波振荡器上超声提取10分钟。冷却到室温。加入1.0ml沉淀剂Ⅰ，涡旋混合，再加入1.0ml沉淀剂Ⅱ，涡旋混合。转入100ml容量瓶中用水定容至刻度，充分混匀，样液于5000r/min下离心10分钟，取上清液经0.45μm微孔膜过滤，接取中间滤液以备进样。

【样品测定】

（一）色谱条件

色谱柱：钠离子氨基酸分析专用柱（25cm×4.6mm，5μm）或相当者。柱温：55℃。流动相：柠檬酸三钠溶液。流动相流速：0.4ml/min。荧光衍生溶剂流速：0.3ml/min。检测波长：激发波长338nm，发射波长425nm。进样量：20μl。

（二）标准曲线的绘制

将标准系列溶液分别注入高效液相色谱仪中，测定相应的色谱峰高或峰面积。以标准工作液的浓度为横坐标，以响应值（峰面积或峰高）为纵坐标，绘制标准曲线。

（三）试样溶液的测定

将试样溶液注入高效液相色谱仪中，得到色谱峰高或峰面积，根据标准曲线得到待测液中牛磺酸的浓度。

【结果计算及数据处理】

试样中牛磺酸含量按式5-10计算：

$$A = \frac{c \times V}{m \times 1000} \times 100 \quad (5-10)$$

式中，A为试样中牛磺酸的含量，mg/100g；c为试样测定液中牛磺酸的浓度，μg/ml；V为试样定容体积，ml；m为试样质量，g；1000为单位换算系数。

计算结果以重复性条件下获得的两次独立测定结果的算术平均值表示，结果保留三位有效数字。在重复性条件下获得的两次独立测定结果的绝对差值不得超过算术平均值的10%。当取样量为10.00g时，方法检出限为：0.2mg/100g；定量限为0.5mg/100g。

任务四　生物抗氧化剂类物质的测定

PPT

生物抗氧化剂是从植物中提取的天然、高效、低度的抗氧化剂。食品中常见的生物抗氧化剂类物质如茶多酚、儿茶素和黄酮类化合物等，具有一定的抗氧化、抗辐射和抗肿瘤等生物活性。

茶多酚又名茶单宁、茶鞣质，是茶叶中所含的一类多羟基酚类化合物的总称。其主要成分为儿茶素类（黄烷醇类）、黄酮、黄酮醇类、花青素类、酚酸、缩酚酸类及聚合酚类等。

儿茶素是广泛存在于茶叶和儿茶药材等植物体中的一类天然化合物。儿茶素类化合物为茶多酚的主体成分，占茶多酚总量的65%～80%。它主要包括的单体化合物有儿茶素（C）、表儿茶素（EC）、没食子儿茶素（GC）、儿茶素没食子酸酯（CG）、表没食子儿茶素（EGC）、表儿茶素没食子酸酯（ECG）、没食子儿茶素没食子酸酯（GCG）和表没食子儿茶素没食子酸酯（EGCG）。

黄酮类化合物指具有色酮环与苯环基本结构的一类化合物的总称，可以分为黄酮类、黄酮醇类、异黄酮类、黄烷酮类等。其中，芦丁又名芸香苷、紫槲皮苷，为一种来源很广的黄酮类化合物。芦丁主要存在于豆科植物槐的花蕾（槐米）和果实（槐角）、芸香科植物芸香全草、金丝桃科植物红旱莲全草及蓼科植物荞麦的籽苗中。

生物抗氧化剂类物质的分析方法较多，有薄层色谱法、分光光度法、气相色谱法及高效液相色谱法等。其中，茶叶中茶多酚、儿茶素根据国家标准《茶叶中茶多酚和儿茶素类含量的检测方法》（GB/T 8313—2018），可采取高效液相色谱法予以检测。芦丁根据《中国药典》（2020版）第一部，可采取高效液相色谱法予以检测。

实训十　分光光度法检测茶叶中的茶多酚

【测定原理】

茶叶磨碎样中的茶多酚用70%的甲醇溶液在70℃水浴上提取，福林酚试剂氧化茶多酚-OH基团并显蓝色，最大吸收波长为765nm，用没食子酸作校正标准定量茶多酚。

【试剂与仪器准备】

（一）试剂

乙腈（色谱纯）；甲醇（分析纯）；碳酸钠（分析纯）。

（二）试剂配制

1. 甲醇水溶液（体积比） 70：30。

2. 10%福林酚试剂（现配） 将20ml福林酚试剂转移入200ml容量瓶中，用水定容并摇匀。

3. 7.5%碳酸钠（质量浓度） 称取37.5g±0.01g（Na_2CO_3），加适量水溶解，转移至500ml容量瓶中，定容至刻度，摇匀（室温下可保存1个月）。

4. 没食子酸标准贮备溶液（1000μg/ml） 称取0.110g±0.001g没食子酸（GA，相对分子质量188.14），于100ml容量瓶中溶解并定容至刻度，摇匀（现配）。

5. 没食子酸工作液 用移液管分别移取1.0、2.0、3.0、4.0、5.0ml的没食子酸标准贮备溶液于100ml容量瓶中，分别用水定容至刻度，摇匀，浓度分别为10、20、30、40、50μg/ml。

（三）仪器

分析天平（感量0.001g）；水浴（70℃±1℃）；离心机（转速3500r/min）；紫外－可见分光光度计（含配套吸收池）。

【样品制备】

1. 供试液母液的制备 称取0.2g（精确到0.0001g）均匀磨碎的试样于10ml离心管中，加入在70℃中预热过的70%甲醇溶液5ml，用玻璃棒充分搅拌均匀湿润，立即移入70℃水浴中，浸提10分钟（隔5分钟搅拌一次），浸提后冷却至室温，移入离心机，3500r/min离心10分钟，将上清液转移至10ml容量瓶。残渣再用5ml的70%甲醇溶液提取一次，重复以上操作。合并提取液定容至10ml，摇匀，过0.45μm微孔膜，待用（该提取液在4℃下可至多保存24小时）。

2. 测试液的制备 移取母液1.0ml于100ml容量瓶中，用水定容至刻度，摇匀，待测。

【样品测定】

用移液管分别移取没食子酸工作液、水（作空白对照用）及测试液各1.0ml于刻度试管内，在每个试管内分别加入5.0ml的福林酚试剂，摇匀。反应3～8分钟内，加入7.5%碳酸钠溶液4.0ml，加水定容至刻度、摇匀。室温下放置60分钟。用10mm吸收池，在765nm波长条件下用分光光度计测定吸光度（A）。根据没食子酸工作液的吸光度（A）与各工作溶液的没食子酸浓度，制作标准曲线。

【结果计算及数据处理】

比较试样和标准工作液的吸光度，按式5－11计算：

$$茶多酚含量(\%) = \frac{(A - A_0) \times V \times d}{SLOPE_{std} \times \omega \times 10^6 \times m} \times 100 \qquad (5-11)$$

式中，A为样品测试液吸光度；A_0为空白溶液吸光度；V为样品提取液体积，10ml；d为稀释因子（通常为1ml稀释成100ml，则其稀释因子为100）；$SLOPE_{std}$为没食子酸标准曲线的斜率；w为样品干物质含量,%；m为样品质量，g。

同一样品茶多酚含量的两次测定值相对误差应≤5%，若测定值相对误差在此范围，则取两次测定值算术平均值为结果，保留小数点后一位。

【技术提示】

样品吸光度应在没食子酸标准工作曲线的校准范围内，若样品吸光度高于50μg/ml浓度的没食子酸标准工作溶液的吸光度，则应重新配制高浓度没食子酸标准工作液进行校准。

实训十一　高效液相色谱法测定茶叶中的儿茶素

【测定原理】

茶叶磨碎样中的儿茶素类用70%的甲醇溶液在70℃水浴上提取，选用C_{18}柱，检测波长278nm，梯度洗脱，HPLC分析。用儿茶素类标准物质外标法直接定量，也可用儿茶素类与咖啡碱的相对校正因子RRF_{std}（ISO国际环视结果）（表5－2）来定量。

【试剂与仪器准备】

（一）试剂

水（重蒸馏水）；乙腈（色谱纯）；甲醇（分析纯）；乙酸（分析纯）。

（二）试剂配制

1. 甲醇水溶液（体积比）　70∶30。

2. 乙二胺四乙酸（EDTA）溶液　10mg/ml（现配）。

3. 抗坏血酸溶液　10mg/ml（现配）。

4. 稳定溶液　分别将25ml EDTA溶液、25ml抗坏血酸酸溶液、50ml乙腈加入500ml容量瓶中，用水定容至刻度，摇匀。

5. 流动相

（1）流动相A　分别将90ml乙腈、20ml乙酸、2ml EDTA加入1000ml容量瓶中，用水定容至刻度，摇匀。溶液需经0.45μm微孔膜过滤。

（2）流动相B　分别将800ml乙腈、20ml乙酸，2ml EDTA加入1000ml容量瓶中，用水定容至刻度，摇匀。溶液需经0.45μm微孔膜过滤。

6. 标准贮备液

（1）咖啡碱贮备溶液　2.00mg/ml。

（2）没食子酸（GA）贮备溶液　0.100mg/ml。

（3）儿茶素类贮备溶液　C 1.00mg/ml，EC 1.00mg/ml，EGC 2.00mg/ml，EGCG 2.00mg/ml，ECG 2.00mg/ml。

7. 标准工作溶液　用稳定溶液配制。标准工作溶液的浓度：GA 5～25μg/ml、咖啡碱50～150μg/ml、C 50～150μg/ml、EC 50～150μg/ml、EGC 100～300μg/ml、EGCG 100～400μg/ml、ECG 50～200μg/ml。

（三）仪器

分析天平（感量0.0001g）；水浴（70℃±1℃）；离心机（转速3500r/min）；混匀器；高效液相色谱仪（配有梯度洗脱装置及紫外检测器）。

【样品制备】

1. 供试液母液的制备　称取0.2g（精确到0.0001g）均匀磨碎的试样于10ml离心管中，加入在70℃中预热过的70%甲醇溶液5ml，用玻璃棒充分搅拌均匀湿润，立即移入70℃水浴中，浸提10分钟（隔5分钟搅拌一次），浸提后冷却至室温，移入离心机，3500r/min离心10分钟，将上清液转移至10ml容量瓶。残渣再用5ml的70%甲醇溶液提取一次，重复以上操作。合并提取液定容至10ml，摇匀，经0.45μm微孔膜过滤，待用（该提取液在4℃下可至多保存24小时）。

2. 测试液的制备　用移液管移取母液2ml至10ml容量瓶中，用稳定溶液定容至刻度，摇匀，经

0.45μm 微孔膜过滤，待测。

【样品测定】

（一）色谱参考条件

色谱柱：C_{18}反相色谱柱（250mm×4.6mm，5μm）。柱温：35℃。梯度洗脱：100% A 相保持 10 分钟；15 分钟内由 100% A 相变为 68% A 相、32% B 相；68% A 相、32% B 相保持 10 分钟；再调整为 100% A 相。流动相流速：1ml/min。紫外检测器：λ＝278nm。进样量：10μl。

（二）测定

待流速、柱温及基线稳定后，注入空白溶液。再分别注入混合标准系列工作液和测试液，以峰面积进行定量。

【结果计算及数据处理】

1. 以儿茶素类标准物质定量 按式 5－12 计算：

$$\text{儿茶素含量}(\%) = \frac{(A - A_0) \times f_{std} \times V \times d}{m_s \times 10^6 \times \omega} \times 100 \tag{5-12}$$

式中，A 为所测样品中被测成分的峰面积；A_0为空白溶液中被测成分的峰面积；f_{std} 为所测成分的校正因子（浓度/峰面积，浓度单位 μg/ml）；V 为样提取液的体积，ml；d 为稀释因子（通常为 2ml 稀释成 10ml，则其稀释因子为 5）；m 为样品称取量，g；w 为样品的干物质含量，%。

2. 以咖啡碱标准物质定量 按式 5－13 计算：

$$\text{儿茶素含量}(\%) = \frac{A \cdot RRF_{std} \cdot V \cdot d}{S_{caf} \cdot m \times 10^6 \times \omega} \times 100 \tag{5-13}$$

式中，RRF_{std} 为所测成分相对于咖啡碱的校正因子（表 5－2）；S_{caf} 为咖啡碱标准曲线的斜率，峰面积/浓度，浓度单位 μg/ml。A、V、d、m、w 与式 5－12 同。

表 5－2 儿茶素类相对咖啡碱的校正因子表

名称	GA	EGC	C	EC	EGCG	ECG
RRF_{std}	0.84	11.24	3.58	3.67	1.72	1.42

3. 儿茶素类总量计算 见式 5－14：

儿茶素类总量（%）＝EGC 含量（%）＋C 含量（%）＋EC 含量（%）＋EGCG 含量（%）＋ECG 含量（%） （5－14）

同一样品儿茶素类总量的两次测定值相对误差应≤10%，若测定值相对误差在此范围，则取两次测得值的算术平均值为结果保留小数点后两位。

实训十二 高效液相色谱法测定芦丁

【测定原理】

用反相高效液相色谱法，选用C_{18}柱，以甲醇－1%冰醋酸溶液为流动相，于 257nm 波长处检测。

【试剂与仪器准备】

（一）试剂

水（一级水）；甲醇（色谱纯）。

（二）试剂配制

1%冰醋酸溶液 精密量取冰醋酸10ml至1000ml容量瓶中，加水稀释至刻度，摇匀。

（三）对照品

芦丁。

（四）对照品溶液的制备

取芦丁对照品适量，精密称定，加甲醇制成每1ml含0.1mg的溶液，即得。

（五）仪器

分析天平（感量为0.0001g）；高效液相色谱仪（包含紫外检测器）；超声仪。

【样品制备】

取本品粗粉（槐花约0.2g、槐米约0.1g），精密称定，置具塞锥形瓶中，精密加入甲醇50ml，称定重量，超声处理（功率250W，频率25kHz）30分钟，放冷，再称定重量，用甲醇补足减失的重量，摇匀，滤过。精密量取续滤液2ml，置10ml量瓶中，加甲醇至刻度，摇匀，即得。

【样品测定】

（一）色谱条件与系统适用性试验

以十八烷基硅烷键合硅胶为填充剂；以甲醇－1%冰醋酸溶液（32∶68）为流动相；检测波长为257nm。理论板数按芦丁峰计算应不低于2000。

（二）测定

分别精密吸取对照品溶液与供试品溶液各10μl，注入液相色谱仪，测定，即得。

本品按干燥品计算，含芦丁槐花不得少于6.0%；槐米不得少于15.0%。

【结果计算与数据处理】

样品中芦丁的含量按式5－15计算：

$$W = \frac{A_{供} \times C_{对} \times V_{供}}{A_{对} \times m_{供} \times 1000} \times 100\% \qquad (5-15)$$

式中，W为样品中芦丁的百分含量，%；$A_{供}$为供试品峰面积；$C_{对}$为对照品的浓度，mg/ml；$V_{供}$为供试品溶液体积；d为稀释因子；$A_{对}$为对照品峰面积；$m_{供}$为供试品的称样量，g。1000为单位换算系数。

任务五　自由基清除剂SOD活性的测定

PPT

超氧化物歧化酶（superoxide dismutase，SOD）是生物体内重要的抗氧化酶，能消除生物体在新陈代谢过程中产生的有害物质，广泛分布于各种生物体内，如动物、植物、微生物等，是获批的具有抗衰老、免疫调节、调节血脂、抗辐射、美容功能的物质之一。按其所含金属辅基不同可分为三种，第一种含铜（Cu）锌（Zn）金属辅基（Cu,Zn－SOD），是最为常见的一种酶，呈绿色，主要存在于机体细胞浆中；第二种含锰（Mn）金属辅基（Mn－SOD），呈紫色，存在于真核细胞的线粒体和原核细胞内；第三种含铁（Fe）金属辅基（Fe－SOD），呈黄褐色，存在于原核细胞中。

超氧化物歧化酶（SOD）的催化底物是O_2^-，一般多以一定时间内产物生成量或底物的消耗量作为酶活性单位。由于O_2^-自身很不稳定，且不易制备，测定SOD的方法除少数采用直接法外，一般多为间接法。

1. 直接法 根据 O_2^- 或产生 O_2^- 的物质本身的性质测定 O_2^- 的歧化量，从而确定SOD的活性。经典的直接法包括脉冲辐射分解法、电子顺磁共振波法（EPR）、核磁共振法。由于所需的仪器设备价格昂贵，一般较少应用。

2. 一般化学法 这些方法的共同特点是要有一个 O_2^- 的产生体系和一个被 O_2^- 还原或氧化的可检测体系。在SOD存在下，一部分 O_2^- 被SOD歧化，因而 O_2^- 还原或氧化检测体系的反应受到抑制。根据反应受抑制程度，测定SOD的活性。一般化学法有邻苯三酚自氧化法、细胞色素C还原法、羟胺法、黄嘌呤氧化酶-NBT法、肾上腺素法、没食子酸法、6-羟多巴胺法、亚硝酸盐形成法和碱性二甲亚砜法。其中邻苯三酚自氧化法是国内广泛采用的方法之一，也是国家标准《超氧化物歧化酶活性检测方法》（GB/T 41906—2022）规定的方法。该法具有特异性强，所需样本量少，操作快速简单，重复性好，灵敏度高，试剂简单等优点。

实训十三 邻苯三酚自氧化法测定SOD活性

【测定原理】

邻苯三酚在碱性条件下，能迅速自氧化，释放出带色的中间产物。在自氧化过程的初始阶段，黄色中间物的积累在滞后30~45秒后与时间呈线性关系。中间产物在420nm处有强烈的光吸收，在有SOD存在时由于它能催化 O_2^- 生成 O_2 与 H_2O_2，从而阻止了中间物的积累，通过计算可以求出SOD的活力。

【试剂与仪器准备】

（一）试剂

除非另有规定，所用的试剂均为分析纯，水为GB/T 6682—2008规定的二级水。

1. A液（0.1moL/L盐酸溶液） 量取盐酸4.166ml，加水定容至500ml。

2. B液［50mmoL/L（Tris）-（1mmoL/L EDTA·2Na），pH 8.20］ 称取6.057g的Tris和372.24mg EDTA·2Na溶于500ml水中，搅拌溶解后加入A液229ml，调至pH 8.20，加水定容至1000ml。（Tris溶液可从空气中吸收二氧化碳，使用时注意将瓶盖严）。

3. C液（10mmoL/L盐酸溶液） 量取A液100ml，加水定容至1000ml。

4. D液（45mmoL/L邻苯三酚盐酸溶液） 称取邻苯三酚567.5mg溶于适量C液中并定容至100ml。

（二）仪器

紫外-可见分光光度计（含配套吸收池）；pH计（精度0.01）；分析天平（感量为0.0001g）；水浴锅。

【样品测定】

（一）邻苯三酚自氧化速率测定

取若干个试管，每管加入B液4.5ml，置恒温水浴锅内25℃保温30分钟。在光径为1cm的石英比色杯中倒入适量的C液进行校零。取出一个已保温的试管，加入9μl的D液后立即混匀，然后倾倒入石英吸收池中，在325nm波长处重复测定10次吸光度值，每次测定间隔时间30秒。第一次测定的吸光度数据舍弃，将每一个吸光度值减去其前面间隔1分钟的吸光度值即得到一个自氧化速率值A，将得到的7个自氧化速率值取平均值，即为该D液加样量下邻苯三酚的自氧化速率 A（ΔA/min），计算见公式5-16。

$$A = \frac{\sum_{i=4}^{n}(A_i - A_{i-2})}{7} \tag{5-16}$$

式中，A 为邻苯三酚自氧化速率，$\Delta A/\text{min}$；A_i为第 i（$i=4$，5，6，7，8，9，10）次测量的吸光度值；A_{i-2}第（$i-2$）（$i=4$，5，6，7，8，9，10）次测量的吸光度值。

根据测定结果调整 D 液加样量并重复测定，使自氧化速率 A（$\Delta A/\text{min}$）为 0.070 ±0.002。

（二）样品液抑制邻苯三酚自氧化速率测定

取出一支已完成保温的试管，用微量进样器吸取适量的供试品溶液加入试管中，摇匀。吸取调整后体积的 D 液加入试管中，立即摇匀并倾倒入石英吸收池中，在 325nm 波长处重复测定 10 次吸光度值，每次测定间隔时间 30 秒。

将第一次测定的吸光度数据舍弃，按照公式 5-17 计算出供试品溶液抑制邻苯三酚自氧化速率 A′（$\Delta A/\text{min}$）。

$$A' = \frac{\sum_{i=4}^{n}(A'_i - A'_{i-2})}{7} \tag{5-17}$$

式中，A'为供试品溶液抑制邻苯三酚自氧化速率，$\Delta A/\text{m}$；A'_i加入供试品液后第 i（$i=4$，5，6，7，8，9，10）次测量的吸光度值；A'_{i-2}为加入供试品液后第（$i-2$）（$i=4$，5，6，7，8，9，10）次测量的吸光度值。

根据测定结果调整供试品溶液的加样量或稀释倍数，使供试品溶液抑制邻苯三酚氧化速率 A′（△A/min）为 0.035 ±0.002。

【结果计算与数据处理】

供试品中超氧化物歧化酶的酶活性按式 5-18 计算：

$$SOD_U = \frac{\frac{A - A'}{A} \times 100\%}{50\%} \times 4.5 \times \frac{D}{V} \tag{5-18}$$

式中，SOD_U为超氧化物歧化酶活性，U/ml；A 为邻苯三酚自氧化速率，$\Delta A/\text{min}$；A'为供试品溶液抑制邻苯三酚自氧化速率，$\Delta A/\text{min}$；4.5 为反应液总体积，ml；D 为供试品溶液稀释倍数；V 为加入供试品溶液体积，ml。50%，25℃，1ml 反应液中每分钟抑制邻苯三酚自氧化速率 50% 时的酶量为一个 SOD_U。

在重复性条件下，获得的两次独立测定结果的绝对差值不大于这两个测定值的算术平均值的 10%。

【岗位对接】

本项目是食品质量与安全、食品检验检测技术专业学生掌握的内容，为食品的研究开发与检验打下坚实的基础。本项目对接食品检验工的资格考试和职业技能标准，按照《中华人民共和国食品安全法》、相关食品标准要求，食品生产经营企业应当加强食品检验工作，对原料检验、半成品检验、成品出厂检验等进行检验控制；食品生产企业可以自行对所生产的食品进行检验，也可以委托符合相关规定的食品检验机构进行检验。从事食品检验岗位的工作人员应掌握相关的知识和技能要求：

1. 能正确测定各类食品中的活性寡糖、活性多糖、糖醇、糖苷、活性脂、牛磺酸、生物抗氧化剂、自由基清除剂 SOD 活性等成分的含量。
2. 会根据检验结果进行食品品质的判定。
3. 熟练使用紫外-可见分光光度计、气相色谱仪、高效液相色谱仪等分析仪器。
4. 具有相关实验室安全知识和实验室管理能力。

【重点小结】

本项目主要介绍了食品中活性多糖、功能性甜味剂、功能性油脂、氨基酸及蛋白质类、生物抗氧化剂、自由基清除剂等成分的检测方法。具体总结如下。

成分	项目	方法	依据标准
活性寡糖、活性多糖及糖醇、糖苷	低聚果糖	高效液相色谱法	GB/T 23528. 2—2021
	大豆低聚糖	高效液相色谱法	GB/T 22491—2008
	枸杞多糖	分光光度法	QB/T 5176—2017
	魔芋葡甘露聚糖	分光光度法	GB/T 18104—2000
	木糖醇	气相色谱法	GB 1886. 234—2016
		高效液相色谱法	
	罗汉果甜苷	高效液相色谱法	GB 1886. 77—2016
活性脂	磷脂	分光光度法	GB/T 5537—2008
	不饱和脂肪酸	气相色谱法	GB 28404—2012
氨基酸、肽与蛋白质	牛磺酸	高效液相色谱法	GB 5009. 169—2016
	乳铁蛋白	高效液相色谱法	GB 1903. 17—2016
生物抗氧化剂	茶多酚	分光光度法	GB/T 8313—2018
	儿茶素	高效液相色谱法	GB/T 8313—2018
	芦丁	高效液相色谱法	《中国药典》(2020 版)
自由基清除剂	SOD 活性	邻苯三酚自氧化法	GB/T 41906—2022

目标检测

答案解析

一、简答题

1. 什么是食品的功能性成分?
2. 各类功能性食品的测定方法和原理分别是什么?
3. 简述高效液相色谱法测定大豆低聚糖的基本步骤和原理。

二、填空题

1. 功能性食品可分为(　　)、(　　)、(　　)、(　　)、(　　)、(　　)、(　　)、(　　)、(　　)等9类。
2. 生物抗氧化剂类物质有(　　)、(　　)和(　　)。

(于　勇)

书网融合……

微课　　题库

项目六

食品包装材料的检验

学习目标

知识目标

1. **掌握** 总迁移量、高锰酸钾消耗量、重金属、脱色试验等常规项目检验的方法。

2. **熟悉** 食品容器和包装材料的样品采集和样品处理原则；常见食品容器和包装材料检验的项目内容、检验意义。

3. **了解** 食品包装的分类及特点。

能力目标

能运用食品检验标准中规定的方法检验常见食品包装材料及容器的常规检验项目。

素质目标

树立食品包装材料的风险意识，培养绿色发展的理念，增强社会责任感。

案例导入

案例 2019年12月1日，国家标准《食品包装用聚偏二氯乙烯（PVDC）片状肠衣膜》（GB/T 17030—2019）实施。该标准规定了食品包装用PVDC片状肠衣膜的分类、技术要求、试验方法、检验规则、标志、包装、运输及贮存。

PVDC最早由美国陶氏开发，国内巨化股份和南通汇羽丰（系日本吴羽与双汇在国内合资）拥有技术和产能。巨化股份通过与国内院校合作及自主研发，已形成国内唯一拥有完全自主知识产权及专利技术的PVDC系列产品生产技术，打破了国外技术垄断。据统计，巨化股份目前已具备3.8万吨/年PVDC产能，居国内第一、全球第三。《2023—2029年中国PVDC行业市场深度研究及投资前景展望报告》

讨论 1. 常见的食品包装材料有哪些？

2. 如何正确检测食品包材的质量？

根据中华人民共和国国家标准（GB/T 4122.1—2008《包装术语 第1部分：基础》)，包装的定义为在流通过程中保护产品，方便储运、促进销售，按一定技术方法而采用的容器、材料及辅助物等的总体名称。也指为了达到上述目的而采用容器、材料和辅助物的过程中施加一定方法的操作活动。

食品包装是指采用适当的包装材料、容器和包装技术，把食品包裹起来，以使食品在贮藏和运输过程中保持其品质和原有的状态。在现代食品工业中，食品包装被称作是“特殊食品添加剂”，是食品工业的最后一道工序。食品包装有盛放和保护食品的功能，在食品运输、储存、使用以及销售、宣传中起着重要作用，一定程度上，它已经成为食品不可分割的重要组成部分。

用于食品的包装材料和容器在《中华人民共和国食品安全法》里指“包装、盛放食品或者食品添加剂用的纸、竹、木、金属、搪瓷、陶瓷、塑料、橡胶、天然纤维、化学纤维、玻璃等制品和直接接触食品或者食品添加剂的涂料。”国家允许使用的食品容器、包装材料主要有以下类别：塑料制品，陶瓷、搪瓷容器，铝、不锈钢、铁质容器，玻璃容器，食品包装用纸，复合材料和辅助材料等。常见食品包装材料和容器分类见表6－1（根据GB/T 23509—2009《食品包装容器及材料分类》）所示。

表6－1 食品包装材料和容器分类

包装材料	包装容器分类
塑料膜、塑料片	塑料周转箱、钙塑瓦楞箱、非复合塑料袋、复合塑料袋、塑料瓶、塑料杯、塑料盒、塑料罐、塑料桶、塑料盆、塑料碗、塑料筐、复合易拉罐
纸张、纸板	纸袋、纸箱、纸盒、纸碗、纸杯、纸罐、纸餐具、纸浆模塑制品
玻璃、陶瓷	瓶、罐、碗、盘、坛、缸
金属	铝、钢或马口铁等制成的金属罐、桶、盒等，铝箔压制的软管、软包装袋等
复合材料	以纸、塑料、铝箔等材料组合而成的复合材料制成的袋、包、桶、盒、杯等
其他	木、竹制成的箱、盒、桶等，搪瓷制成的罐、缸、盆、杯等，纤维材料制成的布袋、麻袋等
辅助材料	涂料、黏合剂、油墨、封闭器、缓冲垫、隔离或填充物等

目前，我国食品包装行业面临的形势不容乐观，包装材料污染食品的事件层出不穷，如：盛装爆米花的纸筒荧光剂超标，金属厨具、餐具等镍、铬、镉、铅迁移量超标，陶瓷制品铅、镉迁移量超标，植物制品、纸制品微生物、二氧化硫超标等。

食品包装材料安全性的基本要求就是不能向食品释放有害物质，不与食品成分发生反应。但由于食品包装与食品直接接触，包装材料所含的一些成分可通过吸收、溶解、扩散等方式向食品发生转移，这一过程称为“迁移”。如塑料包装的聚合物单体和一些添加剂，在一定的介质环境和温度条件下会溶出，并转移到食品中，造成人体健康隐患。因此，我国相关法律法规对食品容器、包装材料提出了一些安全性的综合和单项检测指标，包括重金属含量（以铅计）、总迁移量、高锰酸钾消耗量、脱色指标等，以及有机物单体残留物、裂解物（氯乙烯、苯乙烯、酚类、丁腈胶、甲醛）助剂、老化物等。

食品包装材料及容器的检验流程与食品检验流程相似，包括采样、分样、样品制备与处理、样品检测、结果分析和结果报告。

任务一 样品采集、制备与浸泡试验

PPT

一、样品的采样原则

依据GB 5009.156—2016《食品安全国家标准 食品接触材料及制品迁移试验预处理方法通则》，所采样品应具有代表性，样品应完整、无变形、规格一致。采样数量应能满足检验项目对试样量的需要，供检测与复测之用。样品的采集和存储应避免样品受污染和变质。当试样含有挥发性物质时，应采用低温保存或密闭保存等方式。

二、样品的采样与制样方法

不同类型的产品，对样品采集的要求也有所不同。迁移试验预处理应尽可能在样品原状态下进行。

1. 组合材料及制品 应尽可能按接触食品的各材质材料的要求分别采样。

2. 无法直接测试的样品 可将样品进行切割或按照实际加工条件制得符合测试要求的试样。切割时，应避免对试样测试表面造成机械损伤，应尽可能将切割操作过程产生的试样温升降至最低。

3. 难以测量计算表面积的制品 对于形状不规则，容积较大或难以测量计算表面积的制品，可采用其原材料（如板材）或取同批制品中有代表性制品裁剪一定面积板块作为试样。

4. 原材料与实际成型品有差异的制品 对于树脂或粒料、涂料、油墨和黏合剂等与实际成型品有明显差异的食品接触材料，应当按照实际加工条件制成成型品或片材进行迁移试验预处理。

三、样品的制备与浸泡试验

食品容器和包装材料的种类有很多，材料成分也比较复杂，一般是分析其有害成分向食品迁移的可能性及程度。迁移试验是指在规定条件下，为测定食品接触材料及制品的组分迁移到与之接触的食品或食物模拟物等测试介质中的量而进行的试验，包括特定迁移试验、总迁移试验和化学溶剂替代试验。

依据 GB 31604.1—2023《食品安全国家标准　食品接触材料及制品迁移试验通则》，在实际工作中，常用浸泡试验来分析食品容器和包装材料的有害成分。食品模拟物具有某类食品的典型共性，是用于模拟食品进行迁移试验的测试介质，它能够接近真实地反映食品接触材料及制品中组分向与之接触的食品中迁移的现象。

当食品接触材料及制品预期接触某类食品时，应根据预期接触的食品类别选择相应的食品模拟物进行特定迁移试验和总迁移试验。对于含油脂食品，可采用 95%（体积分数）乙醇、正己烷、正庚烷、异辛烷等化学溶剂替代含油脂食品模拟物，进行化学溶剂替代试验（表 6－2）。

表 6－2　食品类别与食品模拟物

编号	食品类别	食品模拟物	备注
类别 1	水性食品	10%（体积分数）乙醇或水[a]	表面含游离水，且乙醇含量≤10%（体积分数）的食品
类别 2	酸性食品	4%（体积分数）乙酸	pH＜5 的食品
类别 3	含乙醇食品		乙醇含量＞10%（体积分数）的食品
类别 3.1	乙醇含量≤20%（体积分数）	20%（体积分数）乙醇[b]	
类别 3.2	20%＜乙醇含量≤50%（体积分数）	50%（体积分数）乙醇[c]	
类别 3.3	乙醇含量＞50%（体积分数）	实际乙醇浓度或 95%（体积分数）乙醇	
类别 4	含油脂食品	植物油[d]	油脂及表面含有游离脂肪的食品
类别 5	干性食品		表面无游离脂肪和游离水的食品

a. 应首选 10%（体积分数）乙醇作为模拟物；如食品接触材料及制品与乙醇发生酯交换反应或其他理化变化时，应选择水作为模拟物。b. 也适用于富含有机成分且使食品的脂溶性增加的食品。c. 也适用于水包油乳化食品（如部分乳及乳制品）。d. 植物油为橄榄油、精制玉米油，其质量要求应符合 GB 5009.156 的规定。

当预期接触多种类型的食品时，总迁移试验中食品模拟物的选择应符合表 6－3 的规定。表 6－3 中不能涵盖的食品类别，食品模拟物的选择应符合表 6－1 的规定。

表 6－3　接触多种食品类别的食品模拟物

食品类别	食品模拟物
所有食品类别	4%（体积分数）乙酸、10%（体积分数）乙醇（或水）[a]、植物油
除酸性食品之外的所有其他食品类别	10%（体积分数）乙醇（或水）[a]、植物油
干性食品、水性食品、酸性食品、含乙醇食品（乙醇含量≤50%）、乳及乳制品	4%（体积分数）乙酸、50%（体积分数）乙醇
干性食品、水性食品、含乙醇食品（乙醇含量≤50%）、乳及乳制品（pH＞5）	10%（体积分数）乙醇（或水）[a]、50%（体积分数）乙醇

续表

食品类别	食品模拟物
干性食品、水性食品、酸性食品、含乙醇食品（乙醇含量≤20%）	4%（体积分数）乙酸、20%（体积分数）乙醇
干性食品、水性食品、含乙醇食品（乙醇含量≤20%）	20%（体积分数）乙醇

a. 首选10%（体积分数）乙醇作为食品模拟物；如食品接触材料及制品与乙醇发生酯交换反应或其他理化变化，应选择水作为食品模拟物。

迁移试验条件的选择包括预接触时间、温度、加热方式等，室温或低于室温条件下贮存30天以上时，可采用升温加速试验进行迁移试验。总迁移试验条件应符合表6-4的规定。

表6-4 总迁移试验条件

编号	预期使用条件	总迁移试验条件[a]
条件1	室温及以下温度条件下短时（t≤30分钟）接触	40℃、30分钟
条件2	冷冻及冷藏（不在容器内热处理）	20℃、10天
条件3	热灌装、巴氏杀菌或其他热处理[b]	70℃、2小时
条件4	室温灌装（包括热灌装、巴氏杀菌或其他热处理[b]）后在室温下长期贮存（t>3天）	40℃、10天
条件5	在T≤100℃、t>15分钟条件下的高温用途（如蒸煮或沸水消毒）	100℃或回流温度[c]、1小时
条件6	在100℃<T≤121℃温度下的高温用途（如高温热杀菌或蒸馏）	100℃或回流温度[c]、2小时；或121℃、1小时
条件7	在T>121℃的温度下与水性食品、酸性食品、含乙醇食品接触的高温用途	100℃或回流温度、4小时
条件8	在T>121℃的温度下与含油脂食品接触的高温用途	175℃、2小时

a. 较高温度下的测试结果可以代替和涵盖较低温度下的测试结果。相同温度下，较长时间下的测试结果可以代替和涵盖较短时间下的测试结果。b. 热灌装、巴氏杀菌或其他热处理的条件为T≤70℃、t≤2h或T≤80℃、t≤1h或T≤90℃、t≤30min或T≤100℃、t≤15min。c. 不适用于含油脂食品模拟物。d. 仅适用于含油脂食品模拟物。

实训一 食品接触材料及制品的迁移预处理实验

依据GB 5009.156—2016《食品安全国家标准 食品接触材料及制品迁移试验预处理方法通则》进行检验。

【测定原理】

在一定的温度和时间内，将食品接触材料及制品浸泡在模拟食品性质的一些溶剂（食品模拟物）中，采用合适的方法准确测定试样中与食品模拟物接触的面积，用规定的方法检测分析模拟浸泡液中有害物质的量。

【适用范围】

本方法适用于塑料、陶瓷、搪瓷、铝、不锈钢、橡胶等为材质制成的食品接触材料及制品的迁移试验预处理。

【样品制备】

（一）试样的准备

1. 空心制品的面积 空心制品指从制品口沿水平面至其内部最低水平面的深度大于25mm的制品，如碗、锅、瓶。

空心制品的面积为接触食品模拟物的面积总和，即接触食品模拟物的空心制品的内底部和内侧面面积之和。有规格的空心制品按其规格计算；无规格的空心制品，食品模拟物液面与空心制品上边缘（溢出面）的距离不超过1cm。需加热煮沸的空心制品加入食品模拟物的量应能保证加热煮沸时液体不会溢出，接触容积不得小于容积的4/5。边缘有花彩者应浸过花面。

2. 扁平制品面积 扁平制品指从制品口沿水平面至其内部最低水平面的深度小于或等于25mm的制品，如盘，碟。

将扁平制品反扣于纸上，沿制品边缘画下轮廓，记下此参考面积（S）。对于圆形的扁平制品可以量取其直径（D）按式6－1计算出其参考面积。对于盛放食品模拟物时液面至上边缘的距离小于1cm的扁平制品，将制品反扣于纸上，沿制品边缘画下轮廓，轮廓面积即为制品单面面积。

$$S = \left(\frac{D}{2} - l\right)^2 \pi \qquad (6-1)$$

式中，S为面积，cm^2（式6－3～式6－9的释义同）；D为直径，cm（式6－3～式6－9的释义同）；l为食品模拟物至制品边缘距离，cm；π为圆周率，3.14。

3. 全浸没法中试样面积 全浸没试验时，试样厚度小于或等于0.5mm时，计算面积为取试样的单面面积；试样厚度大于0.5mm并且小于或等于2mm时，计算面积为取试样正反两面面积之和，即单面面积乘以2；试样厚度大于2mm时，计算面积为取试样正反两面面积及其侧面积之和。

4. 迁移测试池法中试样面积 试样面积以试样实际接触食品模拟物或其他化学溶剂的面积计算。

5. 不同形状的制品面积测定方法举例

（1）筷（尾方头圆） 全部浸入模拟物。其面积为长方形面积加圆柱形面积之和。计算公式见式6－2：

$$S = A^2 + 4Ah_1 + \pi D h_2 \qquad (6-2)$$

式中，S为面积，cm^2；A为筷方头边长，cm；h_1为筷方形部分长度，cm；D为筷圆头直径，cm；h_2为筷圆形部分长度，cm；π，圆周率，3.14。各字母意义见图6－1。

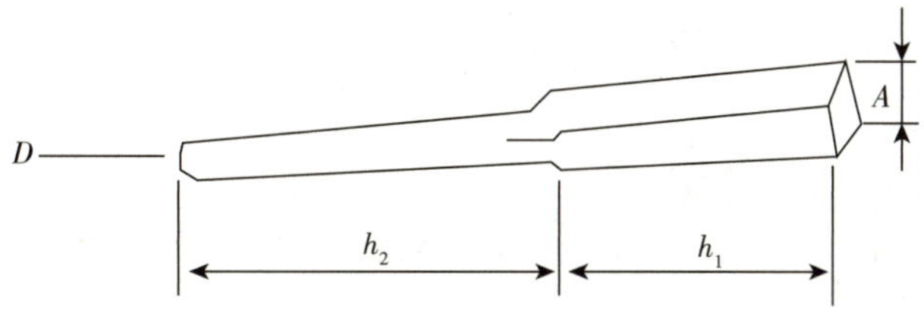

图6－1 筷浸泡示意图

（2）奶瓶盖 全部浸入模拟物。其面积为环面积加圆周面积之和的2倍。计算公式见式6－3：

$$S = 2[\pi(r_1^2 - r_2^2) + 2\pi r_1 \cdot h] \qquad (6-3)$$

式中，r_1为奶瓶盖半径，cm；r_2为内孔半径，cm；h为奶瓶盖高度，cm；各字母意义见图6－2。

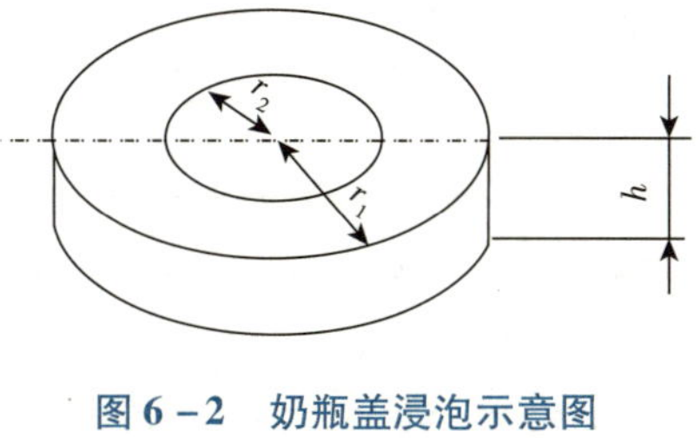

图6－2 奶瓶盖浸泡示意图

（3）碗边缘 边缘有花饰者倒扣于模拟物，浸入2cm深。其面积为被浸泡的圆台侧面积的2倍。

计算公式见式 6-4：

$$S = [\pi l(r_1 + r_2) \times 2] = 4\pi(r_1 + r_2) \quad (6-4)$$

式中，l 为碗浸入模拟物的深度，cm；r_1 为碗口半径，cm；r_2 为碗进入模拟物上层的半径，cm。各字母意义见图 6-3。

（4）圆柱形杯口边缘　边缘有花饰者倒扣于模拟物，浸入 2cm 深。其面积为被浸泡的圆柱体面积的 2 倍。计算公式见式 6-5：

$$S = 2\pi \times l \times 2 = 4\pi rl \quad (6-5)$$

式中，r 为杯口半径，cm；l 为杯子高度，cm。各字母意义见图 6-4。

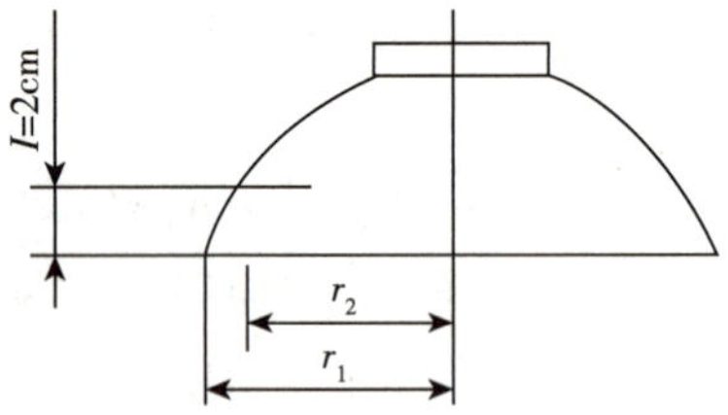

图 6-3　碗浸泡示意图

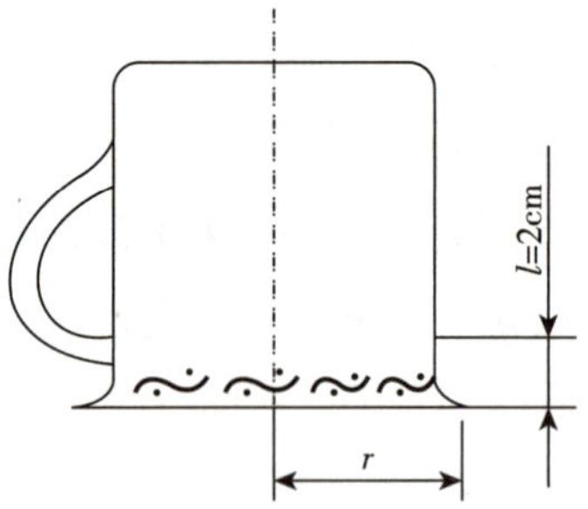

图 6-4　圆柱形杯口边缘示意图

（5）汤勺　其面积为球冠面积。计算公式见式 6-6：

$$S = \pi (r^2 + h^2) \quad (6-6)$$

全部浸入模拟物时乘以 2。式中，r 为汤勺半径，cm；h 为汤勺深度，cm。各字母意义见图 6-5。

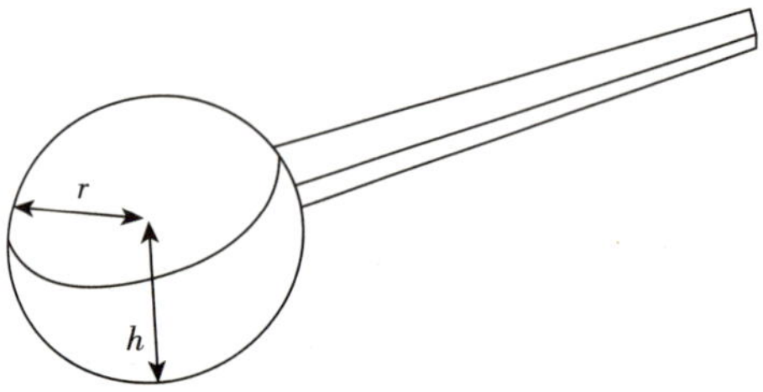

图 6-5　汤勺浸泡示意图

（6）塑料饮料吸管　全部浸入模拟物。其面积为圆柱体侧面积的 2 倍。计算公式见式 6-7：

$$S = \pi Dh \times 2 \quad (6-7)$$

式中，h 为吸管长度，cm。各字母意义见图 6-6。

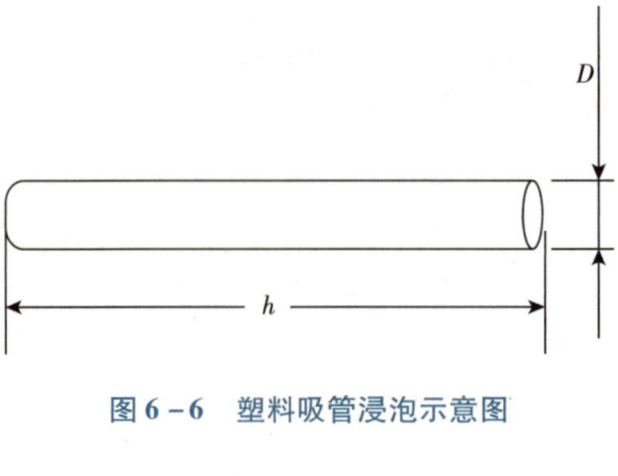

图 6-6　塑料吸管浸泡示意图

（二）试样接触面积与食品模拟物体积比（S/V）

1. 采用不同的试验方法，选择合适的 S/V 对试样进行迁移试验预处理。

2. 因技术原因无法采用实际的 S/V 或常规 S/V（$6dm^2$接触面积对应 1L 或 1kg 食品模拟物）时，可调整 S/V 使模拟物中待测迁移物达到合适的浓度以满足方法检测要求。

3. 迁移试验预处理中试样 S/V 应确保在整个试验过程中，食品模拟物中待测迁移物的浓度始终处于不饱和状态。

（三）样品的清洗和特殊处理

样品应洁净，无污染，按实际使用情形进行清洁。使用前无须清洗的试样（如一次性餐具）可用不脱绒毛布或软刷清除试样表面的异物。使用前有清洗或特殊处理要求的试样，按照标签或说明书上的要求进行清洗或处理后，用蒸馏水或去离子水冲 2～3 次，自然晾干，必要时可用洁净的滤纸将试样表面水分吸干净，但纸纤维不得存留试样表面。清洗或处理过的试样应防止污染，且不得用手直接接触试样表面，应用镊子夹持或戴棉质手套传递试样。

【样品测定】

（一）试验方法

1. 迁移试验预处理过程中，如食品模拟物受热蒸发导致体积减小，应加入食品模拟物定容至体积。

2. 测定挥发性物质时，应采用适宜的密封措施以防止待测物质损失。

3. 迁移试验时间应从食品模拟物达到选定的迁移试验温度后开始计时，迁移试验时间的误差符合表 6－5 的规定。

4. 迁移试验预处理结束后，应将浸泡液立即转移至干净的器皿中以备后续迁移量测定使用。

5. 进行迁移试验预处理时，应同时做空白对照试验。

表 6－5　迁移试验时间和误差

迁移试验时间	误差（min/h）
30min	1
60min	1
90min	3
120min	5
180min	7
210min	8
240min	9
270min	10
300min	12
360min	15
24h	0. 5
48h	0. 5
240h	5

（二）浸泡方法

1. 罐装法

（1）一般方法　将已达试验温度的食品模拟物加入空心制品中。如果空心制品有指定的标准容量，可采用添加玻璃棒或玻璃珠等方法对食品模拟物的液位进行细微调整。记录加入的食品模拟物体积，然后将试样置于已达到试验温度的恒温设备中，按规定的试验条件（温度、时间）进行迁移试验。塑料薄膜袋，复合包装袋等试样应取其预期接触食品的接触面作为测试面，将袋置于适当大小的烧杯中，在袋中加入适量已达到试验温度的食品模拟物，接触已计算面积的区域，并按该试样规定的试验条件进行迁移试验预处理。

（2）制袋法　塑料膜（袋）、复合包装膜（袋）等也可采用制袋法，封合好后切开袋子的一角，其孔径便于注入食品模拟物，将试样袋放入试样支架（图6－7，单位为mm）中。将已达到试验温度的食品模拟物注入试样袋中，开口角热封或用夹子固定。

2. 全浸没法　在试验用容器中注入已达试验温度的食品模拟物，将试样完全浸没在食品模拟物中，记录加入的食品模拟物体积，按规定的试验条件（温度、时间）进行迁移试验。为确保试样完全分开，可在每两片试样中间插入玻璃棒。可用添加玻璃棒和玻璃珠等方法压住易漂浮的试样（如薄膜等），使其完全浸入食品模拟物中。如试样无法完全浸入食品模拟物中，可采用添加玻璃棒或玻璃珠等方法对食品模拟物的液位做细微调整使试样表面完全浸入。薄膜、板材和样片也可使用支架来固定（图6－7和图6－8，单位为mm）。

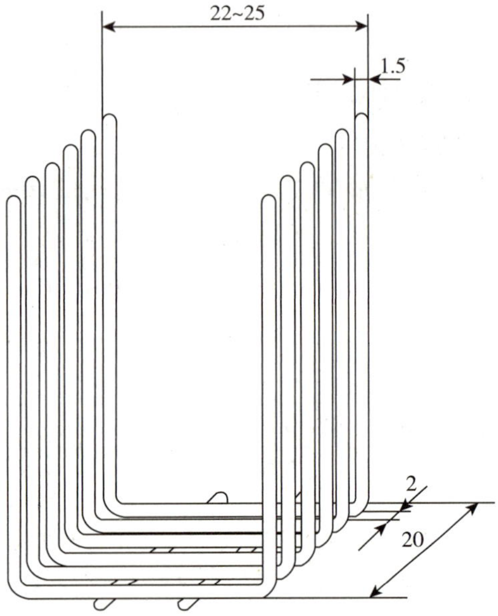

图6－7　大支架

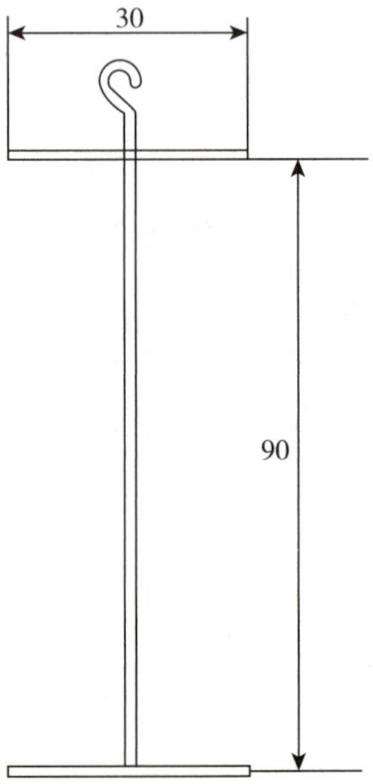

图6－8　十字形支架

3. 回流法　将试样置于全玻璃蒸馏器的烧瓶中，加入食品模拟物200ml，确保试样完全浸入。保持温和回流至规定时间。

4. 迁移测试池法　用量筒量取食品模拟物装入烧瓶中。将烧瓶及迁移测试池（图6－9至图6－12，单位为mm）放入恒温设备中，使之达试验温度。另取面积大于迁移测试池密封区域的试样，装入从恒温设备中取出的迁移测试池中，重新装配迁移测试池，拧紧螺丝。将装有食品模拟物的烧瓶从恒温设备中取出，通过加注孔将食品模拟物从烧瓶转移至迁移测试池中，记录加入的食品模拟物体积。将迁移测试池放回已达到试验温度的恒温设备中。试验结束后，将迁移测试池从恒温设备取出，尽快恢复至室温，当食品模拟物为精制橄榄油或玉米油时，冷却后温度不得低于10℃。

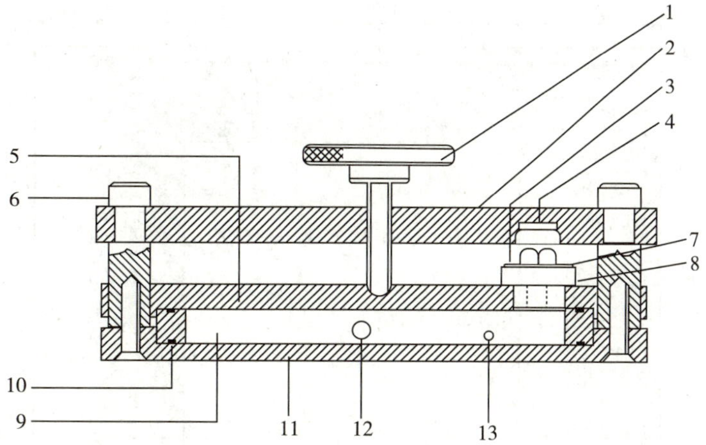

图 6-9 迁移测试池结构示意图 A

1. 夹紧螺钉；2. 夹板；3. 加注孔塞子；4. 隔膜；5. 项板；6. 夹紧柱（一对）；7. 密封垫片；8. O 形密封圈；9. 迁移测试池密封圈；10. O 形圈（一对）；11. 基板；12. 排液孔；13. 热电偶附件

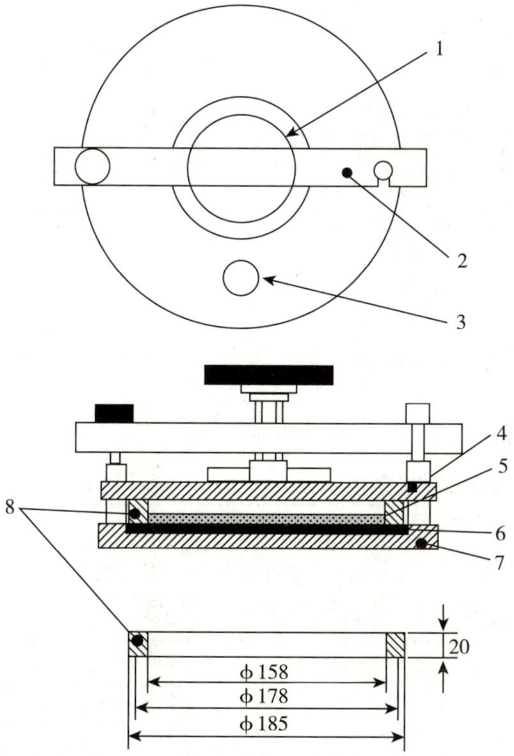

图 6-10 迁移测试池结构示意图 B

1. 夹紧螺钉；2. 夹紧柱；3. 加注孔塞子；4. 盖子；5. 食品模拟物；6. 橡胶垫；7. 基板；8. 密封

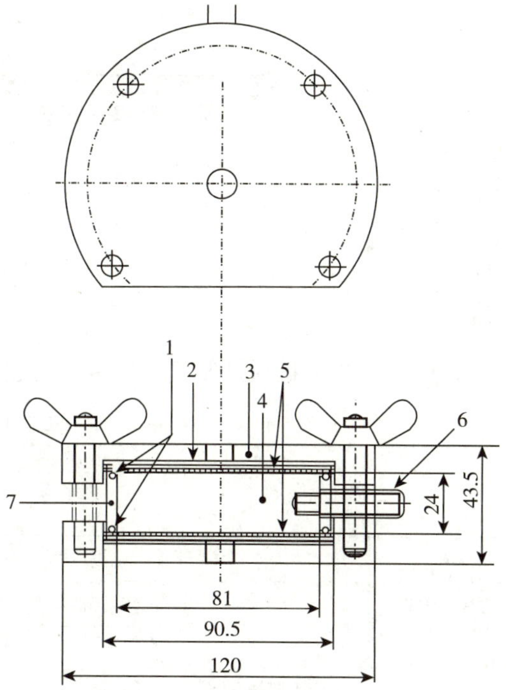

图 6-11 迁移测试池结构示意图 C

1. 密封圈；2. 盖子（不锈钢）；3. 池体（铝）；4. 模拟物；5. 试验样品；6. 塞子（聚四氟乙烯）；7. 环（不锈钢）

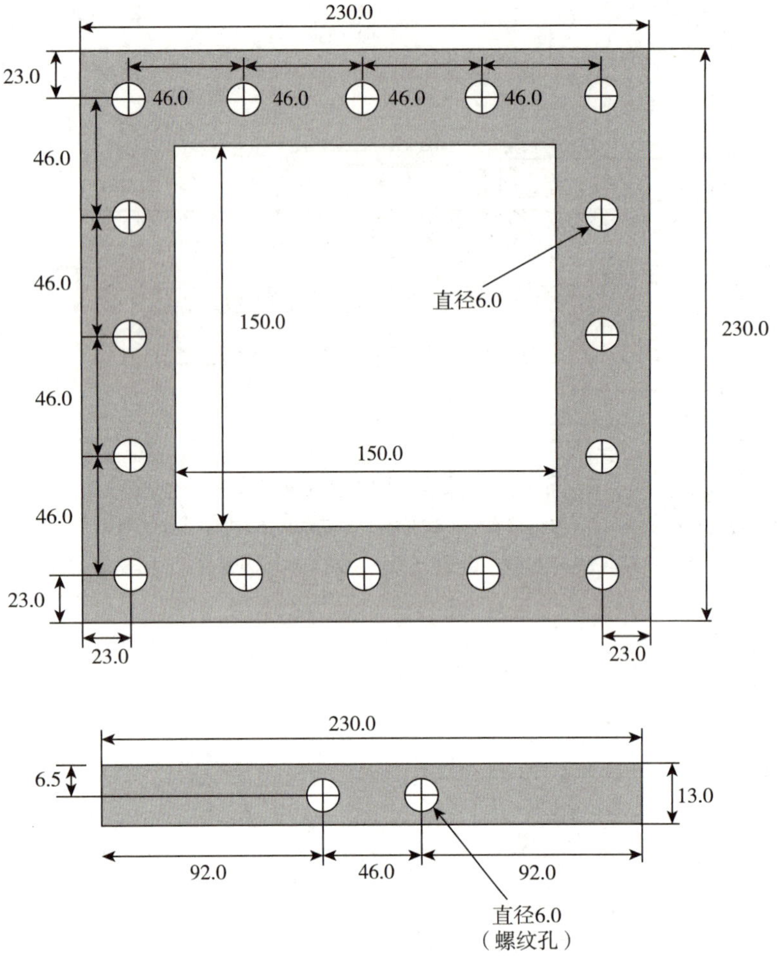

图 6－12 迁移测试池结构示意图 D

5. 常见食品包装材料及制品迁移试验项目及浸泡条件 见表 6－6 至表 6－8。

表 6－6 塑料制品浸泡试验项目及试验条件

名称		检验项目	实验条件		
			溶剂	温度	时间（h）
聚乙烯（PE）、聚苯乙烯（PS）、聚丙烯（PP）、三聚氰胺（MA）、不饱和聚酯及玻璃钢制品、发泡聚苯乙烯	树脂[a]	正己烷提取物	正己烷	回流	2
	成型品	高锰酸钾消耗量	水	60℃	2
		总迁移量[b]	水 4% 乙酸 65% 乙醇 正己烷	60℃ 60℃ 室温（20℃） 室温（20℃）	2 2 2 2
		重金属、甲醛[c]	4% 乙酸	60℃	2
聚氯乙烯（PVC）[d]	瓶垫粒料	高锰酸钾消耗量	水	60℃	0. 5
		总迁移量[b]	4% 乙酸	60℃	0. 5
	成型品	高锰酸钾消耗量	水	60℃	0. 5
		总迁移量[b]	4% 乙酸 20% 乙醇 正己烷	60℃ 60℃ 室温（20℃）	0. 5 0. 5 0. 5
		重金属	4% 乙酸	60℃	0. 5

续表

名称		检验项目	实验条件		
			溶剂	温度	时间（h）
尼龙6	树脂成型品	己内酰胺	水	100℃	1
聚对苯二甲酸乙醇脂	树脂	铅 锑	4%乙酸 4%乙酸	回流 回流	0.5 0.5
		提取物	水 4%乙酸 65%乙醇 正己烷	回流 回流 回流 回流	0.5 0.5 2 1
	成型品	高锰酸钾消耗量	水	60℃	0.5
		总迁移量[b]	水 4%乙酸 65%乙醇 正己烷	60℃ 60℃ 室温（20℃） 室温（20℃）	0.5 0.5 1 1
		重金属 锑	4%乙酸 4%乙酸	60℃ 60℃	0.5 0.5
聚碳酸酯[e]（PC）	树脂及成型品	提取物	水 4%乙酸 20%乙醇 正己烷		6 6 6 6
		重金属	4%乙酸		6
		酚	水		6
复合食品包装袋		高锰酸钾消耗量	水		
		总迁移量	4%乙酸 20%乙醇 正己烷	室温（20℃） 室温（20℃）	2 2
		重金属	4%乙酸		
		二氨基甲苯	水	100℃	1

注：a. 指PE、PS、PP树脂。b. PP不测65%乙醇总迁移量，PS不测正己烷总迁移量，MA只测水总迁移量。c. 指MA。d. 包括PVC瓶盖垫片。该成品加测水浸泡液（60℃，0.5小时）的总迁移量，并且接触乙醇食品的瓶盖垫片加测65%乙醇总迁移量。e. 浸泡温度：树脂微沸回流；成型品正己烷室温（20℃），其他95℃±5℃。

表6－7 金属制品浸泡试验项目及试验条件

名称		检验项目	实验条件		
			溶剂	温度	时间（h）
铝制品	食具	锌、铅	4%乙酸	室温（20℃）	24
	烹调器	镉、砷		煮沸0.5h	24*
不锈钢制品		铅、镉、砷、铬、镍	4%乙酸	煮沸0.5h	24*
搪瓷制品		铅、镉、锑	4%乙酸	沸	24*

注：*指室温放置24小时。

表 6-8 陶瓷制品、原纸浸泡试验项目及实验条件

名称	检验项目	实验条件		
		溶剂	温度	时间（h）
陶瓷制品	铅、镉	4% 乙酸	沸	24*
食品包装用原纸	铅、砷荧光检查、脱色试验	水、正己烷浸泡观察颜色		

注：* 指室温放置 24 小时。

6. 迁移量的测定要求

（1）特定迁移量的测定要求　根据不同样品选择适宜的浸泡方法（罐装法、全浸法、回流法或迁移测试池法）浸泡样品，取获得的浸泡液适量进行分析。对于挥发性物质，可以用注射器通过铝箔盖抽取，如果使用广口玻璃容器，则通过封口膜抽取。采用迁移测试池法的试样应将注射器插入注入口隔膜，从每个迁移测试池中取出浸泡液，按照特定迁移量的测定方法进行分析。

（2）总迁移量的测定要求　根据不同样品选择适宜的浸泡方法（罐装法、全浸法、回流法或迁移测试池法）浸泡样品，取获得的浸泡液按照总迁移量的测定方法进行分析。

【结果计算与数据处理】

（一）一般要求

1. 结果计算和表述应反映食品接触材料及制品在可预见使用情形下实际的接触面积与所接触食品体积（质量）比（*S/V*）。当实际 *S/V* 已知时，应按照可预见使用情形下的最大 *S/V*（如最小包装情况）对迁移试验所得数值进行计算和表述；当实际 *S/V* 未知时，应按照常规的 $6dm^2$ 表面积对应 1kg 或 1L 模拟物对迁移试验所得数值进行计算和表述。婴幼儿专用食品接触材料及制品，应按实际或可预见情形下的容器的实际容量进行计算和表述，以 mg/kg 表示。

2. 结果表述应至少包括迁移试验条件（温度、时间、食品模拟物）以及结果表述所用的 *S/V* 等相关信息。

（二）总迁移量和特定迁移量

1. 总迁移量结果表示为每千克食品模拟物中非挥发性迁移物的毫克数（mg/kg），或每平方分米接触面积迁移出的非挥发性迁移物的毫克数（mg/dm^2）。对婴幼儿专用食品接触材料及制品，以 mg/kg 表示。

2. 特定迁移量结果表示为每千克食品或食品模拟物中迁移物质的毫克数（mg/kg），或食品接触材料及制品与食品或食品模拟物接触的每平方分米面积中迁移物质的毫克数（mg/dm^2）。

3. 如果按照实际 *S/V* 进行试验，则以试验中的接触面积和模拟物体积计算结果；如果未按实际 *S/V* 进行试验，则试验结果应按实际 *S/V* 进行换算；如果实际 *S/V* 未知且未按 $6dm^2$ 接触面积对应 lkg 或 1L 食品模拟物的比例进行试验时，试验结果应按照 $6dm^2$ 对应 1kg 或 1L 食品模拟物的比例进行换算。

（三）盖子、垫圈、连接件等密封制品

如果制品的预期用途已知，按预期密封的容器的实际容量计算，以 mg/L 或 mg/kg 表示，或按预期密封制品和密封容器总的接触面积计算，以 mg/dm^2 表示。如果制品的预期用途未知，以 mg/件（面积）表示。

任务二　食品用塑料制品检验

PPT

按 GB 4806.7－2023《食品安全国家标准　食品接触用塑料材料及制品》，塑料制品是以树脂（含

树脂共混物）或塑料材料为原料，添加必要的添加剂，成型加工成具有一定形状的最终接触食品的成型品（或终产品）。常用包装塑料、标识及应用如表6－9所示。

表6－9 常用包装塑料及包装应用

名称		特点	包装应用	存在安全问题
聚乙烯（PE）	低密度聚乙烯	低密度聚乙烯质地较软，适宜制作薄膜和食具；中密度和高密度聚乙烯质地较硬，耐煮沸。聚乙烯轻、化学性质稳定，但气体透过性大，耐油性差	食品冷冻包装，生鲜、蔬果的保鲜包装；热收缩包装袋及复合膜的热封层	相对低分子聚乙烯易溶于油脂，使食品有蜡味；回收再生制品残留多种污染物，不能用于制作食品包装容器
	高密度聚乙烯			
聚丙烯（PP）		性质稳定，不含未聚合单体；耐热、耐油，透明度好，可替代玻璃；透湿度低，透气性差；宜彩色印刷	糖果、点心的扭结包装，含油食品包装，制成热收缩膜进行热收缩包装	易老化，生产中加入的抗氧化剂和紫外线吸收剂等生产助剂有一定毒性
聚苯乙烯（PS）		无色、无味、透明，阻湿、阻气性差，耐热性差，耐低温性良好；易着色和表面印刷，制品装饰效果良好	应用于制作透明食品盒、盘、小餐具等	残留的苯乙烯单体、乙苯、甲苯等挥发性物质对人体健康有影响；短期盛放液体（2天）会有臭味
聚氯乙烯（PVC）		透明度好，有光泽；耐高低温性差；易着色和表面印刷	软质PVC一般用于生鲜果蔬包装；硬质PVC可直接用于食品包装	软质PVC增塑剂含量大，易残留；残留单体氯乙烯有麻醉和致畸致癌作用
聚偏二氯乙烯（PVDC）		透明有光泽；耐高低温，适用于高温杀菌和低温冷藏	畜肉制品的灌肠包装	残留的聚偏氯乙烯单体在毒理学试验表现其代谢产物为致突变阳性

塑料制品的种类、材料比较多，其通用理化指标见表6－10。

表6－10 食品接触用塑料材料及制品的通用理化指标[a]

检验项目		指标值	检验方法
总迁移量[b]（mg/dm^2）	≤	10	GB 31604.8
高锰酸钾消耗量[c]（mg/kg） 蒸馏水（60℃，2h）	≤	10	GB31604.2
重金属（以Pb计）（mg/kg） 4%（体积分数）乙酸（60℃，2h）	≤	1	GB 31604.9
芳香族伯胺迁移总量[d]（mg/kg）	≤	不得检出 （检出限＝0.01mg/kg）	GB 31604.52
脱色试验[e]		阴性	GB 31604.7

注：a. 母料应按实际配方与树脂或粒料等相关原料混合并加工成最终接触食品的塑料材料及制品后进行检测。b. 婴幼儿专用食品接触用塑料材料及制品应根据实际使用中的面积体积比将结果单位换算为mg/kg，且限量为≤60 mg/kg；对淀粉含量≥40%的淀粉基塑料材料及制品，如果按规定选择的食品模拟物测得的总迁移量超过限量，应按照GB 31604.8测定三氯甲烷提取物，并以测得的三氯甲烷提取量进行结果判定。c. 不适用于淀粉含量≥40%的淀粉基塑料材料及制品。d. 仅适用于含有芳香族异氰酸酯和偶氨类着色剂等可能产生芳香族伯胺类物质的食品接触用塑料材料及制品。e. 仅适用于添加了着色剂的塑料材料及制品。

实训二 食品用塑料制品的常规检验

塑料因其原材料丰富、成本低廉、性能优良、质轻美观的特点，成为目前使用广泛的食品包装材料。但是塑料包装材料内部易残留未聚合的游离单体、生产加工过程中添加的加工助剂（邻苯二甲酸酯类增塑剂、双酚A）、油墨印刷残留的苯、二甲苯、重金属等有毒有害化学污染物，这些物质易迁移与

溶出而导致食品污染

依据 GB/T 5009. 60—2003《食品包装用聚乙烯、聚苯乙烯、聚丙烯成型品卫生标准的分析方法》进行食品用塑料制品的常规检验。其中，高锰酸钾消耗量测定依据 GB 31604. 2—2016《食品安全国家标准　食品接触材料及制品高锰酸钾消耗量的测定》、重金属测定依据 GB 31604. 9—2016《食品安全国家标准　食品接触材料及制品食品模拟物中重金属的测定》、总迁移量测定依据 GB 31604. 8—2021《食品安全国家标准　食品接触材料及制品总迁移量的测定》、脱色试验依据 GB 31604. 7—2023《食品安全国家标准　食品接触材料及制品脱色试验》。

一、适用范围

本方法适用于以聚乙烯、聚苯乙烯、聚丙烯等为原料制作的各种食具、容器及食品用包装薄膜或其他各种食品用工具、管道等制品的检测。

二、准备工作

1. 取样　每批按 0. 1% 取试样，小批时取样数不少于 10 只（以 500ml 容积/只计，小于 500ml/只时，试样应相应加倍取量）。其中半数供化验用，另半数保存两个月，以备作仲裁分析用，分别注明产品名称、批号、取样日期。试样洗净备用。

2. 浸泡条件

（1）水　60℃，浸泡 2 小时。

（2）乙酸（4%）　60℃，浸泡 2 小时。

（3）乙醇（65%）　室温，浸泡 2 小时。

（4）正己烷　室温，浸泡 2 小时。

以上浸泡液按接触面积每平方厘米加 2ml，在容器中则加入浸泡液至 2/3 ~4/5 容积为准。

三、高锰酸钾消耗量的测定

【测定原理】

试样经用浸泡液浸泡后，测定其高锰酸钾消耗量来表示样品溶出的还原性有机物质被氧化所消耗的高锰酸钾的量。

样品加入一定质量的高锰酸钾和硫酸，在沸水浴中加热，高锰酸钾将样品中的还原性有机物氧化，反应后加入过量的草酸钠还原剩余的高锰酸钾，再用高锰酸钾标准溶液回滴过量的草酸钠，从而计算出高锰酸钾的消耗量。

该方法的浓度检测范围为 0. 05 ~5. 0mg/L。

【试剂与仪器准备】

1. 硫酸（1 +2）　取硫酸 100ml 小心加入 200ml 水中，混匀。

2. 高锰酸钾溶液（0. 04%）　称取 0. 4g 高锰酸钾，加水溶解至 1000ml。

3. 高锰酸钾标准溶液（0. 1mol/L）　按 GB/T 601 配制与标定或商品化产品。

4. 高锰酸钾标准滴定溶液（0. 01mol/L）　吸取 10. 0ml 高锰酸钾标准溶液（0. 1mol/L），至于 100ml 容量瓶中，用水定容至刻度。。

5. 草酸标准溶液（0. 1mol/L）　按 GB/T 601 配制与标定或商品化产品。

6. 草酸标准滴定溶液（0. 01mol/L）　吸取 10. 0ml 草酸标准溶液（0. 1mol/L），至于 100ml 容量瓶中，用水定容至刻度。

【样品测定】

1. 锥形瓶的处理 取100ml水，放入250ml锥形瓶中，加入5ml硫酸（1+2）、5ml高锰酸钾溶液（0.04%），煮沸5分钟，倒去，用水冲洗备用。

2. 滴定 准确吸取100ml水浸泡液（有残渣则需过滤）于上述处理过的250ml锥形瓶中，加5ml硫酸（1+2）及10.0ml高锰酸钾标准滴定溶液（0.01mol/L），再加玻璃珠2粒，准确煮沸5分钟，趁热加入10.0ml草酸标准滴定溶液（0.01mol/L），再以高锰酸钾标准滴定溶液（0.01mol/L）滴定至微红色，并在0.5分钟内不褪色，记录最后高锰酸钾标准滴定溶液消耗的滴定量。

另取100ml水代替样品做试剂空白试验。

【结果计算与数据处理】

按照式6-8计算试样的高锰酸钾消耗量：

$$X = \frac{(V_1 - V_2) \times c \times 31.6 \times V}{V_3 \times S} \tag{6-8}$$

式中，X为试样中高锰酸钾消耗量，mg/L；V_1为试样浸泡液滴定时消耗高锰酸钾溶液的体积，ml；V_2为试剂空白滴定时消耗高锰酸钾溶液的体积，ml；c为高锰酸钾标准滴定溶液的实际浓度，mol/L；31.6为与1.0ml的高锰酸钾标准滴定溶液（0.001mol/L）相当的高锰酸钾的质量，mg；V为试样浸泡液总体积，ml；V_3为测定用浸泡液体积，ml；S为与浸泡液接触的试样面积，dm^2。

计算结果保留两位有效数字。在重复性条件下获得的两次独立测定结果的绝对差值不得超过算术平均值的20%。

四、总迁移量的测定

根据不同食品模拟物、化学替代溶剂中总迁移量检测原理的差异，GB 31604.8—2021《食品安全国家标准　食品接触材料及制品总迁移量的测定》分成两部分：第一部分适用于水基食品模拟物、化学替代溶剂中总迁移量的测定；第二部分适用于橄榄油中总迁移量的测定，适用的温度范围为20～175℃，适用材质范围包括食品接触用塑料材料及制品、食品接触用涂料及涂层、食品接触用复合包装材料及制品、食品接触用纸和纸板材料及制品。本实训主要介绍水基食品模拟物、化学替代溶剂中总迁移量的测定。

【测定原理】

试样采用水基食品模拟物、化学替代溶剂［如正己烷、异辛烷、95%（体积分数）乙醇溶液、正庚烷］，在选定的迁移试验条件下进行迁移试验，将迁移试验所得浸泡液蒸发并干燥后，扣除相应空白得到试样向水基食品模拟物、化学替代溶剂迁移的所有非挥发性物质的总量。

【试剂与仪器准备】

（一）试剂

水基食品模拟物的配制，GB 31604.1—2023中水性食品或酒精饮料所对应的4%（体积分数）乙酸溶液；10%（体积分数）乙醇溶液；20%（体积分数）乙醇溶液；50%（体积分数）乙醇溶液的配制按GB 5009.156—2016操作。

（二）仪器

天平（感量为0.1mg）；电热恒温干燥箱；电热恒温水浴锅或其他电热设备。

【样品测定】

1. 迁移试验 食品接触材料及制品按照GB 31604.1—2023和GB 5009.156—2016的要求进行迁移

试验。

2. 水基食品模拟物、化学替代溶剂总迁移量的测定 蒸发皿在使用前洗净并沥干水分，在100℃±5℃电热恒温干燥箱中烘干2小时，然后在干燥器中冷却0.5小时后称重，重复烘干，冷却、称重，直至恒重（即前后两次称量质量差不超过0.5mg），最后一次称量的质量即为空蒸发皿的质量。

取已恒重的空蒸发皿，向其中加入迁移试验所得浸泡液200ml（若蒸发皿规格低于200ml，则需分次蒸干），置于不高于各浸泡液沸点温度10℃的水浴上蒸干，将蒸发皿底的水滴用滤纸或无尘擦拭纸吸去（蒸发皿底不得残留纸纤维），再将蒸发皿置于100℃±5℃电热恒温干燥箱中干燥2小时后取出，在干燥器中冷却0.5小时后称量，重复烘干、冷却、称重，直至恒重，最后一次称量的质量即为带有试样蒸发残渣的蒸发皿质量。带有试样蒸发残渣的蒸发皿质量减去空蒸发皿的质量即为试样测定用浸泡液残渣的质量。

3. 三氯甲烷提取物的测定 本测定步骤适用于产品标准中规定需检测三氯甲烷提取物的食品接触材料及制品。

向水基食品模拟物、化学替代溶剂所得残渣中加入三氯甲烷20ml，润湿残渣，用滤纸过滤，将滤液收集到已恒重的蒸发皿中，再分别用20ml三氯甲烷对残渣提取两次。然后用少许三氯甲烷冲洗滤纸，滤液并入蒸发皿中，按以上水基食品模拟物、化学替代溶剂步骤蒸干，获得试样测定用浸泡液经三氯甲烷提取的残渣质量。

4. 空白试验 按以上1、2、3处理未与食品接触材料及制品接触的水基食品模拟物、化学替代溶剂、三氯甲烷，得到空白浸泡液的残渣质量、空白浸泡液经三氯甲烷提取的残渣质量。

【结果计算与数据处理】

1. 总迁移量计算，以 mg/dm^2 表示

（1）非密封制品类（除盖子、垫圈、连接件等密封制品以外）的食品接触材料及制品，计算参见式6－9：

$$X_1 = \frac{(m_1 - m_2) \times V}{V_1 \times S} \tag{6-9}$$

式中，X_1为非密封制品类食品接触材料及制品的总迁移量，mg/dm^2；m_1为试样测定用浸泡液残渣的质量，mg；m_2为空白浸泡液的残渣质量，mg；V为迁移试验所得试样浸泡液总体积，ml；V_1为测定用浸泡液体积，ml；S为试样与浸泡液接触的面积，dm^2。

（2）密封制品类（盖子、垫圈、连接件等）的食品接触材料及制品，计算参见式6－10。

$$X_2 = \frac{(m_1 - m_2) \times V}{V_1 \times S} \times \frac{S_0}{S_0 + S_3} \tag{6-10}$$

式中，X_2为密封制品类食品接触材料及制品的总迁移量，mg/dm^2；m_1为试样测定用浸泡液残渣的质量，mg；m_2为空白浸泡液的残渣质量，mg；V为迁移试验所得试样浸泡液总体积，ml；V_1为测定用浸泡液体积，ml；S为试样与浸泡液接触的面积，dm^2；S_0为密封制品实际使用中与食品接触的面积，dm^2；S_3为密封制品实际适配器与食品接触的面积，dm^2。

2. 经三氯甲烷提取后的总迁移量计算，以 mg/dm^2 表示 计算参见式6－11。

$$X_3 = \frac{(m_3 - m_4) \times V}{V_1 \times S} \tag{6-11}$$

式中，X_3为食品接触材料及制品经三氯甲烷提取后的总迁移量，mg/dm^2；m_3为试样测定用浸泡液经三氯甲烷提取后残渣的质量，mg；m_2为空白浸泡液经三氯甲烷提取后残渣质量，mg；V为迁移试验所得试样浸泡液总体积，ml；V_1为测定用浸泡液体积，ml；S为试样与浸泡液接触的面积，dm^2。

以 mg/kg、mg/件为单位表示的总迁移量计算参考 GB 31604.8—2021《食品接触材料及制品 总迁移量的测定》，计算结果精确到小数点后一位。当 GB 31604.1—2023 规定了含油脂食品模拟物校正因子时，化学溶剂替代试验的测定结果均应除以相应的校正因子。

当总迁移量结果≤10.0mg/dm^{2}或 60.0mg/kg 时，在重复性条件下获得的两次独立测定结果与其算术平均值的差值不得超过 1.0mg/dm^{2}或 6.0mg/kg，应用校正因子后的测定结果也应满足此要求。当总迁移量结果＞10.0mg/dm^{2}或 60.0mg/kg 时，在重复性条件下获得的两次独立测定结果与其算术平均值的差值不得超过算术平均值的 10%，应用校正因子后的测定结果也应满足此要求。

五、重金属的测定

重金属是指分析样品在酸性条件下可以溶解出来的有毒金属，如铅、镉、铬等。在实际的检验分析中，重金属统一用铅来计算，其分析方法有半定量（超标与否）和定量两种。此处采用半定量分析方法。

【测定原理】

经迁移试验所得的食品模拟物试液中重金属（以铅计）与硫化钠作用，在酸性溶液中形成黄棕色硫化物，与铅标准溶液呈色相比较。

【试剂与仪器准备】

1. 硝酸溶液（10%，质量分数） 移取 16.7ml 硝酸（质量分数 60%）加水定容至 100ml。

2. 硫化钠溶液 称取 15.4g 九水合硫化钠，加入 10ml 水，用玻璃棒充分搅拌直至溶解，然后加入 30ml 甘油，混匀，密闭保存。本溶液常温下可稳定保存一个月。

3. 食品模拟物 4% 乙酸溶液（体积分数）。量取 40ml 冰乙酸于 1L 容量瓶中，加水定容至刻度。

4. 铅标准储备液 准确称取 0.1598g 硝酸铅（精确至 0.0001g），溶于 10ml 硝酸溶液中，移入 1000ml 容量瓶内，加水稀释至刻度。1ml 此溶液相当于 100μg 铅。

5. 铅标准使用液 吸取 10.0ml 铅标准储备液，置于 100ml 容量瓶中，加水稀释至刻度，摇匀。1ml 此溶液相当于 10μg 铅。

【样品测定】

1. 试样制备 以 4% 乙酸溶液作为食品模拟物对样品进行迁移试验，得到食品模拟物试液。在 0～4℃冰箱中避光保存。

2. 试样溶液测定 吸取 20ml 经迁移试验后所得食品模拟物试液于 50ml 比色管中，加水至刻度；另取 2ml 铅标准使用液于 50ml 比色管中，加 20ml 4% 乙酸溶液，加水至刻度混匀。分别于两个溶液中加 2 滴硫化钠溶液，混匀后，放置 5 分钟，以白色为背景，从上方或侧面观察并比较模拟物试液及标准溶液的呈色。

【结果的表述】

当试样呈色深于标准溶液呈色时，食品接触材料及其制品中重金属迁移量（以铅计）＞1mg/L；当试样呈色浅于标准溶液呈色时，食品接触材料及其制品中重金属迁移量（以铅计）＜1mg/L。

六、脱色试验

脱色试验用于检查样品中色素的迁移程度，适用于添加了着色剂的食品接触用塑料材料及制品浸泡液着色和擦拭脱色的测定。

【测定原理】

脱色试验分为浸泡液着色和擦拭脱色两部分，其中浸泡液着色采用迁移试验所得食品模拟物或化学替代溶剂，用评定沾色用灰色样卡或六色九级卡评价浸泡液着色等级。擦拭脱色采用经食品模拟物润湿饱和的脱脂棉，对试样食品接触面进行擦拭，用评定沾色用灰色样卡或六色九级卡评价擦拭后脱脂棉着色等级。

【试剂与仪器准备】

（一）试剂

冰乙酸（$C_2H_4O_2$）；无水乙醇（C_2H_6O）；异辛烷（C_8H_{18}）；95%乙醇；植物油（橄榄油、玉米油），符合 GB 5009.156—2016 的要求；椰子油（CAS 号：8001-31-8），化学纯；食品模拟物，按照 GB 5009.156—2016 的规定配制；脱脂棉（白色）。

（二）仪器

1. 评定沾色用灰色样卡 符合 GB/T 251 要求的评定沾色用灰色样卡。

2. 六色九级卡 符合美国纺织化学师与印染师协会（AATCC）标准要求的六色九级卡。

3. 具塞比色管 50ml，无色，仅有全量和半量无色刻度线。

4. 电子天平 感量为 0.1g（最大称量 >2.0kg）。

5. 分析天平 感量为 0.1mg。

6. 比色箱 满足 GB/T 32387—2015《通用比色箱》的要求，光源为标准照明体 D65。

【样品测定】

（一）浸泡液着色

1. 浸泡液制备 试样依据相应产品标准、GB 31604.1—2023 和 GB 5009.156 进行迁移试验，并按相应产品标准和 GB 31604.1—2023 的要求选择食品模拟物和迁移试验条件，且迁移试验用面积/体积比应与结果表述所要求的面积/体积比一致。迁移试验所得食品模拟物或化学替代溶剂即为浸泡液。迁移试验至少进行 2 个平行试验。

按上述方式将未与待测试样接触的食品模拟物或化学替代溶剂同样处理，所得浸泡液即为空白浸泡液。

2. 着色等级评定 实验人员应无彩色视觉缺陷。实验室人员佩戴矫正视力眼镜的，其镜片必须在整个可见光谱内有均匀的光谱透过率。如果实验人员进行连续比色，应按照一定间隔休息几分钟，以保证目视比色的质量。

取具塞比色管，分别加入 50ml 已冷却至室温的浸泡液、空白浸泡液，置于比色箱内的比色管架上。将比色管架、评定沾色用灰色样卡或六色九级卡置于比色箱内同一平面上，实验人员水平方向观察目测评定浸泡液与空白浸泡液之间色差所属的灰色样卡或六色九级卡等级，对应的数字即为浸泡液着色等级。

当 2 个平行试样浸泡液着色等级有差别，且影响到脱色试验的结果表述时，需增加评定人员进行评级。确定平行试样结果差异是由评定人员视觉差异引起的，需至少 3 人评定等级一致，方可报出结果。如果确定平行试样结果差异不是由评定人员视觉差异引起的，则需重新制备试样进行迁移试验浸泡液着色等级的评定。

当同时对多批试样浸泡液进行比较时，还需将采用相同食品模拟物、评定为同一着色等级的浸泡液，放在一起进行比较，以确保各批试样浸泡液评级的准确性。当某批浸泡液与空白浸泡液之间的色差和同时评定的其他批次不一致时，应重新评定该浸泡液的着色等级。

（二）擦拭脱色

1. 试样制备 按照 GB 5009.156—2016 对试样进行预处理，每种食品模拟物制备 2 份擦拭脱色试样。实验人员需戴一次性使用丁腈手套进行擦拭试验，且确保所戴丁腈手套在整个测试过程中不脱色。

2. 润湿脱脂棉所用食品模拟物的准备 试样依据相应产品标准、GB31604.1—2023 和 GB5009.156—2016 中总迁移试验规定选择润湿脱脂棉所用食品模拟物。当选择植物油作为食品模拟物时，采用液态椰子油进行擦拭试验。若椰子油发生凝固时，可在 30℃恒温加热熔化。

3. 脱脂棉准备 取脱脂棉，在厚度均匀的区域，裁剪出 2cm ×2cm 的大小，质量为 0.25 ~0.30g，用 2. 所选食品模拟物完全润湿。

4. 实验人员擦拭力值练习与确认 取与待测样品相同材质的板材或片材，置于电子天平（或其他可以显示擦拭力值的等效设备）上，实验人员用双指（食指和中指）指腹压住润湿的脱脂棉，在约 4cm ×2cm 的面积内以约 1 次/秒的速度往返擦拭 100 次（脱脂棉在试样测试方向往返擦拭一个回合，计擦拭 1 次）。擦拭时，应沿测试表面均匀用力，并全程观察电子天平质量示数。若连续 3 次擦拭全过程质量示数稳定在 1.0kg ±0.2kg 范围，实验人员的擦拭力值符合要求。

5. 擦拭脱色试验 在试样食品接触面约 4cm ×2cm 的面积内，用双指（食指和中指）指腹压住润湿的脱脂棉，沿试样表面采用符合要求的擦拭力值以约 1 次/ 秒的速度往返擦拭 100 次，获得擦拭后脱脂棉。如果实验人员进行连续擦拭脱色试验，应按照一定间隔休息几分钟，以保证擦拭力值控制的稳定性。

6. 空白试验 采用经擦拭脱色试验证实不脱色的相同材质试样作为空白试样，按上述流程制备空白脱脂棉。

7. 着色等级评定 将擦拭后脱脂棉、空白脱脂棉、评定沾色用灰色样卡或六色九级卡置于比色箱同一平面上，入射光与脱脂棉表面呈约 45°，观察方向大致垂直于脱脂棉表面，目测评定擦拭后脱脂棉与空白脱脂棉之间色差所属的灰色样卡或六色九级卡等级，对应的数字即为擦拭脱色等级。

当 2 个平行试样擦拭脱色等级有差别，且影响到脱色试验的结果表述时，需增加评定人员进行评级。确定平行试样结果差异是由评定人员视觉差异引起的，需至少 3 人评定等级一致，方可报出结果。如果确定平行试样结果差异不是由评定人员视觉差异引起的，则需重新制备试样进行擦拭脱色等级的评定。

当同时对多批试样进行擦拭脱色试验时，还需将采用相同食品模拟物、评定为同一级的擦拭后脱脂棉放在一起进行比较，以确保各批试样擦拭脱色试验评级的准确性。当某批试样的擦拭后脱脂棉与空白脱脂棉的色差和同时评定的其他批试样不一致时，应重新评定该批试样的擦拭脱色等级。

8. 结果表述 当浸泡液着色试验结果评定等级为 5 级、4 ~5 级或 4.5 级时，浸泡液着色试验结果表述为阴性；当浸泡液着色试验结果评定等级为 1 ~4 级时，浸泡液着色试验结果表述为阳性。

当擦拭脱色试验结果评定等级为 5 级、4 ~5 级或 4.5 级时，擦拭脱色试验结果表述为阴性；当擦拭脱色试验结果评定等级为 1 ~4 级时，擦拭脱色试验结果表述为阳性。

当浸泡液着色、擦拭脱色两个试验结果均为阴性时，脱色试验结果表述为阴性；当浸泡液着色、擦拭脱色任意一个试验结果为阳性时，脱色试验结果表述为阳性。

七、常用塑料材料的鉴别（燃烧试验）

塑料膜燃烧时呈现出不同的火焰颜色，据此可以判断出该塑料的大致种类（表 6 –11）。本试验用不同的塑料膜进行燃烧试验，根据火焰的色彩，对燃烧的薄膜进行分类。

表 6-11 食品包装常用塑料膜的特点

名称	感官鉴别	燃烧鉴别			
		火焰特征	塑料变化	燃烧情况	气味
PVC	柔软，拉伸韧性强于 LDPE，白色，透明度高，有弹性	黄色火焰，下端绿色	燃烧表面黑色，无熔融滴落	难以燃烧，离火即灭	有刺激性酸味
PE	柔软，透明或半透明	黄色火焰	蜡泪滴落，表面无焦黑	易燃，离火继续燃烧，极少黑烟	石蜡气味
PP	白色，透明度较高，揉搓时有响声	火焰上黄，下蓝	熔融滴落	容易燃烧，无黑烟	有石油味
PS	透明度高，有光泽	火焰橙黄色	软化起泡	易燃，浓黑烟	特殊苯乙烯单体味
PVDC	透明、有光泽	火焰黄色，端部绿色	软化	很难燃烧，离火即灭	特殊气味

【测定原理】

用不同的塑料膜进行燃烧实验，根据火焰的色彩，对燃烧的薄膜进行分类。

【试剂与仪器准备】

酒精灯；镊子；剪刀；火柴。

【样品测定】

1. 点燃酒精灯。

2. 用镊子夹住塑料试样，放在酒精灯上燃烧，观察火焰燃烧情况及现象，将燃烧的塑料试样离开火观察，记录观察结果。然后将夹试样的镊子连同试样投入到水瓶中冷却和熄火。

3. 换试样，按上步步骤重复试验。

【结果判断】

将燃烧现象填入表 6-12 中，对照表 6-11 判断试样材料。

表 6-12 塑料材料鉴别试验结果

编号	火焰现象	气味	燃烧情况	样品变化	材料名称
1					
2					
3					

拓展阅读

塑料制品中的芳香伯胺检测

芳香族伯胺（PAAs），是指氨分子中的一个氢原子被芳环基取代后的化合物。在食品接触材料中，芳香族伯胺是一类典型的非有意添加物，在食品接触用塑料、涂料、橡胶、油墨、粘合剂中使用的着色剂以及含有聚氨酯粘合剂的塑料和聚合物涂层中，都存在芳香族伯胺残留风险。

芳香族伯胺中 4,4′-二氨基二苯甲烷、2-萘胺、4-氨基联苯、联苯胺四种物质已被证明是致癌物和诱变剂，可以通过呼吸道、胃肠道和皮肤进入人体，并能够诱发白血病、癌症等病症。2020 年我国食品接触材料制品被欧盟食品和饲料快速预警系统通报（RASFF）案例中，因塑料制品中芳香族伯胺迁移量不合格被通报的数量占总数的 36.1%。

GB 31604.52 规定了 29 种食品接触材料及制品芳香族伯胺迁移量的测定。食品接触材料及制品进行迁移试验后，采用液相色谱－质谱/质谱法进行检测。其中4%乙酸、10%乙醇、20%乙醇、50%乙醇食品模拟物及化学替代溶剂95%乙醇经过滤后直接进样；化学替代溶剂异辛烷通过甲醇－水溶液萃取后，取水层过滤进样。采用峰面积外标法定量。

任务三　食品用橡胶制品检验

PPT

橡胶分为天然橡胶和合成橡胶。天然橡胶来自于橡胶树浆的采集加工，主要成分为异戊二烯，本身无毒；合成橡胶有丁基橡胶、硅橡胶、乙丙橡胶等。橡胶广泛应用于食品工业的容器与包装材料之中，如高压锅垫圈、食品输送管、奶嘴、罐头垫圈等。

食品用橡胶是以天然橡胶或合成橡胶为主要原料，辅以特定助剂制成的接触食品的片、圈、管等橡胶制品。在食品与容器长期相互接触中，尤其是高温、强酸、高糖、高脂等条件下，橡胶中的助剂、橡胶中的单体均可能迁移到食品之中而污染食品。我国食品用橡胶卫生标准规定，橡胶奶嘴只能使用天然橡胶和硅橡胶作为原料，所有食品用橡胶禁止使用再生胶。

食品用橡胶制品（不含橡胶奶嘴）的检验按照GB 4806.11—2023《食品安全国家标准　食品接触用橡胶材料及制品》进行（表6－13），具体分析步骤因橡胶种类不同而异，如《食品用橡胶垫片（圈）的卫生标准分析方法》（GB/T 5009.64—2003），《食品用橡胶管卫生检验方法》（GB/T 5009.79—2003）；橡胶奶嘴参照GB 4806.2—2015《食品安全国家标准　奶嘴》检验，具体理化指标分析方法依据GB 31604.8—2021（总迁移量）、GB 31604.2—2016（高锰酸钾消耗量）、GB 31604.9—2016（重金属）。

表6－13　食品用橡胶卫生标准

项目		指标	检测方法
总迁移量[a]/(mg/dm²)	≤	10	GB 31604.8
高锰酸钾消耗量/(mg/kg) 水（60℃，0.5h）	≤	10	GB 31604.2
重金属（以pb计）/(mg/kg) 4%乙酸（体积分数）（60℃，0.5h）	≤	1	GB 31604.9
芳香族伯胺迁移总量[b]/(mg/kg)		不得检出（检出限＝0.1mg/kg）	GB 31604.52
N－亚硝胺和*N*－亚硝胺可生成物迁移总量[c]/(mg/kg) *N*－亚硝胺 *N*－亚硝胺可生成物		 不得检出（检出限＝0.1mg/kg） 不得检出（检出限＝0.1mg/kg）	食品接触材料及制品中*N*－亚硝胺和*N*－亚硝胺可生成物迁移总量的测定

注：a. 婴幼儿专用食品接触用橡胶材料及制品应根据实际使用中的面积体积比将结果换算为mg/kg，且限量为≤60mg/kg。b. 仅适用于含有胺类防老剂、次磺酰胺类硫化促进剂、偶氮类着色剂等可能产生芳香族伯胺的食品接触用橡胶材料及制品。GB 4806.7—2023、GB 9685及相关公告中规定了迁移限量的芳香族伯胺，其限量按照相关规定执行。c. 仅适用于含有硫化促进剂等可能产生*N*－亚硝胺和*N*－亚硝胺可生成物的食品接触用橡胶材料及制品。

实训三　食品用橡胶制品的检验

一、样品的采集与制备

（一）样品采集

从每批食品用橡胶圈（垫片、奶嘴）中随机采样500g（以日产量为一批）；食品用高压密封圈，每批采9只；食品用橡胶管采集的长度以能灌装250ml浸泡液计（$L=\frac{250}{\pi r_2}$），共5根。待测食品用橡胶样品洗净待测。

（二）样品制备

取洁净样品20g，每克样品加20ml浸泡液浸泡（或以接触面积2ml/cm²）。其中：奶嘴采用蒸馏水、4%乙酸分别于60℃浸泡2小时；橡胶管内分别灌注65%乙醇和正己烷，室温下2小时；其他食品用橡胶制品分别用蒸馏水、4%乙酸、20%乙醇和正己烷（回流）于60℃浸泡30分钟。

二、重金属的检测

参照本项目实训二“食品用塑料制品的常规检验”进行检测。塑料经迁移试验所得的食品模拟物试液中重金属（以铅计）与硫化钠作用，在酸性溶液中形成黄棕色硫化物，与铅标准溶液呈色相比较。反应过程中可加入柠檬酸铵、氰化钾等掩蔽剂，以排除钙、镁、铜、锌等离子的干扰。当试样呈色深于标准溶液呈色时，食品接触材料及制品中重金属迁移量（以铅计）>1mg/L；当试样呈色浅于标准溶液呈色时，食品接触材料及制品中重金属迁移量（以铅计）<1mg/L。

三、锌的测定

【测定原理】

锌离子在酸性条件下与亚铁氰化钾作用生成亚铁氰化锌，产生浑浊，与标准浑浊度比较定量。

【试剂与仪器准备】

（一）试剂

亚铁氰化钾溶液（5g/L）；亚硫酸钠溶液（200g/L），临用时新配；盐酸（1+1）；氯化铵溶液（100g/L）。

（二）试剂配制

1. 锌标准液 准确称取0.1000g锌，加4ml盐酸（1+1），溶解后移入1000ml容量瓶中，加水稀释至刻度。此溶液每毫升相当于100.0μg锌。

2. 锌标准使用液 吸取10.0ml锌标准液，置于100ml容量瓶中，加水稀释至刻度，此溶液每毫升相当于10.0μg锌。

【样品测定】

吸取2.0ml乙酸（4%）浸泡液，置于25ml比色管中，加水至10ml。吸取0.0、0.5、1.0、2.0、3.0、4.0ml锌标准使用液（相当于0.0、5.0、10.0、20.0、30.0、40.0μg锌），分别置于25ml比色管中，各加2ml乙酸（4%），再各加水至10ml。

于试样及标准管中各加1ml盐酸（1+1），10ml氯化铵（100g/L）溶液，0.1ml亚硫酸钠溶液（200g/L），摇匀，放置5分钟后，各加0.5ml亚铁氰化钾溶液（5g/L），加水至刻度，混匀。放置5分钟后，目视比较浊度定量。

【结果计算与数据处理】

浸泡液中锌的含量参照公式6-12计算：

$$X=\frac{m\times 1000}{V\times 1000} \tag{6-12}$$

式中，X为试样浸泡液中锌含量，mg/L；m为测定时所取试样浸泡液中锌的质量，μg；V为测定时所取试样浸泡液体积，ml。

计算结果保留三位有效数字。在重复条件下获得的两次独立测定结果的绝对差值不得超过算术平均值的10%。

PPT

任务四　食品容器涂料的检验

食品容器涂料是指接触酒、酱油、发酵食品、腌制食品及食用油的各种容器内壁所使用的涂料以及食品容器的防粘涂料。其既可防止容器及其材料中的有害物质向食品迁移，又可预防食品对容器及材料的腐蚀。所用的涂料和助剂，必须是食品容器内壁涂料卫生标准所规定的允许使用的品种，尤其不得用沥青作为食品容器内壁涂料。

依据GB 4806.10—2016《食品安全国家标准　食品接触用涂料及涂层》，食品容器涂料及涂层是指涂覆在食品接触材料及制品与食品直接接触面上的涂料，以及其形成的涂层（膜）（不适用于纸涂料及涂层）。其理化指标要求见表6-14。

表6-14　食品容器涂料及涂层理化指标

项目	指标	检验方法
总迁移量/(mg/dm²)[a]	≤10	GB 31604.8
高锰酸钾消耗量/(mg/kg) 蒸馏水（60℃，2h或煮沸0.5h，再室温放置24h）[b]	≤10	GB 31604.2
重金属（以Pb计）/(mg/kg) 4%乙酸（体积分数）（60℃，2h，或煮沸0.5h，再室温放置24h）[b]	≤1	GB 31604.9

注：a. 接触婴幼儿食品的涂料及涂层应根据实际使用中的面积体积比将结果换算为mg/kg，且限量为≤60mg/kg。b. 炊饮涂层的试验条件采用“煮沸0.5h，再室温放置24h”，其他涂层的试验条件采用“60℃，2h”。

食品容器涂料检测标准因种类不同而异，如食品容器内壁聚四氟乙烯涂料试样制备依据GB/T 5009.80—2003、食品容器内壁聚酰胺环氧树脂涂料试样制备依据GB/T 5009.70—2003等。食品接触用涂料及涂层检验的综合项目为总迁移量（GB 31604.8—2021）、高锰酸钾消耗量（GB 31604.2—2016）、重金属测定（GB 31604.9—2016）和感官检验（GB 4806.10—2016）。特殊指标有砷、氟、氯乙烯等单体的检验。除此之外，尚有游离酚（GB 31604.46—2023）和游离甲醛迁移量的检测（GB 31604.48—2016）。

GB 31604.46—2023包含食品接触用环氧酚醛树脂涂料中游离酚的测定、食品接触材料及制品中游离酚迁移量的测定和食品接触材料及制品中苯酚迁移量的测定。此处只介绍游离酚的测定。

实训四　食品接触材料及制品中游离酚的测定

【测定原理】

试样中游离酚与溴反应生成溴代苯酚，剩余的溴与碘化钾作用，析出的碘用硫代硫酸钠滴定，根据硫代硫酸钠溶液消耗量计算出游离酚的含量。

【试剂与仪器准备】

（一）试剂

盐酸（质量分数36%~38%）；乙醇；三氯甲烷；溴水（含量>3%）。

（二）试剂配制

1. 碘化钾溶液（100g/L） 称取1.0g碘化钾，用水溶解并稀释至10ml。

2. 淀粉指示液（10g/L） 称取1.0g可溶性淀粉，加少量水调至糊状，然后倒入100ml沸水中，煮沸片刻。临用时现配。

3. 溴标准溶液（0.1mol/L） 称取3.0g溴酸钾及25.0g溴化钾，溶于1000ml水中，摇匀，使用前按照按GB/T 601标定。

4. 硫代硫酸钠标准滴定溶液（0.1mol/L） 称取2.6g（精确到0.001g）硫代硫酸钠，加0.2g无水碳酸钠，溶于1000ml水中，缓缓煮沸10分钟，冷却，放置两周后过滤，使用前按照按GB/T 601标定。

（三）仪器

天平（感量为0.1mg和0.01g）；电炉。

【样品测定】

称取1g（精确至0.001g）试样，放入蒸馏瓶内，以20ml乙醇溶解（如水溶性树脂则加入20ml水溶解），再加入50ml水，然后用水蒸气加热蒸馏出游离酚，馏出液收集于500ml容量瓶中，控制在40~50分钟内馏出液300~400ml，最后取少许新蒸出样液，加1~2滴饱和溴水，如无白色沉淀，证明酚已蒸完，即可停止蒸馏。蒸馏液用水稀释至刻度，充分摇匀备用。

吸取100ml蒸馏液，置于500ml具塞锥形瓶中，加入25ml溴标准溶液（0.1mol/L）、5ml盐酸，在室温下放在暗处15分钟，加入10ml碘化钾（100g/L），在暗处放置10分钟，加1ml三氯甲烷，用硫代硫酸钠标准滴定液（0.1mol/L）滴定至淡黄色，加1ml淀粉指示液，继续滴定至蓝色消退为终点。

同时用20ml乙醇加水稀释至500ml，然后吸取100ml稀释液进行空白试验（水溶性树脂则以100ml水做空白试验）。

【结果计算与数据处理】

游离酚的含量测定计算见式6-13。

$$X = \frac{15.68 \times (V_1 - V_2) \times c \times 5}{m} \tag{6-13}$$

式中，X为试样中游离酚的含量，g/kg；V_1为试剂空白滴定消耗硫代硫酸钠标准滴定溶液的体积，ml；V_2为滴定试样消耗硫代硫酸钠标准滴定溶液的体积，ml；c为硫代硫酸钠标准滴定溶液的实际浓度，mol/L；15.68为与1.0L硫代硫酸钠标准滴定溶液（1.000mol/L）相当苯酚的质量，g/mol；m为试样质量，g；100为换算系数。5为蒸馏液定容体积与滴定时移取蒸馏液体积之比。

计算结果表示到三位有效数字。在重复性条件下获得的两次独立测定结果的绝对差值不得超过算术平均值的5%。

实训五 食品接触材料及制品中甲醛迁移量的测定

【测定原理】

食品模拟物与试样接触后，试样中甲醛迁移至食品模拟物中。甲醛在硫酸存在的条件下与变色酸反应生成紫色化合物，用分光光度计在574nm下测定试液的吸光度值，与标准系列比较得出食品模拟物中甲醛的含量，进而得出试样中甲醛的迁移量。

【适用范围】

适用于食品接触材料及制品中甲醛迁移量的测定。

【试剂与仪器准备】

（一）试剂配制

1. 水基食品模拟物 按照 GB 5009.156—2016 的规定配制。

2. 硫酸溶液 量取 100ml 硫酸，溶于 50ml 水中，缓慢搅拌，混匀。

3、变色酸溶液（5mg/ml） 称取 0.500g 变色酸，溶于少许水中，移入 100ml 容量瓶中，加水至刻度，混匀后用慢速滤纸过滤，收集滤液待用。此溶液现用现配。

4. 甲醛溶液（37%～40%，质量分数） 0～4℃保存。

5. 甲醛标准储备液 吸取甲醛溶液 5.0～1000ml 容量瓶中，用水定容至刻度，0～4℃保存，有效期为 12 个月，临用前进行标定，或直接使用甲醛溶液标准品进行配制。

6. 甲醛标准使用液 根据标定的甲醛浓度，准确移取一定体积的甲醛标准储备溶液，分别用相应的模拟物稀释至每升相当于 10mg 甲醛。临用现配。

（二）仪器

可见分光光度计。

【样品测定】

（一）迁移试验

根据待测样品的预期用途和使用条件，按照 GB 5009.156—2016 和 GB 31604.1—2015 的要求，对样品进行迁移试验。迁移试验过程中至测定前，应注意密封，以避免甲醛的挥发损失。除不与待测样品接触外，进行空白试验。

（二）显色反应

分别吸取 1.0ml 模拟物试样溶液、空白溶液至 10ml 比色管中，各加入 1.0ml 变色酸溶液，再缓慢加入 8.0ml 硫酸溶液，小心摇动比色管。溶液充分摇匀后，将比色管置 90℃水浴中 20 分钟，立即在冰水浴中冷却 2 分钟，然后取出并恢复至室温。

（三）工作曲线

分别吸取 0.00、0.20、0.40、0.60、0.80、1.00ml 的甲醛标准使用液，用相应的模拟物补加至 1.0ml，各加入 1.0ml 变色液溶液，再缓慢加入 8.0ml 硫酸溶液，小心摇动比色管。溶液充分摇匀后，将比色管置 90℃水浴中 20 分钟，立即在冰水浴中冷却 2 分钟，然后取出并恢复至室温。将经显色反应后的标准工作溶液系列缓慢倒入 10mm 比色皿，以显色后的空白溶液为参比，574nm 处测定标准溶液的吸光度值。以标准溶液的浓度（mg/L）为横坐标，以吸光度值为纵坐标，建立工作曲线。

（四）试样溶液和空白溶液的测定

将经显色反应后的试样溶液和空白溶液缓慢倒入 10mm 比色皿，以显色后的空白溶液为参比，574nm 处分别测定试样溶液的吸光度值，由工作曲线计算试样溶液中甲醛的浓度（mg/L）。

【结果计算及数据处理】

1. 食品模拟物中甲醛浓度的计算如式 6－14：

$$\rho = \frac{y - b}{a} \tag{6-14}$$

式中，ρ 为食品模拟物中甲醛的浓度，mg/L 或 mg/kg；y 为食品模拟物中甲醛的峰面积；b 为标准工作曲线的截距；a 为标准工作曲线的斜率。

2. 甲醛迁移量的计算。根据食品模拟物中甲醛的浓度，按 GB 5009.156—2016 进行迁移量的计算，得到食品接触材料及制品中甲醛的迁移量。结果保留至小数点后两位。在重复性条件下获得的两次独立测定结果的绝对差值不得超过算术平均值的10%。

PPT

任务五　其他食品包装材料的检验

食品用包装材料除了塑料、橡胶、涂料外，还有食品包装用纸、食品用陶瓷、搪瓷、不锈钢和铝制品。

一、食品包装用纸的测定

食品包装用纸即直接与食品接触的各种包装纸及其制品。食品包装纸又可分为原纸、版纸、玻璃纸、涂塑纸、涂蜡纸等，其制品可呈现为纸杯、纸筒、纸罐、纸盒和纸袋等。食品包装用纸的主要卫生学问题来源于纸浆、添加剂和油墨（若有）等因素，突出表现为细菌污染和化学性污染（荧光增白剂、多环芳烃、重金属、多联氯苯等）。

在正常使用条件下，各种已经或预期可能与食品或食品添加剂（以下简称食品）接触，或其成分可能转移到食品中的纸和纸板材料及制品，包括涂蜡纸、硅油纸和纸浆模塑制品等。食品包装用纸的管理和检验依据为 GB 4806.8—2022《食品安全国家标准　食品接触用纸和纸板材料及制品》。该标准适用于食品接触用纸和纸板材料及制品。其卫生要求为：铅≤3.0mg/kg，砷≤1.0mg/kg，荧光阴性，甲醛≤1.0mg/dm^2。具体检测方法见 GB 31604.34—2016 或 GB 31604.49—2016、GB 31604.38—2016 或 GB 31604.48—2016、GB 31604.47—2023）

二、食品用陶瓷的测定

食品用陶瓷的卫生学问题主要来源于其表面的釉彩，釉彩中含有较多的铅、镉等重金属，因此存在重金属溶出并迁移入食品的可能。

GB/T 5009.62—2003《陶瓷制食具容器卫生标准的分析方法》规定了直接接触食品的各种陶瓷制的食具、容器以及食品用工具的各项卫生指标的取样方法。GB 4806.4—2016《食品安全国家标准　陶瓷制品》规定了不同陶瓷制品的理化指标分析（铅、镉）和感官要求，其中铅采用 GB 31604.34—2016、镉采用 GB 31604.24—2016。

三、食品用搪瓷、金属材料及其制品的测定

搪瓷以铁皮为基础，喷涂釉彩，与不锈钢、铝制品一样，可能存在重金属污染食品的危害。GB 4806.3—2016《食品安全国家标准　搪瓷制品》，则规定了直接接触食品的不同搪瓷制品的理化指标分析（铅、镉）和感官要求，该标准适用于食品接触用搪瓷食品，涵盖烹饪用和非烹饪用（扁平制品、空心制品、贮存罐）。

在正常使用条件下，预期或已经与食品接触的各种金属（包括各种金属镀层及合金）材料及制品，简称“金属材料及制品”。GB 4806.9—2023《食品安全国家标准　食品接触用金属材料及制品》适用于以不锈钢为主体制成的食具容器及食品生产经营工具、设备。该标准规定，金属材料及制品使用的金属基材、金属镀层和焊接材料不应对人体健康造成危害。金属材料及制品生产企业应对金属表面处理

（如酸洗、氧化、磷化、抛光、防锈涂油等）过程中使用和残留的物质进行控制，使其迁移到食品中的量符合 GB 4806.1—2016 的要求。食品接触面使用的金属基材和金属镀层不应使用铅、镉、砷、汞、锑、铍和铝作为合金元素，其杂质元素含量应满足表 6－15 的要求。

表 6－15 金属基材和金属镀层中杂质元素含量要求

金属基材和金属镀层	杂质元素	含量（质量分数）/%
不锈钢	砷（As）	≤0.01
	镉（cd）	≤0.01
	铅（pb）	≤0.01
食品包装用薄钢板	砷（As）	≤0.03
	镉（cd）+铅（pb）	≤0.01
铝及铝合金材料	确（As）	≤0.01
	镉（cd）+铅（pb）+汞（Hg）	≤0.01
除不锈钢、食品包装用薄钢板、铝及铝合金材料之外的金属基材和金属镀层	砷（As）	≤0.03
	镉（cd）	≤0.01
	铅（pb）	≤0.01

接触食品表面应清洁，镀层不应开裂、剥落，焊接部分应光洁，无气孔、裂缝、毛刺。迁移试验所得浸泡液不应有异臭。其理化指标检测依据 GB 4806.9—2023 食品安全国家标准　食品接触用金属材料及制品》检验方法：砷（GB 31604.38—2016 或 GB 31604.49—2023）、镉（GB 31604.24—2016 或 GB 31604.49—2023）、铅（GB 31604.34—2016 或 GB 31604.49—2023）、铬（GB 31604.38—2016 或 GB 31604.49—2023）、镍（GB 31604.33—2016 或 GB 31604.49—2023）。不同金属材料或食品类别迁移试验的食品模拟物不同。

【岗位对接】

本项目是食品质量与安全、食品检验检测技术专业学生必须掌握的内容，为成为合格的食品检测人员打下坚实的基础。

本项目对接食品检验工的资格考试和职业技能标准，按照《中华人民共和国食品安全法》《食品安全国家标准》要求，食品生产经营企业应当加强食品检验工作，对原料检验、半成品检验、成品出厂检验等进行检验控制；食品生产企业可以自行对所生产的食品进行检验，也可以委托符合本法规定的食品检验机构进行检验。从事食品检验岗位的工作人员均应掌握相关的知识和技能要求。

1. 规范操作浸泡试验，并能完成食品包装用塑料、橡胶中的蒸发残渣、高锰酸钾消耗量、重金属和脱色试验检测项目。
2. 能够完成食品容器涂料中游离酚和游离甲醛的检测项目。
3. 能够完成常见食品用塑料制品的燃烧鉴别试验。

【重点小结】

本项目依据国标在讲述食品包装材料检验流程的基础上，重点介绍了食品用塑料、橡胶和容器涂料等食品包装材料的理化检验。

食品包装材料类型	项目	方法	依据标准
全部	高锰酸钾消耗量	滴定法	GB/T 5009.156—2016
	总迁移量	重量法	
	重金属	比色半定量法	
	脱色实验	擦拭法	
塑料制品	高锰酸钾消耗量	滴定法	GB 31604.2—2016
	总迁移量	重量法	GB 31604.8—2021
	重金属	半定量分析法	GB 31604.9—2016
	火焰特征、气味、燃烧情况等	燃烧法	GB/T 5009.60—2003
橡胶制品	重金属	掩蔽干扰比色法	GB 31604.9—2016
	锌	比色半定量法	GB 31604.42—2016
涂料	游离酚	滴定法	GB 31604.46—2023
	甲醛	分光光度法	GB 31604.48—2016
食品包装用纸	铅、砷	电感耦合等离子体质谱法	GB 31604.49—2023
	甲醛	分光光度法	GB 31604.48—2016
	荧光物质	紫外灯法	GB 31604.47—2023
食品用陶瓷、搪瓷、金属材料及其制品	铅	原子吸收分光光度法	GB 31604.34—2016
	镉		GB 31604.24—2016
	砷		GB 31604.38—2016
	锌		GB 31604.42—2016
	锑	分光光度法	GB 31604.41—2016

目标检测

答案解析

一、单项选择题

1. 下列哪种浸泡液模拟食品包装容器、材料接触酒类食品（ ）
   A. 水　　B. 4% 乙酸
   C. 正己烷　　D. 65% 乙醇
2. 在进行食品包装容器、材料的样品采集时，要保证样品具有（ ）
   A. 代表性　　B. 时效性
   C. 可行性　　D. 选择性

二、判断题

1. 在进行脱色试验时，样品的四种浸泡液可以有一种染有颜色。（ ）
2. 塑料制品所取样品半数供化验用，另半数保存三个月，以备做仲裁分析用。（ ）
3. PVC 在燃烧时为黄色火焰，下端呈绿色。（ ）

三、简答题

食品容器和包装材料测定高锰酸钾消耗量的原理是什么？

（胡雪琴　侯佰慧）

书网融合……

题库

模块三　综合实训（各类食品的检验）

不同种类食品具有不同的卫生标准及其分析方法。对于专业学生而言，基于食品单一成分和包装材料的检验知识和技能之上，还应熟知某类食品的卫生标准并掌握其分析方法。综合实训模拟食品理化分析的实际工作岗位，以真实的食品检验任务，让学生按照国家食品检验标准，从设计食品检验方案开始，实施检验、数据处理、结果判定直至报告撰写，完成食品检验的全部流程，训练其综合职业技能，以缩短其适岗时间，满足行业企业的用人需求。

学习目标

知识目标

1. **掌握**　乳及乳制品、饮料、罐头、肉制品、粮油制品的食品安全国家标准。
2. **熟悉**　乳及乳制品、饮料、罐头、肉制品、粮油制品的抽样、检验项目内容和意义。

能力目标

能根据食品类别及其安全国家标准，设计理化分析实验方案，合理选择方法开展检验并完成检验报告。

素质目标

培养安全意识、团队意识和责任担当，养成严谨求实的科学态度，提升综合职业素养。

项目七　乳及乳制品的检验

案例导入

案例　2023 年 1 月，广东省市场监督管理局组织抽检的 6 类食品 1196 批次样品中，不合格样品有 14 批次。深圳盒马网络科技有限公司宝安区第二分公司销售的标称广西合浦南国乳业有限公司（以下简称“南国乳业”）生产的超高温灭菌水牛奶，酸度检测结果为 23.5°T，不符合食品安全国家标准规定（不得低于 12°T、不得高于 18°T）。

讨论　1. 什么是乳品酸度？酸奶的酸度一定比其他乳制品的酸度高吗？

2. 乳品酸度的检测方法有哪些？

一、适用范围

乳及制品包括液体乳（生乳、巴氏杀菌乳、灭菌乳、调制乳、发酵乳）；乳粉（全脂乳粉、脱脂乳粉、部分脱脂乳粉、调制乳粉、牛初乳粉）；其他乳制品（炼乳、奶油、稀奶油、干酪等）。

二、实训内容

（一）实训方案设计

学生基于已有的食品分析与检验基础知识，通过查阅相关资料，根据乳及乳制品的相关知识及其测定的国家标准，设计检验内容及实验方法并形成实训方案。

（二）实训方案实施

1. 抽样 按照食品生产许可审查通则及其细则的要求，在企业的成品库内按照下列规定进行抽样。企业申请生产的所有乳制品，均应进行生产许可检验。同一品种不同包装的产品，不重复进行抽样。

（1）液体乳类 所抽样品须为同一批次保质期内的产品，抽样基数不得少于200个最小包装。抽样数量为20个最小包装（总净含量不少于3500ml）。所抽取的样品应分成2份，1份为15个作为检验用样品，1份为5个作为备查样品。

（2）乳粉类 所抽样品须为同一批次保质期内的产品，抽样基数不得少于200个最小包装。500g以下包装的抽样数量为16个销售包装（20kg以上大包装产品应从16个大包装中分别取样，分装成16个小包装）；500g以上包装的抽样数量为12个销售包装。所抽取的样品应分成2份，500g以下包装的样品1份为10个作为检验用样品，1份为6个作为备查样品；500g以上包装的样品，1份为8个包装作为检验用样品，1份为4个包装作为备查样品。

（3）其他乳制品类 所抽样品须为同一批次保质期内的产品，抽样基数不得少于200个最小包装。抽样数量为20个最小包装（总净含量不少于3000g）。所抽取的样品应分成2份，1份为15个作为检验用样品，1份为5个作为备查样品。

样品确认无误后，由抽样人员与被抽样单位有关人员在抽样单上签字、盖章，当场封存样品，并加贴封条。封条上应当有抽样人员签名、抽样单位盖章及封样日期。抽样人员应当告知申请者有资格承担该产品检验任务的检验机构名称及联系方式，由申请者自主选择，并在规定时间内把封好的样品送到选定的检验机构。由于发酵乳、巴氏杀菌乳等产品保质期较短，保存温度较低，应当注意样品的保存温度，且必须在产品的保质期内完成检验和结果的反馈工作。

2. 检验项目 根据GB 19644—2024《食品安全国家标准 乳粉和调制乳粉》、GB 19301—2010《食品安全国家标准 生乳》、GB 25191—2010《食品安全国家标准 调制乳》、GB 25190—2010《食品安全国家标准 灭菌乳》、GB 19645—2010《食品安全国家标准 巴氏杀菌乳》、GB 2761—2017《食品安全国家标准 食品中真菌毒素限量》、GB 2762—2022《食品安全国家标准 食品中污染物限量》等，乳及乳制品质量检验项目见表7－1。

表7－1 乳及乳制品质量检验项目表

检验项目	发证	监督	出厂
脂肪	√	√	√
蛋白质	√	√	√
非脂乳固体	√	√	√

续表

检验项目	发证	监督	出厂
酸度	√	√	√
杂质度	√	√	√
硝酸盐	√	√	*
亚硝酸盐	√	√	*
黄曲霉毒素 M_1	√	√	

注：注有“*”标记的，企业应当每年检验2次。

3. 检验 乳及乳制品质量检验项目中的蛋白质、硝酸盐、亚硝酸盐、黄曲霉毒素 M_1 等指标，参照食品常见成分及包装材料的检验中相关实训项目，此处主要介绍乳及乳制品的脂肪、酸度和非脂乳固体的测定方法，分别见实训一至实训七。

三、实训报告与结果评判

（一）实训报告

参照绪论填写，并及时对检测结果进行分析。

（二）检验判定原则

按照国家标准、行业标准、企业标准进行判定。检验项目中有1项或者1项以上不符合规定的，判为不合格。

PPT

任务一 乳及乳制品脂肪的测定

乳脂肪外被酪蛋白钙盐，不能直接用乙醚、石油醚等溶剂提取，因此乳及乳制品中脂类的含量测定需要通过酸和碱使脂肪游离。依据GB 5009.6—2016《食品安全国家标准 食品中脂肪的测定》，采用碱水解法（罗兹－哥特里法）、盖勃法等进行乳及其制品的脂肪测定。

实训一 碱水解法（罗兹－哥特里法）

【测定原理】

利用氨－乙醇溶液破坏乳的胶体性状及脂肪球膜，使非脂成分溶解于氨－乙醇溶液中，而脂肪游离出来，再用乙醚－石油醚提取乳脂肪，回收溶剂，烘干称重，残留物即为乳脂肪。

【适用范围】

本法适用于巴氏杀菌乳、灭菌乳、生乳、发酵乳、调制乳、乳粉、炼乳、奶油、稀奶油、干酪和婴幼儿配方食品中脂肪的测定。

【试剂与仪器准备】

（一）试剂

淀粉酶，酶活力≥1.5U/mg；氨水（NH_3H_2O），质量分数约25%（注，可使用比此浓度更大的氨水）；乙醇（C_2H_5OH），体积分数至少为95%；无水乙醚（$C_4H_{10}O$）；石油醚（CnH_{2n+2}），沸程为30～

60℃；刚果红（$C_{32}H_{22}N_6Na_2O_6S_2$）；盐酸（HCl）；碘（$I_2$）。

（二）试剂配制

1. 混合溶剂 等体积混合乙醚和石油醚，现用现配。

2. 碘溶液（0.1mol/L） 称取碘 12.7g 和碘化钾 25g，于水中溶解并定容至 1L。

3. 刚果红溶液 将 1g 刚果红溶于水中，稀释至 100ml。

注：可选择性地使用。刚果红溶液可使溶剂和水相界面清晰，也可使用其他能使水相染色而不影响测定结果的溶液。

4. 盐酸溶液（6mol/L） 量取 50ml 盐酸缓慢倒入 40ml 水中，定容至 100ml，混匀。

（三）仪器

分析天平（感量为 0.0001g）；离心机，可用于放置抽脂瓶或管，转速为 500～600r/min，可在抽脂瓶外端产生 80～90g 的重力场；电热鼓风干燥箱；恒温水浴锅；干燥器，内装有效干燥剂，如硅胶；抽脂瓶，应带有软木塞或其他不影响溶剂使用的瓶塞（如硅胶或聚四氟乙烯）。软木塞应先浸泡于乙醚中，后放入 60℃或 60℃以上的水中保持至少 15 分钟，冷却后使用。不用时需浸泡在水中，浸泡用水每天更换 1 次。

【样品制备】

（一）试样碱水解

1. 巴氏杀菌乳、灭菌乳、生乳、发酵乳、调制乳 称取充分混匀试样 10g（精确至 0.0001g）于抽脂瓶中。加入 2.0ml 氨水，充分混合后立即将抽脂瓶放入 65℃ ±5℃的水浴中，加热 15～20 分钟，不时取出振荡。取出后，冷却至室温。静置 30 秒。

2. 乳粉和婴幼儿食品 称取混匀后的试样，高脂乳粉、全脂乳粉、全脂加糖乳粉和婴幼儿食品约 1g（精确至 0.0001g），脱脂乳粉、乳清粉、酪乳粉约 1.5g（精确至 0.0001g），其余操作同（一）1。

（1）不含淀粉样品 加入 10ml 65℃ ±5℃的水，将试样洗入抽脂瓶的小球，充分混合，直到试样完全分散，放入流动水中冷却。

（2）含淀粉样品 将试样放入抽脂瓶中，加入约 0.1g 的淀粉酶，混合均匀后，加入 8～10ml 45℃的水，注意液面不要太高。盖上瓶塞于搅拌状态下，置 65℃ ±5℃水浴中 2 小时，每隔 10 分钟摇混 1 次。为检验淀粉是否水解完全可加入 2 滴约 0.1mol/L 的碘溶液，如无蓝色出现说明水解完全，否则将抽脂瓶重新置于水浴中，直至无蓝色产生。抽脂瓶冷却至室温。

其余操作同（一）1。

3. 炼乳 脱脂炼乳、全脂炼乳和部分脱脂炼乳称取 3～5g、高脂炼乳称取约 1.5g（精确至 0.0001g），用 10ml 水，分次洗入抽脂瓶小球中，充分混合均匀。其余操作同（一）1。

4. 奶油、稀奶油 先将奶油试样放入温水浴中溶解并混合均匀后，称取试样约 0.5g（精确至 0.0001g），稀奶油称取约 1g 于抽脂瓶中，加入 8～10ml 约 45℃的水。再加 2ml 氨水充分混匀。其余操作同（一）1。

5. 干酪 称取约 2g 研碎的试样（精确至 0.0001g）于抽脂瓶中，加 10ml 6mol/L 盐酸，混匀，盖上瓶塞，于沸水中加热 20～30 分钟，取出冷却至室温，静置 30 秒。

（二）抽提

1. 加入 10ml 乙醇，缓和但彻底地进行混合，避免液体太接近瓶颈。如果需要，可加入 2 滴刚果红溶液。

2. 加入 25ml 乙醚，塞上瓶塞，将抽脂瓶保持在水平位置，小球的延伸部分朝上夹到摇混器上，按约100次/分振荡1分钟，也可采用手动振摇方式。但均应注意避免形成持久乳化液。抽脂瓶冷却后小心地打开塞子，用少量的混合溶剂冲洗塞子和瓶颈，使冲洗液流入抽脂瓶。

3. 加入25ml石油醚，塞上重新润湿的塞子，按（二）2所述，轻轻振荡，30秒。

4. 将加塞的抽脂瓶放入离心机中，以500～600r/min离心5分钟，否则将抽脂瓶静置至少30分钟，直到上层液澄清，并明显与水相分离。

5. 小心地打开瓶塞，用少量的混合溶剂冲洗塞子和瓶颈内壁，使冲洗液流入抽脂瓶。

如果两相界面低于小球与瓶身相接处，则沿瓶壁边缘慢慢地加入水，使液面高于小球和瓶身相接处（图7－1），以便于倾倒。

6. 将上层液尽可能地倒入已准备好的加入沸石的脂肪收集瓶中，避免倒出水层（图7－2）。

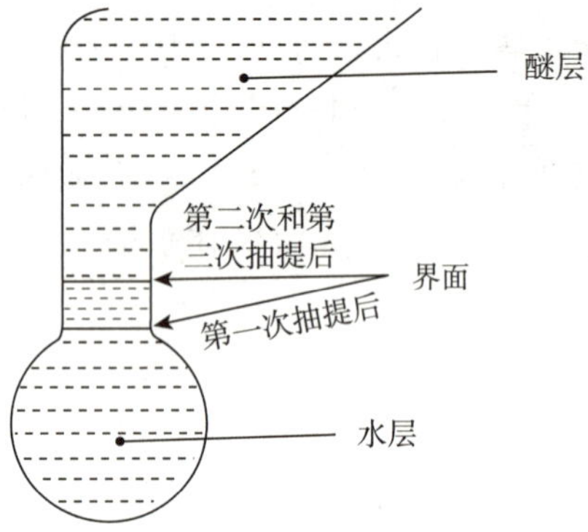

图7－1　倾倒醚层前

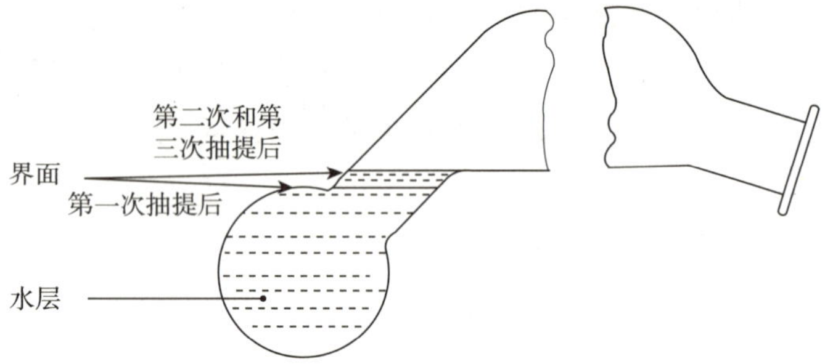

图7－2　倾倒醚层后

7. 用少量混合溶剂冲洗瓶颈外部，冲洗液收集在脂肪收集瓶中。应防止溶剂溅到抽脂瓶的外面。

8. 向抽脂瓶中加入5ml乙醇，用乙醇冲洗瓶颈内壁，按（二）1所述进行混合。重复（二）2～7操作，用15ml无水乙醚和15ml石油醚，进行第2次抽提。

9. 重复（二）2～7操作，用15ml无水乙醚和15ml石油醚，进行第3次抽提。

10. 空白试验与样品检验同时进行，采用10ml水代替试样，使用相同步骤和相同试剂。

【样品测定】

合并所有提取液，既可采用蒸馏的方法除去脂肪收集瓶中的溶剂，也可于沸水浴上蒸发至干来除掉溶剂。蒸馏前用少量混合溶剂冲洗瓶颈内部。将脂肪收集瓶放入100℃±5℃的烘箱中干燥1小时，取出后置于干燥器内冷却0.5小时后称量。重复以上操作直至恒重（直至两次称量的差不超过2mg）。

【结果计算及数据处理】

试样中脂肪的百分含量按公式（7－1）计算：

$$X = \frac{(m_1 - m_2) - (m_3 - m_4)}{m} \tag{7-1}$$

式中，X为试样中脂肪的百分含量，g/100g；m_1为恒重后脂肪手机瓶和脂肪的质量，g；m_2为脂肪收集瓶的质量，g；m_3为空白试验中，恒重后脂肪收集瓶和抽提物的质量，g；m_4为空白试验中，脂肪收集瓶的质量，g；m为样品的质量，g；100为换算系数。

在重复行条件下获得的两次独立测定结果的算术平均值表示，结果保留3位有效数字。当样品中脂肪含量≥15%时，两次独立测定结果之差≤0.3g/100g；当样品中脂肪含量在5%～15%时，两次独立测定结果之差≤0.2g/100g；当样品中脂肪含量≤5%时，两次独立测定结果之差≤0.1g/100g。

【技术提示】

（1）乳及乳制品用本法试验时，氨水可破坏脂肪球膜，并使酪蛋白钙盐溶解；乙醇可使溶解于氨水中的蛋白质沉淀出来，以防止乳化现象，并溶解醇溶性物质，使其留在水中避免进入醚层，故此法又称为碱性乙醚提取法。

（2）加入石油醚的作用是降低乙醚极性，使乙醚与水不混溶，可有效提取脂肪，并使分层清晰。

（3）也可用容积100ml的具塞量筒代表提脂瓶，待分层后读数，用移液管吸出一定量醚层进行试验。

（4）对已结块的乳粉，用本法测定时结果偏低。

实训二　盖勃法

【测定原理】

盖勃法的原理与巴布科克法相似，但该方法使用的试剂为硫酸和异戊醇。以硫酸消化蛋白质和糖类，使脂肪游离，并通过加热使脂肪保持液态而测定。

【适用范围】

盖勃法较巴布科克法简单快速，广泛应用于不同乳制品的脂肪测定。

【试剂与仪器准备】

（一）试剂

浓硫酸（分析纯），相对密度1.816～1.825（20℃）；异戊醇。

（二）仪器

乳脂离心机；盖勃乳脂计，最小刻度值为0.1%（图7－3）；10.75ml单标乳吸管。

【样品测定】

于乳脂计中先加10ml硫酸（颈口勿沾硫酸），沿管壁缓缓加入混匀的牛乳10.75ml，使样品与硫酸不要混合，然后加1ml异戊醇，塞上橡皮塞，瓶口向下，同时用布包裹以防冲出，用力振摇使液体呈均匀棕色液体，瓶口向下静置数分钟，置于65～70℃水浴中保温5分钟，取出擦干，置于乳脂离心机中以1100r/min的转速离心5分钟，取出乳脂计，再置于65～70℃水浴中（水浴水面应高于乳脂计脂肪液面）保温5分钟，取出立即读数，即为脂肪的百分数。

在重复性条件下获得的两次独立测定结果的绝对差值不得超过算术平均值的5%。

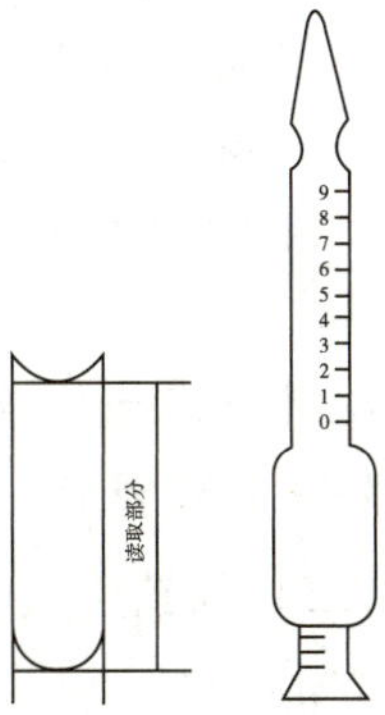

图7－3　盖勃乳脂计

【技术提示】

（1）异戊醇可促使脂肪析出，降低脂肪球表面张力，以利于形成连续的脂肪层；异戊醇应能完全溶于酸中，但若异戊醇纯度低，可能使部分析出掺入脂肪层中，使测定结果偏高。因此在使用异戊醇前，应先做试验，其方法如下：将硫酸、水（代替牛乳）及异戊醇按照测定试样时的数量注入乳脂计中，振摇后静置24小时，若在乳脂计上部狭长部分无油层析出，则说明异戊醇适用，否则表明异戊醇质量不佳，不能使用。

（2）硫酸的浓度验严格遵守规定要求，过浓会使乳炭化成黑色而影响读数；过稀则不能使酪蛋白完全溶解，会使测定值偏低或使脂肪层浑浊。

（3）65～70℃水浴及离心的目的是促使脂肪离析。

（4）盖勃法所用移液管为10.75ml，是因为乳品的脂肪含量在2.64%～4.88%时，盖勃法移取

10.75ml 乳品测定脂肪和国标方法偏差最小，仅有 ±0.02%，而天然乳品的脂肪含量大都在 2.64% ~ 4.88% 区间，这对于盖勃法来说是非常实用的。

任务二 乳及乳制品酸度的测定

PPT

依据 GB 5009.239—2016《食品安全国家标准 食品酸度的测定》。

实训三 酚酞指示剂法测定乳及乳制品的酸度

【测定原理】

以酚酞作指示剂、硫酸钴作参比颜色，用 0.1000mol/L 氢氧化钠标准溶液滴定至中性，消耗氢氧化钠所消耗的体积，经计算确定其酸度。

【适用范围】

适用于巴氏杀菌乳、灭菌乳、生乳、发酵乳、炼乳、奶油及干酪素酸度的测定。

【试剂与仪器准备】

（一）试剂

氢氧化钠标准溶液，0.1000mol/L；95% 乙醇；氮气，纯度为 98%；三氯甲烷（$CHCl_3$）。

（二）试剂配制

1. 参比溶液 将 3g 七水硫酸钴（$CoSO_4 \cdot 7H_2O$）溶解于水中，并定容至 100ml。

2. 酚酞指示液 称取 0.5g 酚酞溶于 75ml 体积分数为 95% 的乙醇中，并加入 20ml 水，然后滴加氢氧化钠溶液至微粉色，再加入水定容至 100ml。

3. 中性乙醇－乙醚混合液 取等体积的乙醇、乙醚混合后加 3 滴酚酞指示液，以氢氧化钠溶液（0.1mol/L）滴至微红色。

4. 不含二氧化碳的蒸馏水 将水煮沸 15 分钟，逐出二氧化碳，冷却，密闭。

除非另有规定，本方法所用试剂均为分析纯，水为 GB/T 6682—2008 规定的三级水。

（三）仪器

分析天平（感量为 0.001g）；碱式滴定管（容量 10ml，最小刻度 0.05ml）；碱式滴定管（容量 25ml，最小刻度 0.1ml）；水浴锅；锥形瓶（100ml、150ml、250ml）；具塞磨口锥形瓶（250ml）。

【样品测定】

（一）乳粉

1. 试样制备 将样品全部移入约两倍于样品体积的洁净干燥容器中（带密封盖），立即盖紧容器，反复旋转振荡，使样品彻底混合。在此操作过程中，应尽量避免样品暴露在空气中。

2. 测定 称取 4g 样品（精确到 0.01g）于 250ml 锥形瓶中。用量筒量取 96ml 约 20℃ 的水使样品复溶，搅拌，然后静置 20 分钟。

向一只装有 96ml 约 20℃ 水的锥形瓶中加入 2.0ml 参比溶液，轻轻转动，使之混合，得到标准参比颜色。如果要测定多个相似的产品，则此参比溶液可用于整个测定过程，但时间不得超过 2 小时。

向另一只装有样品溶液的锥形瓶中加入 2.0ml 酚酞指示液，轻轻转动，使之混合。用 25ml 碱式滴定管向该锥形瓶中滴加氢氧化钠溶液，边滴加边转动烧瓶，直到颜色与参比溶液的颜色相似，且 5 秒内不消退，整个滴定过程应在45秒内完成。滴定过程中，向锥形瓶中吹氮气，防止溶液吸收空气中的二氧化碳。记录所用氢氧化钠溶液的毫升数（V_1），精确至0.05ml，代入式7-3计算。

3. 空白滴定 用96ml水做空白试验，读取所消耗氢氧化钠标准溶液的毫升数（V_0）。空白所消耗的氢氧化钠的体积应不小于零，否则应重新制备和使用符合要求的蒸馏水。

（二）乳及其他乳制品

1. 制备参比溶液 向装有等体积相应溶液的锥形瓶中加入2.0ml参比溶液，轻轻转动，使之混合，得到标准参比颜色。如果要测定多个相似的产品，则此参比溶液可用于整个测定过程，但时间不得超过2小时。

2. 巴氏杀菌乳、灭菌乳、生乳、发酵乳 称取10g（精确到0.001g）已混匀的试样，置于150ml锥形瓶中，加20ml新煮沸冷却至室温的水，混匀，加入2.0ml酚酞指示液，混匀后用氢氧化钠标准溶液滴定，边滴加边转动烧瓶，直到颜色与参比溶液的颜色相似，且5秒内不消退，整个滴定过程应在45秒内完成。滴定过程中，向锥形瓶中吹氮气，防止溶液吸收空气中的二氧化碳。记录消耗的氢氧化钠标准滴定溶液毫升数（V_2），代入式7-4中进行计算。

3. 奶油 称取10g（精确到0.001g）已混匀的试样，置于250ml锥形瓶中，加30ml中性乙醇-乙醚混合液，混匀，加入2.0ml酚酞指示液，混匀后用氢氧化钠标准溶液滴定，边滴加边转动烧瓶，直到颜色与参比溶液的颜色相似，且5秒内不消退，整个滴定过程应在45秒内完成。滴定过程中，向锥形瓶中吹氮气，防止溶液吸收空气中的二氧化碳。记录消耗的氢氧化钠标准滴定溶液毫升数（V_2），代入式7-4中进行计算。

4. 炼乳 称取10g（精确到0.001g）已混匀的试样，置于250ml锥形瓶中，加60ml新煮沸冷却至室温的水溶解，混匀，加入2.0ml酚酞指示液，混匀后用氢氧化钠标准溶液滴定，边滴加边转动烧瓶，直到颜色与参比溶液的颜色相似，且5秒内不消退，整个滴定过程应在45秒内完成。滴定过程中，向锥形瓶中吹氮气，防止溶液吸收空气中的二氧化碳。记录消耗的氢氧化钠标准滴定溶液毫升数（V_2），代入式7-4中进行计算。

5. 空白滴定 用等体积的水做空白试验，读取耗用氢氧化钠标准溶液的毫升数（V_0）。用30ml中性乙醇-乙醚混合液做空白试验，读取耗用氢氧化钠标准溶液的毫升数（V_0）。空白所消耗的氢氧化钠的体积应不小于零，否则应重新制备和使用符合要求的蒸馏水或中性乙醇-乙醚混合液。

【结果计算及数据处理】

乳粉试样中的酸度数值以（°T）表示，按式7-3计算：

$$X_1 = \frac{c_1 \times (V_1 - V_0) \times 12}{m_1 \times (1 - \omega) \times 0.1} \tag{7-3}$$

式中，X_1为试样的酸度，单位为度（°T）[以100g干物质为12%的复原乳所消耗的0.1mol/L氢氧化钠毫升数（ml/100g）]；c_1为氢氧化钠标准溶液的浓度，mol/L；V_1为滴定时所消耗氢氧化钠标准溶液的体积，ml；V_0为空白试验所消耗氢氧化钠标准溶液的体积，ml；12为12g乳粉相当100ml复原乳（脱脂乳粉应为9，脱脂乳清粉应为7）；m_1为称取样品的质量，g；ω为试样中水分的质量分数，g/100g；$1-\omega$为试样中乳粉的质量分数，g/100g；0.1为酸度理论定义氢氧化钠的摩尔浓度，mol/L。

以重复性条件下获得的两次独立测定结果的算术平均值表示，结果保留三位有效数字。

若以乳酸含量表示样品的酸度，那么样品的乳酸含量（g/100g）$=T \times 0.009$。T为样品的滴定酸度（0.009为乳酸的换算系数，即1ml 0.1mol/L的氢氧化钠标准溶液相当于0.009g乳酸）。

巴氏杀菌乳、灭菌乳、生乳、发酵乳、奶油和炼乳试样中的酸度数值以（°T）表示，按式7-4计算：

$$X_2 = \frac{c_2 \times (V_2 - V_0) \times 100}{m_2 \times 0.1} \tag{7-4}$$

式中，X_2为试样的酸度，单位为度（°T）（以100g样品所消耗的0.1mol/L氢氧化钠毫升数计，ml/100g）；c_2为氢氧化钠标准溶液的摩尔浓度，mol/L；V_2为滴定时所消耗氢氧化钠标准溶液的体积，ml；V_0为空白试验所消耗氢氧化钠标准溶液的体积，ml；100为100g试样；m_2为试样的质量，g；0.1为酸度理论定义氢氧化钠的摩尔浓度，mol/L。

以重复性条件下获得的两次独立测定结果的算术平均值表示，结果保留三位有效数字。在重复性条件下获得的两次独立测定结果的绝对差值不得超过算术平均值的10%。

实训四　pH计法测定乳及乳制品的酸度

【测定原理】

中和试样溶液至pH 8.30所消耗的0.1000mol/L氢氧化钠体积，经计算确定其酸度。

【适用范围】

适用于巴氏杀菌乳、灭菌乳、生乳、发酵乳、炼乳、奶油及干酪素酸度的测定。

【试剂与仪器准备】

（一）试剂

除非另有说明，本方法所用试剂均为分析纯，水为GB/T 6682规定的三级水。

氢氧化钠标准溶液，0.1000mol/L；氮气，纯度为98%。

（二）试剂配制

不含二氧化碳的蒸馏水：将水煮沸15分钟，逐出二氧化碳，冷却，密闭。

（三）仪器

分析天平（感量为0.001g）；碱式滴定管（分刻度0.1ml，可准确至0.05ml），或者自动滴定管满足同样的使用要求；可以进行手工滴定，也可以使用自动电位滴定仪；pH计，带玻璃电极和适当的参比电极；磁力搅拌器；高速搅拌器，如均质器；恒温水浴锅。

【样品测定】

（一）试样制备

将样品全部移入约两倍于样品体积的洁净干燥容器中（带密封盖），立即盖紧容器，反复旋转振荡，使样品彻底混合。在此操作过程中，应尽量避免样品暴露在空气中。

（二）测定

称取4g样品（精确到0.01g）于250ml锥形瓶中。用量筒量96ml约20℃的水，使样品复溶，搅拌，然后静置20分钟。

用滴定管向锥形瓶中滴加氢氧化钠标准溶液，直到pH稳定在8.30±0.01处4~5秒。滴定过程中，始终用磁力搅拌器进行搅拌，同时向锥形瓶中吹氮气，防止溶液吸收空气中的二氧化碳。整个滴定过程应在1分钟内完成。记录所用氢氧化钠溶液的毫升数（V_6），精确至0.05ml，代入式7-5计算。

（三）空白滴定

用100ml蒸馏水做空白试验，读取所消耗氢氧化钠标准溶液的毫升数（V_0）。

空白所消耗的氢氧化钠的体积应不小于零，否则应重新制备和使用符合要求的蒸馏水。

【结果计算及数据处理】

乳粉试样中的酸度数值以（°T）表示，按式7-5计算：

$$X_6 = \frac{c_6 \times (V_6 - V_0) \times 12}{m_6 \times (1 - \omega) \times 0.1} \tag{7-5}$$

式中，X_6为试样的酸度，单位为度（°T）（以100g干物质为12%的复原乳所消耗的0.1mol/L氢氧化钠毫升数，ml/100g）；c_6为氢氧化钠标准溶液的浓度，mol/L；V_6为滴定时所消耗氢氧化钠标准溶液的体积，ml；V_0为空白试验所消耗氢氧化钠标准溶液的体积，ml；12为12g乳粉相当100ml复原乳（脱脂乳粉应为9，脱脂乳清粉应为7）；m_6：称取样品的质量，g；ω为试样中水分的质量分数，g/100g；$1-\omega$为试样中乳粉的质量分数，g/100g；0.1为酸度理论定义氢氧化钠的摩尔浓度，mol/L。

以重复性条件下获得的两次独立测定结果的算术平均值表示，结果保留三位有效数字。

若以乳酸含量表示样品的酸度，那么样的乳酸含量（g/100g）$= T \times 0.009$。T为样品的滴定酸度，0.009为乳酸的换算系数，即1ml 0.1mol/L的氢氧化钠标准溶液相当于0.009g乳酸。

在重复性条件下获得的两次独立测定结果的绝对差值不得超过算术平均值的10%。

实训五 电位滴定仪法测定乳及乳制品的酸度

【测定原理】

中和100g试样至pH 8.3所消耗的0.1000mol/L氢氧化钠体积，经计算确定其酸度。

【适用范围】

适用于巴氏杀菌乳、灭菌乳、生乳、发酵乳、炼乳、奶油及干酪素酸度的测定。

【试剂与仪器准备】

（一）试剂

除非另有说明，本方法所用试剂均为分析纯，水为GB/T 6682规定的三级水。

氢氧化钠标准溶液；氮气，纯度为98%；不含二氧化碳的蒸馏水。

（二）试剂配制

中性乙醇－乙醚混合液 取等体积的乙醇、乙醚混合后加3滴酚酞指示液，以氢氧化钠溶液（4g/L）滴至微红色。

（三）仪器

分析天平（感量为0.001g）；电位滴定仪；碱式滴定管（分刻度为0.1ml）；水浴锅。

【样品测定】

（一）巴氏杀菌乳、灭菌乳、生乳、发酵乳

称取10g（精确到0.001g）已混匀的试样，置于150ml锥形瓶中，加20ml新煮沸冷却至室温的水，混匀，用氢氧化钠标准溶液电位滴定至pH 8.3为终点。滴定过程中，向锥形瓶中吹氮气，防止溶液吸收空气中的二氧化碳。记录消耗的氢氧化钠标准滴定溶液毫升数（V_7），代入式7－6中进行计算。

（二）奶油

称取10g（精确到0.001g）已混匀的试样，置于250ml锥形瓶中，加30ml中性乙醇－乙醚混合液，混匀，用氢氧化钠标准溶液电位滴定至pH 8.3为终点。滴定过程中，向锥形瓶中吹氮气，防止溶液吸收空气中的二氧化碳。记录消耗的氢氧化钠标准滴定溶液毫升数（V_7），代入式7－6中进行计算。

（三）炼乳

称取10g（精确到0.001g）已混匀的试样，置于250ml锥形瓶中，加60ml新煮沸冷却至室温的水

溶，混匀，用氢氧化钠标准溶液电位滴定至 pH 8.3 为终点。滴定过程中，向锥形瓶中吹氮气，防止溶液吸收空气中的二氧化碳。记录消耗的氢氧化钠标准滴定溶液毫升数（V_7），代入式7－6中进行计算。

（四）空白对照

用相应体积的蒸馏水做空白试验，读取耗用氢氧化钠标准溶液的毫升数（V_0），适用于（一）（三）；用30ml中性乙醇－乙醚混合液做空白实验，读取耗用氢氧化钠标准溶液的毫升数（V_0），适用于（二）。

空白所消耗的氢氧化钠的体积应不小于零，否则应重新制备和使用符合要求的蒸馏水或中性乙醇－乙醚混合液。

【结果计算及数据处理】

巴氏杀菌乳、灭菌乳、生乳、发酵乳、奶油和炼乳试样中的酸度数值以（°T）表示，按式7－6计算：

$$X_7 = \frac{c_7 \times (V_7 - V_0) \times 100}{m_7 \times 0.1} \qquad (7-6)$$

式中，X_7为试样的酸度，°T；c_7为氢氧化钠标准溶液的摩尔浓度，mol/L；V_7为滴定时所消耗氢氧化钠标准溶液的体积，ml；V_0为空白试验所消耗氢氧化钠标准溶液的体积，ml；100为100g试样；m_7为试样的质量，g；0.1为酸度理论定义氢氧化钠的摩尔浓度，mol/L。

以重复性条件下获得的两次独立测定结果的算术平均值表示，结果保留三位有效数字。在重复性条件下获得的两次独立测定结果的绝对差值不得超过算术平均值的10%。

PPT

任务三　非脂乳固体的测定

依据 GB 5413.39—2010《食品安全国家标准　乳和乳制品中的非脂乳固体的测定》。

实训六　乳和乳制品中非脂乳固体的测定

【测定原理】

先分别测定出乳及乳制品中的总固体含量、脂肪含量（如添加了蔗糖等非乳成分含量，也应扣除），再用总固体减去脂肪和蔗糖等非乳成分含量，即为非脂乳固体。

【适用范围】

适用于生乳、巴氏杀菌乳、灭菌乳、调制乳、发酵乳中非脂乳固体的测定。

【试剂与仪器准备】

（一）试剂

石英砂或海砂　可通过500μm孔径的筛子，不能通过180μm孔径的筛子，并通过下列适用性测试：将约20g的海砂同短玻棒一起放于一皿盒中，然后敞盖在100℃±2℃的干燥箱中至少烘2小时。把皿盒盖盖后放入干燥器中冷却至室温后称量，准确至0.1mg。用5ml水将海砂润湿，用短玻棒混合海砂和水，将其再次放入干燥箱中干燥4小时。把皿盒盖盖后放入干燥器中冷却至室温后称量，精确至0.1mg，两次称量的差不应超过0.5mg。如果两次称量的质量差超过了0.5mg，则需对海砂进行下面的处理后，才能使用：将海砂在体积分数为25%的盐酸溶液中浸泡3天，经常搅拌。尽可能地倾出上清液，用水洗涤海砂，直到中性。在160℃条件下加热海砂4小时。然后重复进行适用性测试。

除非另有规定，本方法所用试剂均为分析纯，水为 GB/T 6682—2008 规定的三级水。

（二）仪器

平底皿盒，高 20～25mm、直径 50～70mm 的带盖不锈钢或铝皿盒，或玻璃称量皿；短玻璃棒，适合于皿盒的直径，可斜放在皿盒内，不影响盖盖。天平（感量为 0.1mg）；干燥箱；水浴锅。

【样品测定】

（一）总固体的测定

在平底皿盒中加入 20g 石英砂或海砂，在 100℃ ±2℃的干燥箱中干燥 2 小时，于干燥器冷却 0.5 小时，称量，并反复干燥至恒重。称取 5.0g（精确至 0.0001g）试样于恒重的皿内，置水浴上蒸干，擦去皿外的水渍，于 100℃ ±2℃干燥箱中干燥 3 小时，取出放入干燥器中冷却 0.5 小时，称量，再于 100℃ ±2℃干燥箱中干燥 1 小时，取出冷却后称量，至前后两次质量相差不超过 1.0mg。试样中总固体的含量按式 7－7 计算：

$$X = \frac{m_1 - m_2}{m} \times 100 \tag{7－7}$$

式中，X 为试样中总固体的含量，g/100g；m_1 为皿盒、海砂加试样干燥后质量，g；m_2 为皿盒、海砂的质量，g；M 为试样的质量，g。

（二）脂肪的测定

按 GB 5009.6—2016 中规定的方法测定。

（三）蔗糖的测定

按 GB 5009.8—2023 中规定的方法测定。

【结果计算及数据处理】

试样中非脂乳固体的含量按公式 7－8 计算：

$$X_{NFT} = X - X_1 - X_2 \tag{7－8}$$

式中，X_{NFT} 为试样中非脂乳固体的含量，g/100g；X 为试样中总固体的含量，g/100g；X_1 为试样中脂肪的含量，g/100g；X_2 为试样中蔗糖的含量，g/100g。

以重复性条件下获得的两次独立测定结果的算术平均值表示，结果保留三位有效数字。

任务四　乳和乳制品杂质度的测定

PPT

依据 GB 5413.30—2016《食品安全国家标准　乳和乳制品杂质度的测定》。

实训七　乳和乳制品杂质度的测定

【测定原理】

生鲜乳、液体乳、用水复原的乳粉类样品经杂质度过滤板过滤，根据残留于杂质度过滤板上直观可见非白色杂质与杂质度参考标准板比对确定样品杂质的限量。

【适用范围】

生鲜乳、液体乳、乳粉。

【试剂与仪器准备】

除非另有说明，本方法所用试剂均为分析纯，水为 GB/T 6682 规定的三级水。

杂质度过滤板，直径 32mm、质量 135mg ± 15mg、厚度 0.8 ~ 1.0mm 的白色棉质板；杂质度参考标准板；天平（感量为 0.1g）；过滤设备，杂质度过滤机或抽滤瓶，可采用正压或负压的方式实现快速过滤（每升水的过滤时间为 10 ~ 15 秒）。安放杂质度过滤板后的有效过滤直径为 28.6mm ±0.1mm。

【样品制备】

1. 液体乳样品充分混匀后，用量筒量取 500ml 立即测定。

2. 准确称取 62.5g ±0.1g 乳粉样品于 1000ml 烧杯中，加入 500ml 40℃ ±2℃ 的水，充分搅拌溶解后，立即测定。

【样品测定】

将杂质度过滤板放置在过滤设备上，将制备的样品溶液倒入过滤设备的漏斗中，但不得溢出漏斗，过滤。用水多次洗净烧杯，并将洗液转入漏斗过滤。分次用洗瓶洗净漏斗过滤，滤干后取出杂质度过滤板，与杂质度标准板比对即得样品杂质度。

【结果计算与数据处理】

过滤后的杂质度过滤板与杂质度参考标准板比对得出的结果（表 7 - 2，表 7 - 3，图 7 - 4，图 7 - 5），即为该样品的杂质度。

当杂质度过滤板上的杂质量介于两个级别之间时，应判定为杂质量较多的级别。如出现纤维等外来异物，判定杂质度超过最大值。

按本标准所述方法对同一样品进行两次测定，其结果应一致。

表 7 - 2 液体乳杂质度参考标准板比对表

参考标准版号	A_1	A_2	A_3	A_4
杂质液浓度（mg/ml）	0	0.02	0.02	0.02
取杂质液体积（ml）	0	6.25	12.5	18.75
杂质绝对含量（mg/500ml）	0	0.125	0.250	0.375
杂志相对含量（mg/8L）	0	2	4	6

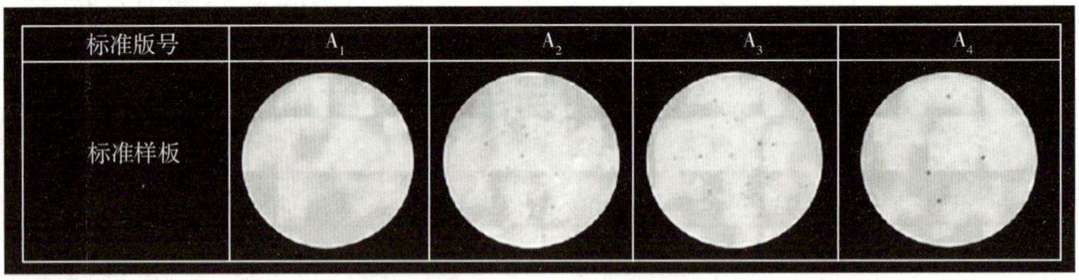

图 7 - 4 液体乳杂质度参考标准板

表 7 - 3 乳粉杂质度参考标准板比对表

参考标准版号	B_1	B_2	B_3	B_4
杂质液浓度（mg/ml）	0.2	0.2	0.2	0.2
取杂质液体积（ml）	2.5	3.75	5.0	6.25
杂质绝对含量（mg/62.5g）	0.500	0.750	1.000	1.250
杂志相对含量（mg/kg）	8	12	16	20

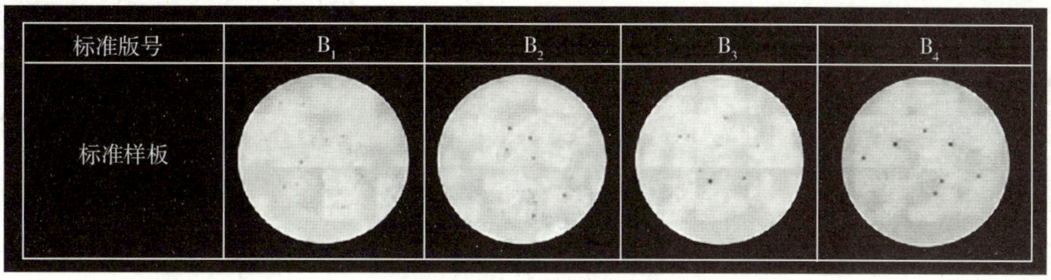

图 7－5　乳粉杂质度参考标准板

目标检测

答案解析

一、单项选择题

1. 酚酞指示剂法测定乳及乳制品酸度，滴定 pH 至（　）

A. 6.5　　B. 7.3　　C. 8.3　　D. 8.5

2. 测定乳及乳制品酸度时，所用试剂均为（　）

A. 优级纯　　B. 色谱纯　　C. 分析纯　　D. 化学纯

二、填空题

1. 罗兹－哥特里法测定乳与乳制品中脂肪含量实验中，加入氨水的作用是（　　）。

2. 罗兹－哥特里法测定乳与乳制品中脂肪含量实验中，如果需要，可加入 2 滴（　　）溶液使水层和醚层界面清晰。

3. 盖勃法测定乳脂肪含量试验中，水浴加热和离心的作用是（　　）。

三、判断题

1. 采用碱性乙醚提取法测定乳脂含量，乳粉有结块并不会影响结果。（　）

2. 酚酞指示剂法测定乳及乳制品酸度时，滴定过程中，为了反应充分和滴定准确，应尽量缓慢滴定。（　）

3. 添加蔗糖的乳制品，测定其非脂乳固体含量，需要先分别测定出乳及乳制品中的总固体含量、脂肪含量再用总固体减去脂肪即可。（　）

4. 当杂质度过滤板上的杂质量介于两个级别之间时，应判定为杂质量较多的级别。（　）

（张艳芳）

书网融合……

题库

项目八

饮料的检验

案例导入

案例 我国很早就有制作和饮用饮料的历史，《周礼·天官》中记载“浆人”的职责是掌“六饮”，即水、浆、醴、凉、医、酏。《楚辞·招魂》中有记载：“挫糟冰饮酎清凉些”。改革开放以来，饮料产业也已成了我国的新兴产业，且种类逐渐丰富。近年来，植物蛋白饮料、果蔬汁饮料、无糖饮料等受到消费者追捧，我国已成为饮料生产和消费大国。

讨论 1. 常见的饮料种类有哪些？

2. 饮料常见的检测指标有哪些？

一、适用范围

饮料是指经过定量包装的，供直接饮用或按一定比例用水冲调或冲泡饮用的，乙醇含量（质量分数）不超过0.5%的制品。也可为饮料浓浆或固体形态。主要包装饮用水、果蔬汁类及其饮料、蛋白饮料、碳酸饮料（汽水）、特殊用途饮料、风味饮料、茶（类）饮料、咖啡（类）饮料、植物饮料、固体饮料、其他类饮料。

二、实训内容

（一）实训方案设计

学生基于已有的食品分析与检验基础知识，通过查阅相关资料，根据饮料的相关知识及其测定的国家标准，设计检验内容及实验方法并形成实训方案。

（二）实训方案实施

1. 抽样

（1）瓶（桶）装饮用水类　在企业的成品仓库内，从同一规格、同一批次的合格产品中随机抽取样品。对于同时生产饮用天然矿泉水、饮用纯净水及其他饮用水的企业，每类产品抽取一个品种；对于既生产瓶装水又生产桶装水的企业应抽取桶装水产品。瓶装水的抽样基数不得少于200瓶，桶装水的抽样基数不得少于100桶，瓶装水的抽样数量为18瓶，桶装水的抽样数量为6桶。样品分成2份，1份用于检验，1份备查。抽样人员与被抽查企业陪同人员确认无误后，双方在抽样单上签字、盖章，并当场加贴封条封存样品。封条上应有抽样人员签名、抽样单位盖章和抽样日期。

（2）非瓶（桶）装饮用水类　在企业的成品仓库内，从同一规格、同一批次的合格产品中随机抽取样品。对于同时生产含乳饮料、乳酸菌饮料和植物蛋白饮料的企业，则每类产品都抽取一个品种。乳酸菌饮料应优先抽取未杀菌乳酸饮料。抽样基数不得少于200瓶，抽样数量为18瓶，样品分成2份，1份用于检验，1份备查。抽样人员与被抽查企业陪同人员确认无误后，双方在抽样单上签字、盖章，并当场加贴封条封存样品。封条上应有抽样人员签名、抽样单位盖章和抽样日期。

2. 检验项目 根据 GB 7101—2022《食品安全国家标准 饮料》，GB 2760—2024《食品安全国家标准 食品添加剂使用标准》、GB 2762—2022《食品安全国家标准 食品中污染物限量》等，本项目主要针对非瓶（桶）装饮用水类进行检测，其检测项目见表 8－1。

表 8－1 非瓶（桶）装饮用水类检测项目表

检验项目	发证	监督	出厂
净含量	√	√	√
可溶性固形物	√	√	√
总酸	√	√	√
总砷	√	√	*
铅	√	√	*
铜	√	√	*
苯甲酸	√	√	*
山梨酸	√	√	*
糖精钠	√	√	*
甜蜜素	√	√	*
着色剂	√	√	*

注:注有“*”标记的，企业应当每年检验 2 次。

3. 检验 非瓶（桶）装饮用水质量检验项目中总酸、总砷、苯甲酸等指标，参照食品常见成分及食品添加剂的检验进行。本项目主要介绍饮料净含量和可溶性固形物的测定方法，具体见本项目实训一至实训三。

三、实训报告与结果评判

（一）实训报告

实训报告可参照绪论填写，并及时对检测结果进行分析。

（二）检验判定原则

按照国家标准、行业标准进行判定。检验项目中有 1 项或者 1 项以上不符合规定的，判为不合格。

任务一 饮料净含量的测定

PPT

依据 JJF 1070－2023《定量包装商品净含量计量检验规则》，不同的饮料制品采用不同的方法，包括绝对体积法、密度法和相对密度法。

实训一 绝对体积法测定饮料的净含量

【适用范围】

本方法适用于流动性好、不挂壁，且标注净含量为 10ml 至 2L 的液态商品。如饮用水、白酒等。

【试剂与仪器准备】

仪器

专用检验量瓶；注射器（或分度吸管）；温度计。

检验设备应经鉴定合格或者校准符合检验要求，并确定定量包装商品实际净含量检验结果的测量不确定度不应超过0.2T（k=2）。

【样品测定】

1. 将商品内容物倒入专用检验量瓶中，倾入时商品内容物不得有流洒及向瓶外飞溅。内容物成滴状后，应静止等待不少于30秒。

2. 保持专用检验量瓶放置垂直，并使视线与液面平齐，按液面的弯月面下缘读取示值（保留至分度值的1/5~1/3）。该示值即为每件样本单位的实际含量q。

3. 按式8-1计算单件样品的误差：

$$e_i = q_i - Q_n \tag{8-1}$$

式中，e_i为单件样品的误差；q_i为样本中单件商品的实际含量；Q_n为标注净含量。

4. 对于啤酒、可乐等加压加气的商品，在检验前加入不大于净含量允许短缺量1/30~1/20的消泡剂，待气泡消除后按步骤1、2进行检验。

实训二 相对密度法测定饮料的净含量

【适用范围】

本方法适用于流动性不好、但液态均匀，以及不适用绝对体积法检验的液态商品。如乳饮料。

【试剂与仪器准备】

仪器

电子天平；电子秤；电子密度计；密度杯；温度计。

检验设备应经鉴定合格或者校准符合检验要求，并确定定量包装商品实际净含量检验结果的测量不确定度不应超过0.2T（k=2）。

【样品测定】

（一）测定毛重

逐个称量每件样品的毛重。

（二）测定皮重

根据样本量，并结合单位商品皮重的均匀性来确定除去皮重的抽样方案见表8-2。

表8-2 除去皮重的抽样方案

比值 R_q/R_p	测定皮重抽样数 n_p		比值 R_q/R_p	测定皮重抽样数 n_p	
	$n=12$	$n=24$		$n=12$	$n=24$
≤0.70	12	24	4.21~4.30	6	13
0.71~1.00	12	23	4.31~4.70	6	12
1.01~1.20	11	23	4.71~4.90	6	11
1.21~1.60	11	22	4.91~5.10	5	11

续表

比值 R_q/R_p	测定皮重抽样数 n_p		比值 R_q/R_p	测定皮重抽样数 n_p	
	$n=12$	$n=24$		$n=12$	$n=24$
1.61~1.70	11	21	5.11~5.60	5	10
1.71~1.90	10	21	5.61~5.80	5	9
1.91~2.20	10	20	5.81~6.10	4	9
2.21~2.30	10	19	6.11~6.70	4	8
2.31~2.50	9	19	6.71~7.00	4	7
2.51~2.80	9	18	7.01~7.40	3	7
2.81~2.90	9	17	7.41~8.20	3	6
2.91~3.10	8	17	8.21~8.80	3	5
3.11~3.40	8	16	8.81~9.30	2	5
3.41~3.50	8	15	9.31~10.90	2	4
3.51~3.70	7	15	10.91~13.20	2	3
3.71~4.00	7	14	13.21~19.2	2	2
4.01~4.20	7	13			

当样本量大于或等于12件且小于或等于24件（$12 \leqslant n \leqslant 24$）时：在样本中随机抽取2件样品，确定其商品实际含量和皮重，计算商品实际含量之差（R_q）和其皮重之差（R_p）。以 R_q/R_p 的比值和样本量 n 为索引，从表8－2检索出需要测定皮重数量 n_p，该皮重数量应包括已抽取的2件皮重样品；若样本量为12件（$n=12$）或24件（$n=24$）时直接检索表8－2获得抽取皮重数量 n_p；若样本量为13件至23件（$13 \leqslant n \leqslant 23$）时，可参照表8－2中样本量 $n=24$ 的抽样方案抽取皮重数量 n_p。当 $n \leqslant n_p$ 时，皮重抽取数为样本量 n。

当样本量小于12件（$n<12$）时：样本量为1~2件时，按样本量抽取。样本量为3~12件时，可参照表8－2中样本量 $n=12$ 的抽样方案抽取皮重数量 n_p，当 $n \leqslant n_p$ 时，抽取数为样本量 n。

当 $n_p=n$ 时，应以每件商品的各自皮重，确定商品的实际含量。当 $n_p<n$ 时，以 n_p 个皮重样品的平均皮重 $\overline{W}_p$，确定商品的实际含量。

（三）测定密度

1. 在20℃±2℃条件下，先称量密度杯的重量，再将商品内容物（如商品内容物需摇匀可在打开包装前完成）注满密度杯（或注入电子密度计内）。称量密度杯和商品内容物的重量。该重量减去密度杯重，即视为20℃条件下定量体积的商品重。

2. 以与步骤1相同的方法，检测20℃条件下同体积的蒸馏水（或去离子水）重量。

3. 根据步骤1和步骤2测定得到的数据，计算本次样品的相对密度 d。其计算公式如式8－2：

$$d=m_1/m_{水} \text{ 或 } d=\rho_1/\rho_{水} \tag{8-2}$$

式中，d 为相对密度；m_1 为定量体积商品内容物重量；$m_{水}$ 为定量体积20℃蒸馏水（去离子水）的重量；ρ_1 为商品内容物密度；$\rho_{水}$ 为20℃蒸馏水（去离子水）密度。

4. 上述密度测定重复3次，取3次结果的算数平均值作为样品实际含量的计算密度。

【结果计算与数据处理】

按式8－3计算每件样品的实际含量：

$$q_i=(W_{ai}-W_{pi})/(d \times \rho_{水}) \tag{8-3}$$

式中，q_i为样本中单件商品的实际含量；W_{ai}为该样品的实际毛重；W_{pi}为该样品的实际皮重；d为相对密度；$\rho_水$为20℃蒸馏水（去离子水）密度。

按式8－4计算单件样品的实际误差

$$e_i = q_i - Q_n \tag{8-4}$$

式中，e_i为单件样品的误差；q_i为样本中单件商品的实际含量；Q_n为标注净含量。

PPT

任务二　饮料中可溶性固形物含量的测定

依据GB/T 12143—2008《饮料通用分析方法》，饮料中可溶性固形物的测定方法选用折光计法。

实训三　折光计法测定饮料中可溶性固形物的含量

【测定原理】

在20℃用折光计测量待测样液的折光率，并用折光率与可溶性固形物含量换算表查得或从折光计上直接读出可溶性固形物含量。

【适用范围】

本方法适用于透明液体、半黏稠、含悬浮物的饮料制品。

【试剂与仪器准备】

仪器

阿贝折光计或其他折光计，测量范围0%～80%，精确度±0.1%；组织捣碎机。

【样品制备】

1. 透明液体制品　将试样充分混匀，直接测定。

2. 半黏稠制品（果浆、菜浆类）　将试样充分混匀，用四层纱布挤出滤液，弃去最初几滴，收集滤液供测试用。

3. 含悬浮物制品（果粒果汁类饮料）　将待测样品置于组织捣碎机中捣碎，用四层纱布挤出滤液，弃去最初几滴，收集滤液供测试用。

【样品测定】

1. 测定前按说明书校正折光计，以阿贝折光计为例；其他折光计按说明书操作。
2. 分开折光计两面棱镜，用脱脂棉蘸乙醚或乙醇擦净。
3. 用末端熔圆之玻璃棒蘸取试液2～3滴，滴于折光计棱镜面中央（注意勿使玻璃棒触及镜面）。
4. 迅速闭合棱镜，静置1分钟，使试液均匀无气泡，并充满视野。
5. 对准光源，通过目镜观察接物镜。调节指示规，使视野分成明暗两部，再旋转微调螺旋，使明暗界限清晰，并使其分界线恰在接物镜的十字交叉点上。读取目镜视野中的百分数或折光率，并记录棱镜温度。
6. 如目镜读数标尺刻度为百分数，即为可溶性固形物含量（%）；如目镜读数标尺为折光率，可按表8－3换算为可溶性固形物含量（%）。

表 8－3　20℃时折光率与可溶性固形物含量换算表

折光率	可溶性固形物（%）	折光率	可溶性固形物（%）	折光率	可溶性固形物（%）	折光率	可溶性固形物（%）	折光率	可溶性固形物（%）	折光率	可溶性固形物（%）
1.3330	0.0	1.3549	14.5	1.3793	29.0	1.4066	43.5	1.4373	58.0	1.4713	72.5
1.3337	0.5	1.3557	15.0	1.3802	29.5	1.4076	44.0	1.4385	58.5	1.4737	73.0
1.3344	1.0	1.3565	15.5	1.3811	30.0	1.4086	44.5	1.4396	59.0	1.4725	73.5
1.3351	1.5	1.3573	16.0	1.3820	30.5	1.4096	45.0	1.4407	59.5	1.4749	74.0
1.3359	2.0	1.3582	16.5	1.3829	31.0	1.4107	45.5	1.4418	60.0	1.4762	74.5
1.3367	2.5	1.3590	17.0	1.3838	31.5	1.4117	46.0	1.4429	60.5	1.4774	75.0
1.3373	3.0	1.3598	17.5	1.3847	32.0	1.4127	46.5	1.4441	61.0	1.4787	75.5
1.3381	3.5	1.3606	18.0	13856	32.5	1.4137	47.0	1.4453	61.5	1.4799	76.0
1.3388	4.0	1.3614	18.5	1.3865	33.0	1.4147	47.5	1.4464	62.0	1.4812	76.5
1.3395	4.5	1.3622	19.0	1.3874	33.5	1.4158	48.0	1.4475	62.5	1.4825	77.0
1.3403	5.0	1.3631	19.5	1.3883	34.0	1.4169	48.5	1.4486	63.0	1.4838	77.5
1.3411	5.5	1.3639	20.0	1.3893	34.5	1.4179	49.0	1.4497	63.5	1.4850	78.0
1.3418	6.0	1.3647	20.5	1.3902	35.0	1.4189	49.5	1.4509	64.0	1.4863	78.5
1.3425	6.5	1.3655	21.0	1.3911	35.5	1.4200	50.0	1.4521	64.5	1.4876	79.0
1.3433	7.0	1.3663	21.5	1.3920	36.0	1.4211	50.5	1.4532	65.0	1.4888	79.5
1.3441	7.5	1.3672	22.0	1.3929	36.5	1.4221	51.0	1.4544	65.5	1.4901	80.0
1.3448	8.0	1.3681	22.5	1.3939	37.0	1.4231	51.5	1.4555	66.0	1.4914	80.5
1.3456	8.5	1.3689	23.0	1.3949	37.5	1.4242	52.0	1.4570	66.5	1.4927	81.0
1.3464	9.0	1.3698	23.5	1.3958	38.0	1.4253	52.5	1.4581	67.0	1.4941	81.5
1.3471	9.5	1.3706	24.0	1.3968	38.5	1.4264	53.0	1.4593	67.5	1.4954	82.0
1.3479	10.0	1.3715	24.5	1.3978	39.0	1.4275	53.5	1.4605	68.0	1.4967	82.5
1.3487	10.5	1.3723	25.0	1.3987	39.5	1.4285	54.0	1.4616	68.5	1.4980	83.0
1.3494	11.0	1.3731	25.5	1.3997	40.0	1.4296	54.5	1.4628	69.0	1.4993	83.5
1.3502	11.5	1.3740	26.0	1.4007	40.5	1.4307	55.0	1.4639	69.5	1.5007	84.0
1.3510	12.0	1.3749	26.5	1.4016	41.0	1.4318	55.5	1.4651	70.0	1.5020	84.5
1.3518	12.5	1.3758	27.0	1.4026	41.5	1.4329	56.0	1.4663	70.5	1.5033	85.0
1.3526	13.0	1.3767	27.5	1.4036	42.0	1.4340	56.5	1.4676	71.0		
1.3533	13.5	1.3775	28.0	1.4046	42.5	1.4351	57.0	1.4688	71.5		
1.3541	14.0	1.3781	28.5	1.4056	43.0	1.4362	57.5	1.4700	72.0		

7. 将上述百分含量按表 8－4 换算为 20℃时可溶性固形物含量（%）。

表 8－4　20℃时可溶性固形物含量对温度的校正表

温度（℃）	可溶性固形物含量（%）														
	0	5	10	15	20	25	30	35	40	45	50	55	60	65	70
应减去之校正值															
10	0.50	0.54	0.58	0.61	0.64	0.66	0.68	0.70	0.72	0.73	0.74	0.75	0.76	0.78	0.79
11	0.46	0.49	0.53	0.55	0.58	0.60	0.62	0.64	0.65	0.66	0.67	0.68	0.69	0.70	0.71

续表

温度（℃）	可溶性固形物含量（%）														
	0	5	10	15	20	25	30	35	40	45	50	55	60	65	70
12	0.42	0.45	0.48	0.50	0.52	0.54	0.56	0.57	0.58	0.59	0.60	0.61	0.61	0.63	0.63
13	0.37	0.40	0.42	0.44	0.46	0.48	0.49	0.50	0.51	0.52	0.53	0.54	0.54	0.55	0.55
14	0.33	0.35	0.37	0.39	0.40	0.41	0.42	0.43	0.44	0.45	0.45	0.46	0.46	0.47	0.48
15	0.27	0.29	0.31	0.33	0.34	0.34	0.35	0.36	0.37	0.37	0.38	0.39	0.39	0.40	0.40
16	0.22	0.24	0.25	0.26	0.27	0.28	0.28	0.29	0.30	0.30	0.30	0.31	0.31	0.32	0.32
17	0.17	0.18	0.19	0.20	0.21	0.21	0.21	0.22	0.22	0.23	0.23	0.23	0.23	0.24	0.24
18	0.12	0.13	0.13	0.14	0.14	0.14	0.14	0.15	0.15	0.15	0.15	0.16	0.16	0.16	0.16
19	0.06	0.06	0.06	0.07	0.07	0.07	0.07	0.08	0.08	0.08	0.08	0.08	0.08	0.08	0.08
	应加入之校正值														
21	0.06	0.07	0.07	0.07	0.07	0.08	0.08	0.08	0.08	0.08	0.08	0.08	0.08	0.08	0.08
22	0.13	0.13	0.14	0.14	0.15	0.15	0.15	0.15	0.15	0.16	0.16	0.16	0.16	0.16	0.16
23	0.19	0.20	0.21	0.22	0.22	0.23	0.23	0.23	0.23	0.24	0.24	0.24	0.24	0.24	0.24
24	0.26	0.27	0.28	0.29	0.30	0.30	0.31	0.31	0.31	0.31	0.31	0.32	0.32	0.32	0.32
25	0.33	0.35	0.36	0.37	0.38	0.38	0.39	0.40	0.40	0.40	0.40	0.40	0.40	0.40	0.40
26	0.40	0.42	0.43	0.44	0.45	0.46	0.47	0.48	0.48	0.48	0.48	0.48	0.48	0.48	0.48
27	0.48	0.50	0.52	0.53	0.54	0.55	0.55	0.56	0.56	0.56	0.56	0.56	0.56	0.56	0.56
28	0.56	0.57	0.60	0.61	0.62	0.63	0.63	0.63	0.64	0.64	0.64	0.64	0.64	0.64	0.64
29	0.64	0.66	0.68	0.69	0.71	0.72	0.72	0.73	0.73	0.73	0.73	0.73	0.73	0.73	0.73
30	0.72	0.74	0.77	0.78	0.79	0.80	0.80	0.81	0.81	0.81	0.81	0.81	0.81	0.81	0.81

【结果计算与数据处理】

同一样品两次测定值之差，不应大于0.5%。取两次测定的算术平均值作为结果，精确到小数点后一位。

目标检测

答案解析

一、单项选择题

1. 以下方法不能用于测定饮料净含量的是（　）

A. 折光计法　　B. 密度法

C. 相对密度法　　D. 绝对体积法

2. 测定饮料中可溶性固形物时，需要用到的仪器是（　）

A. 分光光度计　　B. 旋光计

C. 折光计　　D. 气相色谱仪

二、填空题

1. 饮料净含量测定的常用方法有（　　）、（　　）、（　　）。

三、判断题

1. 流动性不好的液态商品可以采用相对密度法测定饮料的净含量。(　)
2. 可乐在进行净含量的测定前，可加入消泡剂待气泡消除后再进行检验。(　)

（李　杰）

书网融合……

题库

项目九

罐头的检验

PPT

案例导入

案例 2022年11月16日，浙江省三门县市场监督管理局抽检该县某食品生产厂的糖水桔子罐头，并送至三门县食品药品检验检测中心检验。2022年12月14日，检验报告显示上述糖水桔子罐头的固形物含量的实测值为52.6%，固形物含量项目不符合产品明示标准和质量要求标准（标准指标为≥55%），检验结果为不合格。

讨论 1. 罐头食品的固形物含量检验依据标准是什么？

2. 罐头食品安全还有哪些检验指标？

根据GB 7098—2015《食品安全国家标准 罐头》，罐头食品定义为以水果、蔬菜、食用菌、畜禽肉、水产动物等为原料，经加工处理、装罐、密封、加热杀菌等工序加工而成的商业无菌的罐装食品。商业无菌是指罐头食品经过适度热杀菌后，不含有致病性微生物，也不含有在通常温度下能在其中繁殖的非致病性微生物的状态。根据GB/T 10784—2020《罐头食品分类》，罐头食品包括畜肉类罐头、禽类罐头、水产类罐头、水果类罐头、蔬菜类罐头、食用菌罐头、坚果及籽类罐头、谷物和杂粮罐头、蛋类罐头、婴幼儿辅食罐头和其他罐头。

一、适用范围

本方法适用于罐头食品；不适用于婴幼儿罐装辅助食品。

二、实训内容

（一）实训方案设计

学生基于已有的食品分析与检验基础知识，通过查阅相关资料，根据罐头食品的相关知识及其测定的国家标准，设计检验内容及实验方法并形成实训方案。

（二）实训方案实施

1. 抽样 根据产品的品种，随机抽取1种产品进行检验。抽样单上按该产品的具体名称填写。在企业的成品库内随机抽取发证检验样品。所抽样品须为同一批次保质期内的产品，抽样基数不得少于200罐（瓶、袋），随机抽取18罐（瓶、袋）。样品分成2份，1份用于检验，1份备查。样品确认无误后，由抽样人员与被抽查单位在抽样单上签字、盖章、当场封存样品，并加贴封条，封条上应有抽样人员签名、抽样单位盖章及抽样日期。

2. 检验项目 罐头食品质量安全常见检验项目见表9-1。

表 9－1　罐头食品质量安全常见检验项目表

检验项目	发证	监督	出厂	备注
净含量	√	√	√	
固形物含量	√	√	√	
氯化钠含量	√	√	√	有此项目要求的
可溶性固形物	√	√	√	
pH 值	√	√	√	
番茄红素	√	√	√	有此项目要求的，如番茄酱罐头
霉菌计数	√	√	*	
脂肪（含量）	√	√	*	
水分	√	√	*	有此项目要求的
蛋白质	√	√	*	
淀粉（含量）	√	√	*	
米酵菌酸	√	√	*	仅限于银耳罐头
油脂过氧化值	√	√	*	有此项目要求的，如花生、玉米罐头
黄曲霉毒素 B_1	√	√	*	
组胺	√	√	*	仅限鲐鱼、鲹鱼、沙丁鱼罐头

注:1. 注有“＊”标记的，企业应当每年检验 2 次。

罐头食品的污染物限量应符合 GB 2762—2022 的规定；真菌毒素限量应符合 GB 2761—2017 的规定；应符合罐头食品商业无菌要求，按 GB 4789. 26—2003 规定的方法检验；番茄酱罐头霉菌计数（% 视野）≤50，按 GB 4789. 15—2006 规定的方法检验；食品添加剂的使用应符合 GB 2760—2024 的规定；食品营养强化剂的使用应符合 GB 14880—2012 的规定。

3. 检验　此处主要介绍可溶性固形物、净含量、干燥物、固形物含量的测定，检测方法主要依据 GB/T 10786—2022《罐头食品的检验方法》。具体见本项目实训一至实训四。

三、实训报告与结果评判

（一）实训报告

实训报告参照绪论填写，并及时对检测结果进行分析。

（二）检验判定原则

按照国家标准、行业标准进行判定。检验项目中有 1 项或者 1 项以上不符合规定的，判为不合格。

任务一　可溶性固形物含量的测定

PPT

实训一　折光计法测定罐头中可溶性固形物含量

【测定原理】

在 20℃用折光计测量试验溶液的折光率，并用折光率与可溶性固形物含量的换算表或折光计上直接读出可溶性固形物的含量。

【试剂与仪器准备】

阿贝折光计或糖度计；组织捣碎器。

【样品制备】

1. 液体制品及泥糊类制品 充分混匀待测样品后直接测定。

2. 果蔬浆（泥）制品等 充分混匀待测样品，用四层纱布挤出滤液，用于测定。

3. 果酱、果冻等 称取适当量（一般称取40g，精确到0.01g）的待测样品到已称重的烧杯中，加100～150ml蒸馏水，用玻璃棒搅拌，并缓和煮沸2～3分钟，冷却并充分混匀。20分钟后称重，精确到0.01g，然后用槽纹漏斗或布氏漏斗过滤到干燥容器里，留滤液供测定用。

4. 粥类罐头 开罐后，搅拌均匀形成待测样品。

5. 固相和液相分开的制品 按样品本身固液相的比例，将样品用组织捣碎器捣碎后，过滤后取滤液用于测定。

【样品测定】

同项目八 任务二“饮料中可溶性固形物含量的测定”。

【结果计算与数据处理】

1. 如果是不经稀释的透明液体或非黏稠制品或固相和液相分开的制品，可溶性固形物含量与折光计上所读得的数相等。

2. 如果是经稀释的黏稠制品，则可溶性固形物含量按式9-1计算。

$$X_1 = \frac{D \times m_2}{m_1} \tag{9-1}$$

式中，X_1为可溶性固形物含量，%；D为稀释溶液里可溶性固形物的质量分数，%；m_2为稀释后的样品质量，g；m_1为稀释前的样品质量，g。

取两次测定的算术平均值作为结果，精确到小数点后一位。同一样品两次测定的结果之差，不应超过0.5%。

任务二 净含量的测定

PPT

实训二 重量法测定罐头净含量

【试剂与仪器准备】

（一）圆筛的规格

1. 净含量小于1.5kg的罐头，用直径200mm的圆筛。不锈钢丝织成，其直径为1mm，孔眼为2.8mm×2.8mm（相当于7目圆筛）。

2. 净含量等于或大于1.5kg的罐头，用直径300mm的圆筛。不锈钢丝织成，其直径为1mm，孔眼为2.8mm×2.8mm（相当于7目圆筛）。

3. 黏稠的粥类罐头，燕窝罐头等其他罐头，用直径200mm的圆筛，不锈钢丝织成，其直径为0.5mm，孔眼为0.85mm×0.85mm（相当于20目圆筛）。

（二）仪器

卫生开罐刀；天平。

【样品测定】

擦净罐头外壁，用天平称取罐头总质量。

畜肉、禽及水产类罐头需将罐头加热，使凝冻溶化后开罐。果蔬类罐头不经加热，直接开罐。内容物倒出后，将容器洗净、擦干后称重。

【结果计算与数据处理】

罐头净含量按式 9－2 计算：

$$m = m_4 - m_3 \tag{9-2}$$

式中，m 为罐头净含量，g；m_4 为罐头总质量，g；m_3 为空罐质量，g。

任务三　干燥物含量的测定

PPT

实训三　重量法测定罐头干燥物含量

【测定原理】

将样品真空干燥至恒重，计算干燥物含量，以质量分数表示。

【试剂与仪器准备】

仪器

扁形玻璃称量瓶，真空干燥箱（精度 ±0.5℃），玻璃干燥器，不锈钢小勺或玻璃棒，一般干热烘箱（精度 ±0.5℃），分析天平（感量为 0.1mg）。

【样品测定】

液体及泥糊类样品充分混匀备用，固液相分开制品捣碎后混匀备用。

取 10～15g 干净细砂（40 目海砂）于扁平玻璃称量瓶中，并与不锈钢小勺或玻璃棒一起置于 100～105℃供箱中烘干至恒重。取出，置于干燥器内冷却 30 分钟，称重（精确至 0.001g）。以减量法在瓶中称取试样约 5g（精确至 0.001g），用勺或玻璃棒将试样与砂搅匀，铺成薄层，于水浴上蒸发至近干，移入温度 70℃、压力 13332.2Pa（100mmHg）以下的真空干燥箱内烘 4 小时。取出，置于干燥器中冷却 30 分钟，称量后再烘，每两小时取出冷却称量一次（两次操作应相同），直至两次质量差不大于 0.003g 为止。

【结果计算与数据处理】

干燥物的质量分数按式 9－3 计算，其数值以% 表示：

$$X_6 = \frac{m_{18} - m_{17}}{m_{19}} \times 100 \tag{9-3}$$

式中，X_6 为干燥物的质量分数，%；m_{18} 为烘干后试样、不锈钢小勺（或玻璃棒）、净砂及称量瓶质量，g；m_{17} 为不锈钢小勺（或玻璃捧）、净砂及称量瓶质量，g；m_{19} 为试样质量，g。

取两次测定的算术平均值作为结果，精确到小数点后一位，同一样品两次测定的结果之差应不超过 0.5%。

任务四 固形物含量的测定

PPT

实训四 重量法测定罐头固形物含量

一、水果、蔬菜类罐头、食用菌罐头、坚果及籽类罐头、非黏稠的谷类和豆类罐头

开罐后，将内容物倾倒在预先称重的圆筛上［根据净含量选择相应的圆筛，见任务二“净含量的测定”（一）圆筛1或2］，适当倾斜筛子，沥干2分钟后，将圆筛和沥干物一并称重。带有小配料的蔬菜罐头，称量沥干物时应扣除小配料。

固形物含量按式9－4计算，其数值以%表示：

$$X_2=\frac{m_6-m_5}{m_7}\times 100 \tag{9-4}$$

式中，X_2 为固形物含量,%；m_6 为果肉或蔬菜沥干物加圆筛质量，g；m_5 为圆筛质量，g；m_7 为罐头标明净含量，g。

二、畜肉禽罐头、水产类罐头

将罐头在50℃ ±5℃的水浴中加热10～20分钟或在100℃水中加热2～7分钟（视罐头大小而定），使凝冻的汤汁融化，开罐后，将内容物倾倒在预先称重的圆筛上［根据净含量选择相应的圆筛，见任务二“净含量的测定”（一）圆筛1或2］，圆筛下方配接漏斗，架于容量合适的量筒上，不搅动产品，适当倾斜圆筛，沥干3分钟后，将筛子和沥干物一并称量。将量筒静置5分钟，使油与汤汁分为两层，量取油层的体积毫升数乘以密度0.9g/cm^3，即得油层质量。

固形物含量按式9－5计算，其数值以%表示：

$$X_3=\frac{(m_9-m_8)+0.9\times V_1}{m_{10}}\times 100 \tag{9-5}$$

式中，X_3 为固形物含量,%；m_9 为沥干物加圆筛质量，g；m_8 为圆筛质量，g；V_1 为油脂体积，mL，g；m_{10}为罐头标明净含量，g。

三、黏稠的谷类和豆类罐头

开罐后，将内容物倾倒在预先称重的圆筛［见任务二“净含量的测定”（一）圆筛3］上，不搅动产品，适当倾斜筛子，沥干5分钟后，将圆筛和沥干物一并称重。

固形物含量按式9－6计算，其数值以%表示：

$$X_4=\frac{m_{12}-m_{11}}{m_{13}}\times 100 \tag{9-6}$$

式中，X_4为固形物含量,%；m_{12}为沥干物加圆筛质量，g；m_{11}为圆筛质量，g；m_{13}为罐头标明净含量，g。

四、燕窝罐头

1. 不添加琼脂及增稠剂的燕窝罐头开罐后直接按“三、黏稠的谷类和豆类罐头”进行检测。

2. 添加琼脂及增稠剂的燕窝罐头开罐后，将内容物全部转移至洁净容器中，置于50℃水浴加热至温度稳定（约15分钟），按（三）进行检测。

3. 将内容物倾倒在预先称重的圆筛［见任务二“净含量的测定”（一）圆筛3］上，不搅动产品，适当倾斜筛子，沥干2分钟后，将圆筛和沥干物一并称重。

固形物含量按式9－7计算，其数值以%表示：

$$X_5 = \frac{m_{15} - m_{14}}{m_{16}} \times 100 \tag{9-7}$$

式中，X_5为固形物含量，%；m_{15}为沥干物加圆筛质量，g；m_{14}为圆筛质量，g；m_{16}为罐头标明净含量，g。

拓展阅读

罐头食品的顶隙和真空度

罐头食品的检验包括感官、可溶性固形物、净含量和固形物含量、pH值、干燥物、顶隙和真空度的检验。罐头食品的顶隙是指测量罐头食品的内容物表面或液面与罐头容器上盖间所留空隙的距离。罐头食品的真空度是指以穿刺方式使罐内压力通至真空度测试表内，由于大气压与罐内压力差异，推动隔膜移动，读出罐头食品的真空度。

目标检测

答案解析

一、多项选择题

1. 测定罐头中可溶性固形物含量可以选用仪器（　）

A. 阿贝折光计　　B. 紫外可见分光光度计

C. pH计　　D. 糖度计

2. 重量法测定罐头干燥物含量需要选用仪器（　）

A. 真空干燥箱　　B. 一般干热烘箱

C. 扁形玻璃称量瓶　　D. 万分之一分析天平

二、判断题

1. 商业无菌是指罐头食品经过适度热杀菌后，不含有致病性微生物，可以含有在通常温度下能在其中繁殖的非致病性微生物的状态。（　）

2. 罐头食品为商业无菌所以常温下能长期存放。（　）

3. 折光计法测定罐头中可溶性固形物含量，液体制品及泥糊类制品开罐取样直接测定。（　）

4. 重量法测定罐头固形物含量，带有小配料的蔬菜罐头，称量沥干物时应扣除小配料。（　）

（梁芳慧）

书网融合……

题库

项目十

肉制品的检验

案例导入

案例 近年来，中国肉制品行业受到各级政府的高度重视和国家产业政策的重点支持，国家陆续出台了多项政策，严格规避肉制品产业链中的食品安全问题。受全球经济大环境的影响，我国肉类行业近年来的发展受到了不小的影响，再加上近年来曝光的肉类食品安全事件也常见诸媒体，如牛羊肉掺假、瘦肉精、抗生素使用等问题，无不引起食品监管部门和消费者的关注。为保障肉制品安全，我国近来年也加大了肉品检测力度，在有些领域实施了食品安全追溯体系，并取得了显著的效果。

讨论 1. 肉制品的安全问题有哪些？

2. 肉制品的质量检验项目有哪些？

一、适用范围

根据 GB/T 26604—2011《肉制品分类》，肉制品是指以鲜、冻畜禽肉为主要原料，经选料、修整、腌制、调味、成型、熟化（或不熟化）和包装等工艺制成的肉类加工食品。本方法适用于腌腊肉制品；酱卤肉制品；熏烧烤肉制品；熏煮香肠火腿制品；发酵肉制品的检验。

二、实训内容

（一）实训方案设计

学生基于已有的食品分析与检验基础知识，通过查阅相关资料，根据肉制品食品的相关知识及其测定的国家标准，设计检验内容及实验方法并形成实训方案。

（二）实训方案实施

1. 抽样 根据企业产品品种，在企业的成品库内，按种类（咸肉类、腊肉类、风干肉类、中国腊肠类、中国火腿类、生培根类、生香肠类、白煮肉类、酱卤肉类、肉糕类、肉冻类、油炸肉类、肉松类、肉干类、熏烧烤肉类、肉脯类、熟培根类、熏煮香肠类、熏煮火腿类、发酵香肠类和发酵肉类等）分别随机抽取 1 种产品进行发证检验。所抽样品须为同一批次保质期内的产品，抽样基数不少于 20kg，每批次抽样样品数量为 4kg（不少于 4 个包装），分成 2 份，1 份用于检验，1 份备查。样品确认无误后，由抽样人员与被抽查单位在抽样单上签字、盖章，当场封存样品，并加贴封条，封条上应有抽样人员签名、抽样单位盖章及抽样日期。不具备产品出厂检验能力的企业，或部分小厂检验项目尚不能自检的企业，应委托国家质检总局统一公布的检验机构按生产批逐批进行出厂检验。企业同一批投料、同一班次、同一生产线的产品为一个生产批次。

根据 GB/T 9695. 19—2008《肉与肉制品　取样方法》，不同形态肉类的取样有不同要求。

（1）鲜肉的取样　从 3 ~ 5 片胴体或同规格的分割肉上取若干小块混为一份样品。每份样品为

500～1500g。

（2）冻肉的取样　在冻肉堆放空间的四角和中间设采样点，每点从上、中、下三层取若干小块混为一份样品。每份样品为500～1500g；包装冻肉则随机取3～5包混合，总量不得少于1000g。

（3）肉制品的取样　每件500g以上的产品随机从3～5件上取若干小块混合，共500～1500g；每件500g以下的产品随机取3～5件混合，总量不得少于1000g。

（4）小块碎肉　从堆放平面的四角和中间取样混合，共500～1500g。

2. 检验项目　根据GB/T 5009.44—2003《肉与肉制品卫生标准的分析方法》、GB 2730—2015《食品安全国家标准　腌腊肉制品》、GB 2726—2016《食品安全国家标准　熟肉制品》等，肉制品的质量检验项目见表10－1。

表10－1　肉制品质量检验项目

检验项目	发证	监督	出厂
感官	√	√	√
净含量	√	√	√
食盐	√	√	*
水分	√	√	√
酸价	√	√	√
亚硝酸盐	√	√	*
食品添加剂	√	√	*
标签	√	√	

注：注有“*”标记的，企业应当每年检验2次。

3. 检验　腌腊肉制品质量检验项目中，水分、酸价、亚硝酸盐、食品添加剂等指标，可参照食品常见成分及包装材料的检验相应检测方法，以下主要介绍净含量和食盐的测定方法。具体见本项目实训一至实训四。

三、实训报告与结果评判

（一）实训报告

实训报告参照绪论填写，并及时对检测结果进行分析。

（二）检验判定原则

按照国家标准、行业标准进行判定。检验项目中有1项或者1项以上不符合规定的，判为不合格。

任务一　净含量的测定

PPT

净含量是指定量包装商品除去包装容器和其他包装材料后内装商品的量。

定量包装商品是指以销售为目的，在一定量限范围内具有统一的质量、体积、长度、面积、计数标注等标识内容。依据国家质量监督检验检疫总局第75号令《定量包装商品计量　监督管理办法》的规定由生产者或者销售者在定量包装商品的包装上明示的商品的净含量。

实训一　以质量（重量）标注净含量的测定

【适用范围】

本方法适用于带包装的非冰冻肉及肉制品。。

【仪器】

秤或者天平。

【样品测定】

（一）一般商品

1. 测定总重（GW）　在秤或者天平上按顺序逐个称量每个样品的实际总重（GW_i），并记录结果。

2. 测定皮重（TW）　在秤或者天平上按顺序称量每个已打开包装样品的皮重（TW_i），记录结果并与总重结果对应。

3. 计算商品的实际含量（q）　商品的实际含量（q_i）=实际总重（GW_i）－皮重（TW_i）

4. 计算净含量的偏差（D）　单件商品的净含量偏差（D）=实际含量（q_i）－标注净含量（Q_n）

实训二　冰冻商品的检验方法

【适用范围】

本方法适用于冰冻鱼、冰冻虾等加水后冷冻贮存的商品。

【仪器】

1. 秤或天平　应检定合格，准确度等级和检定分度值应符合本规范的要求。

2. 解冻容器　容积不小于被解冻商品体积的4倍，其底部必须设有进水口。

3. 带盖网筛　容积大于被解冻商品体积，用直径为0.5～1mm的不锈钢丝编制，网孔为2.5mm左右，且不使解冻商品漏失，边角不得具有留存残液的结构。

4. 导管　普通水胶管，胶管直径能与容器进水口可靠连接。

5. 温度计　测量范围0～50℃，分度值≤1℃。

【样品测定】

（一）测定网筛的重量

在秤或天平上称量每个用于检验的网筛重量（SW），并记录结果。

（二）解冻

首先将每件样品拆除包装后，单独放入预先称量好的带盖网筛中，再将盛有样品的网筛放入解冻容器。然后将解冻用水（清洁淡水）通过接入容器底部进水口的导管，加入解冻容器中，保持适当流速的常流水，并使水由解冻容器的上部溢出（勿使样品露出水面），保持水温在20℃左右。对于镀冰衣商品，使样品表面的冰层刚好融化，其他冷冻商品的冷冻个体刚好能够分离为止。然后将解冻后的样品连同带盖网筛从解冻容器中提出，小心摇晃样品且避免损坏样品。

（三）控水

将解冻的样品连同网筛一起倾斜放置使其与水平面保持17～20℃的倾角，以更有利于排净水分，控水 2 分钟。控水期间应注意不得挤压样品。

（四）测定网筛和固形物的重量

将控水后的样品连同网筛一起放在秤或者天平上称量（SDW），并记录结果。

（五）计算商品的实际含量

商品的实际含量（q_i）= 样品固形物和网筛的重量（SDW）- 网筛重量（SW）

（六）计算净含量的偏差（D）

单件商品的净含量偏差（D）= 实际含量（q_i）- 标注净含量（Q_n）

【技术提示】

（1）冷冻商品是指在 0℃以下生产贮存的凝固商品，包括镀冰衣商品。

（2）镀冰衣商品是指单冻虾、单冻鱼等商品，其实际含量应不包括冰衣在内。

（3）对于易于吸水的冷冻商品（冻蔬菜、冻章鱼等），解冻过程中应保证不使解冻水进入商品中。

任务二　食盐的测定

PPT

肉制品中加入食盐可以增加产品的风味，改善口感，并提供一定的防腐作用。测定方法依据 GB/T 5009.44—2016《食品安全国家标准　食品中氯化物的测定》。

实训三　电位滴定法测定食品中氯化物的含量

【测定原理】

试样经酸化处理后，加入丙酮，以玻璃电极为参比电极，银电极为指示电极，用硝酸银标准滴定溶液滴定试液中的氯化物。根据电位的“突跃”，确定滴定终点。以硝酸银标准滴定溶液的消耗量，计算食品中氯化物的含量。

【适用范围】

适用于各种肉制品。

【试剂和材料】

除非另有说明，本方法所用试剂均为分析纯，水为 GB/T 6682 规定的三级水。

（一）试剂

亚铁氰化钾 [$K_4Fe(CN)_6 \cdot 3H_2O$]；乙酸锌 [$Zn(CH_3CO_2)_2$]；硝酸银（$AgNO_3$）；冰乙酸（CH_3COOH）；硝酸（HNO_3）；丙酮（CH_3COCH_3）；基准氯化钠标准品（NaCl），纯度≥99.8%。

（二）试剂配制

1. 蛋白质沉淀剂

（1）试剂 A　称取 106g 亚铁氰化钾，用水溶解，转入 1000ml 容量瓶中，用水定容。

（2）试剂 B　称取 220g 二水乙酸锌，用水溶解，加入 30ml 冰乙酸，转入 1000ml 容量瓶中，用水定容。

2. 硝酸溶液（1+3）　将 1 体积的硝酸加入 3 体积水中，混匀。

3. 氯化钠基准溶液（0.01000mol/L） 称取0.5844g（精确至0.1mg）经500～600℃灼烧至恒重的基准试剂氯化钠，于小烧杯中，用少量水溶解，转移到1000ml容量瓶中，稀释至刻度，摇匀。

4. 硝酸银标准滴定溶液（0.02mol/L） 称取3.40g硝酸银（精确至0.01g）于小烧杯中，用少量硝酸溶解，转移到1000ml棕色容量瓶中，用水定容至刻度，摇匀，避光贮存，或转移到棕色瓶中。或购买经国家认证并授予标准物质证书的硝酸银标准滴定溶液。

5. 滴定终点的确定 电位滴定仪自动滴定、记录硝酸银标准滴定溶液的体积和电位值。

硝酸银标准滴定溶液的浓度按式10－1计算：

$$c = \frac{10 \times c_1}{V_1} \tag{10-1}$$

式中，c，硝酸银标准滴定溶液浓度，mol/L；c_1，氯化钠基准溶液浓度，mol/L；V_1，滴定终点时消耗硝酸银标准滴定溶液的体积，ml。

（三）仪器

组织捣碎机；粉碎机；研钵；涡旋振荡器；超声波清洗器；恒温水浴锅；离心机（转速≥3000r/min）；pH计（精度±0.1）；电磁搅拌器；电位滴定仪；天平（感量0.1mg和1mg）。

【样品制备】

（一）试样准备

1. 粉末状、糊状或液体样品 取有代表性的样品至少200g，充分混匀，置于密闭的玻璃容器内。

2. 块状或颗粒状的固体样品 取有代表性的样品至少200g，用粉碎机粉碎或用研钵研细，置于密闭的玻璃容器内。

3. 半固体或半液体样品 取有代表性的样品至少200g，用组织捣碎机捣碎，置于密闭的玻璃容器内。

（二）试样溶液制备

1. 肉禽及水产制品 称取约10g试样（精确至1mg）于100ml具塞比色管中，加入50ml 70℃热水，振荡分散样品，水浴中煮沸15分钟，并不断摇动，取出，超声处理20分钟，冷却至室温，依次加入2ml沉淀剂A和2ml沉淀剂B。每次加入沉淀剂充分摇匀，用水稀释至刻度，摇匀，在室温静置30分钟。用滤纸过滤，弃去最初滤液，取部分滤液测定。

2. 鲜（冻）肉类、灌肠类、酱卤肉类、肴肉类、烧烤肉和火腿类

（1）炭化浸出法　称取5g试样（精确至1mg）于瓷坩埚中，小火炭化完全，炭化成分用玻璃棒轻轻研碎，然后加25～30ml水，小火煮沸，冷却，过滤于100ml容量瓶中，并用热水少量多次洗涤残渣及滤器，洗液并入容量瓶中，冷至室温，加水至刻度，取部分滤液测定。

（2）灰化浸出法　称取5g试样（精确至1mg）于瓷坩埚中，先小火炭化，再移入高温炉中，于500～550℃灰化，冷却，取出，残渣用50ml热水分数次浸渍溶解，每次浸渍后过滤于100ml容量瓶中，冷至室温，加水至刻度，取部分滤液测定。

【样品测定】

移取10.00ml试液（V_2），于50ml烧杯中，加入5ml硝酸溶液和25ml丙酮。将玻璃电极和银电极浸入溶液中，启动电磁搅拌器。电位滴定仪自动滴定、记录硝酸银标准滴定溶液的体积和电位值。同时做空白试验，记录消耗硝酸银标准滴定溶液的体积（V_0）。

【结果计算及数据处理】

试样中氯化物含量按式10－2计算：

$$X_1 = \frac{0.035 \times c \times (V_3 - V_0) \times V}{m \times V_2} \times 100 \tag{10-2}$$

式中，X_1为试样中氯化物的含量（以 Cl^- 计），%；0.0355 为与 1.00ml 硝酸银标准滴定溶液［$c(AgNO_3)$ =1.000mol/L］相当的氯的质量，g；c 为硝酸银标准滴定溶液浓度，mol/L；V_0为空白试验时消耗的硝酸银标准滴定溶液体积，ml；V_2为用于滴定的滤液体积，ml；V_3为滴定试液时消耗的硝酸银标准滴定溶液体积，ml；V 为样品定容体积，ml；m 为试样质量，g。

当氯化物含量 >1% 时，结果保留三位有效数字；当氯化物含量 <1% 时，结果保留两位有效数字。在重复性条件下获得的两次独立测试结果的绝对差值不得超过算术平均值的 5%。

实训四　佛尔哈德法（间接沉淀滴定法）

【测定原理】

样品经水或热水溶解、沉淀蛋白质，过滤后将滤液酸化，加入过量的硝酸银，以硫酸铁铵为指示剂，用硫氰酸钾标准溶液滴定过量的硝酸银。根据硫氰酸家标准滴定溶液的消耗量，计算食品中氯化物的含量。

【适用范围】

本方法适用于肉制品中氯化钠含量大于或等于 1.0%（质量分数）的氯化物的测定。

【试剂和设备】

（一）试剂

1. 硫酸铁铵饱和溶液　称取 50g 硫酸铁铵，溶于 100ml 水中，如有沉淀，滤纸过滤。

2. 硝酸［$c(HNO_3)$］（1+3）　量取 1 体积浓硝酸和 3 体积水，混匀。

3. 乙醇溶液（80%）　84ml 95% 乙醇与 15ml 水混匀。

4. 硝酸银标准溶液［$c(AgNO_3)$ =0.1mol/L］　称取其 17g 硝酸银，溶于少量硝酸中，用水定容至 1000ml 棕色瓶中，摇匀，转移到棕色试剂瓶中贮存。

5. 硫氰酸钾标准溶液［$c(KSCN)$ =0.1mol/L］　称取约 9.7g 硫氰酸钾，用水溶解，转移入 1000ml 容量瓶中，用水定容。或购买经国家认证并授予标准物质证书的硫氰酸钾标准滴定溶液。

6. 硝酸银标准滴定溶液与硫氰酸钾标准滴定溶液体积比的确定　移取 0.1mol/L 硝酸银标准滴定溶液 20.00ml（V_4）于 250ml 锥形瓶中，加入 30ml 水、5ml 硝酸溶液和 2ml 硫酸铁铵饱和溶液，边摇动边滴加硫氰酸钾标准滴定溶液，滴定至出现淡棕红色，保持 1 分钟不褪色，记录消耗硫氰酸钾标准溶液的体积（V_5）。

7. 硝酸银标准滴定溶液（0.1mol/L）　与硫氰酸钾标准滴定溶液（0.1mol/L）的标定 称取经 500～600℃灼烧至恒重的氯化钠 0.10g（精确至 0.1mg）于烧杯中，用约 40ml 水溶解，并转移到 100ml 容量瓶中。加入 5ml 硝酸溶液，边剧烈摇动边加入 25.00ml（V_6）硝酸银标准滴定溶液，用水稀释至刻度，摇匀。在避光处放置 5 分钟，用快速滤纸过滤，弃去初滤液 10ml。准确移取滤液 50.00ml 于 250ml 锥形瓶中，加入 2ml 硫酸铁铵饱和溶液，边摇动边滴加硫氰酸钾标准滴定溶液，滴定至出现淡棕红色，保持 1 分钟不褪色。记录消耗硫氰酸钾标准滴定溶液的体积（V_7）。

按式 10-3、10-4、10-5 分别计算硫氰酸钾标准滴定溶液的准确浓度（c_2）和硝酸银标准滴定溶液的准确浓度（c_3）。

$$F=\frac{V_4}{V_5}=\frac{c_2}{c_3} \tag{10-3}$$

式中，F 为硝酸银标准滴定溶液与硫氰酸钾标准滴定溶液的体积比；V_4为确定体积比 F 时，硝酸银标准滴定溶液的体积，ml；V_5为确定体积比 F 时，硫氰酸钾标准滴定溶液的体积，ml；c_2为硫氰酸钾标准滴定溶液的浓度，mol/L；c_3为硝酸银标准滴定溶液的浓度，mol/L。

$$c_3=\frac{\frac{m_o}{0.05844}}{V_6-2\times V_7\times F} \tag{10-4}$$

式中，F 为硝酸银标准滴定溶液与硫氰酸钾标准滴定溶液的体积比；V_6为沉淀氯化物时加入的硝酸银标准滴定溶液的体积，ml；V_7为滴定过量的小玄阴消耗硫氰酸钾标准滴定溶液的体积，ml；m_0为氯化钠的质量，g；c_3为硝酸银标准滴定溶液的浓度，mol/L；0.5844 为与 1.00ml 硝酸银标准滴定溶液（1.000mol/L）相当于的氯化钠的质量，g。

$$c_2=c_3\times F \tag{10-5}$$

式中，F 为硝酸银标准滴定溶液与硫氰酸钾标准滴定溶液的体积比；c_2为硫氰酸钾标准滴定溶液的浓度，mol/L；c_3为硝酸银标准滴定溶液的浓度，mol/L。

（二）仪器

组织捣碎机；粉碎机；研钵；涡旋振荡器；超声波清洗器；恒温水浴锅；离心机（转速≥3000r/min）；天平（感量 0.1mg 和 1mg）。

【样品制备】

（一）试样制备

同本项目实训三。

（二）试样溶液制备

同本项目实训三。

【样品测定】

1. 试样氯化物的沉淀 移取 50.00ml 试液（V_8），氯化物含量较高的样品，可减少取样体积，于 100ml 比色管中。加入 5ml 硝酸溶液，在剧烈摇动下，用酸式滴定管滴加 20.00～40.00ml 硝酸银标准滴定溶液，用水稀释至刻度，在避光处静置 5 分钟，用快速滤纸过滤，弃去 10ml 初滤液。

2. 过量硝酸银的滴定 移取 50.00ml 滤液于 250ml 锥形瓶中，加入 2ml 硫酸铁铵饱和溶液，边剧烈摇动边用 0.1mol/L 硫氰酸钾标准滴定溶液滴定，淡黄色溶液出现乳白色沉淀，终点时变为淡棕红色，保持 1 分钟不褪色。记录消耗硫氰酸钾标准滴定溶液的体积（V_9）。同时做空白对照试验，记录消耗硫氰酸钾标准滴定溶液的体积（V_0）。

【结果计算及数据处理】

食品中氯化物含量按式 10－6 计算：

$$X_2=\frac{2\times 0.0355\times c_2\times(V_0-V_9)\times V}{m\times V_8}\times 100 \tag{10-6}$$

式中，X_2为试样中氯化物的含量（以氯计），%；0.0355 为与 1.00ml 硝酸银标准滴定溶液（1.000mol/L）相当于的氯的质量，g；c_2为硫氰酸钾标准溶液的浓度，mol/L；V_0为空白试验消耗硫氰酸钾标准滴定溶液的体积，ml；V_8为用于滴定的试样体积，ml；V_9为滴定试样时消耗 0.1mol/L 硫酸氢钾标准滴定溶液的体积，ml；V 为样品定容体积，ml；m 为试样的质量，g。

当氯化物含量≥1%时，结果保留三位有效数字；当氯化物含量<1%时，结果保留两位有效数字。在重复条件下获得的两次独立测试结果的绝差值不得超过算术平均值的5%。

【技术提示】

（1）试样制备好后，应尽快进行分析，匀质化后最迟不超过24小时。

（2）如果需要检查重复性是否符合要求，按样品测定步骤进行两次独立测定。

（3）以称样量10g，定容至100ml计算，方法定量限（LOQ）为0.008%（以Cl^-计）。

目标检测

答案解析

一、单项选择题

1. 肉制品中加入食盐的作用包括（　）

   A. 增加产品的风味　　B. 改善口感

   C. 提供一定的防腐作用　　D. 赋予食品色泽

2. 肉制品中氯化物含量测定时，可以采用（　）方法进行前处理

   A. 溶剂提取法　　B. 固相萃取法

   C. 灰化浸出法　　D. 色谱分离法

3. 佛尔哈德法测定肉品中食盐含量试验中，试样制备好后，应尽快进行分析，匀质化后最迟不超过（　）小时

   A. 6　　B. 12

   C. 24　　D. 48

二、判断题

1. 对于易于吸水的冷冻商品（冻蔬菜、冻章鱼等）解冻过程中应保证不使解冻水进入商品。（　）
2. 测定冰冻商品净含量时，需要先对冰冻商品进行解冻。（　）

三、简答题

简述电位滴定法测定肉与肉制品中氯化物含量的测定原理。

（张艳芳）

书网融合……

题库

项目十一

粮油制品的检验

案例导入

案例 2020 年 12 月，某市市场监督管理局对一批食用油等食品进行抽检，发现有 20 多家小油坊自榨的花生油不合格，不合格项目为过氧化值和黄曲霉毒素 B_1 超标。2021 年 7 月，某市市场监督管理局检测的三个批次的花生油均不合格，不合格项目为黄曲霉毒素 B_1。2022 年 4 月，某市市场监督管理局在对 668 批次样品进行抽检时，发现有 2 个批次的食用油存在苯并（a）芘和酸价超标的情况。

讨论 1. 食用油的安全问题有哪些？

2. 食用油的质量检验项目有哪些？

一、适用范围

根据 GB/T 22515—2008《粮油名词术语　粮食、油料及其加工产品》，粮油制品包括所有以粮油为原料加工制作的包装粮油类加工产品。食用植物油指的是以菜籽、大豆、花生、葵花籽、棉籽、亚麻籽、油茶籽、玉米胚、红花籽、米糠、芝麻、棕榈果实、橄榄果实（仁）、椰子果实以及其他小品种植物油料（如核桃、杏仁、葡萄籽等）制取的原油（毛油），经过加工制成的食用植物油（含食用调和油）。食用植物油的各项指标的检测贯穿于产品开发、生产、市场监督的全过程。

二、实训内容

（一）实训方案设计

学生基于已有的食品分析与检验基础知识，通过查阅相关资料，根据食用油食品的相关知识及其测定的国家标准，设计检验内容及实验方法并形成实训方案。

（二）实训方案实施

1. 抽样 根据企业的产品品种，在成品库中随机抽取样品。芝麻油单独抽样，其他食用植物油抽取 1 种产品进行检验。有半精炼、全精炼的品种，优先抽取精炼程度高的产品。对生产半精炼食用植物油，又分装精炼油的企业，应各抽取 1 种产品，进行发证检验。

（1）抽样基数　同一批次的食用植物油产品不得少于 50 桶（瓶），且总量不少于 80kg。

（2）抽样数量　抽取 2 个包装桶（瓶）且总量不少于 3kg。1 份用于检验，1 份备查。

样品及抽样单内容经确认无误后，由抽样人员与被抽查单位在抽样单上签字、盖章，当场封存样品，并加贴封条，封条上应有抽样人员签名、抽样单位盖章及抽样日期。

2. 检验项目 根据 GB/T 5490—2010《粮油检验　一般规则》、GB/T 5492—2008《粮油检验　粮食、油料的色泽、气味、口味鉴定》、GB/T 5494—2019《粮油检验　粮食、油料的杂质、不完善粒检验》等，食用植物油质量检验项目见表 11－1。

表 11－1　食用植物油质量检验项目表

序号	检验项目	发证	监督	出厂	备注
1	色泽	√	√	√	
2	气味、滋味	√	√	√	
3	透明度	√	√	√	
4	水分及挥发物	√	√		
5	不溶性杂质（杂质）	√	√		
6	酸值（酸价）	√	√	√	橄榄油测定酸度
7	过氧化值	√	√	√	
8	加热试验（280℃）	√	√	√	
9	含皂量	√	√		
10	烟点	√	√		
11	冷冻试验	√	√		
12	溶剂残留量	√	√	√	此出厂检验项目可委托检验
13	铅	√	√	*	
14	总砷	√	√	*	
15	黄曲霉毒素 B_1	√	√	*	
16	棉籽油中游离棉酚含量	√	√	*	棉籽油
17	熔点	√	√	√	棕榈（仁）油
18	抗氧化剂（BHA、BHT）	√	√	*	
19	标签	√	√		

注:注有“＊”标记的，企业应当每年检验 2 次。

3. 检验　油脂酸败直接影响油脂质量。此处测定油脂酸价和过氧化值。具体项目见本项目实训一和实训二。

三、实训报告与结果评判

（一）实训报告

实训报告参照绪论填写，并及时对检测结果进行分析。

（二）检验判定原则

按照国家标准、行业标准进行判定。检验项目中有 1 项或者 1 项以上不符合规定的，判为不合格。

PPT

任务一　食用植物油酸价的测定

油脂酸败分为水解性酸败和氧化性酸败。水解型酸败指的是油脂在食品所含脂肪酶、光、热作用下，吸收水分，被分解生成甘油和小分子的脂肪酸，如丁酸、乙酸、辛酸等，使酸度升高，其程度用酸价来衡量，即每克植物油消耗氢氧化钾的毫克数。酸价是油脂质量的重要指标之一，但油脂中酸价增高的变化趋势比较迟缓，所以酸价在判断油脂氧化酸败时并非敏感指标。

GB 2716—2018《食品安全国家标准　植物油》规定，植物原油中米糠油原油酸价不得超过 25mg/g，棕榈（仁）油、玉米油、橄榄油、棉籽油、椰子油原油酸价不得超过 10mg/g，其他植物原油酸价不得超过4.0mg/g；食用植物油（包括调和油）不得超过3.0mg/g；煎炸过程中的食用植物油不得超过5.0mg/g。

根据GB 5009.229—2016《食品安全国家标准　食品中酸价的测定》，测定方法包括冷溶剂指示剂滴定法、冷溶剂自动电位滴定法和热乙醇指示剂滴定法，本任务以冷溶剂指示剂滴定法加以说明。

实训一　冷溶剂指示剂滴定法测定食用植物油酸价

【测定原理】

用有机溶剂将油脂试样溶解成样品溶液，再用氢氧化钾或氢氧化钠标准滴定溶液中和滴定样品溶液中的游离脂肪酸，以指示剂相应的颜色变化来判定滴定终点，最后通过滴定终点消耗的标准滴定溶液的体积计算油脂试样的酸价。

【适用范围】

本方法适用于常温下能够被冷溶剂完全溶解成澄清溶液的食用油脂样品，适用范围包括食用植物油（辣椒油除外）、食用动物油、食用氢化油、起酥油、人造奶油、植脂奶油、植物油料共计7类。

【试剂与仪器准备】

（一）试剂

除非另有说明，本方法所用试剂均为分析纯，水为GB/T 6682—2008规定的三级水。

氢氧化钾或氢氧化钠标准滴定水溶液，浓度为0.1mol/L或0.5mol/L，按照GB/T 601标准要求配制和标定，或市售商品化试剂；甲基叔丁基醚；无水乙醚；石油醚，30～60℃沸程。

（二）试剂配制

1. 乙醚-异丙醇混合液（体积比1∶1）　500ml的乙醚与500ml的异丙醇充分互溶混合。临用前现配。

2. 酚酞指示剂　称取1g酚酞，加入100ml 95%乙醇并搅拌至完全溶解。

3. 百里香酚酞指示剂　称取2g百里香酚酞，加入100ml 95%乙醇并搅拌至完全溶解。

4. 碱性蓝6B指示剂　称取2g碱性蓝6B，加入100ml 95%乙醇并搅拌至完全溶解。

5. 无水硫酸钠　在105～110℃条件下充分烘干，然后装入密闭容器冷却并保存。

（三）仪器

10ml微量滴定管，最小刻度为0.05ml；天平（感量0.001g）；恒温水浴锅；恒温干燥箱；离心机，（转速≥8000r/min）；旋转蒸发仪；索氏脂肪提取装置。

【样品测定】

（一）试样制备

若食用油脂样品常温下呈液态，且为澄清液体，则充分混匀后直接取样，否则按照要求进行除杂和脱水干燥处理。

若食用油脂样品常温下为固态，则按照表11-2的要求，称取固态油脂样品，置于比其熔点高10℃左右的水浴或恒温干燥箱内，加热完全熔化固态油脂试样，若熔化后的油脂试样完全澄清，则可混匀后直接取样。若熔化后的油脂样品浑浊或有沉淀，则应按照要求再进行除杂和脱水处理。

若样品为经乳化加工的食用油脂，则按照表11-2的要求，称取乳化油脂样品，加入试样体积5～10倍的石油醚，搅拌，直至样品完全溶解于石油醚中（若油脂样品凝固点过高，可置于40～55℃水浴内搅拌至完全溶解），然后充分静置并分层后，取上层有机相提取液，置于水浴温度不高于45℃的旋转蒸发仪内，0.08~0.1MPa负压条件下，将其中的石油醚彻底旋转蒸干，取残留的液体油脂作为试样。若残留的油脂浑浊、乳化、分层或有沉淀，则应按照要求进行除杂和脱水干燥处理。

对于难于溶解的油脂可采用以下溶剂为浸提液：石油醚：甲基叔丁基醚=1∶3，即250ml的石油醚与750ml的甲基叔丁基醚充分互溶混合。

若油脂样品能完全溶解于石油醚等溶剂中，成为澄清的溶液或者只是成为悬浮液而不分层，则直接加入适量的无水硫酸钠，在同样的温度条件下，充分搅拌混合吸附脱水并静置沉淀硫酸钠，然后取上层清液置于水浴温度不高于45℃的旋转蒸发仪内，0.08~0.1MPa负压条件下，将其中的石油醚彻底旋转蒸干，取残留的液体油脂作为试样。若残留的油脂浑浊、乳化、分层或有沉淀，则应按照要求进行除杂和脱水干燥处理。

（二）试样称量

根据制备试样的颜色和估计的酸价，按照表11-2规定称量试样。

表11-2　试样称样表

估计的酸价（mg/g）	试样的最小称样量（g）	使用滴定液的浓度（mol/L）	试样称重的精确度（g）
0~1	20	0.1	0.05
1~4	10	0.1	0.02
4~15	2.5	0.1	0.01
15~75	0.5~3.0	0.1或0.5	0.001
>75	0.2~1.0	0.5	0.001

试样称样量和滴定液浓度应使滴定液用量在0.2~10ml之间（扣除空白后）。若检测后，发现样品的实际称样量与该样品酸价所对应的应有称样量不符，应按照表11-2要求，调整称样量后重新检测。

（三）试样测定

取一个干净的250ml的锥形瓶，按照表11-2的要求用天平称取制备的油脂试样，其质量（m）单位为克。加入乙醚-异丙醇混合液50~100ml和3~4滴酚酞指示剂，充分振摇溶解试样。再用装有氢氧化钾或氢氧化钠标准滴定溶液的刻度滴定管对试样溶液进行手工滴定，当试样溶液初现微红色，且15秒内无明显褪色时，为滴定的终点。立刻停止滴定，记录下此滴定所消耗的标准滴定溶液的毫升数，此数值为V_0。

对于深色泽的油脂样品，可用百里香酚酞指示剂或碱性蓝6B指示剂取代酚酞指示剂，滴定时，当颜色变为蓝色时为百里香酚酞的滴定终点，碱性蓝6B指示剂的滴定终点为由蓝色变红色。米糠油（稻米油）的冷溶剂指示剂法测定酸价只能用碱性蓝6B指示剂。

（四）空白试验

另取一个干净的250ml的锥形瓶，准确加入与试样测定时相同体积、相同种类的有机溶剂混合液和指示剂，振摇混匀。然后再用装有标准滴定溶液的刻度滴定管进行手工滴定，当溶液初现微红色，且15秒内无明显褪色时，为滴定的终点。立刻停止滴定，记录下此滴定所消耗的标准滴定溶液的毫升数，此数值为V_0。

对于冷溶剂指示剂滴定法，也可配制好的试样溶解液中滴加数滴指示剂，然后用标准滴定溶液滴定试样溶解液至相应的颜色变化且15秒内无明显褪色后停止滴定，表明试样溶解液的酸性正好被中和。然后以这种酸性被中和的试样溶解液溶解油脂试样，再用同样的方法继续滴定试样溶液至相应的颜色变化且15秒内无明显褪色后停止滴定，记录下此滴定所消耗的标准滴定溶液的毫升数，此数值为V，如此无须再进行空白试验，即 $V_0=0$。

【结果计算与数据处理】

酸价按照式 11－1 的要求进行计算：

$$X_{AV}=\frac{(V-V_0)\times c\times 56.1}{m} \tag{11-1}$$

式中，X_{AV}为酸价，mg/g；V为试样测定所消耗的标准滴定溶液的体积，ml；V_0为相应的空白测定所消耗的标准滴定溶液的体积，ml；c为标准滴定溶液的摩尔浓度，mol/L；56.1 为氢氧化钾的摩尔质量，g/mol；m为油脂样品的称样量，g。

酸价≤1mg/g，计算结果保留 2 位小数；1mg/g＜ 酸价≤100mg/g，计算结果保留 1 位小数；酸价＞100mg/g，计算结果保留至整数位。

当酸价＜1mg/g 时，在重复条件下获得的两次独立测定结果的绝对差值不得超过算术平均值 15%；当酸价≥1mg/g 时，在重复条件下获得的两次独立测定结果的绝对差值不得超过算术平均值 12%。

【技术提示】

（1）在没有氢氧化钾标准溶液的情况下，也可用氢氧化钠标准溶液代替，但计算公式不变，即仍以氢氧化钾的摩尔质量参与计算。

（2）溶剂（醚醇混合液）中，乙醇的用量必须超过所用氢氧化钾标准溶液用量的 5 倍，以防止皂液水解。

（3）测定深色油的酸价，还可以减少试样用量，或适当增加混合溶剂的用量，以酚酞为指示剂，终点变色明显。

拓展阅读

油脂酸价测定的其他方法

1. 冷溶剂自动电位滴定法 用有机溶剂将油脂试样溶解成样品溶液，再用氢氧化钾或氢氧化钠标准滴定溶液中和滴定样品溶液中的游离脂肪酸，同时测定滴定过程中样品溶液 pH 的变化并绘制相应的 pH－滴定体积实时变化曲线及其一阶微分曲线，以游离脂肪酸发生中和反应所引起的“pH 突跃”为依据判定滴定终点，最后通过滴定终点消耗的标准溶液的体积计算油脂试样的酸价。

2. 热乙醇指示剂滴定法 将固体油脂试样同乙醇一起加热至 70℃以上（但不超过乙醇的沸点），使固体油脂试样熔化为液态，同时通过振摇形成油脂试样的热乙醇悬浊液，使油脂试样中的游离脂肪酸溶解于热乙醇，再趁热用氢氧化钾或氢氧化钠标准滴定溶液中和滴定热乙醇悬浊液中的游离脂肪酸，以指示剂相应的颜色变化来判定滴定终点，然后通过滴定终点消耗的标准溶液的体积计算样品油脂的酸价。

任务二 食用植物油过氧化值的测定

PPT

天然油脂暴露在空气中会自发地氧化而生成过氧化物和氢化过氧化物等中间产物，且具有连续性的特点，称为油脂的自动氧化，一般用过氧化值来衡量油脂氧化程度。

过氧化值是指 100g 油脂中过氧化物的质量（以碘计，g/100g）。有时油脂还没有出现酸败现象，已有较高过氧化值，表示该油脂已开始变质。GB 2716—2018《食品安全国家标准 植物油》规定，植物原油和食用植物油（包括调和油）过氧化值不得超过 0.25g/100g。根据 GB 5009.227—2023《食品安全国家标准 食品中过氧化值的测定》，采用滴定法进行粮油制品过氧化值的测定。

实训二 滴定法测定食用植物油的过氧化值

【测定原理】

制备的油脂试样在三氯甲烷和冰乙酸中溶解，其中的过氧化物与碘化钾反应生成碘，用硫代硫酸钠标准溶液滴定析出的碘。用过氧化物相当于碘的质量分数或1kg样品中活性氧的毫摩尔数表示过氧化值的量。

【适用范围】

本方法适用于食用动植物油脂、食用油脂制品，以小麦粉、谷物、坚果等植物性食品为原料经油炸、膨化、烘烤、调制、炒制等加工工艺而制成的食品，以及以动物性食品为原料经速冻、干制、腌制等加工工艺而制成的食品。

【试剂与仪器准备】

（一）试剂

1. 三氯甲烷－冰醋酸混合液（体积比 40∶60） 量取40ml三氯甲烷，加60ml冰醋酸，混匀。

2. 饱和碘化钾溶液 称取20g碘化钾，加入10ml新煮沸冷却的水，摇匀后贮于棕色瓶中，存放于避光处备用。要确保溶液中有饱和碘化钾结晶存在。使用前检查：在30ml三氯甲烷－冰乙酸混合液中添加1.00ml碘化钾饱和溶液和2滴1%淀粉指示剂，若出现蓝色，并需用1滴以上的0.01mo1/L硫代硫酸钠溶液才能消除，此碘化钾溶液不能使用，应重新配制。

3. 1%淀粉指示剂 称取0.5g可溶性淀粉，加少量水调成糊状。边搅拌边倒入50ml沸水，再煮沸搅匀后，放冷备用。临用前配制。

4. 石油醚的处理 取100ml石油醚于蒸馏瓶，在低于40℃的水浴中，用旋转蒸发仪减压蒸干。用30ml三氯甲烷－冰乙酸混合液分次洗涤蒸馏瓶，合并洗涤液于250ml碘量瓶中。准确加入1.00ml饱和碘化钾溶液，塞紧瓶盖，并轻轻振摇0.5分钟，在暗处放置3分钟，加1.0ml淀粉指示剂后混匀，若无蓝色出现，此石油醚用于试样制备；如加1.0ml淀粉指示剂混匀后有蓝色出现，则需更换试剂。

5. 0.1mo1/L硫代硫酸钠标准溶液 称取26g硫代硫酸钠（$Na_2S_2O_3 \cdot 5H_2O$），加0.2g无水碳酸钠，溶于1000ml水中，缓缓煮沸10分钟，冷却。放置两周后过滤、标定。

6. 0.01mo1/L硫代硫酸钠标准溶液 由5以新煮沸冷却的水稀释而成。临用前配制。

7. 0.002mo1/L硫代硫酸钠标准溶液 由5以新煮沸冷却的水稀释而成。临用前配制。

（二）仪器

碘量瓶（250ml）；滴定管（10ml，最小刻度为0.05ml；25ml或50ml，最小刻度为0.1ml）；天平（感量为1mg、0.01mg）；电热恒温干燥箱；旋转蒸发仪。

【样品测定】

（一）试样制备

样品制备过程应避免强光，并尽可能避免带入空气。

对液态样品，振摇装有试样的密闭容器，充分均匀后直接取样；对固态样品，选取有代表性的试样置于密闭容器中混匀后取样。

（二）试样测定

应避免在阳光直射下进行试样测定。称取制备的试样2～3g（精确至0.001g），置于250ml碘量瓶中，加30ml三氯甲烷-冰醋酸混合液，轻轻振摇使试样完全溶解。准确加入1.00ml饱和碘化钾溶液，塞紧瓶盖，并轻轻振摇0.5分钟，在暗处放置3分钟。取出加100ml水，摇匀后立即用硫代硫酸钠标准溶液（过氧化值估计值在0.15g/100g及以下时，用0.002mol/L标准溶液；过氧化值估计值大于0.15g/100g时，用0.01mol/L标准溶液）滴定析出的碘，滴定至淡黄色时，加1ml淀粉指示剂，继续滴定并强烈振摇至溶液蓝色消失为终点。同时进行空白试验。空白试验所消耗0.01mol/L硫代硫酸钠溶液体积V_0不得超过0.1ml。

【结果计算与数据处理】

用过氧化物相当于碘的质量分数表示过氧化值时，按式11-2计算：

$$X_1 = \frac{(V - V_0) \times c \times 0.1269}{m} \times 100 \tag{11-2}$$

式中，X_1为试样的过氧化值，g/100g；V为试样消耗的硫代硫酸钠标准溶液体积，ml；V_0为空白试样消耗的硫代硫酸钠标准溶液体积，ml；c为硫代硫酸钠标准溶液的浓度，mol/L；0.1269为与1.00ml硫代硫酸钠标准滴定溶液［c=1.000mol/L］相当的碘的质量，g/mmol；m为试样的质量，g；100为换算系数。

用1kg样品中活性氧的毫摩尔数表示过氧化值时，按式11-3计算：

$$X_2 = \frac{(V - V_0) \times c}{2 \times m} \times 1000 \tag{11-3}$$

式中，X_2为试样的过氧化值，mmol/kg；V为试样消耗的硫代硫酸钠标准溶液体积，ml；V_0为空白试验消耗的硫代硫酸钠标准溶液体积，ml；c为硫代硫酸钠标准溶液的浓度，mol/L；m为试样的质量，g；1000为换算系数。

计算结果以重复性条件下获得的两次独立测定结果的算术平均值表示，结果保留两位有效数字。在重复性条件下获得的两次独立测定结果的绝对差值不得超过算术平均值的10%。

【技术提示】

（1）碘量法测定过氧化值属于氧化还原反应。测定时，试样量、放置时间、溶液的pH、光线、温度的改变都会影响测定结果。因此，要严格控制实验条件，按规定的反应、滴定条件操作。

（2）三氯甲烷性质不稳定，放置过久易产生氧化物质。在配制三氯甲烷-冰乙酸溶液前应先进行质量检查。

（3）当试样取样量大或为固态油样时，可适当增加溶剂用量，确保试样完全溶解。

（4）硫代硫酸钠标准溶液滴定的是被氧化生成的碘单质，应在滴定至溶液呈淡黄色时加入淀粉指示剂，即在接近反应终点时加入，此时游离的碘大部分已经发应完了。否则碘和淀粉吸附太牢，终点时颜色不易褪去，致使终点出现过迟而引起误差。

目标检测

答案解析

一、单项选择题

1. 米糠油的冷溶剂指示剂法测定酸价只能用（ ）指示剂

A. 酚酞　　B. 碘液

C. 百里香酚酞　　D. 碱性蓝6B

2. 对于酸价较低、颜色较浅的油脂样品，在测定其酸价时，以选择（　）指示剂为好

A. 酚酞　　B. 碘液

C. 百里香酚酞　　D. 碱性蓝 6B

3. 油脂中过氧化值测定的滴定方法属于（　）

A. 氧化还原滴定法　　B. 配位滴定法

C. 沉淀滴定法　　D. 酸碱滴定法

4. 油脂中过氧化值测定使用的混合溶剂是（　）

A. 三氯甲烷 – 乙醇　　B. 三氯甲烷 – 冰醋酸

C. 乙醚 – 乙醇　　D. 乙醚 – 乙酸

二、判断题

1. 对于深色泽的油脂样品，可用百里香酚酞指示剂或碱性蓝 6B 指示剂取代酚酞指示剂。（　）

2. 过氧化值是恒量油脂水解程度的指标。（　）

三、名词解释

1. 酸价

2. 过氧化值

（曹　杏）

书网融合……

题库

参考文献

[1] 杜淑霞. 食品理化检验技术 [M]. 2版. 北京：科学出版社，2022.
[2] 尹凯丹. 食品理化分析技术 [M]. 北京：化学工业出版社，2021.
[3] 刘丽云. 食品检验 [M]. 北京：中国农业大学出版社，2020.
[4] 谢昕. 食品仪器分析技术 [M]. 2版. 大连：大连理工大学出版社，2019.
[5] 惠琴. 食品理化检验技术 [M]. 上海：复旦大学出版社，2023.
[6] 张根岭. 食品理化检测 [M]. 北京：中国轻工业出版社，2021.
[7] 李道敏. 食品理化检验 [M]. 北京：化学工业出版社，2020.
[8] 陈晓平. 食品理化检验 [M]. 北京：中国计量出版社，2022.
[9] 张琪. 食品理化检验技术 [M]. 吉林：吉林科学技术出版社，2022.